David Woisetschläger / Manuel Michaelis / Heiner Evanschitzky
Alexander Eiting / Christof Backhaus (Hrsg.)

Marketing von Solutions

GABLER RESEARCH

Applied Marketing Science / Angewandte Marketingforschung

The book series "Applied Marketing Science / Angewandte Marketingforschung" is designated to the transfer of top-end scientific knowledge to interested practitioners. Books from this series are focused – but not limited – to the field of Marketing Channels, Retailing, Network Relationships, Sales Management, Brand Management, Consumer Marketing and Relationship Marketing / Management. The industrial focus lies primarily on the service industry, consumer goods industry and the textile / apparel industry. The issues in this series are either edited books or monographs. Books are either in German or English language; other languages are possible upon request.

Book volumes published in the series "Applied Marketing Science / Angewandte Marketingforschung" will primarily be aimed at interested managers, academics and students of marketing. The works will not be written especially for teaching purposes. However, individual volumes may serve as material for marketing courses, upper-level MBA- or Ph.D.-courses in particular.

David Woisetschläger
Manuel Michaelis / Heiner Evanschitzky
Alexander Eiting / Christof Backhaus (Hrsg.)

Marketing von Solutions

Innovative Ansätze und Best Practices

GABLER

RESEARCH

Bibliografische Information der Deutschen Nationalbibliothek
Die Deutsche Nationalbibliothek verzeichnet diese Publikation in der Deutschen Nationalbibliografie; detaillierte bibliografische Daten sind im Internet über <http://dnb.d-nb.de> abrufbar.

1. Auflage 2010

Lektorat: Ute Wrasmann | Sabine Schöller

Gabler Verlag ist eine Marke von Springer Fachmedien.
Springer Fachmedien ist Teil der Fachverlagsgruppe Springer Science+Business Media.
www.gabler.de

Umschlaggestaltung: KünkelLopka Medienentwicklung, Heidelberg
Gedruckt auf säurefreiem und chlorfrei gebleichtem Papier
Printed in Germany

ISBN 978-3-8349-2193-2

Vorwort

"The focus is not on products, but on the consumers' value-creating processes, where value emerges for consumers, and is perceived by them...the focus of marketing is value creation rather than value distribution"

(GRÖNROOS 2000)

Als Reaktion auf den verschärften Wettbewerb in zahlreichen Branchen versuchen immer mehr Unternehmen, sich als Anbieter von Lösungen („Solutions") zu positionieren. Das Marketing von solchen Solutions wird damit zum zentralen Erfolgsfaktor für zahlreiche Unternehmen. Kennzeichnend für einen Lösungsanbieter ist, dass nicht mehr das Kernprodukt – etwa die Spezialmaschine, der Roboter oder die Software –, sondern der Beitrag zum Geschäftserfolg des Geschäftspartners im Vordergrund der Verhandlungen steht und somit zur Absatzleistung wird.

Der ausschlaggebende Grund für diese Entwicklung ist die – insbesondere von VARGO und LUSCH mit der Service Dominant Logic in die breite Öffentlichkeit getragene – Erkenntnis, dass nicht mehr das Produkt oder die Dienstleistung die entscheidenden Tauschfaktoren darstellen, sondern dass Kunden eine Problemlösung wünschen. In der Folgezeit vollzog sich eine intensive wissenschaftliche Diskussion, bei der das Thema Solution Selling aus unterschiedlichen Perspektiven beleuchtet wurde. Diese fand jedoch fast ausschließlich in den einschlägigen Fachzeitschriften statt, so dass eine umfangreiche und praxisnahe Auseinandersetzung bis dato nicht vorliegt.

Das vom Bundesministerium für Bildung und Forschung initiierte Forschungsprojekt „TRANSOLVE – Die Transformation von Produzent und Händler zum Solution-Anbieter" befasst sich mit der Erarbeitung eines Konzeptes zur Gestaltung des Transformationsprozesses, welcher es Produzenten („Product Seller") oder Händlern („Traditional Retailer") erlaubt, sich langfristig als Lösungsanbieter („Solution Seller") aufzustellen und zu positionieren. Dieses Hauptziel kann in drei grundlegende Zielsetzungen aufgespaltet werden: Erstens geht es darum, zu ergründen, welche Erfordernisse an einen „Solution Seller" im Unterschied zu einem reinen „Product Seller" gestellt werden. Auf Grundlage dieser Forschung lassen sich Soll-Konzepte für Lösungsanbieter entwickeln. Darauf aufbauend ist zweitens zu untersuchen, wie die Transformation vom momentanen (defizitären) Ist- zum angestrebten Soll-Zustand eines exzellenten Solution Sellers gelingen kann. Drittens stellt sich die Herausforderung an das interne und externe Marketing – insbesondere an das Markenmanagement –, die neue Vermarktungsstrategie zu vermitteln.

Gemäß dieser Zielsetzung soll der vorliegende Herausgeberband einen Beitrag zum besseren Verständnis und zur Bewältigung der Herausforderungen leisten, denen Entscheidungsträger insbesondere in mittelständischen Unternehmen bei der Transformation zum Lösungsanbieter bzw. „Solution Seller" gegenüberstehen. In Form von 17 Beiträgen gibt der Herausgeberband einen fundierten Einblick in die Theorie und Praxis des Solution Marketing. Im ersten Teil des Buches erfolgt zunächst eine wissenschaftliche Auseinandersetzung mit den Grundlagen des Solution Selling, indem die wesentlichen Entscheidungsfelder im Transformationsprozess zum Solution Seller dargestellt werden. Das Buch wird durch eine Vielzahl von Erfahrungsberichten aus der Unternehmenspraxis erweitert und vertieft, die im zweiten Teil des Herausgeberbandes zusammengestellt sind. Hier zeigen die Best Practices von Unternehmen auf, wie die Transformation gelingen kann und wie innovative Ansätze für die Vermarktung von Lösungen umgesetzt werden können.

Der Band richtet sich vornehmlich an das Management von Dienstleistungsunternehmen, die den Wandel zum Solution Seller wagen wollen oder die Transformation bereits vollzogen haben. Die praxisnahe Aufbereitung des Solution Selling-Know-hows erfolgreicher Dienstleister ermöglicht eine Übertragung der Erkenntnisse auf das eigene Unternehmen.

Ohne die Unterstützung einer Reihe von Personen wäre die Realisierung dieses Bandes kaum möglich gewesen. Unser Dank gilt den Autoren der Beiträge, die Einblicke in die Praxis des Solution Selling gewährt haben. Ein ganz besonderer Dank gilt auch dem Bundesministerium für Bildung und Forschung (Förderkennzeichen 01 FD 0679) für die weitreichende Unterstützung des TRANSOLVE-Projekts, im Rahmen dessen dieses Buch entstanden ist. Weiterhin danken wir dem Gabler-Verlag für die stets gute Zusammenarbeit bei der Drucklegung des Buches.

Dortmund und Glasgow, Juli 2010

David M. Woisetschläger

Manuel Michaelis

Heiner Evanschitzky

Alexander Eiting

Christof Backhaus

Inhaltsverzeichnis

Teil A: Konzeptionelle Einführung

Teil B: Innovative Ansätze und Best Practices

Herausgeberverzeichnis

David M. Woisetschläger, Prof. Dr., ist Inhaber der Juniorprofessur für Dienstleistungsmanagement an der Technischen Universität Dortmund. Er wurde 1976 in Singen am Hohentwiel geboren und wechselte nach dem Studium der Betriebswirtschaftslehre an der Universität Mannheim und der UNC Western Carolina (USA) an die Westfälische Wilhelms-Universität Münster, wo er am Marketing Centrum Münster 2006 seine Promotion abschloss. Er ist Mitherausgeber der Reihe Applied Marketing Science. Seine Forschungsschwerpunkte liegen in den Bereichen des Kundenbeziehungs- und Vertriebsmanagements sowie des Konsumentenverhaltens. Seine Publikationen sind in führenden wissenschaftlichen Zeitschriften, u. a. dem *Journal of Retailing, Journal of Business Research, Die Betriebswirtschaft* sowie *Managementforschung* erschienen.

Manuel Michaelis, Dr., wurde 1979 in Gelsenkirchen geboren und studierte Betriebswirtschaftlehre mit den Schwerpunkten Marketing und Controlling an der Westfälischen Wilhelms-Universität Münster sowie an der School of Economics and Management in Lund (Schweden). Seit Abschluss seiner Promotion am Marketing Centrum der Westfälischen Wilhelms-Universität Münster ist er geschäftsführender Gesellschafter der acurelis consulting GmbH, Münster, wo er für den Bereich Branding und hier insbesondere für das Themenfeld Communications & Sponsorship Control zuständig ist. Weiterhin arbeitet er als wissenschaftlicher Mitarbeiter an der Juniorprofessur für Dienstleistungsmanagement an der Technischen Universität Dortmund.

Heiner Evanschitzky, Prof. Dr., ist Professor für Marketing an der University of Strathclyde, UK. Er promovierte am Marketing Centrum Münster (MCM) der Westfälischen Wilhelms-Universität Münster zum Dr. rer. pol. Prof. Evanschitzky befasst sich schwerpunktmäßig mit der Analyse der Service Profit Chain, dem Kundenwertmanagement sowie dem Solution Selling. Neben zahlreichen Monographien und Herausgeberwerken zum Dienstleistungs- und Handelsmarketing wurden sein Forschungsarbeiten in führenden wissenschaftlichen Zeitschriften wie *Journal of Marketing, Journal of Retailing, Journal of Service Research, Journal of Business Research* sowie *Marketing ZFP* publiziert.

Alexander Eiting wurde 1979 in Bocholt geboren. Er studierte an der Westfälischen Wilhelms-Universität Münster Betriebswirtschaftlehre mit den Schwerpunkten Marketing sowie Distribution und Handel. Seit 2007 ist er wissenschaftlicher Mitarbeiter an der Juniorprofessur für Dienstleistungsmanagement der Technischen Universität Dortmund. Zu seinen Forschungsschwerpunkten zählen neben dem Dienstleistungsmanagement insbesondere Methoden der Kunden-basis- und Kundenwertanalyse. Zudem ist er Consultant bei acurelis consulting GmbH, Münster, wo er insbesondere für das Themenfeld Customer Equity zuständig ist.

Christof Backhaus, Dr., geboren 1976 in Mönchengladbach, ist geschäftsführender Gesellschafter der acurelis consulting GmbH in Münster und arbeitet ebenfalls als wissenschaftlicher Mitarbeiter an der Juniorprofessur für Dienstleistungsmanagement an der Technischen Universität Dortmund. Nach dem Studium der Betriebswirtschaftslehre an der Westfälischen Wilhelms-Universität Münster und an der University of Auckland Business School schloss er seine Promotion im Jahr 2008 am Marketing Centrum der Westfälischen Wilhelms-Universität Münster ab. Seine Forschungs- und Beratungsschwerpunkte liegen in den Bereichen des Kundenbeziehungs- und Markenmanagements sowie des Netzwerkmanagements.

Autorenverzeichnis

- **Dieter Ahlert, Prof. Dr.,** ist Ordinarius für Betriebswirtschaftslehre an der Universität Münster, Geschäftsführender Direktor des Internationalen Centrums für Franchising & Cooperation (F&C), des Instituts für Handelsmanagement & Netzwerkmarketing (IfHM) sowie der Forschungsstelle für Allgemeine und Textile Marktwirtschaft (FATM).

- **Benjamin Becker** absolvierte sein Studium der Volkswirtschaftslehre an der Universität Münster und der kanadischen Bishop's University. Seit ca. 6,5 Jahren ist Benjamin Becker als Unternehmensberater tätig. Schwerpunkte seiner Tätigkeit sind die Prozess- und Schnittstellenoptimierung, Aftermarket/Lifecycle Management sowie strategische Einkaufsoptimierung. Seinen Branchenfokus hat Benjamin Becker in der Energieindustrie, im Finanzdienstleistungssektor sowie im Maschinen- und Anlagenbau.

- **Tillmann Bröker** studierte Betriebswirtschaftslehre mit den Schwerpunkten Marketing und Distribution & Handel an den Lehrstühlen von Prof. Meffert und Prof. Ahlert an der Westfälischen Wilhelms-Universität Münster sowie dem Schwerpunkt Management an der Wharton School of Business der University of Philadelphia, U.S.A. Nach seiner Auslandstätigkeit bei Gemini Consulting in London, U.K., startete er 2004 seine Karriere als Business Consultant bei NRG Deutschland GmbH in Düsseldorf, der heutigen Ricoh Deutschland GmbH mit Hauptsitz in Hannover. Von 2007 bis 2009 konnte er als Assistent to Sales Director in Hannover detaillierte Einblicke in die Arbeit des Management Board der Ricoh Deutschland GmbH erlangen. Gleichzeitig war er verantwortlich für die strategische Projektleitung der Implementierung neuer Sales-IT-Tools und -prozesse im Rahmen der europaweiten Einführung eines einheitlichen ERP-Systems. Mitte 2009 wurde er als Chief Business Consultant mit der Führungsaufgabe eines Sales-Teams in der Niederlassung Düsseldorf betraut.

- **Felix Brüggemann** studierte Betriebswirtschaftslehre an der Westfälischen Wilhelms-Universität Münster.

- **Tim Dolezych,** Jahrgang 1982, studierte Wirtschaftswissenschaft an der Technischen Universität Dortmund mit den Schwerpunkten Marketing, Unternehmensführung und Industriebetriebslehre. Momentan ist er tätig als „Produktmanager Export“ bei der Murdotec Kunststoffe GmbH & Co. KG in Dortmund und dort insbesondere verantwortlich für die Exportförderung von Kunststoff-Halbzeugen sowie das (internationale) Vertriebsmarketing. Parallel absolviert er ein Aufbaustudium zum Dipl.-Wirt.-Ing. im Sonderstudiengang „Technik“ an der Hamburger Fern-Hochschule (HFH).

- **Stephan Erlenkämper, Dr.,** ist als International Business Manager im Team von Carsten Ungrade für die internationale Koordination von Projekten zu Add-on-Services und Value-Added-Services verantwortlich. Nach Ausbildung zum Bankkaufmann und Studium der Betriebswirtschaftslehre an den Universitäten RWTH Aachen und Katholische Universität Eichstätt-Ingolstadt war er drei Jahre wissenschaftlicher Mitarbeiter des Lehrstuhls für Marketing der KU Eichstätt-Ingolstadt, an der er 2005 summa cum laude promoviert wurde. Im Anschluss verantwortete er als Prokurist drei Jahre lang den Marketingbereich eines mittelständischen Unternehmens.

- **Axel Henschke**, Jahrgang 1970, studierte Betriebswirtschaftslehre mit der Fachrichtung Handel an der Berufsakademie Stuttgart und lernte parallel bei der Coop Handels AG, bevor diese von Tengelmann übernommen wurde. Dort wurde er bereits während der Studienphase mit Führungsaufgaben betraut und hatte anschließend verschiedene Positionen im Vertrieb, Category Management und Marketing inne, zuletzt war er hier als Werbeleiter tätig. Im Jahr 2000 wechselte er zur Fressnapf Tiernahrungs GmbH, wo er während der stürmischen Wachstumsphase u. a. mit dem Aufbau der Marketingabteilung, dem Relaunch des kompletten Corporate Designs, dem Launch des Internetauftritts und der Neuorganisation der Handelswerbung betraut wurde. Nachdem er zehn Jahre die Bereiche Marketing und Öffentlichkeitsarbeit verantwortet hat, ist Axel Henschke seit April 2010 als Ressortleiter Vertrieb für die weiterhin stark expandierende Fressnapf Firmengruppe in Deutschland und Europa verantwortlich.

- **Rembert Horstmann, Dr.,** studierte Betriebswirtschaftslehre mit Schwerpunkt Marketing an der Westfälischen Wilhelms-Universität Münster und in den USA. Dort arbeitete er zunächst als Marketinganalyst im Headquarters der Xerox Corporation in Stamford. Danach erfolgten sechs Jahre in der Unternehmensberatung, zunächst in der Deutschen Bank Gruppe und danach bei der größten Schweizer Industrieberatung in Zürich. 1995 wurde Dr. Horstmann Leiter der internen Vertriebs- und Marketingberatung bei Krupp in Essen. Nach der Fusion mit Thyssen 1999 wurde er Zentralabteilungsleiter für Marketing, Vertrieb und Kommunikation in der Edelstahlsparte des Konzerns. 2002 übernahm er die Ressorts Marketing und Kommunikation bei ThyssenKrupp Elevator, der internationalsten Sparte des ThyssenKrupp Konzerns. Seit September 2006 ist Dr. Horstmann Group Director Corporate Development, Marketing & Communications der Fiege Holding Stiftung, Greven sowie Sprecher des Vorstandes der Josef Fiege Stiftung.

- **Christian van Husen, Dr.**, studierte Wirtschaftsingenieurwesen an der Technischen Universität Berlin. Von 1995 bis 2002 war er bei einem internationalen Automobilhersteller in verschiedenen Positionen im Servicebereich tätig. Am Fraunhofer IAO führte er von 2002 bis 2008 Forschungs- und Beratungsprojekte mit den

Schwerpunkten Service Engineering und Dienstleistungsqualität durch. Er promovierte als Ingenieur zum Thema Anforderungsanalyse für produktbegleitende Dienstleistungen. Christian van Husen ist Autor zahlreicher Fachveröffentlichungen und hatte Lehraufträge an den Berufsakademien Karlsruhe und Mosbach. Seit 2008 verantwortet er als Leiter Service Competence Center den Auf- und Ausbau der weltweiten Serviceleistungen bei der Klüber Lubrication München KG.

- **Gopalkrishnan (Gopal) R. Iyer, Prof. Dr.**, ist Professor für Marketing und Direktor des Center for Services Marketing and Management an der Florida Atlantic University in Boca Raton, USA. Er erhielt seinen PhD von der Virginia Tech. Seine Forschung befasst sich schwerpunktmäßig mit Supply Chain Management, Global Marketing und E-Commerce-Strategien. Neben zahlreichen Büchern zum Internationalen Marketing und Relationship Marketing, wurde seine Forschung in zahlreichen wissenschaftlichen Zeitschriften wie *Journal of the Academy of Marketing Science, Journal of Interactive Marketing, Industrial Marketing Management, Journal of Business-to-Business Marketing, Journal of Business Research* und *Journal of Retailing* publiziert.

- **Julian M. Kawohl** promovierte bei Prof. Dr. Dieter Ahlert am Marketing Centrum Münster (MCM) der Westfälischen Wilhelms-Universität mit einer Arbeit zur Lösungsorientierung von Handelsunternehmen.

- **Isabelle Kes** wurde am 10. Mai 1985 in Aachen geboren. Von 2004 bis 2010 studierte sie an der Westfälischen Wilhelms-Universität Münster und der Università di Bologna, Italien, Betriebswirtschaftslehre mit den Schwerpunkten Marketing, International Management sowie Internationale Wirtschaftsbeziehungen. Seit Februar 2010 ist Isabelle Kes an der Juniorprofessur für Dienstleistungsmanagement der Technischen Universität Dortmund als wissenschaftliche Mitarbeiterin tätig.

- **Peter Hendrik Kes, Dr.,** wurde am 17. Oktober 1954 in Teheran, Iran, geboren. Er studierte Ingenieurswesen an der RWTH Aachen. Im Anschluss an sein Studium arbeitete er als wissenschaftlicher Mitarbeiter und promovierte am Schweißtechnischen Institut der RWTH. Von 1989 bis 1992 war Dr. Kes bei Voll Karosseriebau und Thermotransporttechnik TTT in Würzburg beschäftigt, bevor er 1993 zur Schmitz Cargobull AG kam. In den Jahren von 1993 bis 2001 arbeitete Dr. Kes zunächst als Entwicklungs- und Konstruktionsleiter im Bereich Pritschen- und Curtainsiderfahrzeuge und wechselte dann in den Bereich des After-Sales. Seit 2001 ist Dr. Kes Geschäftsführer der Cargobull Parts & Services GmbH.

- **Volker Kuppelwieser, Dr.,** ist Projektleiter bei Fraunhofer-Venture. Er verfügt über 10 Jahre Berufserfahrung in verschiedenen Dienstleistungs- und Consultingunternehmen. Daneben ist er externer Mitarbeiter am Lehrstuhl für Dienstleistungsmanagement der Universität Leipzig und am Lehrstuhl für Handel und Service Management der Universität Wuppertal. Er beschäftigt sich u. a. mit Fragen der Führung von Dienstleistungsmitarbeitern, Dienstleistungen an Gruppen und dem Kundenkontakt bei Dienstleistungen.

- **Thomas Neumann** wurde am 23. November 1981 in Hemer geboren. Von 2002 bis 2008 studierte er Wirtschaftswissenschaften mit den Schwerpunkten Marketing, und Techniksoziologie an der Technischen Universität Dortmund. Von 2008 bis 2009 arbeitete er als Trainee Marketing & Sales für Akzo Nobel Farbe & Heimtex GmbH in Bremen und betreute dort das nationale Produktmanagement. Seit November 2009 arbeitet Thomas Neumann als Consultant für die K.O.M. Kommunikations- und Managementberatungs GmbH, einer international tätigen Unternehmensberatung mit Sitz in Allensbach am Bodensee, und berät Kunden schwerpunktmäßig in den Bereichen Marketing & Sales, Innovationsmanagement und Strategie.

- **Stefanie Paluch** wurde am 9. Juli 1983 in Herne geboren. Von 2003 bis 2007 studierte sie Wirtschafts- und Sozialwissenschaften mit den Schwerpunkten International Management, Unternehmensführung und Marketing an der Technischen Universität Dortmund und an der Ceram Sophia Antipolis in Nizza (Frankreich). Parallel dazu arbeitete sie als studentische Hilfskraft am Centrum für Unternehmensentwicklung. Seit November 2007 ist sie am Lehrstuhl für Marketing an der Technischen Universität Dortmund tätig und promoviert in Kooperation mit Siemens Healthcare.

- **Jennifer Peperhowe** studierte Betriebswirtschaftslehre an der Westfälischen Wilhelms-Universität Münster und war studentische Hilfskraft am Lehrstuhl für BWL, insb. Distribution und Handel.

- **Michael Santo** studierte Wirtschaftsingenieurwesen an der Helmut-Schmidt-Universität (Universität der Bundeswehr in Hamburg), bevor er weiterhin als Offizier in der Luftwaffe der Bundeswehr diente. Danach hatte er Leitungsfunktionen in der Luftfahrt und Medizintechnik inne. Seit acht Jahren ist er Partner bei der h&z Unternehmensberatung mit den Schwerpunkten Produktion, Technologie und Supply Chain Management.

- **Benjamin Schefer** studierte Betriebswirtschaftslehre an der Westfälischen Wilhelms-Universität und war studentische Hilfskraft am Lehrstuhl für BWL, insb. Distribution und Handel.

- **Marc Schnöring** wurde am 17. März 1984 in Lüdenscheid geboren. Von 2003 bis 2009 studierte er Betriebswirtschaftlehre mit den Schwerpunkten Marketing, Distribution & Handel und Unternehmenskooperation an der Westfälischen Wilhelms-Universität Münster und an der Sobey School of Business in Halfiax (Kanada). Seit Januar 2010 arbeitet er als wissenschaftlicher Mitarbeiter an der Juniorprofessur für Dienstleistungsmanagement an der Technischen Universität Dortmund.

- **Christoph Scholze** studierte von 2004 bis 2009 technologie- und managementorientierte Betriebswirtschaftslehre mit Nebenfach Maschinenbau an der Technischen Universität München und der Nanyang Technological University in Singapur. Während seines Studiums war er u. a. für die WestLB und Deloitte Consulting tätig. Seit 2009 arbeitet Christoph Scholze als International Sales Manager für die Deutsche Post Adress GmbH & Co.KG, ein Joint Venture der Deutschen Post AG und der Bertelsmann AG. Hier verantwortet er die Märkte Großbritannien, Skandinavien und Nord Amerika. Zudem ist er maßgeblich an der Weiterentwicklung des internationalen Bereichs der Deutschen Post Adress zum Solution-Anbieter beteiligt.

- **Arun Sharma, Prof. Dr.,** ist Professor für Marketing an der University of Miami, USA. Er erhielt seinen PhD von der University of Illinois, Urbana Champaign, USA. Prof. Sharma befasst sich in seiner Forschung mit Themen zum Vertriebsmanagement und International Marketing. Seine zahlreichen Arbeiten wurden im *Journal of Retailing, Industrial Marketing Management, Journal of Personal Selling and Sales Management* sowie im *Journal of Business Research* veröffentlicht.

- **Alke Töllner** studierte Wirtschafts- und Sozialwissenschaften mit Fachrichtung Betriebswirtschaftslehre an der Technischen Universität Dortmund und ist seit 2007 wissenschaftliche Mitarbeiterin und Doktorandin am Lehrstuhl für Marketing der Technischen Universität Dortmund. Sie schloss ihr Studium im Frühjahr 2007 mit einer empirischen Diplomarbeit ab und ist seitdem als Projektmitarbeiterin im Sonderforschungsbereich 696 tätig. Ihre Forschungsschwerpunkte liegen im Bereich des Industriegütermarketing, der Kundenanforderungsermittlung sowie des Relationship Marketing in industriellen Anbieter-Kunden-Beziehungen.

- **Michael Wagner, Dr.,** geboren 1966 in Trier studierte von 1986 bis 1992 Wirtschaftsingenieurwesen an der TH Karlsruhe und war anschließend als wissenschaftlicher Mitarbeiter im Bereich Wirtschaftsinformatik an der Universität GH Essen beschäftigt. Nach seiner Promotion im Jahr 1995 startete er als Consultant bei der Siemens AG im Bereich Kommunikationslösungen, baute dann für Siemens Private Netze das Cooperation Center mit der SAP AG in Walldorf auf und übernahm 1999 die Leitung des globalen Knowledge Managements bei Siemens Infomation und Communication Networks. 2002 wechselte er zu Siemens Healthcare, wo er zunächst im Produktmarketing für CRM und dann im Bereich Customer Services für Competitive Intelligence verantwortlich war. Seit 2003 leitet er das Product Management im Customer Services Marketing. Zu seinen Aufgaben gehören u. a. die Entwicklung neuer Dienstleistungen für Systeme der diagnostischen Bildgebung sowie die Vermarktung von Remote Services. Auf Fachtagungen zum Thema Dienstleistungsmanagement tritt er als Referent auf.

- **Florian von Wangenheim, Prof. Dr.,** ist Inhaber des Lehrstuhls für Dienstleistungs- und Technologiemarketing an der Wirtschaftaftswissenschaftlichen Fakultät der Technischen Universität München. Er studierte Betriebswirtschaftslehre und

Sport an den Universitäten in Bayreuth und Barcelona. Im Jahr 2002 promovierte er an der Universität Mainz zum Thema „Weiterempfehlung und Kundenwert". Die Dissertation wurde vom Bundesministerium für Bildung und Forschung (BMBF), der Academy of Marketing Science (AMS) und dem Deutschen Marketing-Verband (DMV) ausgezeichnet. Von 2003 bis 2006 war er Juniorprofessor für Dienstleistungsmanagement an der Technischen Universität Dortmund. In Forschungsprojekten kooperiert er u. a. mit der Deutschen Bank AG, Deutsche Lufthansa AG, DaimlerChrysler AG, HP, Siemens AG, SAP Deutschland GmbH sowie einer Vielzahl weiterer Unternehmen. Seine Forschungsschwerpunkte liegen in den Bereichen Analytisches Customer Relationship Management, Management und Vermarktung von Dienstleistungen und Dienstleistungstechnologien und Online Marketing.

- **Boris Wippermann** studierte an der RWTH Aachen Maschinenbau. Von 1998-2003 war er im ABB Konzern in unterschiedlichen Funktionen tätig. Als Business Development Manager hat er u. a. den Bereich Advanced Service International aufgebaut. Nach seinem Master im strategischen Business Marketing ist er seit sechs Jahren bei der h&z Unternehmensberatung. Als Principal leitet er dort die Practice Growth & Sales. Er beschäftigt sich u. a. mit den Themen Geschäftsentwicklung im Aftermarket und dem Aftersales sowie mit Vertriebs- und Business-Excellence-Projekten.

- **Florian Wüller** hat an der Westfälischen Wilhelms-Universität Münster Betriebs- und Volkswirtschaftslehre studiert. Nach seinem Studium hat er 2005 bei der BMS Berens Mosiek Siemes Consulting GmbH als Berater angefangen und ist dort verantwortlich für Softwareentwicklung und Kundenprojekte im Rahmen der allgemeinen Beratung und der Einführung von Software. Er promoviert arbeitsbegleitend am Lehrstuhl für Betriebswirtschaftslehre, insb. Controlling an der Westfälischen Wilhelms-Universität Münster zum Thema kundenwertorientierte Vertriebssteuerung im Firmenkundengeschäft.

- **Marcus Zimmer** studierte Psychologie mit den Schwerpunkten Forschungsmethodik und Organisation sowie Betriebswirtschaftslehre mit den Schwerpunkten Marketing und Service Management an den Universitäten Saarbrücken und Karlstad (Schweden). Seit 2006 ist er wissenschaftlicher Mitarbeiter am Lehrstuhl für Dienstleistungs- und Technologiemarketing der Technischen Universität München. Seine Forschungsschwerpunkte liegen in den Bereichen (B2B-) Kundenlösungen und Elektromobilität.

Teil A

Konzeptionelle Einführung

David M. Woisetschläger, Christof Backhaus, Manuel Michaelis, Alexander Eiting und Heiner Evanschitzky

Marketing von Solutions

Grundlagen des Solution Marketing und Herausforderungen auf dem Weg zum Solution Seller

1 Einführung

Der in vielen Branchen zunehmenden Wettbewerbsintensität und der damit einhergehenden oftmals starken Fokussierung auf den Preis als Marketinginstrument versuchen viele Unternehmen zu begegnen, indem sie sich als Anbieter von Lösungen bzw. Solutions positionieren (vgl. DAVIES, BRADY und HOBDAY 2006; TULI, KOHLI und BHARADWAJ 2007). Die Ergebnisse einer empirischen Studie aus dem Jahr 2002 deuten darauf hin, dass sich die überwiegende Mehrheit (63 %) der befragten Fortune 100-Unternehmen eher als Solution Seller denn als Anbieter „bloßer" Produkte oder Dienstleistungen sieht. Im Zuge der immer weiter steigenden „Commoditization" ihrer Produkte stehen heute immer mehr Unternehmen vor der Fragestellung, ob eine Positionierung als Solution Seller eine Möglichkeit darstellt, eine langfristig profitable und verteidigungsfähige Wettbewerbsposition aufzubauen – dies gilt sowohl für Großunternehmen als auch für den Mittelstand. Der Trend zum Angebot von Lösungen ist eng mit dem Wandel in der Sichtweise des Marketings verknüpft. Das Produkt ist nicht mehr der ausschlaggebende Tauschfaktor, vielmehr geht es in der Service Dominant Logic darum, dass Kunden durch einen Kauf ihre eigene Situation verbessern wollen (VARGO und LUSCH 2004, 2008). Dieser Wandel wird mit den Worten von GUMMESSON (2006) besonders verdeutlicht:

„Customers do not buy goods or services: They buy offerings which render services which create value [...] The traditional division between goods and services is long out-dated. It is not a matter of redefining services and seeing them from a customer perspective; activities render services, things render services. The shift in focus to services is a shift from the means and the producer perspective to the utilization and the customer perspective."

Doch was genau macht eigentlich eine Solution aus, und wie kann ein Unternehmen zum Solution Seller werden? Welche Voraussetzungen müssen erfüllt sein, um erfolgreich Solutions am Markt anbieten zu können, und welche Hindernisse bestehen auf dem Weg zum Solution Seller? Als Einführung in den Sammelband „Marketing von Solutions" versucht der vorliegende Beitrag, erste Antworten auf diese Fragen zu geben.

In Kapitel zwei erfolgt eine kurze Einführung in die Thematik, indem zunächst **Begriff**, **Prozess** und **Ziele** des Solution Selling vorgestellt werden. Hierauf aufbauend wird ein kurzer Überblick über den Stand der wissenschaftlichen Forschung zum Solution Selling gegeben (Kapitel 2.3). Kapitel 3 ist der – erstaunlicherweise in der Literatur bisher kaum betrachteten – **Kundensicht** auf das Thema Lösungen gewidmet. Anhand der Ergebnisse einer Konsumentenbefragung wird dargestellt, wie Kunden dem Thema „Lösungen" gegenüberstehen und welche Chancen Solution Selling als Differenzierungsstrategie bietet. Aus **Anbietersicht** zieht die Entscheidung, sich als lösungsorientiert zu positionieren, eine Reihe von Konsequenzen nach sich. Diese betreffen neben Anpassungen der internen Aufbau- und Ablauforganisation vor allem auch die Verankerung des Lösungsgedankens in den Köpfen der Mitarbeiter. Dabei erfordert die konsequente Umsetzung des Solution Selling ein entsprechendes „Umdenken" im Unternehmen – und das nicht nur bei den Mitarbeitern im direkten Kundenkontakt. Diese und weitere wesentliche Herausforderungen, denen sich Unternehmen im Zuge des Wandels zum Solution Seller gegenübersehen, werden in Kapitel 4 dargestellt.

2 Solution Selling als Differenzierungsstrategie

2.1 Der Solution-Begriff

Um es vorwegzunehmen: Der Begriff „Lösung" bzw. „Solution" lässt sich kaum zweifelsfrei definieren. In der Praxis wird der Begriff der Lösung häufig synonym mit dem Bundle-Begriff gebraucht bzw. es wird auch dann häufig von Lösungen gesprochen, wenn es sich um standardisierte Dienstleistungen oder Produkte handelt, die nicht in der einen oder anderen Art und Weise an spezifische Kundenbedürfnisse angepasst werden. Faktisch ist also nur ein geringer Anteil der in der Praxis als Lösungsanbieter auftretenden Unternehmen wirklich ein „Solution Seller". Es lässt sich aber eine Reihe konstitutiver Merkmale identifizieren, bei deren überwiegender Erfüllung von Lösungen gesprochen werden kann. So wird unter einer Lösung i. d. R. ein passendes Angebot zur Bewältigung eines Kundenproblems verstanden. Das Problem des Kunden muss eine gewisse **Komplexität** aufweisen, da dieser sonst mit geringem Aufwand selbst eine Lösung, bspw. aus Standardkomponenten, erstellen könnte. Lösungen sind häufig **Bündel** verschiedener Teilleistungen. Bei den einzelnen Teilleistungen eines Lösungsbündels kann es sich um Produkte, Dienstleistungen oder – und dies ist die Regel – Produkt-Dienstleistungs-Kombinationen handeln. In jedem Fall wird dem Kunden durch die Bündelung der einzelnen Teilleistungen ein **integrativer Mehrwert** geboten.

Aufgrund der Komplexität des Kundenproblems erfolgt die Entwicklung, Anpassung und Umsetzung der Lösung häufig individualisiert und interaktiv, d. h., unter Einbezug des Kunden in den Prozess der Leistungserstellung. Lösungen lassen sich daher wie folgt definieren: *Lösungen sind individualisierte und interaktiv entwickelte Angebote in gebündelter Form, deren Komponenten einen integrativen Mehrwert bieten, um ein komplexes Kundenproblem zu lösen.*

Der obigen Definition folgend sind Lösungen Leistungen, die in einem relationalen Prozess erbracht werden. TULI, KOHLI und BHARADWAJ (2007) beschreiben diesen Prozess mittels vier Phasen: (1) der Phase der Bestimmung der Kundenanforderungen, (2) der Phase der individuellen Anpassung und Integration der Lösung, (3) der Phase der Implementierung sowie (4) der Nachbetreuungsphase (vgl. Abb. 2-1).

Abbildung 2-1: *Die vier Phasen des Solution Selling (Quelle: TULI, KOHLI und BHARADWAJ 2007)*

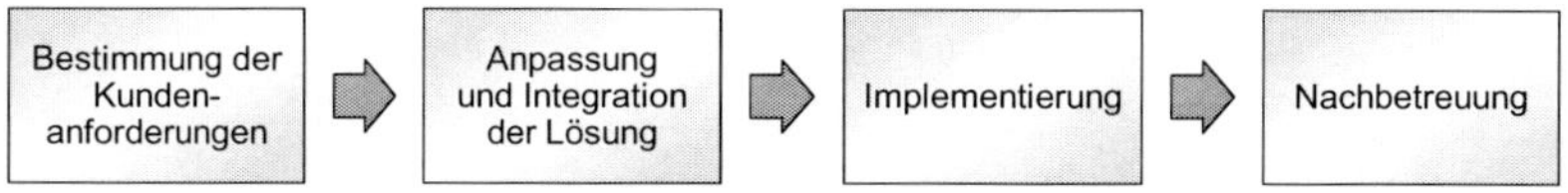

Ohne ein spezifisches Verständnis der jeweiligen Kundenanforderungen bzw. -bedürfnisse lässt sich eine Lösung kaum effektiv und effizient entwickeln (vgl. hier und im Folgenden AHLERT, KAWOHL und SCHEFER 2009, S. 7 f.). In Phase 1 steht daher die Bestimmung der Kundenanforderung im Fokus, wobei neben aktuellen auch zukünftige, bislang noch nicht artikulierte Bedürfnisse des Kunden antizipiert werden sollten, um mit der Lösung den Kundenanforderungen langfristig entsprechen zu können. Phase 2 umfasst die Auswahl, das Design und/oder die Modifikation von Leistungen, die zu einer Lösung zusammengestellt bzw. integriert, d. h. aufeinander abgestimmt werden. In der dritten Phase wird das Lösungspaket an den Kunden geliefert und installiert. Auch das Angebot von Schulungen und Trainings kann dabei Bestandteil der Lösung sein. Schließlich ist in Phase 4 die Betreuung des Kunden in der Nachkaufphase sicherzustellen. Dies umfasst neben dem Angebot entsprechender Wartungs- bzw. Reparaturmaßnahmen auch den Aufbau und die Pflege einer langfristigen Beziehung zum Kunden, im Zuge derer bspw. Folgeaufträge generiert werden können.

2.2 Ziele des Solution Selling

Mit dem Angebot von Lösungen verfolgen Unternehmen neben der Differenzierung vom Wettbewerb vor allem das Ziel, Kunden dauerhaft zu binden. Durch das Angebot von Lösungen sollen Wechselbarrieren aufgebaut und kontinuierliche Einnahmen sowie höhere Margen sichergestellt werden. Darüber hinaus soll durch das Anbieten von Lösungen der Druck in den Preisverhandlungen im Vertrieb abgesenkt und stattdessen mehr über das Schaffen zusätzlicher Werte gesprochen werden. Erfolgsbeispiele wie die Transformation von IBM zum Solution Seller (vgl. GERSTNER JR. 2002) zeigen, wie sich Unternehmen durch das Angebot von Lösungen erfolgreich der direkten Vergleichbarkeit im Wettbewerb mit Produkten im Hardwaregeschäft entziehen können. Heute steht eine Vielzahl von Unternehmen vor der Fragestellung, ob sie ebenfalls durch das Angebot von Solutions einer steigenden „Commoditization" ihrer Produkte entgegenwirken können. Hier wird bereits eine der wesentlichen Herausforderungen deutlich, die im Zuge der Konzeption und Umsetzung einer Solution Selling-Strategie besteht: das Management des Spannungsfelds zwischen Individualisierung und Standardisierung. Denn Solution Selling beinhaltet immer eine gewisse Individualisierung der angebotenen Leistungsbündel – zumindest in der Wahrnehmung der Kunden. Mit dem Individualisierungsgrad steigen jedoch in der Regel auch die Komplexität des Leistungserstellungsprozesses und somit zwangsläufig auch die Kosten. Solution Selling kann folglich nur dann rentabel sein, wenn eben dieser Spagat zwischen Individualisierung und Standardisierung gelingt.

2.3 Stand der Forschung

Als „Geburtsstunde" des Solution Selling können die frühen 60er-Jahre gelten, in denen B2B-Unternehmen zunehmend dazu übergingen, sich als „Systemlieferanten" zu positionieren (vgl. DAVIES, BRADY und HOBDAY 2007, S. 184 und die dort angegebene Literatur). Seitdem sind unter den Schlagworten „System Selling" oder „Bundling" in der wissenschaftlich orientierten Literatur zahlreiche Arbeiten entstanden, in denen sich die Autoren dem Phänomen der zunehmenden Integration von Produkten und Dienstleistungen und deren Vermarktung als „Gesamtpaket" widmen (für eine ausführliche Darstellung der Literatur zu diesen beiden Bereichen vgl. DAVIES, BRADY und HOBDAY 2007 sowie KAWOHL 2010). Auf diesen beiden Literaturströmungen aufbauend mehren sich insbesondere seit der Jahrtausendwende Arbeiten, die die enger definierte Thematik der Lösungsorientierung von Unternehmen unter dem Rubrum der „Solution" diskutieren. Während die Ursprünge des Solution Selling damit eindeutig dem B2B-Bereich zugeordnet werden können, sind in jüngster Zeit vereinzelt auch Beiträge entstanden, in denen das Angebot von Solutions für Endkunden behandelt wird (vgl. bspw. HAX und WILDE 1999). Dabei können die bisherigen Beiträge unabhängig von der Art der Kunden **thematisch** drei wesentlichen Themenfeldern zugeordnet werden (vgl. hier und im Folgenden KAWOHL 2010, S. 40 ff.), nämlich (1) der Ausrichtung der internen Organisation auf das Solution-Marketing, (2) der Bedeutung der Mitarbeiter im Kundenkontakt und (3) der konkreten Ausgestaltung des Leistungsangebots.

(1) Ausrichtung der internen Organisation

Die Anpassung der unternehmensinternen Strukturen und Abläufe auf die Lösungsthematik stellt eine der wesentlichen Herausforderungen auf dem Weg zum Solution Seller dar und wird entsprechend in mehreren Arbeiten thematisiert. Dabei besteht in der Literatur weitgehend Einigkeit dahingehend, dass Solution Marketing ohne eine dafür ausgelegte Organisationsstruktur kaum Erfolgschancen besitzt (vgl. ähnlich SHARMA und MOLLOY 1999). Die interne Organisation ist daher so auszurichten, dass die zu liefernde Lösung schnell, flexibel, individuell und kostengünstig erstellt werden kann. GALBRAITH (2002) sowie SHARMA, IYER und EVANSCHITZKY (2008) schlagen in diesem Zusammenhang vor, die gesamte Organisation anstelle der traditionellen Fokussierung auf Produkte verstärkt auf den Kunden hin auszurichten (vgl. Tab. 2-1). Hierzu sind Anpassungen in den vier organisationalen Bereichen Struktur, Prozesse, Personal und Vergütung erforderlich, wobei diese jeweils sowohl mit der Gesamtstrategie als auch untereinander in Einklang zu bringen sind (vgl. hier um in Folgenden GALBRAITH 2002). Das Ausmaß, in dem Kundenzentrierung Vorteile mit sich bringt, ist dabei abhängig von der jeweiligen Lösungsstrategie, die ein Unternehmen verfolgt. Grundsätzlich gilt, dass eine hohe Kundenzentrierung dann sinnvoll ist, wenn

1. branchenspezifische (vertikale) funktionsbezogene, industrieübergreifend einsetzbare (horizontale) Lösungen vermarktet werden,
2. die angebotenen Lösungen aus einer Vielzahl unterschiedlicher Komponenten zusammengestellt werden,
3. die einzelnen Lösungskomponenten im Zuge der Erstellung der Gesamtlösung in hohem Maße aufeinander abgestimmt werden müssen und
4. ein Großteil des Gesamtumsatzes mit dem Verkauf von Lösungen erzielt wird.

Einen konkreten Vorschlag zur Gestaltung der Aufbauorganisation unterbreiten DAVIES, BRADY und HOBDAY (2006), indem sie eine Dreiteilung in *front-end units, back-end units* und ein *strategic center* empfehlen. Die *front-end-* bzw. *customer facing unit* übernimmt dabei die Aufgabe des Kundenkontaktmanagements, während der *back-end-*Bereich für die Produktion der möglichst modular auszugestaltenden Lösungsbestandteile und deren Integration in eine Gesamtlösung Sorge zu tragen hat. Aufgabe des *strategic centers* ist es schließlich, als Systemkopf die Tätigkeiten der beiden übrigen Units zu koordinieren.

Tabelle 2-1: Produktzentrierte vs. kundenzentrierte Unternehmen (Quelle: in Anlehnung an GALBRAITH 2002, S. 196)

	Produktzentrierte Unternehmen	Kundenzentrierte Unternehmen
ZIEL	„das beste Produkt" für unsere Kunden	„die beste Lösung" für unsere Kunden
ORGANISATION	Produktbezogene Profit-Center-Struktur Produktteams	Kundensegmente Kundenteams Kundenbezogene Erfolgsrechnung
AUSRICHTUNG DES ANGEBOTS	Spezifische Produkte	Individualisierte Angebotspakete bzw. Lösungen
WICHTIGSTER PROZESS IM UNTERNEHMEN	Neuproduktentwicklung	Customer Relationship Management
WICHTIGSTE KENNZAHLEN	Anzahl neuer Produkte Marktanteil	Kundenbindung Customer lifetime value

(2) Bedeutung der Mitarbeiter im Kundenkontakt

Dass im Zuge einer erfolgreichen Solution-Vermarktung ein erhöhtes Augenmerk auf die Mitarbeiter und deren Verhalten dem Kunden gegenüber zu richten ist, erscheint unmittelbar ersichtlich. Entsprechende Hinweise – seien sie konzeptioneller oder empirischer Natur – finden sich in zahlreichen Arbeiten (vgl. hierzu bspw. CORNET ET AL. (2000); TULI, KOHLI und BHARADWAJ 2007; WISE und BAUMGARTNER 1999). Mitarbeiterselektion, Aus- und Weiterbildung sowie Anreizsysteme sind daher so auszugestalten, dass nicht der „Abverkauf" möglichst vieler Produkte und Dienstleistungen, sondern die bestmögliche Lösung der individuellen Kundenprobleme Ziel und Maßstab für das Verhalten der Mitarbeiter ist – in der Sales-Literatur wird dies auch unter dem Stichwort des „consultative selling" diskutiert (vgl. hierzu ARNETT und BADRINARAYANAN 2005).

Mit Blick auf die Anreizsystemgestaltung werden nach dem traditionellen Modell – und dies ist bis heute die vorherrschende Praxis – in der Regel umsatz- bzw. verkaufserfolgsbezogene Zielgrößen als Bemessungsgrundlage für variable Entlohnungsanteile herangezogen. Wenn Berater aber tatsächlich eine im Sinne des Kunden optimale Lösung erarbeiten sollen, sind derartig ausgestaltete Anreizsysteme kaum geeignet – dies wird bspw. beim Vertrieb von Bankprodukten unmittelbar ersichtlich. In der Literatur wird daher vorgeschlagen, bei der Berechnung variabler Entlohnungsanteile neben ökonomischen Erfolgsgrößen auch „weiche" Faktoren wie die Kundenzufriedenheit zu berücksichtigen (vgl. SHARMA 1997). Nur so kann sichergestellt werden, dass der Kundennutzen langfristig im Vordergrund der Vertriebsbemühungen steht. Während im B2B-Bereich solche Praktiken bereits vereinzelt angewendet werden (vgl. SHARMA, IYER und EVANSCHITZKY 2008), kann vermutet werden, dass auch im B2C-Bereich auf diesem Gebiet noch erhebliche Potenziale liegen. Ein weiterer, in Zusammenhang mit dem Mitarbeiterverhalten in der Literatur häufig diskutierter Aspekt ist die Notwendigkeit einer entsprechenden Unternehmenskultur (vgl. SAWHNEY 2006, S. 366) – hierauf wird in Abschnitt 4.4 ausführlicher eingegangen.

(3) Ausgestaltung des Leistungsangebots

Vor dem Hintergrund des Spannungsfelds zwischen bestmöglicher Erfüllung der Kundenanforderungen und Beherrschbarkeit der Produktionsprozesse widmet sich schließlich eine Reihe von Autoren der Frage, wie das Leistungsangebot optimalerweise auszugestalten ist. Aus der Perspektive der Generierung eines möglichst hohen **Kundennutzens** identifizierten STREMERSCH, WUYTS und FRAMBACH (2001) in diesem Zusammenhang neun Faktoren, die im Rahmen der Lösungsbewertung durch das Buying-Center im B2B-Bereich relevant sind. Die mit Hilfe eines conjoint-analytischen Untersuchungsdesigns ermittelte Rangfolge dieser Faktoren deutet darauf hin, dass B2B-Kunden nicht in erster Linie auf den Preis schauen, wenn es um eine Kaufentscheidung geht, sondern vielmehr die gesamte „Value Proposition" eines Angebots berücksichtigen. Aus diesem Ergebnis leiten die Autoren die Kernaufgabe des Solution-Marketings ab, die darin besteht, ein Lösungsangebot zu konzipieren und zu vermarkten, das nicht allein auf den Preis oder einzelne funktionale Angebotsbestandteile fokussiert, sondern eine klare und überzeugende Gesamtlösung bietet. Auf der **Kostenseite** werden in der Literatur Aspekte wie die Komponentenvielfalt und -komplexität thematisiert, allerdings ist insgesamt anzumerken, dass die Analyse von Kosten- bzw. Profitabilitätsaspekten bislang deutlich zu kurz kommt.

Mit Blick auf die Verwendung findenden **Methoden** zeigt sich mittlerweile ein breiteres Spektrum. Neben theoretisch-konzeptionellen Beiträgen, die sich der Thematik bspw. mittels typologisierender Ansätze nähern, finden zunehmend auch empirische Forschungsmethoden Anwendung, um die Besonderheiten im Kontext der Lösungsvermarktung greifbar zu machen. Dabei lässt die von KAWOHL (2010) vorgenommene Aufarbeitung entsprechender Arbeiten darauf schließen, dass die empirische Literatur von qualitativen Ansätzen dominiert wird, während größer angelegte, quantitative Untersuchungsdesigns bislang nur in Einzelfällen Verwendung finden (vgl. hierzu bspw. die Arbeiten von KAWOHL (2010) sowie WOISETSCHLÄGER ET AL. (2010)). Vor diesem Hintergrund wäre es begrüßenswert, die zur Verfügung stehenden Instrumente und Maßnahmen zur Umsetzung von Solution Selling-Strategien konzeptionell vollständig aufzuarbeiten und unter Rückgriff auf geeignete empirische Methoden auf ihre Effektivität und Effizienz hin zu überprüfen. Hierbei sind insbesondere auch die kunden-, markt- und unternehmensseitigen Bedingungen mit in die Betrachtung einzubeziehen, die unmittelbar oder moderierend den Erfolg des Instrumenteeinsatzes determinieren. Gleichzeitig zeigt die Aufarbeitung der bestehenden Literatur, dass in den bisherigen Arbeiten mehrheitlich aus der Unternehmensperspektive heraus argumentiert wird. Dies scheint insofern erstaunlich, als letztendlich der Kunde darüber entscheidet, ob die Positionierung als Solution Seller ein „Lippenbekenntnis" bleibt oder ob die großen oder kleinen Kundenprobleme tatsächlich gelöst werden. Die verstärkte Einbeziehung der Kundensicht ist daher ebenfalls ein Themenfeld, dem sich zukünftige Forschungsbemühungen in erhöhtem Maße widmen sollten.

3 Solution Selling aus Kundensicht: Ergebnisse einer Branchenanalyse

3.1 Ausgangspunkt der Studie, Kernfragestellungen und Untersuchungsdesign

„*The only person who can call it a solution is the buyer*" (BOSWORTH und HOLLAND 2004, S. 56) – dieses der praxisorientierten Literatur zum Solution Selling entnommene Zitat verdeutlicht anschaulich die Notwendigkeit, sich dem Thema Solution-Marketing nicht nur aus der Unternehmens-, sondern gerade auch aus der Kundenperspektive zu widmen. Will man untersuchen, wie Kunden dem Solution-Ansatz gegenüberstehen, so ist dabei zu beachten, dass „Kunde nicht gleich Kunde" ist. Stattdessen kann – neben der Existenz persönlicher und damit individueller Vorlieben und Einstellungen – vermutet werden, dass die jeweilige Branche einen starken Einfluss darauf besitzt, ob und inwiefern Kunden einen Anbieter als lösungsorientiert wahrnehmen. Dabei scheint es vor dem Hintergrund der vielzitierten Heterogenität der Dienstleistungslandschaft naheliegend, dass es Anbieter in einigen Branchen leichter haben als in anderen, ihre Leistungen als Lösung zu vermarkten: In solchen Fällen spricht schon die „natürliche" Ausrichtung des Kerngeschäftes für eine gute Anwendbarkeit des Solution Selling. Ein gutes Beispiel für eine solche „branchenbedingte Nähe" zur Lösungsorientierung ist die Optikerbranche: Individualität und Beratung spielen beim Verkauf einer Brille naturgemäß eine wichtige Rolle, und mit der Kombination von Gläsern und Gestell wird eine Paketlösung angeboten; zumindest aus Anbietersicht ist damit den Anforderungen an eine Lösungsvermarktung Rechnung getragen. Im Lebensmitteleinzelhandel dagegen dürften es Anbieter vergleichsweise schwerer haben, Lösungen im Sinne der oben angeführten Definition zu offerieren.

Aber ist es für einen Lebensmittelhändler deswegen unmöglich, als lösungsorientiert wahrgenommen zu werden? Vermutlich nicht, denn der Kunde wird bei der Beurteilung der Lösungsorientierung eines Anbieters immer auch seine branchenbezogenen Erwartungen in die Bewertung mit einbeziehen. Um branchenspezifisch und aus Kundensicht zu prüfen, ob Solution Selling eine geeignete Strategie sein kann, um sich den neuen Herausforderungen des Wettbewerbs erfolgreich stellen zu können, führte die Juniorprofessur für Dienstleistungsmanagement der Technischen Universität Dortmund im Zuge des vom Bundesministerium für Bildung und Forschung geförderten Projektes „TRANSOLVE – Vom Produzenten zum Solution Seller" eine entsprechende Studie durch (für die ausführlichen Studienergebnisse vgl. WOISETSCHLÄGER ET AL. 2010). Dabei standen die folgenden drei Fragen im Mittelpunkt:

1. Status-quo-Analyse: Wie bewerten die Kunden den aktuellen Stand des Solution Selling in den zehn analysierten Handels- und Dienstleistungsbranchen? Eignet sich Solution Selling als Strategieoption in sämtlichen Branchen oder gibt es diesbezüglich Unterschiede?

2. Erfolgswirkungen: Welche Konsequenzen folgen aus einer Positionierung als Lösungsanbieter?

3. Determinanten: Wie kann eine Positionierung als Lösungsanbieter erreicht werden?

Zur Beantwortung dieser Fragen wurde im Juli 2009 eine empirische Untersuchung unter n=508 Endverbrauchern durchgeführt. Die Stichprobe kann wie folgt skizziert werden: Das Alter der Befragten beträgt im arithmetischen Mittel 31,7 Jahre bei einer Standardabweichung von 12,5. Der Anteil von männlichen und weiblichen Befragten ist relativ ausgeglichen (53,3 % weiblich). Die Befragung erfolgte durch entsprechend geschulte Interviewer mittels eines standardisierten schriftlichen Fragebogens. Dabei wurde die Wahrnehmung der Lösungsorientierung sowohl in Bezug auf die Branche als Ganzes als auch in Bezug auf den jeweiligen Anbieter bzw. einen konkreten Kauf erfragt. Um die Erfolgswirkungen des Solution Selling-Konzepts sowie Ansatzpunkte für die Steuerung der Lösungsorientierung herausarbeiten zu können, fanden im Untersuchungsmodell Determinanten sowie kundenseitige Konsequenzen Berücksichtigung.

3.2 Zentrale Wirkungszusammenhänge

3.2.1 Warum es sich lohnt, in die Lösungsorientierung zu investieren: Die Konsequenzen des Solution Selling

Die Ergebnisse bisheriger Studien deuten darauf hin, dass ein hohes Maß an Lösungsorientierung zu einer positiven Einstellung gegenüber dem betreffenden Anbieter führt und sich letztlich im Verhalten des Kunden niederschlägt. Der Zusammenhang zwischen Einstellung und Verhalten lässt sich in diesem Zusammenhang wie folgt skizzieren: Grundsätzlich gilt es, den Kunden Lösungen anzubieten, die ihnen einen wirklichen Mehrwert liefern. Übertreffen die Erfahrungen der Kunden dessen Erwartungen, so stellt sich als Konsequenz Zufriedenheit ein. Diese wiederum kann sich in einer erhöhten Kundenbindung und den damit verbundenen Verhaltenswirkungen niederschlagen. Im Rahmen der Studie wurden die Wirkungen des Solution Selling auf fünf wesentliche kaufverhaltensrelevante Variablen näher untersucht, nämlich auf Zufriedenheit, Wiederkauf, Weiterempfehlung, Cross-Selling und Up-Selling. Die Ergebnisse zeigen: Bei Anbietern, die von ihren Kunden als Solution Seller wahrgenommen werden, sind stark positive Wirkungen auf sämtliche der betrachteten Zielgrößen zu verzeichnen. Im Einzelnen zeigen die Analyseergebnisse: Kunden von lösungsorientierten Anbietern (1) sind zufriedener, (2) kaufen verstärkt wieder, (3) empfehlen häufiger weiter, (4) kaufen verstärkt aus anderen Produktkategorien (Cross-Selling) und (5) kaufen verstärkt auch höherpreisige Produkte (Up-Selling). Dabei hängt ein hohes Maß an Lösungsorientierung mit einem Korrelationskoeffizienten von 0,421 mit der Weiterempfehlung am stärksten zusammen, dicht gefolgt von Zufriedenheit, Wiederkauf und Cross-Selling. Am niedrigsten ausgeprägt ist der Zusammenhang zwischen Solution-Selling und dem Up-Selling, also dem Kauf von Produkten oder Dienstleistungen aus höherpreisigen Lagen, wobei dieser mit einem Wert von 0,33 aber ebenfalls deutlich positiv ausfällt.

3.2.2 Wie Lösungsorientierung gesteuert werden kann: Die Determinanten des Solution Selling

In der Literatur wird eine Reihe von Faktoren als mehr oder weniger wirkungsvolle Stellhebel des Solution Selling gehandelt. In der vorliegenden Studie werden drei solcher Stellhebel bzw. Determinanten genauer betrachtet, um Implikationen für die jeweilige Branche ableiten zu können:

Beratung: Wenn sich Kunden gut beraten fühlen, steigert dies das Empfinden der Kunden, bei einem lösungsorientierten Anbieter zu kaufen.

Individualität: Wenn ein Kunde eine auf ihn abgestimmte Leistung erhält, so besitzt diese ein höheres Potenzial, das spezifische Kundenproblem zu lösen. Folglich trägt dies ebenfalls dazu bei, dass ein Anbieter als lösungsorientiert wahrgenommen wird.

Paketlösungen: Wenn ein Produkt oder eine Dienstleistung sinnvoll und zum Vorteil des Kunden mit anderen Leistungen des Unternehmens verknüpft wird, so spricht man von einer Paketlösung bzw. einem Bundle. Auch das Zusammenstellen einer solchen Paketlösung führ zu einer positiven Wahrnehmung als Solution Seller.

Im Rahmen dieser Studie wird der Einfluss der drei genannten Treiber auf die Lösungsorientierung erhoben, um ein Bild der grundsätzlichen Eignung dieser Größen als Determinante der Lösungsorientierung zu erhalten. Die Ergebnisse hierzu zeigen, dass sich die wahrgenommene Lösungsorientierung über sämtliche dieser drei Größen positiv beeinflussen lässt (vgl. Abb. 3-1). Stärkster Treiber der Lösungsorientierung ist dabei die Individualität der Leistung, gefolgt von der Beratung und dem Paketlösungscharakter der Leistung.

Abbildung 3-1: *Treiber der Lösungsorientierung*

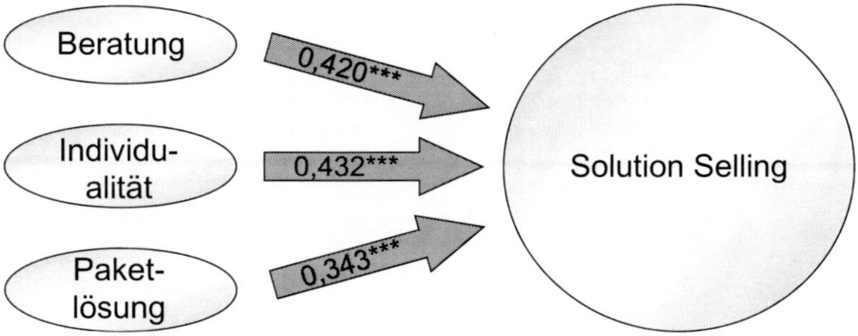

3.3 Der Status-quo in den untersuchten Branchen

Wie schneiden die Anbieter wesentlicher Handels- und Dienstleistungsbranchen in den Augen der Kunden hinsichtlich ihrer Fähigkeiten als Solution Seller ab? Abb. 3-2a stellt diesbezüglich den Status quo des Solution Selling sowie des wahrgenommenen Beratungsumfangs in den untersuchten Branchen dar. Dabei ergibt sich die dargestellte Rangfolge aufgrund des in der Befragung erreichten Mittelwerts je Branche, der zur besseren Lesbarkeit in einen Indexwert umgerechnet wurde. Der maximal erreichbare Wert beträgt 100 %, der minimale 0 %.

Abbildung 3-2: *Solution Selling (a) und Beratungsqualität (b) in der Konsumentenwahrnehmung*

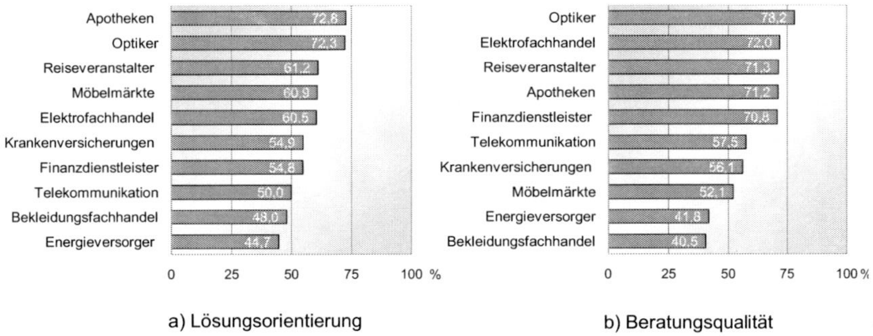

Mit einem über alle Branchen berechneten Mittelwert von 58 % wird die Lösungsorientierung von den Kunden bei der Mehrzahl der Branchen eher positiv als negativ bewertet. Am besten schneiden im Branchenvergleich die Apotheken ab – hier liegt der Indexwert bei 72,8 %. Knapp dahinter folgt die Branche der Augenoptiker mit erreichten 72,3 %. Die Gruppe der Top 5 der untersuchten Branchen wird von Reiseveranstaltern, Möbelmärkten und Anbietern des Elektrofachhandels komplettiert. Hier bewerten die Befragten die Lösungsorientierung mit jeweils gut 60 % ebenfalls überdurchschnittlich gut. Leicht unter dem Gesamtmittel liegen Krankenversicherer und Finanzdienstleister (jeweils knapp 55 %). Die Lösungsorientierung von Telekommunikationsanbietern liegt nach Meinung der Kunden bei genau 50 %. Mit 48 % liegt die Beurteilung des Bekleidungsfachhandels sogar schon 10 %-Punkte unterhalb des Branchendurchschnitts. Schlusslicht hinsichtlich der Lösungsorientierung in der Rangliste der betrachteten Branchen bilden die Energieversorger. 44,7 % bedeuten in diesem Fall den letzten Rang.

Umfang der Beratung: Die Optiker bilden die Benchmark

In Bezug auf den Beratungsumfang stellt sich mit Blick auf Abb. 3-2b die Rangliste der zehn betrachteten Branchen leicht anders dar als im Fall des Globalurteils der Lösungsorientierung: Platz 1 geht in diesem Fall an die Optiker, und das mit einem Spitzenwert von 78,2 %. Die Apotheken erreichen mit 71,2 % zwar „nur" den vierten Rang, die Abstände zu Reiseveranstaltern und dem Elektrofachhandel sind aber marginal. Dabei erscheint gerade die Zweitplatzierung letztgenannter Branche überraschend – wäre doch anzunehmen gewesen, dass der Elektrofachhandel aufgrund des im Vergleich zu Reisen oder Brillen höheren Commodity-Charakters der angebotenen Produkte in Sachen Beratungsumfang weniger gut abschneidet. Auch die Platzierung der Finanzdienstleister – mit 70,8 % ebenfalls noch in der Spitzengruppe und mit beträchtlichem Abstand vor den Telekommunikationsanbietern (57,5 %) deutet auf den ersten Blick darauf hin, dass es um das Thema Beratung nicht so schlecht steht, wie dies aufgrund der einschlägigen Medienberichte der jüngsten Vergangenheit zu vermuten gewesen wäre. Dass die Energieversorger in puncto Beratung punkten würden, war kaum zu erwarten – 41,8 % genügen hier für Rang 9. Als schlichtweg enttäuschend ist dagegen das Abschneiden des Bekleidungsfachhandels zu bewerten. Der Indexwert von 40,5 % kann auch wie folgt interpretiert werden: Nicht einmal die Hälfte der Befragten stimmt der Aussage zu, beim Bekleidungskauf umfassend beraten zu werden.

Auch Standardprodukte können kundenorientiert vermarktet werden: Der Aspekt der Individualität

Enorme Unterschiede zwischen den Branchen sind auch im Hinblick auf die Individualität der Leistung zu erkennen (vgl. Abb. 3-3a). Mit einem Wert von knapp 80 % schneiden auch diesbezüglich die Optiker am besten ab. Angesichts des hohen Anteils ärztlich verordneter Medikationen erscheint das gute Abschneiden der Apotheken in Sachen Leistungsindividualität erstaunlich. In ähnlicher Weise deutet die überdurchschnittliche Platzierung des Elektrofachhandels an, dass die kundenseitig wahrgenommene Individualisierung der Leistung nicht allein vom Produkt abhängt, sondern ebenso über eine individuelle Beratung gepunktet werden kann. Vor diesem Hintergrund ist es umso bedenklicher, dass der Bekleidungsfachhandel erneut am niedrigsten bewertet wird – und das mit doch deutlichem Abstand zur neuntplatzierten Energieversorgerbranche. Gleichzeitig wird hier deutlich, dass die Finanzdienstleistungsbranche eher Nachholbedarf hinsichtlich der Individualität der Beratung (58,5 %) als in Bezug auf den allgemeinen Beratungsumfang (70,8 %) besitzt.

Abbildung 3-3: *Individualität (a) und Paketlösung (b) in der Konsumentenwahrnehmung*

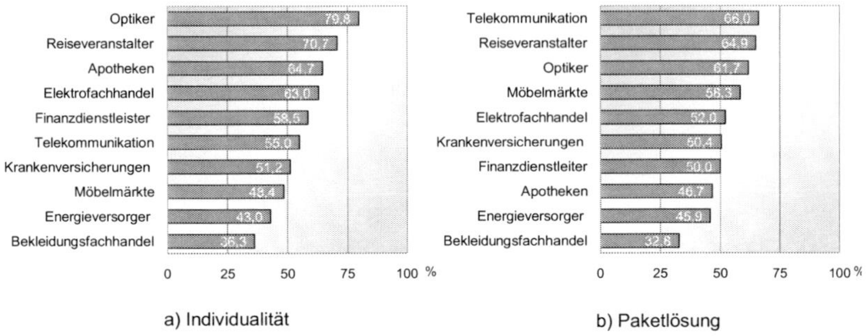

Zusammenbringen, was zusammen gehört: Das Angebot von Paketlösungen

In Sachen Paketlösung offenbaren sich zwischen den betrachteten Märkten weniger starke Unterschiede – im Vergleich zu den vorangegangenen Ausführungen liegen die Branchen in der Konsumentenwahrnehmung hier relativ eng beieinander (vgl. Abb. 3-3b). Dafür zeigen sich im Hinblick auf die Rangfolge einige Veränderungen: Rang 1 geht mit 66 % an die Telekommunikationsbranche, gefolgt von den Reiseveranstaltern und den Optikern (64,9 bzw. 61,7 %). Dabei ist allen drei Anbietergruppen gemein, dass allein aufgrund des Geschäftsmodells hier ein hohes Potenzial zur Kombination einzelner Teilleistungen zu einem Gesamtpaket besteht. Zur Spitzengruppe kann auch noch die Möbelbranche zugerechnet werden; mit 58,3 % ist der Abstand zur fünftplatzierten Elektrofachhandelsbranche (52 %) doch erheblich. Dass die Apotheken die 50 %-Marke knapp verfehlen, ist insofern nicht weiter verwunderlich, als dass das Potenzial, einzelne Medikamente zu einem Paket zusammenzustellen und hierdurch einen Mehrwert für den Kunden zu schaffen, naturgemäß begrenzt sein dürfte. Auf dem letzten Rang findet sich einmal mehr der Bekleidungsfachhandel und das obwohl oder vermutlich gerade weil sich diese Branche augenscheinlich hervorragend dazu eignet, Produkte für den Kunden zu einem individuellen Paket zusammenzustellen und so dessen Bedürfnisse noch zielorientierter zu adressieren.

4 Solution Selling aus Anbietersicht: Die wesentlichen Herausforderungen auf dem Weg zum Solution Seller

4.1 Identifikation der geeigneten Kunden

Die Entwicklung und der Verkauf von Lösungen sind meist zeitintensiv und damit kostspielig. Häufig fehlt in eingefahrenen Organisationsstrukturen jedoch die Zeit, über die normalen Anforderungen der Stellenbeschreibung hinaus auch noch an Lösungen für Kunden zu arbeiten. Darüber hinaus übersteigt ab einem gewissen Grad der kundenindividuellen Anpassung der damit verbundene Aufwand den Nutzen. Während Unternehmen zum Teil kommunizieren, dass für jeden Kunden Lösungen entwickelt werden, so rentieren sich Lösungen in der Praxis nur bei besonders attraktiven Kunden. Im B2B-Bereich werden Lösungen häufig strategisch bedeutsamen und hinsichtlich ihres aktuellen Werts bzw. Wertpotenzials attraktiven Kunden angeboten. Im B2C-Bereich richten sich Lösungsangebote i. d. R. ebenfalls eher an solvente Kunden. Die primäre Zielgruppe für Lösungsangebote sind damit A-Kunden sowie B-Kunden mit einem entsprechenden Up-Selling-Potenzial. Bei C-Kunden, an die aktuell reine Produkte ohne Dienstleistungsanteile vermarktet werden und bei denen kaum Potenziale für den Absatz von Lösungen bzw. entsprechende Zahlungsbereitschaften vorhanden sind, erscheinen Solution-Angebote aus Effizienzgründen dagegen wenig sinnvoll (vgl. Abb. 4-1).

Eine solche Kundensegmentierung vor dem Hintergrund des Solution Selling-Potenzials ist notwendig, um der Komplexitäts- und damit der Kostenfalle des Solution Selling zu entkommen Daneben sollte eine Komplexitätsreduktion durch eine Standardisierung von Teilleistungen angestrebt werden. Hierzu können im Kontext des Service Engineerings diskutierte Konzepte wie modulare Servicearchitekturen und Serviceplattformstrategien Anwendung finden (vgl. hierzu bspw. BULLINGER und SCHEER 2006; BÖHMANN, LOSER und KRCMAR 2005).

Abbildung 4-1: *Kundensegmentierung als Solution Selling kann aus Kostengründen nur für attraktive Marktsegmente erfolgen*

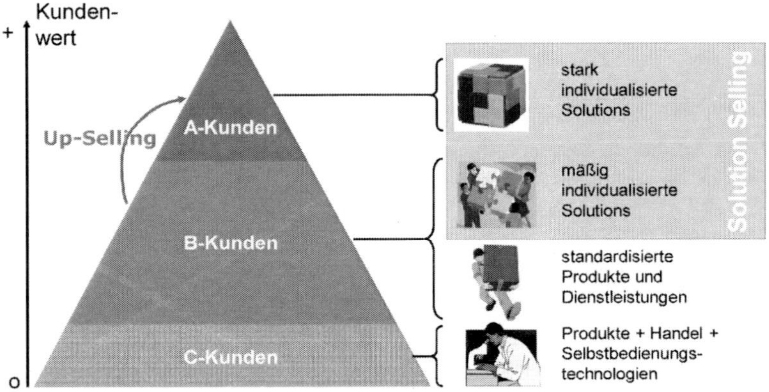

Neben der grundsätzlichen Zahlungsbereitschaft der Kunden für Lösungen sind jedoch noch weitere kundenbezogene Kriterien zu identifizieren, bevor Kunden potenzielle Kandidaten für Lösungen sind. Die anbieterseitig vorkonzipierte Lösung muss für den Kunden von Relevanz sein, die Lösung muss für sich genommen Rentabilitätsziele des Anbieters erfüllen und das Commitment des Kunden sollte gegeben sein. Gerade das Commitment des Kunden ist eine wichtige Facette für ein erfolgreiches Verkaufen von Lösungen. Stimmt die Beziehungsqualität zwischen Anbieter und Kunde nicht, so steht der komplizierte Abstimmungsprozess im Zuge der Anforderungsermittlung, Anpassung, Integration und Implementierung der Lösung von Anfang an unter schlechten Voraussetzungen (zu Begriff und Relevanz von Beziehungsqualität vgl. auch BACKHAUS 2009). Darüber hinaus kann das Commitment des Kunden nicht gegeben sein, wenn strategisch wichtige Bereiche durch die Lösung betroffen sind und ein Abfluss von Wissen befürchtet wird.

Diese Kriterien lassen sich am besten durch diejenigen Mitarbeiter erfassen, die regelmäßig mit den Kunden in Kontakt stehen (vgl. hierzu auch HOLZMÜLLER und NEUMANN 2008). Die Kundenkontaktmitarbeiter können die Potenzialkriterien in Form eines Solution Selling-Vorschlags bündeln und intern zur Konkretisierung weiterreichen. Verbunden mit dem internen Wissen über die Fähigkeiten des Anbieters bilden diese aktuell und kontinuierlich zu übermittelnden Informationen eine wichtige Grundlage für die Ausarbeitung von Lösungsvorschlägen, die dann in Kundengesprächen eingesetzt werden können.

4.2 Herausforderungen im Solution Selling-Prozess

Im Zuge des Solution Selling-Prozesses bestehen in jeder Phase jeweils typische Herausforderungen. Zur Überwindung dieser Herausforderungen ist die Entwicklung spezifischer Instrumente sinnvoll, mit Hilfe derer die Potenziale von Standardisierungs- und Erfahrungskurveneffekten im Solution-Erstellungsprozess genutzt werden können.

Phase 1: Bestimmung der Kundenanforderungen

Bereits die Bestimmung der Kundenanforderungen ist als erster Schritt im Solution Selling-Prozess nicht trivial. So sind Kundenanforderungen oftmals latent, d. h., der Kunde ist sich seiner Bedürfnisse oft kaum selbst bewusst und/oder kann sie kaum artikulieren. Im B2B-Kontext sieht sich ein Anbieter weiterhin oftmals Buying-Center-Strukturen gegenüber, wobei die Mitglieder des Buying-Centers oftmals stark unterschiedliche Anforderungen an die zu implementierende Lösung stellen.

Um diesen Herausforderungen im Rahmen der Anforderungsermittlung zu begegnen, kommt den Kundenkontaktmitarbeitern eine Schlüsselrolle zu (vgl. hierzu auch EVANSCHITZKY ET AL. 2010 sowie MICHAELIS 2009). Egal, ob Kundenkontaktmitarbeiter im Vertrieb oder im Service arbeiten, sie sind das Bindeglied des Unternehmens zur Außenwelt und daher in der Lage, vor allem im persönlichen Kontakt mit dem Kunden dessen (latente) Bedürfnisse aufzudecken, zusammenzufassen und in das eigene Unternehmen weiterzugeben. Die Fähigkeiten und das Verhalten dieser Mitarbeiter sind für die Unternehmensperformance daher von hoher Bedeutung. Vertriebsmitarbeiter sind in der Regel sehr gut in externe Netzwerke, d. h. außerhalb ihres Unternehmens, eingebunden. Dies erleichtert die Informationsgewinnung. Die Weitergabe und Nutzung der im Zuge der Kundenkontakte gewonnenen Ideen wird jedoch durch die i. d. R. schwache interne Vernetzung der Kundenkontaktmitarbeiter deutlich erschwert (vgl. Abb. 4-2).

Abbildung 4-2: Probleme im Schnittstellenmanagement erschweren die Bestimmung der Kundenanforderungen (Quelle: in Anlehnung an NEUMANN und HOLZMÜLLER 2007a)

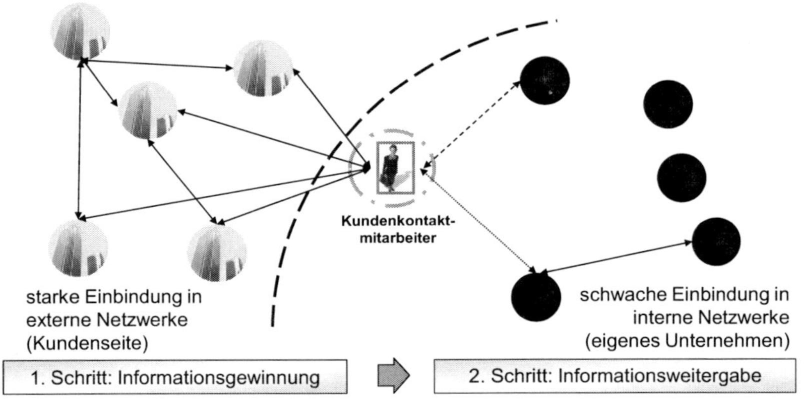

Ob Service- und Vertriebsmitarbeiter ihre Schlüsselrolle als Informant erfolgreich nutzen, hängt noch von weiteren Faktoren ab. Gerade Vertriebsmitarbeiter stehen häufig unter starkem Erfolgsdruck und fokussieren sich folglich in erster Linie auf den Abverkauf bestehender Produkte. Dieser starke Produktfokus verbunden mit einer kurzfristigen Erfolgsausrichtung mündet in einer mangelnden Veränderungsbereitschaft, insbesondere wenn das bestehende Zielsystem nicht an die neuen Anforderungen des Solution Selling angepasst wird. Zählt am Ende doch „nur" wieder der Umsatz, so wird selbst der ausgefeilteste Zielkatalog im Vertrieb auf keine Akzeptanz stoßen. Als spezifische Maßnahmen zur Überwindung der Herausforderungen in der Phase der Anforderungsermittlung bieten sich auf Ebene der Vertriebssteuerung entsprechende Incentivierungssysteme an, die die Ermittlung von Solution-Selling-Potenzialen beim Kunden und die Weitergabe der Informationen innerhalb des eigenen Unternehmens berücksichtigen. Essenziell ist weiterhin eine fundierte Vorbereitung auf anstehende Verkaufsgespräche. Im Rahmen dessen sind die Herausforderungen zu identifizieren, denen sich der Kunde aktuell gegenübersieht, um hierauf aufbauend das eigene Lösungsangebot zu konzipieren und zu positionieren. Als operative Instrumente bieten sich hier entsprechende Checklisten und Kundenprofile an, mit denen Informationen strukturiert gesammelt, aufbereitet und im Verkaufsgespräch genutzt werden können (vgl. EADES, TOUCHSTONE und SULLIVAN 2005).

Auch im Management lassen sich Barrieren für die Anforderungsermittlung identifizieren. So trägt insbesondere eine fehlende „Outside-in"-Orientierung des Managements zum Scheitern des Transformationsprozesses zum Solution Seller bei. Wenn

Manager nicht wissen, was Kunden wollen oder es besser zu wissen glauben, so werden in Konsequenz auch die für Solution Selling benötigten Veränderungen in der Infrastruktur, insbesondere im IT-unterstützten Wissensmanagement und der Organisation nicht durchgesetzt werden.

Bereits im Rahmen der Anforderungsermittlung sind darüber hinaus zeitliche Aspekte respektive die Dauer der Kundenbeziehung zu berücksichtigen. Da insbesondere bei starker Markt- und Technologiedynamik auch Kundenanforderungen im Laufe der Zeit Änderungen unterworfen sind, ist eine regelmäßige Bestandsaufnahme letzterer in sinnvollen Zeitabständen unabdingbare Voraussetzung für eine langfristig erfolgreiche Kundenbeziehung. Hier sind weiterhin Lernprozesse zu berücksichtigen, die in der Zusammenarbeit mit dem Kunden stattfinden können und deren Potenziale zum beiderseitigen Vorteil und damit zur Festigung der Kundenbeziehung genutzt werden können.

Phase 2: Anpassung und Integration der Lösung

Auch im Zuge der zweiten Phase lassen sich auf Seiten der Mitarbeiter, des Managements und der Kunden Barrieren identifizieren. Fehlt es an den notwendigen Schulungen oder am Commitment der Mitarbeiter und werden diese nur unzureichend über die stattfindenden Veränderungen informiert, so planen diese möglicherweise am Kunden vorbei oder lassen das nötige Feingefühl in der Abstimmung der Lösung mit dem Kunden vermissen. Verschuldet oder unverschuldet kann es bei den Kunden zu Missverständnissen bei den Nutzen- und Anforderungsspezifikationen kommen. Aufgabe des Managements ist es, im Zuge der Lösungsentwicklung für die passenden Strukturen im Unternehmen zu sorgen. Falsche Strukturen verhindern die Entwicklung von Lösungen. Abteilungen müssen in die Zusammenarbeit einbezogen werden. Auch hierfür müssen die nötigen Ressourcen neben dem weiterlaufenden „Tagesgeschäft" geschaffen werden. Schließlich ist vom Management laufend das Risiko der Vorhaben zu bewerten, um bei aus dem Ruder laufenden Projekten gegensteuern zu können.

Phase 3: Implementierung der Lösung

In der Phase der Einführung und Implementierung der Lösung beim Kunden müssen Mitarbeitern vor Ort die nötigen Kompetenzen eingeräumt werden und sichergestellt werden, dass das Engagement der Mitarbeiter auch in der Umsetzungsphase erhalten bleibt. Da für den klassischen Verkäufer diese Phase des Geschäfts i. d. R. Neuland ist, sind auch hier Schulungen und regelmäßige Trainings zum Kompetenzaufbau erforderlich. Aufgabe des Managements ist es, die Zügel in der Hand zu halten und die Projektorganisation sowie die Zusammenarbeit der Abteilungen untereinander in der Implementierungsphase sicherzustellen. Zeitdruck und die Angst vor einer möglichen Kostenexplosion können dazu führen, dass zu wenige praktische Tests vor Ort durchgeführt werden und der Kunde die Lösung im Prinzip vorgesetzt bekommt. Insbesondere bei hochkomplexen Lösungen steigt somit die Fehlerhaftigkeit der Implementierung.

Auch im Zuge der Implementierung kommt dem Anreizsystem für die Kundenkontaktmitarbeiter eine entscheidende Rolle zu. Ein abschlussorientiertes Anreizsystem wird in der Konsequenz kaum zu kundenorientiertem, die langfristige Geschäftsbeziehung in den Vordergrund stellendenden Verhalten der Vertriebsmitarbeiter führen. Die in der Gesamtstrategie des Unternehmens zu verankernde Solutionorientierung ist daher auf Bereichsziele bis auf die Kundenkontaktebene herunterzubrechen und über geeignete Kennzahlen zu operationalisieren, die wiederum mit dem Anreizsystem verbunden werden. Dies kann bspw. mittels entsprechender Kennzahleninstrumente wie der Balanced Scorecard erfolgen. Um den Aspekt der Solution-Orientierung operativ im Vergütungsmodell zu berücksichtigen, kann die auf Kundenebene gemessene Solution-Orientierung des Vertriebsmitarbeiters zusammen mit weiteren Erfolgskennzahlen bspw. mittels der Methode der Data Envelopment Analysis (DEA) zu einer Spitzenkennzahl verdichtet werden (vgl. hierzu MICHAELIS 2009).

Phase 4: Nachbetreuung

Nach erfolgreicher Einführung der Lösung ist es wichtig, weiter mit dem Kunden in Kontakt zu bleiben und Informationen über die Nutzung der Lösung zu gewinnen. Sind die Beteiligten – auch auf Kundenseite – hierfür nicht ausgebildet, so kann ein schlechter Support ebenfalls dazu führen, dass die Lösung vom Kunden nicht als Wert stiftend empfunden wird. Das Management muss daher die Maßnahmen auch nach Abschluss regelmäßig überprüfen und eine entsprechende CRM-Struktur aufbauen. Die Schnittstellen zwischen Kunde und Management und zwischen den beteiligten Abteilungen müssen ebenfalls aufeinander abgestimmt werden. Findet der Support in unabgestimmter Art und Weise statt, so leidet das Vertrauen der Kunden. Daher sind auch für den Support die entsprechenden Kapazitäten zu schaffen, um dem Kunden gegenüber die Bedeutung der Bestandskundenpflege auch glaubhaft vermitteln zu können.

4.3 Institutionalisierung von Solution Selling in der Unternehmenskultur

Die erfolgreiche Institutionalisierung von Solution Selling im Unternehmen ist eine Aufgabe, die nicht auf die leichte Schulter zu nehmen ist. In der betriebswirtschaftlichen Literatur und Unternehmenspraxis lässt sich eine Vielzahl von gescheiterten Versuchen identifizieren, Lösungsorientierung in der Unternehmenskultur zu verankern. Das Scheitern liegt vielfach weniger an der fehlenden Schlüssigkeit des Vorhabens, sondern oft an internen Widerständen. Gerade der Wandel zum Solution Seller erfordert nicht nur ein Umdenken in einzelnen Abteilungen, sondern eine Transformation der gesamten Organisation (vgl. KAWOHL et al. 2009). Fehlende Unterstützung des Top-Managements kann diese Transformation von Beginn an gefährden, insbesondere dann, wenn kurzfristige Erfolge ausbleiben. Ein Scheitern ist sogar recht wahrscheinlich, insbesondere vor dem Hintergrund der vielfach fehlenden, aber für das Solution Selling erforderlichen Qualifikationen. Mitarbeiter, die im bestehenden System erfolgreich und daher auch intern als Meinungsführer akzeptiert sind, können sich mit dem Wandel schwer tun und so zu den ersten Opponenten werden. Im Zuge des Wandels ist daher darauf zu achten, von Anfang an Mitarbeiter sämtlicher Entscheidungsebenen konstruktiv in den Prozess einzubinden, d. h. ein angemessenes Maß an Partizipation sicherzustellen. Vom Top-Management muss jedoch ein gewisser Anschub geleistet werden, um eine Reihe von Pilotprojekten erfolgreich umzusetzen und somit die Sinnhaftigkeit der Transformation und der damit verbundenen Mühen glaubhaft darstellen zu können.

Abbildung 4-3: *Selbstverstärkender Lernkreislauf zur Generierung von Solution Selling-Projekten*

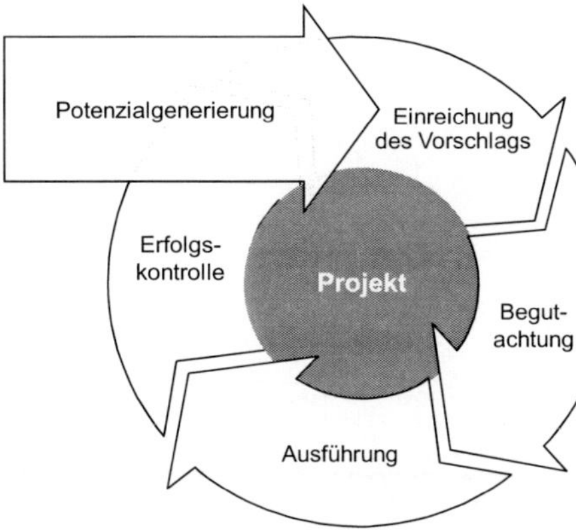

Um den Aufbau der organisationalen Fähigkeit, Lösungen anzubieten, voranzutreiben, erscheint es zweckmäßig, einen sich selbst verstärkenden Lernkreislauf zu etablieren (vgl. Abb. 4-3). Organisationales Lernen unterscheidet sich von individuellem Lernen vor allem dadurch, dass in die Organisation hineingetragene Informationen – im vorliegenden Fall geschieht dies in erster Linie durch die Kundenkontaktmitarbeiter – von sämtlichen Mitarbeitern analysiert bzw. begutachtet werden, die potenziell von der Information betroffen sein oder einen weiteren Beitrag zur Ideenverbesserung leisten könnten. Auf diese Weise wird der Wert des durch den einzelnen Mitarbeiter in das Unternehmen getragenen Vorschlags erhöht, und das gesamte Unternehmen „lernt“ (vgl. ähnlich bspw. NARVER und SLATER 1995). Ausgehend vom Vertrieb sollen in abteilungsübergreifenden Teams in knapper Form Konzepte entwickelt und in die Organisation hineingetragen werden. In Zusammenarbeit mit dem Marketing und anderen Teilen der Unternehmung werden diese Konzepte konkretisiert, verfeinert und letztlich abschließend bewertet. Durchgeführte Projekte dienen als Orientierungsmuster und liefern ihrerseits Anschlusskonzepte für weitere Lösungen. Durch die Etablierung eines Lernkreislaufs wird erreicht, dass auch Organisationen mit vergleichsweise geringen Solution Selling-Fähigkeiten das veränderte Geschäftsmodell in der praktischen Arbeit erlernen können und somit Akzeptanzbarrieren und die vorhandene Trägheit aufgrund bereits vorhandener, scheinbar bewährter Prozesse abgebaut werden können.

5 Fazit und Ausblick

Als einleitender Beitrag zum Herausgeberband „Marketing von Solutions“ gibt der vorliegende Artikel einen Überblick über die Thematik des Solution Selling. Im Zuge dessen wurden zunächst **Begriff**, **Prozess** und **Ziele** des Solution Selling vorgestellt, und es wurde ein kurzer Abriss zum Stand der Forschung zum Solution Selling gegeben. Da die Kundenanforderungen Ausgangspunkt einer erfolgreichen Solution-Vermarktung sind, wurden im dritten Abschnitt die Ergebnisse einer Konsumentenbefragung dargestellt, die Aufschluss über Wahrnehmung und Potenziale des Solution Sellings in zehn Handels- bzw. Dienstleistungsbranchen gibt. Die vorangegangenen Ausführungen integrierend widmete sich der vierte Abschnitt schließlich wiederum der Anbietersicht und damit der Frage, wie der Wandel zum Solution Seller vollzogen werden kann. Die Voraussetzungen dafür sind neben der Existenz entsprechender Rahmenbedingungen auf dem jeweiligen Markt ein qualifizierter Mitarbeiterstamm, die Schaffung einer Solution Selling-Kultur im Unternehmen und eine hohe Beziehungsqualität zu den Kunden. Sind diese Voraussetzungen erfüllt, so lässt sich die Mehrzahl der dargestellten Problembereiche mittels geeigneter interner und externer Marketingmaßnahmen erfolgreich adressieren.

Noch ein Wort zur Eignung von Solution Selling im Mittelstand: Der Großteil der in der Literatur in Form von Case Studies oder qualitativen Interviews aufbereiteten Fallbespiele zum Solution Selling bezieht sich auf den Kontext von Großunternehmen. Dazu ist anzumerken, dass eine Reihe der beschriebenen Herausforderungen im Mittelstand in sehr viel geringerem Maße auftritt. So ist bspw. die in Großunternehmen häufig zu beobachtende Problematik, Solution-Bedarfe von Kunden und die sich daraus ergebenden Anforderungen durch den Vertrieb zu erfassen und im eigenen Unternehmen entsprechend weiterzugeben, in kleinen und mittleren Unternehmen grundsätzlich weniger stark ausgeprägt, da die überschaubareren internen Strukturen und kürzere Entscheidungswege Vorteile in Bezug auf die Kommunikation zwischen Vertrieb und Geschäftsleitung bzw. Produktion mit sich bringen (vgl. WOISETSCHLÄGER, BACKHAUS und MICHAELIS 2009). Die Geschäftsführung erfährt unmittelbarer, welche Anforderungen der Kunde an eine zu entwickelnde Solution stellt und die angesprochenen Ziel- und Rollenkonflikte zwischen Vertrieb, Geschäftsleitung und Produktion treten somit in sehr viel geringerem Maße auf als in Großunternehmen. Unter Einbeziehung der Ergebnisse der vorgestellten Konsumentenbefragung lässt sich damit schlussfolgern, dass Solution Selling gerade für den Mittelstand erhebliche Potenziale bietet. Denn hier sind die internen Strukturen von vorne herein besser geeignet, lösungsorientierte Marktbearbeitungsstrategien zu unterstützen.

Literaturverzeichnis

AHLERT, D., J. KAWOHL UND B. SCHEFER, Idealtypische Organisationskonzepte für Solution Seller – eine explorative Analyse, Transolve-Projektbericht 6, Münster 2009.

ARNETT, D. B. UND V. BADRINARAYANAN, Enhancing customer-needs driven CRM strategies: Core selling teams, knowledge management competence, and relationship marketing competence, in: Journal of Personal Selling and Sales Management, Volume 25, Issue 4, 2005, S. 329-341.

BACKHAUS, C., Beziehungsqualität in Dienstleistungsnetzwerken – theoretische Fundierung und empirische Analyse, Wiesbaden 2009.

BÖHMANN, T., K. LOSER UND H. KRCMAR, Modellierung von Prozessschnittstellen modularer Servicearchitekturen, in: Herrmann, T., Kleinbeck, U., Krcmar, H. (Hrsg.), Konzepte für das Service Engineering, Heidelberg 2005, S. 167-186.

BOSWORTH, M. UND J. HOLLAND, Customer centric selling, New York 2004.

BULLINGER, H. UND A. SCHEER, Service Engineering. Entwicklung und Gestaltung innovativer Dienstleistungen, 2. Auflage, Berlin 2006.

CORNET, E., R. KATZ, R. MOLLOY, J. SCHÄDLER, D. SHARMA UND A. TIPPING, Customer Solutions: From Pilots to Profits, in: Viewpoint, Booz, Allen & Hamilton, Jg. 11, 2000, S. 1-19.

DAVIES, A., T. BRADY UND M. HOBDAY, Charting a Path Toward Integrated Solutions, in: MIT Sloan Management Review, Volume 47, Issue 3, 2006, S. 39-48.

DAVIES, A., T. BRADY UND M. HOBDAY, Organizing for Solutions: Systems seller vs. Systems Integrator, in: Industrial Marketing Management, Volume 36, 2007, S. 183-193.

EADES, K. M., J. N. TOUCHSTONE UND T. T. SULLIVAN, The Solution Selling Fieldbook – Pracitcal Tools, Application Exercises, Templates and Scripts for Effective Sales Execution, New York 2005.

EVANSCHITZKY, H., D. M. WOISETSCHLÄGER, C. BACKHAUS UND M. MICHAELIS, Kundenbindung in Dienstleistungsnetzwerken, in: Bruhn, M. und Homburg, C. (Hrsg.), Handbuch Kundenbindungsmanagement, Wiesbaden 2010, S. 325-354.

GALBRAITH, J. R., Organizing to deliver solutions. Organizational Dynamics, Volume 31, Issue 2, 2002, S. 194-206.

GERSTNER JR., L.V., Who Says Elephants Can't Dance? Inside IBM's Historic Turnaround, New York 2002.

GUMMESSON, E., Many-to-Many Marketing as Grand Theory: A Nordic School Contribution, in: Vargo, S. L. und Lusch, R. F. (Hrsg.), The Service-Dominant Logic of Marketing: Dialog, Debate, and Directions, New York 2006, S. 339-364.

HAX, A. C. UND D. L. WILDE II, The Delta Model, in: Sloan Management Review, Volume 40, 1999, S. 11-28.

HOLZMÜLLER, H. H. UND D. NEUMANN, Die Implementierung von Idea Fishing durch Frontline Employees – Eine herausfordernde Aufgabe für die Unternehmensführung, in: Mühlbacher, J., Scheer, P., Schmidt, A. und von Rosenstiel, L. (Hrsg.), Management Development – Wandel der Anforderungen an Führungskräfte, Wien 2008, S. 187-198.

KAWOHL, J., Lösungsorientierung von Handelsunternehmen – Konzeption und Erfolgsmessung, Wiesbaden 2010.

KAWOHL, J., H. EVANSCHITZKY, H., D. M. WOISETSCHLÄGER UND D. AHLERT, Towards a measurement of solution orientation: Construct and research directions, Proceedings of the International Symposium on Services Science, Leipzig 2009.

MICHAELIS, M., Internes Marketing in Dienstleistungsnetzwerken: Konzeption und Erfolgsmessung, Wiesbaden 2009.

NARVER, S. F. UND J. C. SLATER, Market Orientation and the Learning Organization, in: Journal of Marketing, Volume 59, Issue 3, 1995, S. 63-74.

NEUMANN, D. UND H. H. HOLZMÜLLER, Boundary-Spanner als Akteure in der Innovationspolitik von Unternehmen, in: Carell, A., Herrmann, T. und Kleinbeck, U. (Hrsg.), Innovationen an der Schnittstelle zwischen technischer Dienstleistung und Kunden, Band 1, Heidelberg 2007a.

NEUMANN, D. UND H. H. HOLZMÜLLER, Service Delivery Encounters in Business-to-Business Contexts as a Source of Innovation – A Conceptual and Explorative Study, in: Journal of Business Market Management, Volume 1, Issue 2, 2007b , S. 105-134.

SAWHNEY, M., Going beyond the Product: Defining, Designing, and Delivering Customer Solutions, in: Lusch, R. F. und Vargo, S. L. (Hrsg.), The Service-dominant Logic of Marketing: Dialog, Debate, and Directions, Armonk NY 2006, S. 365-380.

SHARMA, A., Customer satisfaction-based incentive systems: Some managerial and salesperson considerations, in: Journal of Personal Selling and Sales Management, Volume 17, Issue 2, 1997, S. 61-70.

SHARMA, A., The shift in sales organizations in business-to-business services markets, in: Journal of Services Marketing, Volume 21, Issue 5, 2007, S. 326-333.

SHARMA, A., G. IYER UND H. EVANSCHITZKY, Personal Selling of High Technology Products: The Solutions Selling Imperative, in: Journal of Relationship Marketing, Volume 7, Issue 3, 2008, S. 287-308.

SHARMA, D., C. LUCIER UND R. MOLLOY, From Solutions to Symbiosis: Blending with Your Customers, in: Strategy and Business, Volume 27, Issue 2, 2002, S. 38-43.

SHARMA, D. UND R. MOLLOY, The Truth About Customer Solutions, in: Viewpoint. Boston, MA: Booz Allen & Hamilton, 1999, S. 1-13.

STREMERSCH, S., S. WUYTS UND R. T. FRAMBACH, The Purchasing of Full-Service Contracts: An Exploratory Study within the Industrial Maintenance Market, in: Industrial Marketing Management, Volume 30, Issue 1, 2001, S. 1-12.

TULI, K. R., A. K. KOHLI UND S. G. BHARADWAJ, Rethinking Customer Solutions: From Product Bundles to Relational Processes, in: Journal of Marketing, Volume 71, Issue 3, 2007, S. 1-17.

VARGO, S. L. UND R. F. LUSCH, Evolving to a New Dominant Logic for Marketing, in: Journal of Marketing, Volume 68, Issue 1, 2004, S. 1-17.

VARGO, S. L. UND R. F. LUSCH, From goods to service(s): Divergences and convergences of logics, in: Industrial Marketing Management, Volume 37, Issue 3, 2008, S. 254-259.

WISE, R. UND P. BAUMGARTNER, Go downstream: The New Profit Imperative in Manufacturing, in: Harvard Business Review, Volume 77, Issue 5, 1999, S. 133-141.

WOISETSCHLÄGER, D. M., C. BACKHAUS UND M. MICHAELIS, Solution Selling: Wie der Wandel zum Lösungsanbieter gelingt, in: Borchert, M., Heinen, E. und Zühlke-Robinet, K. (Hrsg.), Systematische Gestaltung von Leistungen und Prozessen in KMU – Voraussetzungen für erfolgreiche Internationalisierung von Dienstleistungen, Ingolstadt 2009, S. 57-77.

WOISETSCHLÄGER, D. M., H. EVANSCHITZKY, C. BACKHAUS UND M. MICHAELIS, Verkaufen Sie noch oder lösen Sie schon? – Solution Selling als Strategieoption für den mittelständischen Handels- und Dienstleistungssektor, Arbeitspapier Nr. 3 der Juniorprofessur für Dienstleistungsmanagement, Dortmund 2010.

Dieter Ahlert, Julian Kawohl, Isabelle Kes, Felix Brüggemann, Jennifer Peperhowe, Benjamin Schefer und Eva Schütrumpf

Solution Selling im B2C-Bereich

Ein konzeptioneller Ansatz zur Typologisierung von Solutions

1 Einführung in komplexe Konsumprobleme und Lösungen im B2C-Bereich

Der vorliegende Beitrag, der die Thematik des Solution Selling im B2C-Bereich in Form eines theoretisch-konzeptionellen Ansatzes behandelt, wurde innerhalb eines methodisch innovativen Projektes im Rahmen eines Universitätsseminars vorbereitet. So ist ein Großteil dieses Beitrags in einer interaktiven Zusammenarbeit einer Vielzahl von Autoren im Rahmen eines Wikis[1] entstanden. Zielsetzung dieses Artikels ist es, eine Typologisierung für Lösungsanbieter zu entwickeln.

Mitte des letzten Jahrhunderts setzte der Wandel von einem Verkäufer- zu einem Käufermarkt ein. Dies bedeutet, dass der Käufer in zunehmendem Maße eine „überlegene Position" einnahm, da er aus einer Vielzahl von Anbietern auswählen konnte (vgl. AHLERT und KENNING 2007, S. 10). Heute zwingt der harte Wettbewerb auf gesättigten Märkten die Unternehmen dazu, nach neuen Differenzierungsmerkmalen zu suchen, die es ihnen ermöglichen, dauerhaft im Konkurrenzkampf zu bestehen.

Ein Erfolg versprechender Ansatz dazu wird in letzter Zeit in der Marketingliteratur diskutiert: Solution Selling, also der Verkauf von integrierten Kundenlösungen anstatt einfacher und damit austauschbarer Produkte oder Services (vgl. DAVIES, BRADY und HOBDAY 2007, S. 186 f.). Eine Voraussetzung für das Anbieten von Lösungen ist das Vorliegen eines Problems auf Seiten des Kunden, denn dieser wird immer dann eine Lösung nachfragen, wenn er komplexen Konsum- bzw. Investitionsproblemen gegenübersteht (vgl. PALIWODA und BONACCORSI 1993, S. 156). Ein solches Problem liegt dann vor, wenn es kein „Angebot von der Stange" gibt, welches eine adäquate Lösung darstellen würde. Die Lösung muss also auf die individuellen Bedürfnisse des Kunden zugeschnitten werden (vgl. WITT 1996, S. 27).

Einen fundamentalen Beitrag zur konzeptionellen Auseinandersetzung mit dem Angebot von Lösungen bieten TULI, KOHLI und BHARADWAJ, die ein Vier-Phasen-Prozessmodell des Solution Selling formuliert haben (vgl. TULI, KOHLI und BHARADWAJ 2007, S. 1 ff.). Hierbei wird die erste Phase durch die Identifikation des Kundenwunsches geprägt. Darauf folgt typischerweise die Phase des Customizing und der kundenindividuellen Zusammenstellung der Lösungskomponenten. Als dritte Phase wird dann die Lieferung/Implementierung vorgenommen, bevor Nachsorge und After-Sales die letzte Phase bestimmen.

---

1 Ein Wiki ist eine Software und Sammlung von Webseiten, die von den Benutzern nicht nur gelesen, sondern auch direkt online geändert werden können. Wikis ermöglichen es verschiedenen Autoren, gemeinschaftlich an Texten zu arbeiten.

Für den Kunden soll durch den Kauf einer Lösung ein Mehrwert gegenüber dem Erwerb verschiedener Einzelleistungen und Produkte entstehen, so dass der Erwerb des Leistungsbündels für den Kunden attraktiver ist (vgl. WIENHOLD und EGELING 2007, S. 5). Auf diese Weise spart der Kunde Zeit und Arbeit. Es erübrigen sich der Kauf der Einzelleistungen und deren Abstimmung. Vielmehr profitiert der Kunde von der angebotenen Komplettlösung, bei welcher der Solution Seller als alleiniger Ansprechpartner agiert und die gesamte Koordination übernimmt.

Viele Unternehmen bezeichnen sich heutzutage in Befragungen als Anbieter von Solutions (vgl. DAY 1994, S. 18). Allerdings stammt die Mehrzahl der Vorzeigebeispiele für Solution Seller aus dem B2B-Bereich. Gerade Unternehmen wie IBM, Ericsson oder ABB sind hier zu nennen (vgl. WINDAHL ET AL. 2004, S. 223 ff.). Die Konsumgüterseite bzw. der Handel sind in dieser Betrachtung bisher noch weitgehend vernachlässigt worden. So wird in der wissenschaftlichen Diskussion dezidiert darauf hingewiesen, den Handel als Lösungsanbieter in den Forschungsfokus mit aufzunehmen (vgl. KÜHLBORN 2004, S. 176). In der Unternehmenspraxis ist die Aktualität des Themas im Endkundenbereich schon stärker präsent, wie dies z. B. das momentane Engagement der *toom Baumärkte* zeigt. Diese versuchen, auf die stagnierenden Umsätze und die damit einhergehende sinkende Flächenproduktivität zu reagieren, indem das Unternehmen sich durch das neue *WOW-Konzept* über kundenindividuelle Leistungsbündel vom Wettbewerb differenziert. Das neue Konzept von *toom* bietet deshalb zusätzlich zu den klassischen Baumarktartikeln Umsetzungsideen, Service- und Beratungskompetenz von Handwerksbetrieben und Wohnausstattern an. *toom* schafft dadurch ein individuelles Einkaufserlebnis, hilft dem Kunden schon bei der Ideenfindung und bietet ihm Komplettlösungen an (vgl. o.V. 2008a). Ein weiteres Zeichen der Kundenbereitschaft für solche Lösungsangebote ist der Erfolg des noch jungen Unternehmens *DACAPO*. Dieses bietet eine Rundum-Komplettlösung für den Bau von Carports, der immer beliebter werdenden Alternative zur Garage, an. Das Leistungsspektrum reicht hier von der Gestaltung des Carports mit Hilfe eines Onlinekalkulators und der individuellen Ausstattung des überdachten Freiluftparkplatzes bis hin zum fachgerechten Aufbau sowie der Nachsorge und Pflege.

In der Literatur wird sich dem Solution Selling-Thema meist auf praktische Art und Weise genähert, vielfach finden sich Beispielbeschreibungen bereits umgesetzter Lösungsorientierung (z. B. *Alstom, BT Industries, Ericsson, Thales* etc.), die von verschiedensten Autoren aufgeführt werden (vgl. DAVIES, BRADY und HOBDAY 2007, S. 187 f.; DAVIES 2004, S. 741 ff.; WINDAHL et al. 2004, S. 222 ff.), was die Relevanz des Themas weiter unterstreicht. Es mangelt aber, aufgrund der relativen Neuartigkeit der Thematik, an einer umfassenden theoretischen Einordnung, die das Phänomen für den weiteren wissenschaftlichen Diskurs greifbarer machen würde. Die vorliegende Arbeit soll durch die Entwicklung einer Typologie im B2C-Bereich einen Beitrag zum besseren Verständnis der Handlungsarena für Solution-Anbieter leisten. Eine Typologie scheint hierfür insbesondere gut geeignet, da Unternehmensbeispiele eingeordnet, verglichen und dadurch Schwerpunkte realer Erscheinungsformen herausgearbeitet werden können. Außerdem ermöglicht eine Typologie durch ihre Systematisierung das Auffinden bisher vernachlässigter Anbieterformen im Solution Selling. Im Folgenden wird zunächst definiert, was in dieser Arbeit unter einer Lösung verstanden wird und wie diese in den Forschungskontext einzuordnen ist. Im Anschluss daran erfolgt die Vorstellung und Erläuterung der Typologisierung als Methode. Es schließt sich die Herleitung eines Kriterienkataloges an, welcher der Charakterisierung von Lösungsanbietern dient. Mit Hilfe dieser Kriterien werden im Anschluss Typologien formuliert, denen idealtypische Lösungsanbieter zugeordnet werden können. Abschließend wird im Rahmen einer kritischen Würdigung die Güte dieser Portfolios beurteilt sowie ein Ausblick auf weiterführende Forschungspotenziale gegeben.

2 Definitorische Grundlagen und Literaturüberblick

Eine Lösung kann als die Antwort auf ein Problem verstanden werden (vgl. EADES 2006). Ausgangspunkt konzeptioneller Überlegungen ist somit eine unbefriedigende Situation, die ihren Ursprung in einer spezifischen, nicht zufriedenstellenden Ausprägung eines Gesamtsystems hat. Eine Lösung setzt an diesem Punkt an und bietet eine Verbesserung, so dass die spezifische Ausprägung zufrieden stellend wird (vgl. WINDAHL und LAKEMOND 2006, S. 806). Der Fokus liegt somit nicht auf dem Produkt oder der Dienstleistung, sondern auf dem Ergebnis der Leistung (vgl. DAVIES, BRADY und HOBDAY 2007, S. 187 ff.).

Basierend auf den Erkenntnissen aus der Diskussion in der Literatur, die keine einheitliche Definition einer Lösung enthält, lassen sich vier konstitutive Merkmale einer Lösung ableiten (vgl. AHLERT ET AL. 2008). Der Gedanke der **Individualität** manifestiert sich in der auf den einzelnen Kunden zugeschnittenen Auswahl und Anpassung des Leistungsbündels. Der Aspekt der **Komplexität** ergibt sich aus der Zusammensetzung einer Lösung aus mehreren Gütern oder Dienstleistungen bzw. der Kombination aus beidem. Die Idee einer intensiven **Interaktivität** zwischen Anbieter und Nachfrager beschreibt die Tatsache, dass beide Parteien die Lösung gemeinsam im Dialog entwickeln. Schließlich betont der Faktor der **Integrativität** den Mehrwertcharakter einer Lösung, da diese sich leicht in die Umgebung des Kunden einbauen lässt und damit einen klaren Nutzen stiften sollte, indem entweder Outputsteigerungen oder Effizienzgewinne realisiert werden können. Ausgehend von diesen Merkmalen ergibt sich die folgende Definition:

Unter Lösungen werden individuelle Leistungen für komplexe Kundenprobleme verstanden, die interaktiv konzipiert werden und deren Komponenten einen integrativen Mehrwert bieten.

In diesem Beitrag soll eine Typologie entwickelt werden, anhand derer sich Solution Anbieter einordnen lassen. Eine Typologie (auch Morphologie genannt) ist ein Verfahren, mit dem eine große Menge verschiedener Erscheinungen und Aspekte eingeordnet und damit überschaubar gemacht werden kann (vgl. KNOBLICH 1969, S. 28) oder einfacher formuliert: „Typologie ist eine Ordnungsmethode mit Hilfe von Typen" (AHLERT und EVANSCHITZKY 2003, S. 27). Hierbei drückt der Typus kein Extrem aus. So steht er weder als Oberbegriff für das Allgemeine, noch ist er so spezifisch, dass er das Individuelle bzw. Besondere abbildet. „Die Typologische Methode zeichnet sich im Gegensatz zur begrifflichen Abstraktion durch Anschaulichkeit aus, ohne jedoch auf der Stufe der Beschreibung stehenzubleiben. Umgekehrt verharrt die Typenbestimmung, immer an der Schwelle zum Individuellen [...], ohne es jemals voll auszuschöpfen" (KNOBLICH 1969, S. 29).

Im Folgenden beziehen wir uns auf die in der Literatur häufig verwendete Definition von KNOBLICH, die einen Typus für betriebswirtschaftliche Zwecke in geeigneter Weise definiert:

„Ein Typus ist der ‚Repräsentant' einer Reihe von Erscheinungen (Objekten), die eine Anzahl gemeinsamer Merkmale (Eigenschaften) aufweisen, wobei die Auswahl und Zusammensetzung der den Typus charakterisierenden Merkmale vom jeweiligen Untersuchungszweck abhängt" (KNOBLICH 1969, S. 25).

Typen entstehen durch eine Kombination von Merkmalsausprägungen, die in Bezug auf Art, Zahl und Auswahl der Merkmale bestimmte Anforderungen erfüllen müssen. So sollen Merkmale der Art nach abstufbar und veränderlich sein. Im Gegensatz zum Fall der Klassifizierung, die starre Merkmale berücksichtigt, werden einem Typus diese in mehr oder weniger starker Ausprägung zuerkannt. Darüber hinaus soll ein Typus mehrere – also mindestens zwei – Merkmale vereinen. Schließlich hängt die Auswahl der typologischen Merkmale vom jeweiligen Untersuchungsbereich ab, da die Zweckbezogenheit ein Charakteristikum eines jeden Typus und seiner Merkmale sein muss. Der Prozess der Typenbildung ist in der betriebswirtschaftlichen Literatur durch die folgenden Schritte gekennzeichnet (vgl. ALGERMISSEN 1976, S. 33 ff.).

1. Bestandsaufnahme der Untersuchungsobjekte (hier also bereits agierende Solution Seller in Form von Best Practice-Beispielen),
2. Festlegung der typologischen Merkmale (Kriterienkatalog),
3. Bestimmung der Affinitäten der Merkmale und
4. Sinnvolle Kombination der Merkmalsausprägungen zu Typen.

Im Zusammenhang mit der Beschreibung der Strategie eines Lösungsanbieters und dessen Leistungsprogramms werden auf Basis theoretisch-konzeptioneller Überlegungen mehrfach Typologisierungen zur Abgrenzung dieses Konzeptes entwickelt.

Als Basis für die im Folgenden dargestellten Typologisierungsansätze sollen die Überlegungen von BURIANEK ET AL. herangezogen werden, die konstatieren, dass die Position eines Lösungsanbieters durch einen hohen Grad an Individualisierung des Leistungsangebotes und einen ebensolchen Grad der Integration des externen Faktors gekennzeichnet wird (vgl. BURIANEK ET AL. 2007, S. 20 f.). Die Kennzeichnung eines Lösungsanbieters ist somit durch eine entscheidende Perspektive bestimmt: die Einbeziehung des Kunden in die Lösungserstellung. Der Kunde wird gewissermaßen zum Co-Produzenten der Lösung und die Konfiguration der Lösung wird ausgehend vom explizierten Kundenproblem vorgenommen (vgl. CORNET ET AL. 2000, S. 2 ff.; FOOTE ET AL. 2001, S. 87; BRADY, DAVIES und GANN 2005, S. 364; COVA und SALLE 2007, S. 142). Eine intensive Zusammenarbeit mit dem Kunden wird erforderlich, damit dessen Probleme erkannt, definiert und letztendlich gelöst werden können (vgl. z. B. SHEPERD, und AHMED 2000, S. 105; CERASALE 2004, S. 64 f.). BURIANEK ET AL. grenzen somit den Lösungsanbieter von anderen Anbietertypen wie bspw. dem Komponentenspezialist, dem Integrator oder dem Customizer ab. Die vorliegende Arbeit möchte nun darauf aufbauend verschieden Typen von Lösungsanbietern definieren. Demnach werden wir die Arbeit von BURIANEK ET AL. als Grundlage nehmen und grafisch gesprochen im zweiten oberen Quadranten des Frameworks speziellere Unterformen definieren (vgl. Abb. 2-1).

Abbildung 2-1: *Typologisierung nach* BURIANEK ET AL. *(Quelle:* BUNNENBERG *2008, S. 20, in Anlehnung an* BURIANEK ET AL. *2007, S. 20)*

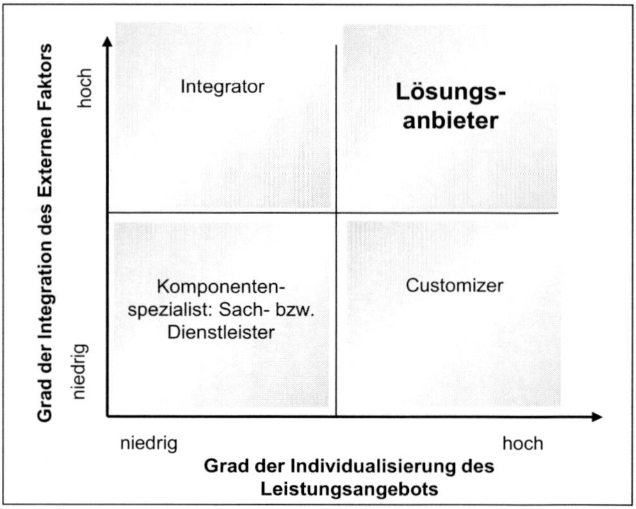

Im Folgenden werden also zunächst einen Kriterienkatalog vorstellt, anhand dessen in einem späteren Schritt die Anbieter von Lösungen differenziert werden sollen. Diese Kriterien und die spätere Kombination zu Typen orientieren sich stark an untersuchten Best Practice-Beispielen. Im nächsten Schritt werden die Merkmale dann verdichtet und verschiedene Typologisierungsansätze vorgestellt.

3 Kriterienkatalog für die Typologisierung von Anbietern

Die so genannte Bestandsaufnahme der Lösungsanbieter dient zwar der Information über die real existierenden Erscheinungsformen, hat aber nicht die Gewinnung von detailliertem Wissen über alle konkreten Solution Seller zum Ziel; „vielmehr genügt oft die Erfassung einer repräsentativen, beschränkten Anzahl von [...] Lösungsanbietern, deren Analyse bereits zu vielen typologisch (mehr oder weniger) relevanten Merkmalen (Merkmalslisten) führt" (ALGERMISSEN 1976, S. 35). Im Folgenden werden die möglichen Kriterien, die sich aus der Betrachtung der Praxisbeispiele und der Literatur ergeben haben, dargestellt und erläutert. Die Analyse der Best Practice Fälle ist nicht Bestandteil dieser Arbeit, hier sei auf bereits existierende Literatur verwiesen (vgl. AHLERT, KAWOHL und KES 2008).

3.1 Grad der Komplexität einer Lösung

Das Ziel dieses Abschnitts ist es, reale Erscheinungsformen von Lösungsanbietern anhand des Kriteriums der Komplexität zu erläutern.

In dieser Arbeit soll Komplexität nicht als bloße Kompliziertheit verstanden werden, wie dies im allgemeinen Sprachgebrauch oft der Fall ist. Vielmehr wird Komplexität auf Basis der viel zitierten Überlegungen zur Problemzerlegung nach HERBERT A. SIMON definiert. Das durch diesen Autor immer weiterentwickelte Verständnis von Komplexität dient vielen Modellen als Grundlage und Strukturbasis (vgl. SIMON 1996). Ausgangspunkt seiner Überlegungen ist ein schlecht strukturiertes Problem. Dieses Ausgangsproblem ist ein System verschiedener Subprobleme, welche wiederum Systeme weiterer Subprobleme darstellen.

Abbildung 3-1: *Zerlegung eines schlechtstrukturierten Ausgangsproblems (Quelle: in Anlehnung an* BERENS *und* DELFMANN *1995, S. 43)*

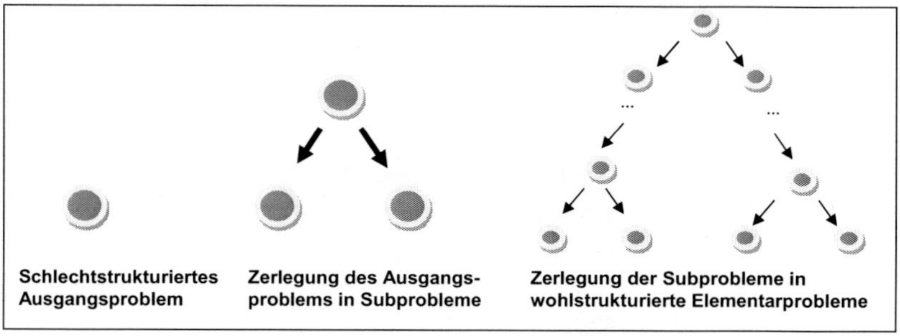

SIMON zufolge lassen sich schlecht strukturierte Probleme in ihre Bestandteile zerlegen und nur über ihre elementaren Einheiten erklären. Zur Lösung des schlecht strukturierten Ausgangsproblems müssen sukzessive alle wohlstrukturierten Elementarprobleme gelöst werden. Die Komplexität eines Konsumproblems bzw. einer Solution ist auf Basis zweier Variablen determiniert: (1) die Anzahl der Elementarprobleme und (2) die Art der Beziehungen zwischen den Sub- und Elementarproblemen. Eine Beziehung kann sowohl positiv sein – d. h., bei der Lösung zweier Subprobleme treten Synergien auf – als auch negativ – die Lösung eines Subproblems erschwert die Lösung eines weiteren Subproblems. Im Vergleich zur Beziehungsart erhöht die Anzahl der Elementarprobleme den Komplexitätsgrad stärker, da mit einer hohen Anzahl an Elementarproblemen ein hoher Koordinationsaufwand einhergeht.
Es ergibt sich folgende Dreiklassentypologie für Lösungsangebote:

- Eine Solution ist wenig komplex (Komplexitätsklasse 1), wenn die Anzahl der Elementarprobleme im Vergleich zum Durchschnitt gering ist und die Beziehungen zwischen den Sub- und Elementarproblemen ausgeglichen bis positiv sind.
- Eine Solution ist komplex (Komplexitätsklasse 2), wenn die Anzahl der Elementarprobleme durchschnittlich bis gering ist und die Beziehungen zwischen den Sub- und Elementarproblemen ausgeglichen oder gering negativ sind.
- Eine Solution ist sehr komplex (Komplexitätsklasse 3), wenn die Anzahl der Elementarprobleme durchschnittlich bis hoch ist und die Beziehungen zwischen den Sub- und Elementarproblemen negativ sind.

Die Übergänge zwischen den einzelnen Komplexitätsklassen sind zum Teil fließend und nicht genau abgrenzbar (vgl. Abb. 3-2).

Abbildung 3-2: Schematische Darstellung der drei Komplexitätsklassen (Quelle: Eigene Darstellung)

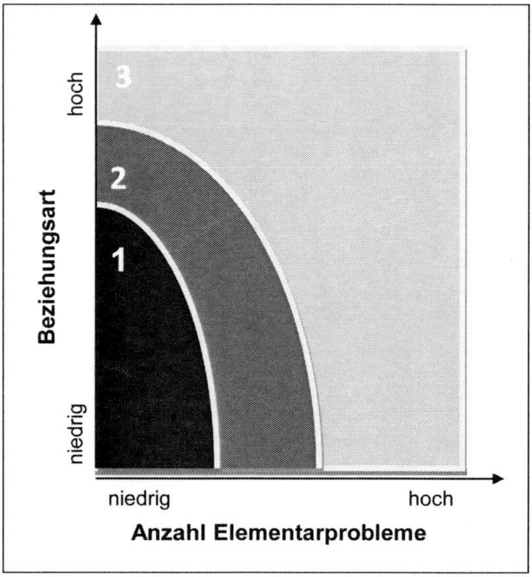

Beispielhaft können nun reale Lösungsangebote betrachtet und in diese Komplexitätsklassen eingeordnet werden:

Das Ausgangskonsumproblem „Maßanzug" lässt sich in die Subprobleme „Hose", „Sakko" und „Weste" zerlegen. Diese Subprobleme lassen sich wiederum in Elementarprobleme zerlegen. Im Vergleich zu anderen Lösungen, wie z. B. der Planung und Umsetzung einer Hochzeit durch einen Wedding Planner oder dem Bau eines schlüsselfertigen Einfamilienhauses ist die Anzahl der Elementarprobleme hier gering. Die Beziehungen zwischen den Sub- und Elementarproblemen sind vorwiegend positiv. Zum einen kann die gesamte Leistung – Hose, Sakko und Weste – von einer Person, dem Schneider, erbracht werden. Zum anderen entstehen Synergien bei der Lösung einzelner Sub- und Elementarprobleme. Wurde die Hose genäht, kann im Anschluss die Weste genäht werden, ohne Faden und Soff wechseln zu müssen. Diese Solution wird somit als wenig komplex eingestuft und der **Komplexitätsklasse 1** zugeordnet.

Die Problematik einer Wohnraumgestaltung durch einen Inneneinrichter fällt je nach Ausführung in die **Komplexitätsklasse 2**. Denn es gibt vergleichsweise wenige Subprobleme, da sich die Lösung auf einen Raum beschränkt. Hier stellen zum Beispiel das Tapezieren, die Möbel, die Dekoration, die Bilder u. ä. die Subprobleme dar. Diese lassen sich wiederum auf Elementarprobleme herunterbrechen. Im Vergleich zum Bau eines Einfamilienhauses, ist die endgültige Zahl der Elementarprobleme in diesem Fall eher gering. Allerdings sind die einzelnen Sub- und Elementarprobleme z. T. durch negative Beziehungen geprägt. So kann bspw. das Bücherregal nicht aufgebaut werden, bevor neu tapeziert wurde. Eine Solution für dieses Problem ist demnach relativ komplex, da sie trotz der recht geringen Zahl an Elementarproblemen gewisse negative Beziehungen unter den Subproblemen aufweist.

Das Ausgangskonsumproblem „schlüsselfertiges Einfamilienhaus" lässt sich ebenfalls in Subprobleme zerlegen („Planung", „Grundstückskauf", „Tiefbau", „Hochbau" etc.). Auch diese Subprobleme lassen sich in weitere Sub- und Elementarprobleme zerlegen. Im Vergleich zum Maßanzug oder der Wohnraumgestaltung fällt die Anzahl der Elementarprobleme erheblich höher aus. Zudem sind die Beziehungen zwischen den Sub- und Elementarproblemen ausgeglichen bis negativ. So kann bspw. das Tiefbauunternehmen erst dann mit der Arbeit beginnen, wenn die Vermessungsarbeiten beendet sind und wiederum kann das erst nach dem Grundstückskauf geschehen. Diese Solution wird daher als sehr komplex eingestuft und somit der **Komplexitätsklasse 3** zugeordnet.

Dem oben erläuterten Ansatz folgend werden in Abb. 3-3 weitere reale Lösungsbeispiele kategorisiert. Je nach konkreter realer Umsetzung werden die Zuordnungsgrenzen wiederum etwas unscharf. Beispielsweise kann die Komplexität bei der Umgestaltung eines Gartens je nach Problemlage unterschiedlich ausgeprägt sein. Daher soll diese Zuordnung nicht als allgemeingültig verstanden werden, sondern vielmehr als Rahmenwerk für reale Beispiele im B2C-Lösungssektor dienen.

Abbildung 3-3: Typologisierung repräsentativer Solutions (Quelle: Eigene Darstellung)

Komplexitätsklasse 1	Komplexitätsklasse 2	Komplexitätsklasse 3
▪ Telekommunikationslösung (z.B. DSL-Internetverbindung, kabelloses Netzwerk, Festnetzanschluss mit verschiedenen Ablegertelefonen, Installation beim Kunden vor Ort	▪ Zusammenstellung und Einbau einer Heimkinoanlage	▪ Hausbau
▪ Zusammenstellung eines individuellen PCs	▪ Wohnraumgestaltung	▪ Hausrenovierung
▪ Beratung und Einbau eines Autoradios	▪ Gartengestaltung	▪ Planung, Organisation und Umsetzung einer Hochzeit durch einen Wedding Planner
▪ Schneidern eines Maßanzuges	▪ Planung und Zusammenstellung einer Individualreise	
▪ Vermögensmanagement durch eine Bank	▪ Beratung, Zusammenstellung und Einbau eines Sicherheitssystems	
▪ PKW-Flatrate (inkl. Finanzierung, Versicherung, Inspektion, Garantie, etc.)		
▪ Catering Services		
▪ Schönheitsberatung (Mode-Make-Up- und Stylingberatung)		

3.2 Grad der Individualisierung durch den Lösungsanbieter

Zentraler Bestandteil einer Lösung ist die individuelle Anpassung an den Kunden (vgl. TULI, KOHLI und BHARADWAJ 2007, S. 1). EVERSHEIM und SCHUH gehen sogar so weit, den Nutzen für den Kunden bei komplett standardisierten Produkten gänzlich in Frage zu stellen (vgl. EVERSHEIM und SCHUH 2003 S. 58 ff.). Nach Meinung der Autoren verdeutlicht Abb. 3-4, dass der für den Kunden entstehende Nettonutzen vom Grad der Individualisierung abhängt und bei einer Überschreitung des optimalen Individualisierungsgrades sogar wieder abfällt. Das Optimum für Kunden und Unternehmen kann also ebenso wenig in der vollkommenen Individualisierung gesucht werden, da die Wirtschaftlichkeit in vielen Fällen zu stark darunter zu leiden hätte.

Abbildung 3-4: *Das Optimum: Eine individualisierte Leistung (Quelle: EVERSHEIM und SCHUH 2003)*

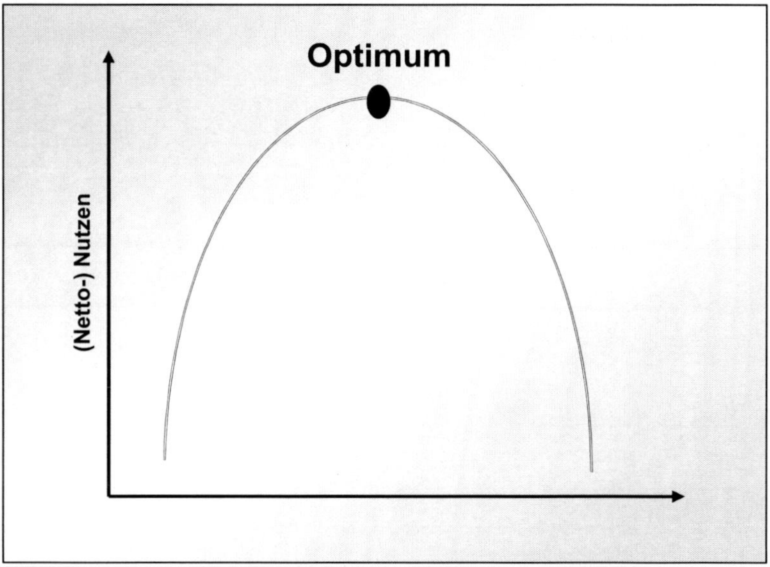

In diese Richtung argumentieren auch DAVIES, BRADY und HOBDAY, die darauf hinweisen, dass ein zu hohes Gewicht auf den Aspekt der Customization die Gefahr beinhaltet, für den Anbieter wiederholbare und damit wirtschaftlichere Lösungen von vornherein zu gefährden (vgl. DAVIES, BRADY und HOBDAY 2006, S. 44). Der Anbieter hat folglich nicht nur ein Interesse daran, dem Kunden eine angemessene Lösung zu bieten, sondern auch seine Wirtschaftlichkeit durch Wiederholbarkeit zu stärken, was zum Beispiel durch den Einsatz und die Zusammenstellung vorgefertigter Module geschehen kann. Es gilt folglich nicht nur für Produzenten von Einzelprodukten, sondern genauso für Solution Seller, einen für ihre Branche und ihre Probleme optimalen Individualisierungsgrad zu erreichen, um wirtschaftlich zu operieren.

Der optimale Individualisierungsgrad ist für typische Lösungen aus verschiedenen Aufgabenfeldern unterschiedlich geprägt. Beispielhaft soll dieser Zusammenhang verdeutlicht werden:

Ein individualisierter PC wird nach den Bedürfnissen eines Kunden zusammengestellt, d. h., Festplattengröße, Prozessorgeschwindigkeit, Grafikkarte, Soundkarte usw. sind genau auf seine speziellen Anforderungen abgestimmt. Die fertige Lösung umfasst in der Regel ausschließlich vorproduzierten Modulen, die nicht modifiziert werden. Die Individualisierung besteht lediglich in der Zusammenstellung der Komponenten zu einem Gesamtsystem. Eine Individualisierung wird hier hauptsächlich über die Beratung und das Anbieten produktbegleitender Dienstleistungen, wie Aufbau und Einrichtung des PCs, erreicht, die speziell auf die Anforderungen des Kunden ausgerichtet werden können. Der Individualisierungsgrad würde dementsprechend in einem Kontinuum als gering eingestuft.

Die Ausrichtung einer Hochzeit durch einen Wedding Planner würde in einem solchen Kontinuum deutlich höher eingestuft werden. Die Lösung kann im Normalfall nicht aus Standardmodulen zusammengesetzt werden. Individuelle Wünsche eines jeden Brautpaares sowie von Hochzeit zu Hochzeit wechselnde lokale Gegebenheiten, die wiederum Konsequenzen für weitere Planungen nach sich ziehen, machen dieses unmöglich. Ein Wedding Planner kann im Idealfall auf Erfahrungen zurückgreifen und evtl. Anregungen geben, die dazu führen, dass er Module aus vorhergehenden Hochzeiten einsetzen kann (ähnliches Design der Platzkärtchen, gleicher Fotograf, ähnliche Dinnerfolge). Doch auch diese sind zumeist auf den Geschmack des Hochzeitspaares abzustimmen und evtl. weitergehend zu personalisieren. So steht ein Wedding Planner in der Regel bei jeder Hochzeit vor neuen Herausforderungen, die er in dieser Form noch nicht bewältigen musste.

Genauso hängen die Beratung und der Verkauf einer Solution in der Heimeinrichtungs-Branche völlig vom Geschmack des Kunden und z. B. dessen Wohnungsgrundriss ab. So kann ebenfalls hier auf Seiten des Baumarktverkäufers eventuell bei der Beratung auf Erfahrungen mit anderen Kunden zurückgegriffen werden und gewisse Produktkomponenten passen womöglich technisch am besten zusammen. Allerdings hat wiederum der Kunde das letzte Wort. Denn sein Geschmack und die aktuelle Situation entscheiden über die Zusammenstellung der Solution.

3.3 Interaktionsintensität mit dem Kunden

Kennzeichnend für eine Lösung im Sinne dieser Arbeit ist die Kombination von Produkt(en) und Dienstleistung(en) zu einer integrierten Lösung, die für den Kunden einen Mehrwert schafft (vgl. Abb. 3-5). Eine Dienstleistung wird laut AHLERT und EVANSCHITZKY durch drei Kriterien hinreichend beschrieben (vgl. AHLERT und EVANSCHITZKY 2003, S. 25 ff.): Integrationserfordernis eines externen Faktors, Immaterialität und das Uno-Actu-Prinzip[2]. Insbesondere der Dienstleistungscharakter[3] als

2 Leistungserstellung und -abgabe sind identisch und erfolgen zeitgleich.

3 Die Kennzeichen der Immaterialität und der Integration des externen Faktors (Kunde) werden zusammen mit dem Merkmal der Bereitstellung eines Leistungspotenzials überwiegend in Ausführungen zu Dienstleistungsmerkmalen betrachtet (vgl. u. a. MEFFERT und BRUHN 2003, S. 77 ff.; PARASURAMAN, ZEITHAML und BERRY 1985, S. 34; ZEITHAML 1981, S. 186 f.). Da in einem Leistungsbündel auch Dienstleistungen integriert sind, ist der Leistungserbrin-

Teilaspekt einer Lösung und damit die Einbeziehung eines externen Faktors ist dafür verantwortlich, dass eine Integration des Kunden bei der Lösungsentwicklung und -umsetzung unumgänglich ist.

Abbildung 3-5: *Zusammensetzung einer Lösung (Quelle: in Anlehnung an* STURM ET AL. *2008, S. 13 ff.)*

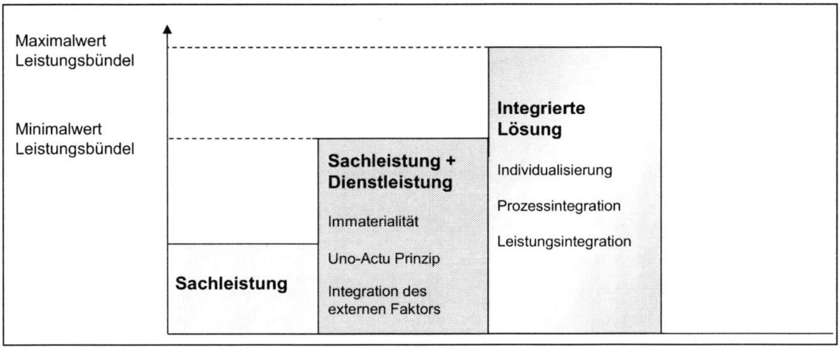

Da eine Lösung per definitionem mehrere zu integrierende Bestandteile enthält und daher zumeist nicht nur an einem einzelnen Objekt vollzogen wird (wie z. B. die Reparatur einer defekten Maschine, die ausschließlichen Dienstleistungscharakter hätte) (vgl. HALLER 1998, S. 55), wird der externe Faktor hier regelmäßig der Kunde selbst sein. Das bedeutet, dass die Dienstleistung entweder an ihm selbst erbracht wird oder dass er die notwendigen Informationen zur Erbringung bereitstellt (vgl. AHLERT und EVANSCHITZKY 2003, S. 26) (im Wedding Planner-Beispiel ist diese z. B. die vom Kunden beigebrachte Gästeliste mit allen nötigen Details zu den Gästen). Dieser Informationsaustausch ist aus Sicht beider an der Lösung beteiligten Parteien sinnvoll, da das Verständnis des Kundenproblems und eine Antizipation seiner weitergehenden Bedürfnisse von der Kommunikation zwischen Lösungsanbieter und Kunde abhängt. Ein wichtiges Merkmal einer Lösung spiegelt sich dementsprechend in der Zusammenstellung der einzelnen Lösungskomponenten zu einem Gesamtpaket, welches die individuellen Bedürfnisse des Kunden befriedigt, wider. Inwieweit der Kunde in diesen Prozess integriert werden muss, hängt dabei von der individuellen Problemstellung ab.

---

gungsprozess mit dem bei Dienstleistungen vergleichbar (vgl. BURIANEK ET AL. 2007, S. 6) und die resultierenden Problematiken treffen somit auch auf eine Solution zu.

Zudem ermöglicht es die Interaktion innerhalb des Lösungsgeschäfts, Kundenbeziehungen aufzubauen und zu pflegen. Durch eine interaktive Gestaltung des Lösungsprozesses wird Vertrauen, Zufriedenheit und Commitment seitens des Kunden generiert und so die Beziehung zu diesem intensiviert (vgl. HOMBURG und BRUHN 2008, S. 13 f.). SHERIDAN und BULLINGER betonen, dass diejenigen Lösungsanbieter am erfolgreichsten sein werden, welche die engsten Beziehungen zu ihren Kunden aufbauen (vgl. SHERIDAN und BULLINGER 2001, S. 37). Der Aufbau einer solchen, engen Kundenbeziehung bietet dem Unternehmen die Chance, Kunden langfristig an das Unternehmen zu binden.

Um die vorherigen Ausführungen zu verdeutlichen, sollen erneut die bisher verwendeten Beispiele betrachtet werden, da sie jeweils unterschiedliche Ausprägungen dieses Kriteriums aufweisen. Der Kauf eines auf die individuellen Bedürfnisse abgestimmten PCs erfordert im Regelfall ein Verkaufsgespräch. Hat der Anwender, der z. B. ein Gerät für seine anspruchsvollen Multimediabedürfnisse im Rahmen eines Tonstudios sucht, seine Anforderungen verdeutlicht, sollte der Lösungsanbieter, z. B. ein PC-Händler, aufgrund seiner Erfahrungen und seines Know-hows in der Lage sein, ein passendes System aus den Einzelkomponenten zusammenzustellen. Die Integration des Kunden ist somit gegeben, aber weitaus geringer als im Beispiel des Hochzeits- und Veranstaltungsplaners. Letzterer wird sich im Regelfall mehrmals mit dem Brautpaar treffen, um den Tagesablauf durchzusprechen und organisatorische Entscheidungen zu treffen. Es gilt für ihn, immer wieder im Leistungserstellungsprozess flexibel auf Änderungen einzugehen, die mit dem Brautpaar abzusprechen sind. Qualitativ unterscheiden sich die beiden Beispiele dadurch, dass in Letzterem der externe Faktor Kunde, das Hochzeitpaar, nicht nur Informationen zur Verfügung stellt, sondern selbst in die Leistung integriert wird.

3.4 Durch den Lösungsanbieter erbrachter Anteil an der Gesamtlösung

Wie im vorangegangenen Kapitel erläutert, haben Dienstleistungen, die zusammen mit Produkten Bestandteile der Lösung komplexer Konsumprobleme sind (vgl. TULI, KOHLI und BHARADWAJ 2007, S. 3 ff.), einen immateriellen Charakter. Der Einsatz derselben und die Interaktion mit dem Kunden sowie die Individualisierung eröffnen erst die Möglichkeit, für einen Kunden eine speziell zugeschnittene Lösung zu erreichen, was durch das materielle Kernprodukt oder mehrere verschiedene Produkte allein nicht möglich wäre. Die Zusammenstellung und Einbindung passender Dienstleistungen erhöht den Wert einer Solution aus Sicht des Kunden (vgl. NAMBISAN 2002, S. 383). Die produktbegleitenden Dienstleistungen können von der Konkurrenz nur schwierig imitiert werden und sind somit zugleich eine nachhaltige Quelle für einen komparativen Konkurrenzvorteil (vgl. OLIVIA und KALLENBERG 2003, S. 160).

Allerdings sind Dienstleistungen nicht immer immateriell, sondern sowohl die Vorleistungen der Dienstleistung als auch ihr Ergebnis können einen materiellen Charakter haben (z. B. ein Abschlussbericht) (vgl. AHLERT und EVANSCHITZKY 2003, S. 26). Eine weitere Einschränkung der Idee, dass Immaterialität und Dienstleistungen untrennbar verknüpft sind, liefert die Erkenntnis, dass z. B. auch Rechte und Informationen immateriell sind, gleichzeitig aber nicht alle Dienstleistungseigenschaften aufweisen. Dementsprechend ist es im Extremfall denkbar, dass eine Lösung im Sinne der Arbeit komplett immateriell ist, obwohl sie sowohl Produkt- (Rechte, Informationen o. ä.) als auch Dienstleistungscharakter aufweist. Da dies aber ein seltener Ausnahmefall ist, sind es tendenziell eher Dienstleistungsunternehmen, die einen hohen immateriellen Lösungsanteil aufweisen. Dieser Zusammenhang kann anhand des Unternehmensbeispiels *arvato government* services verdeutlicht werden. Die vor rund einem Jahr gegründete *arvato*-Tochter bietet für die bayerische Stadt Würzburg die Erbringung kommunaler Serviceleistungen an. Der Bürger muss im Falle eines Umzuges nicht mehr verschiedene Ämter und Institutionen aufsuchen, um seine Anliegen abzuwickeln (z. B. Kfz-Ummelden, Personen-Ummelden, Hunde-Ummelden, Meldung an die Versorgungsbetriebe und den Telefonanbieter), sondern kann ein einziges von *arvato* betriebenes Servicecenter aufsuchen, welches sich um alle anfallenden Meldungen kümmert (vgl. O.V. 2008b). Durch die Koordination der komplexen Aufgaben, die sonst die Stadt in einzelnen Behörden bearbeiten müsste, entsteht sowohl für die Bürger als auch für die Stadt ein integrativer Mehrwert.

Geringer einzustufen ist der immaterielle Lösungsanteil bei Unternehmen, dessen Kerngeschäft in der Herstellung von Lösungen liegt, die einen hohen Produktcharakter aufweisen, wie z. B. bei dem bereits erwähnten PC-Spezialisten. Das Ergebnis wird dort am Ende durch viele einzelne materielle Komponenten (im Fall eines PCs z. B. durch Festplatte, Grafikkarte, Speicher usw.) bestimmt. Dienstleistungskomponenten wie Lieferung, Aufbau, Einführung und Wartung stehen hier im nachgelagerten Fokus.

3.5 Eigenständigkeit des Lösungsanbieters

Eine Lösung im Sinne dieser Arbeit besteht aus mehreren Teilelementen, die Produkt- oder Dienstleistungscharakter aufweisen. Demnach ist eine Lösung als ein Konglomerat aus Sach- und Dienstleistungen zu verstehen (vgl. Abb. 3-5). Der Kunde kann aufgrund dieser Tatsache vor der Entscheidung stehen, entweder einen Lösungsanbieter auszuwählen, der seine Probleme mit Hilfe eines Komplettpaketes löst, oder aber selbst Einzelteile aus mehreren Quellen zu beziehen (vgl. STREMERSCH ET AL. 2003, S. 335 f.). Genauso kann ein Solution Seller vor der Frage stehen, inwieweit er andere Hersteller, Lieferanten oder – weiter gefasst – Unternehmen mit integrieren soll, wenn es um die Generierung einer Lösung geht (vgl. TULI, KOHLI und BHARADWAJ 2007, S.

14). Dies hängt entscheidend davon ab, wie der Lösungsanbieter aufgestellt ist, insbesondere, wo seine Kernkompetenzen liegen. Bei den Stores der *media@home* Vertriebslinie der Einkäufergemeinschaft *Euronics* liegen diese bspw. sowohl in der Beratung als auch der Implementierung und Einrichtung der Geräte, die vom Unternehmen selbst durchgeführt werden. Dennoch existieren auch Kooperationen mit Unternehmen, die anschließende Leistungen ohne direkten Kundenkontakt übernehmen, z. B. mit handwerklichen Betrieben, die spezielle Gehäuse für Autoradios anfertigen. Würden vom Anbieter bedeutende Prozessaspekte vernachlässigt, wie z. B. der Kundenkontakt und daraus folgend die individuelle Anpassung der Produkte und Services, würde dies zu Unzufriedenheit der Kunden und einer geringeren Profitabilität führen (vgl. TULI, KOHLI und BHARADWAJ 2007, S. 4). Um dem Kunden als Lösungsanbieter entgegentreten zu können, stehen also zwei Möglichkeiten zur Wahl: Entweder das Unternehmen weist selbst ein so großes Leistungsspektrum entlang der Wertschöpfungskette auf, dass es dem Kunden eine Komplettlösung selbstständig bieten kann („Integrierter Systems Seller") oder es kooperiert innerhalb eines Netzwerkes mit anderen Unternehmen („Systems Integrator") (vgl. PRAHALAD 2004, S. 23). Da sich die Ausweitung der Wertschöpfungskette oft sehr schwierig gestaltet, arbeiten Solution Seller z. B. mit kleineren Unternehmen zusammen, um selbst die Steuerung des Netzwerkes, also die Eigenschaft als Systemkopf, inne zu behalten (vgl. BRADY, DAVIES und GANN 2005, S. 188). Dabei trägt der Anbieter gegenüber dem Kunden die Verantwortung dafür, dass seine Partner die übertragenen Aufgaben zufriedenstellend erfüllen (vgl. JOHANSSON, KRISHNAMURTHY und SCHLISSBER 2003, S. 124). Insgesamt gilt: Je mehr Elemente der zur Lösungserzeugung benötigten Wertschöpfungskette vom Unternehmen abgedeckt werden, umso weniger ist dieses auf die Leistungen anderer angewiesen.

Der Schneider eines Maßanzuges ist lediglich auf das Rohmaterial – die Stoffe – angewiesen, die er im Regelfall von externer Seite bezieht. Die eigentliche Leistung, das Schneidern nach Kundenbedürfnissen, erbringt er selbst, so dass seine Eigenständigkeit als hoch zu bewerten ist, während der Anteil fremdbezogener Leistungen im Umkehrschluss gering bleibt.

4 Typologisierung von Solution Anbietern

Nachdem im vorangegangenen Kapitel fünf Kriterien herausgearbeitet wurden, die Beispiele bereits agierender Solution Seller in unterschiedlicher Ausprägung aufweisen, sollen diese nun dazu verwendet werden, eine Typologie zur Einordnung bestimmter Normtypen zu entwickeln. Diese beruht wie oben erläutert im Allgemeinen auf der Kombination mehrerer Merkmale bzw. deren Ausprägungen (vgl. ALGERMISSEN 1976, S. 28), die gleichbedeutend nebeneinander stehen. Im Gegensatz zur Klassifizierung werden Merkmalsausprägungen den einzuordnenden Unternehmen nicht vollkommen zugerechnet, sondern „in mehr oder weniger starker Ausprägung zuerkannt" (AHLERT und EVANSCHITZKY 2003, S. 18; vgl. ebenso ALGERMISSEN 1976, S. 28 f.). Es gibt also keine dichotome Betrachtung der Praxisfälle.

Im Folgenden soll die Typologisierung anhand der Ausprägungen Intensität der Lösungsorientierung des Anbieters, (im)materieller Charakter des Lösungsanbieters und Eigenständigkeit des Lösungsanbieters vorgenommen werden. Durch unterschiedliche Kombinationen dieser Kriterien können mehrere Vier-Felder-Matrizen gewonnen werden. Dabei sind die Bezeichnungen der Typen in den jeweils resultierenden vier Feldern bewusst anschaulich gehalten.

Das Kriterium der Komplexität haben wir in die Zusammenstellung der Matrizen nicht mit einfließen lassen, da die Komplexität eine Grundvoraussetzung für die Existenz einer Lösung ist. Die jeweilige Einordnung in die verschiedenen Komplexitätsklassen kann die im Folgenden entwickelten Ausprägungen der Typologisierungen z. T. verstärken oder abschwächen. So gilt, je höher die Komplexität eines Problems ist, desto mehr muss die Lösung auf den Kunden abgestimmt sein, womit also wiederum der Grad der Individualisierung und damit, bei stringenter Verfolgung der gerade aufgezeigten Verbindungen, auch die Interaktion mit dem Kunden zunimmt.

4.1 Typologisierung anhand der Merkmale Instensität der Lösungsorientierung des Anbieters und Ausmaß der (Im)materialität

Als Basis für die erste Typologisierungsform sollten die Kriterien **Integration des Kunden,** Grad der **Individualisierung** durch den Lösungsanbieter und **Interaktionsintensität** mit dem Kunden zu einer Dimension verdichtet werden. Diese Zusammenfassung erscheint sinnvoll, da ein Zusammenhang zwischen diesen Kriterien festgestellt werden kann. So ist eine Integration des Kunden und damit einhergehend eine verstärkte Interaktion mit demselben insbesondere notwendig, wenn der Lösungsanbieter für eine adäquate Lösung eine starke Individualisierung vornehmen muss und daher nicht nur auf wenige Standardmodule zurückgreifen kann. Diese Merkmale sind bereits definitorische Bedingungen für eine Lösung. Daraus wird geschlossen, dass bei Erfüllung dieser Basismerkmale eine Lösungsorientierung vorliegen muss. Somit kommen wir zu dem Schluss, dass gilt: Je stärker die Integration des Kunden, der Grad der Individualisierung und die Interaktionsintensität ausgeprägt sind, desto ausgeprägter ist die **Lösungsorientierung des Anbieters** (vgl. Abb. 4-1).

Abbildung 4-1: *Typologie A für B2C-Solution Seller (Quelle: Eigene Darstellung)*

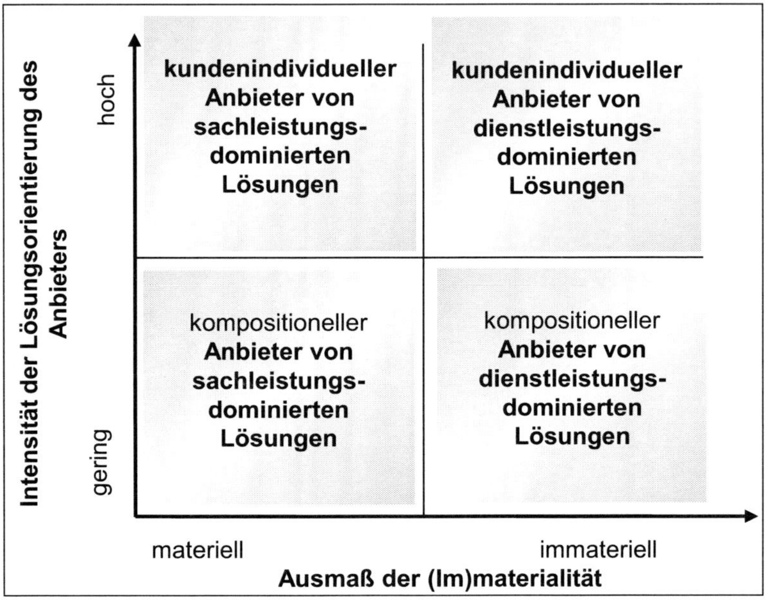

Bei einem hohen Kundenbezug (Quadrant 1 und 2) werden Lösungen individuell für und mit einem speziellen Kunden entwickelt. Ein hoher Kundenbezug ist z. B. bei dem Wedding Planner vorzufinden, der die Hochzeit individuell für jeden Kunden plant. Dabei steht er in fortlaufender Interaktion mit dem Kunden, um die Lösung im Laufe des Lösungsprozesses mit diesem abzustimmen und gegebenenfalls zu modifizieren. Im Gegensatz dazu ist der Ablauf der Lösungsentwicklung bei geringem Kundenbezug (Quadrant 3 und 4) eher wiederholungsgeprägt und standardisiert. Die Lösung wird hauptsächlich durch das Zusammensetzen von verschiedenen Standardkomponenten herbeigeführt, womit sich der Anbieter nah an der Grenze zum gewöhnlichen Sach- oder Dienstleister bewegt (vgl. Abb. 3-5). Allerdings erreichen auch kompositionelle Lösungsanbieter Kundenindividualität durch die Kombination von vorgefertigten Modulen, jedoch nicht in dem Ausmaß kundenindividueller Lösungsanbieter, die einen deutlich höheren Anteil der Lösungsbestandteile maßschneidern.

Das **Ausmaß der (Im)materialität** beschreibt die Aufstellung des Lösungsanbieters als materieller und/oder immaterieller Leistungserbringer. Da es sich bei den immateriellen Bestandteilen einer Lösung größtenteils um Dienstleistungen handelt, werden zur Typenbildung die anschaulichen Bezeichnungen *Anbieter dienstleistungsdominierter und* *sachleistungsdominierter Lösungen* verwendet. Ersterer setzt einen hohen Anteil von immateriellen Leistungen bei der Lösung des Kundenproblems ein, wohingegen die Erstellung einer sachleistungsdominierten Lösung eher produktorientiert (materiell) erfolgt. Jedoch erbringt auch ein solcher Solution Seller bei der Lösungsfindung immaterielle Leistungen.

Beispielsweise ist ein PC-Spezialist am ehesten als kompositioneller Sachleister einzustufen, da er bei der Lösungserstellung hauptsächlich bestehende Komponenten einsetzt, die erst durch ihre Zusammenstellung zu einer kundenindividuellen Lösung werden. Obwohl der Charakter dieses Typs eher materiell ist, braucht eine Lösung trotzdem einen gewissen Anteil an Dienstleistungen, um das Problem des Kunden zu lösen, z. B. die Auswahl der Komponenten oder die Installation des PCs vor Ort. Viel wichtiger ist aber außerdem, dass der PC-Händler vor dem Zusammenbau des PCs die individuellen Bedürfnisse des Kunden bestimmen muss. Nur auf diese Weise wird der PC zu einer Lösung für das aktuelle und womöglich komplexe Problem des Kunden.

Die oben erwähnten Beispiele zeigen, dass die entwickelten Typen Idealausprägungen darstellen und nicht eindeutig für den Großteil realer Erscheinungsformen sind. Die meisten existierenden Lösungsanbieter dürften daher lediglich eine Tendenz zu einem der vier Felder aufweisen. Gleiches gilt auch für die nachfolgend vorgestellten Typologisierungsansätze. So ist das Sicherheitsunternehmen, welches die Beratung, den Einbau und die Zusammenstellung eines Sicherheitssystems übernimmt, in der Tendenz zwar auch als kompositioneller Sachleister zu bezeichnen, die Leistungen mit Dienstleistungscharakter dürften aber einen höheren Anteil an der Gesamtlösung haben als beim o. g. PC-Spezialisten.

4.2 Typologisierung anhand der Merkmale Intensität der Lösungsorientierung des Anbieters und seiner Eigenständigkeit

Eine weitere Typologisierungsmöglichkeit ergibt sich bei Betrachtung der Ausprägungen der Merkmale **Intensität der Lösungsorientierung des Anbieters** und **Eigenständigkeit des Lösungsanbieters** (vgl. Abb. 4-2). Hierbei wird zum einen wiederum auf die verdichteten Beobachtungsmerkmale bereits tätiger Solution Seller zurückgegriffen. Zum anderen wird berücksichtigt, ob der Lösungsanbieter in der Lage ist, die benötigte komplette Wertschöpfungskette allein abzubilden oder ob er mit anderen Unternehmen zusammenarbeitet. Da das Angebot einer Lösung die komplette Wertschöpfungskette umfassen kann, liegt die Fähigkeit eines Unternehmens eben genau darin, alle Leistungen anbieten zu können. Die Betrachtung vieler Praxisbeispiele hat gezeigt, dass die Unternehmen hierbei sehr stark variieren. Es existieren Lösungsanbieter, die es schaffen, die gesamt Wertschöpfungskette selbst abzudecken, was allerdings in den seltensten Fällen auftritt.

Abbildung 4-2: *Typologie B für B2C-Solution Seller (Quelle: Eigene Darstellung)*

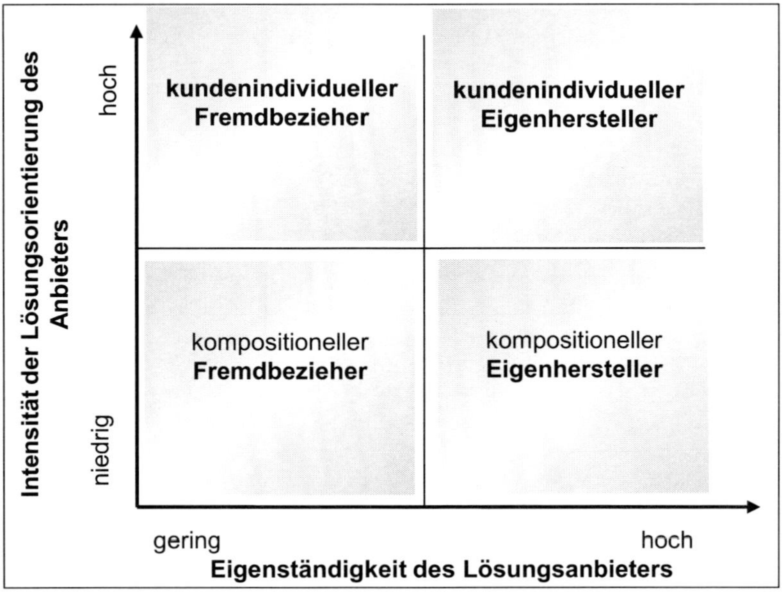

Bei einer hohen Eigenständigkeit des Lösungsanbieters wird der Großteil der Leistung selbst gefertigt. Fremdbezieher erstellen Lösungen, indem vorrangig fertige Leistungen von Dritten zugekauft (vgl. EHRMANN 2006, S. 77 ff.) und daraufhin zu einer Lösung zusammengesetzt werden. Aber auch Eigenhersteller beziehen in der Regel einen gewissen Anteil fremdbezogener Leistungen, z. B. beschafft ein Schneider, der als kundenindividueller Eigenhersteller tätig ist, Stoffe etc. von anderen Unternehmen, um diese in Eigenarbeit zu verarbeiten.

Ein Wedding Planner kann in dieser Matrix bspw. als kundenindividueller Fremdbezieher eingestuft werden, da er verschiedene Leistungen und Dienstleistungen von Drittunternehmen in Anspruch nimmt, wie z. B. das Anmieten eines Veranstaltungsraumes oder den Kauf von Blumen für die Tischdekoration. Er selbst übernimmt hauptsächlich die Planungs- und Koordinationsaufgaben.

Der PC-Spezialist würde den kompositionellen Fremdbeziehertypen verkörpern, da er vorgefertigte Module verschiedener Hersteller zusammenfügt, wie z. B. Software- und Hardwarekomponenten, welche im Ergebnis eine kundenindividuell konfigurierte Lösung ergeben. Damit ist er relativ unabhängig. Da er jedoch vorgefertigte Standardprodukte nutzt, ist er eher wenig lösungsorientiert.

4.3 Typologisierung anhand der Merkmale Eigenständigkeit des Lösungsanbieters und Ausmaß der (Im)materialität

Die Typologisierung nach Abbildung 4-3 fasst nun die Merkmale **Eigenständigkeit des Lösungsanbieters** und **Charakter des Lösungsanbieters** in einer 4-Felder-Matrix zusammen und gibt so die Einordnung von Solution Sellern anhand des Anteils der selbsterstellten bzw. fremdbezogenen Leistungen und des materiellen bzw. immateriellen Anteils der Leistung wieder. Auf diese Weise werden zwei für unser Lösungsverständnis sehr bedeutende Kriterien verbunden. Zum einen wird hier wieder die Tatsache aufgegriffen, ob ein Anbieter die gesamte für eine Lösung nötige Wertschöpfungskette selber abdecken kann oder ob er auf Kooperationen mit anderen Anbietern zurückgreifen muss. Gleichzeitig wird mit der zweiten Dimension in dieser Matrix der Materialität oder Immaterialität der Lösung Rechnung getragen. Wie bereits erläutert, spielt diese Ausprägung aufgrund des oft sehr stark ausgeprägten Dienstleistungscharakters einer Lösung eine große Rolle.

Abbildung 4-3: *Typologie C für B2C-Solution Seller (Quelle: Eigene Darstellung)*

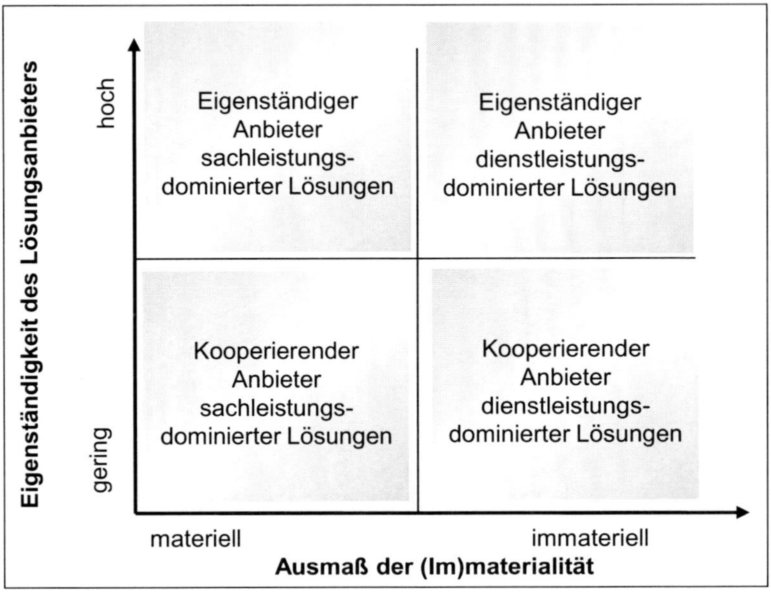

Der o. g. PC-Spezialist würde bspw. in dieser Darstellung als kooperierender Anbieter sachleistungsdominierter Lösungen typologisiert, da der Anteil der zu erbringenden Dienstleistung bei der Lösungserstellung eher gering ist, die Leistung besteht somit zu einem Großteil aus materiellen Leistungen. Gleichzeitig bezieht er diese materiellen Leistungen zum Großteil von Drittunternehmen, was bedeutet, dass er recht abhängig von kooperierenden Unternehmen ist.

Im Gegensatz dazu entwickelt und fertigt ein eigenständiger Anbieter sachleistungsdominierter Lösungen die meisten Leistungen selbst, während diese hauptsächlich einen materiellen Charakter haben. Ein solcher ist bspw. ein Sicherheitsunternehmen, welches u. a. Alarmanlagen produziert und zu einer individuellen Lösung im Haus des Anwenders komponiert. Hierbei wäre die Lösung aufgrund der zu installierenden und zusammenzustellenden Anlagen relativ materiell. Da das Unternehmen die Alarmsysteme aber eigenständig zusammenstellt, ist es recht unabhängig von Drittunternehmen.

Soll eine detaillierte Typologisierung eines Lösungsanbieters vorgenommen werden, so ist es möglich, alle drei Kriterien zu kombinieren, um den Solution Seller entsprechend einzuordnen.

5 Kritische Würdigung

Das Ziel dieser Forschungsarbeit war es, den geringen theoretischen Kenntnisstand zum Thema Solution Selling zu ergänzen. Zu diesem Zweck wurden in den vorhergehenden Kapiteln die Besonderheiten von Solution Sellern beschrieben und Kriterien zur Identifikation von Lösungsanbietern erarbeitet. Hierbei erfolgte eine Unterscheidung zwischen dem Grad der Individualisierung, der Integration des Kunden, dem immateriellen Anteil an der Gesamtlösung und der Eigenständigkeit des Lösungsanbieters sowie der Komplexität des Problems. Bei der Entwicklung der Typologien für Lösungsanbieter sind die Kriterien verdichtet und kombiniert worden. Die Verdichtung der Kriterien „Grad der Individualisierung durch den Lösungsanbieter" und „Integration des Kunden bei der Lösungserstellung/Interaktion mit dem Kunden" zu „Intensität der Lösungsorientierung des Anbieters" konnte zwar sachlogisch erklärt werden, bedarf allerdings noch einer empirischen Fundierung, z. B. durch statistische Verfahren. Der entwickelte Ansatz einer Typologisierung von Solution Sellern diente dazu, erste unterschiedliche Ausprägungen von Lösungsanbietern, die derzeit in der Wissenschaft und Praxis diskutiert werden, einzuordnen.

Forschungsimplikationen

Die dargestellten Typologisierungsideen zeigen, dass es schwer ist, eine eindeutige und trennscharfe Zuordnung der Lösungsanbieter zu finden. Die bisherige Typologie gibt dabei eine idealtypische Einteilung wieder und beschreibt mit ihren Kriterien reale Phänomene nur näherungsweise. In der Realität weisen die meisten Solution Seller lediglich Tendenzen zu den hier entwickelten Typologien auf und sind somit nicht eindeutig einem Typus zuzuordnen. Es kann zu Überschneidungen kommen, da verschiedene Kriterien gleichzeitig erfüllt werden. Des Weiteren ist eine nicht vollständige Ausprägung eines Kriteriums denkbar, d. h., die Anforderungen des Kriteriums werden nur teilweise erfüllt. So kann ein Lösungsanbieter sowohl in die Matrix aus den Merkmalen Eigenständigkeit und Charakter des Lösungsanbieters einordbar sein, sich aber gleichzeitig durch die Ausprägung des Merkmals Kundenbezug auszeichnen. In einem solchen Fall sollte das Unternehmen durch Zuhilfenahme aller Merkmalsausprägungen charakterisiert werden. Verstärkt wird diese Schwierigkeit durch verschiedene real existierende Ausprägungen eines einzuordnenden Geschäftsmodells. Diese Problematik der eindeutigen Zuordnung soll an dieser Stelle aufgegriffen und am Beispiel des Wedding Planners veranschaulicht werden:

Kooperierende Lösungsanbieter verwenden einen hohen Anteil immaterieller Leistungen zur Lösungserstellung, die zwar von dem Solution Seller kundenindividuell zusammengestellt, ursprünglich jedoch von anderen Unternehmen erbracht wurden. Zum Beispiel kooperiert der Wedding Planner mit verschiedenen Unternehmen (wie Veranstaltungsunternehmen, DJs, Restaurants etc.), die dem Wedding Planner ihre Leistungen zur Verfügung stellen. Der Wedding Planner selbst trägt einen großen

Anteil zu der Erstellung der Leistung bei, indem er eigenständig die Ideen liefert und darauf aufbauend die Planung und Organisation der Veranstaltung übernimmt. Eine eindeutige Zuordnung fällt somit sowohl bei der Zuordnung bezüglich des Kriteriums „Eigenständigkeit" schwer als auch bei der generellen Bestimmung einer Tendenz zur Kooperation bzw. dem Fremdbezug, welche nicht zwangsläufig die einzige gültige Zuordnung ist.

Im Ergebnis besteht in dieser Schwierigkeit eine Chance: Gelingt es in nachfolgenden Forschungsarbeiten, die Kriterien messbar zu machen, so könnten reale Solution Seller problemlos zugeordnet werden. Eine detaillierte Zuordnung wäre z. B. anhand einer gleitenden Skala je Kriterium möglich. Dies führt dazu, dass auch Hybridformen entsprechend ihrer Ausprägungen eindeutig eingeordnet werden könnten. Darauf aufbauend könnten Schwerpunkte, Unterschiede und Regelmäßigkeiten bzw. Parallelen verschiedener Branchen analysiert werden. Besonders interessant wäre die Einordnung verschiedener Ausprägungen nur eines bestimmten Geschäftstyps. Durch eine repräsentative Auswahl, die entsprechenden Typen zugeordnet werden, ließen sich Marktlücken für andere Unternehmen identifizieren und möglicherweise Modelle für andere Branchen ableiten.

Managementimplikationen

Durch die entwickelten Typologien wird es Unternehmen ermöglicht, ihre eigene Ist-Situation zu analysieren und darauf aufbauend für jede Strategiealternative bestimmte Normstrategien abzuleiten. So bietet sich bspw. die Möglichkeit, mittels eines Benchmarkings Unternehmen desselben Typus zu analysieren. Hierbei ist es hilfreich zu erkennen, welche Unternehmen demselben Solution Selling Typus angehören, um auf diese Weise Ergebnisse aus der Benchmarking-Analyse zu bekommen, die wirklich auf das eigene Unternehmen angewendet werden können.

Zum anderen besteht die Möglichkeit für potenzielle zukünftige Solution Seller, einen bestimmten Typus Lösungsverkäufer als Ziel anzusehen. In diesem Fall können diese anhand der hier u. a. entwickelten Typologien Unternehmen finden, die sie als Vorbilder oder Benchmarking-Partner identifizieren und an deren Ausrichtung und Strategie sie sich orientieren können.

Es bleibt an dieser Stelle festzuhalten, dass die hier vorgestellten Typologien weiter ausgereift werden müssen. Diese Arbeit stellt einen ersten Ansatz zur Typologisierung dar und zeigt, wo in Zukunft der Forschungsfokus gelegt werden sollte.

Literaturverzeichnis

AHMED, P. K. AND M. RAFIG, Internal Marketing Issues and Challenges, in: European Journal of Marketing, Volume 37, Issue 9, 2003, S. 1177-86.

AMERICAN SALESMAN, Shift to Consultative Selling Now Seen as Biggest Challenge, September, 2006, S. 29-30.

ANDERSON, H., Why Big Companies Can't Invent, Technology Review, May, 2004, S. 56-59.

ANDERSON, R. E., Personal Selling and Sales Management in the New Millennium, in: Journal of Personal Selling and Sales Management, Volume 16 (Fall), 1996, S. 17-32.

ARNETT, D. B. AND V. BADRINARAYANAN, Enhancing Customer-Needs-Driven CRM Strategies: Core Selling Teams, Knowledge Management Competence, and Relationship Marketing Competence, in: Journal of Personal Selling and Sales Management, Volume 25, Issue 4 (Fall), 2005, S. 329-41.

BERRY, L. L., The Employee as Customers, in: Journal of Retail Banking, Volume 3 (March), 1981, S. 25-28.

BENEDETTO, C. A. DI, Identifying the Key Success Factors in New Product Launch, in: Journal of Product Innovation Management, Volume 16, Issue 6, 1999, S. 530–544.

CHRISTENSEN, C. M. AND M. E. RAYNOR, The Innovator's Solution: Creating and Sustaining Successful Growth, Boston 2003.

CICHELLI, D., What's the Buzz All About?, in: Sales and Marketing Management, Volume 157, Issue 8 (August), 2005, S. 20.

DARR, A., Selling Technology: The Changing Shape of Sales in an Information Economy. Ithaca, NY, 2006.

DAVIES, A., T. BRADY AND M. HOBDAY, Charting A Path Toward Integrated Solutions, in: MIT Sloan Management Review, Volume 47, Issue 3 (Spring), 2006, S. 39-48.

DAVIES, W. AND K. E. BRUSH, High-Tech Industry Marketing: The Elements of a Sophisticated Global Strategy, in: Industrial Marketing Management, Volume 26, 1997, S. 1-13.

DAY, G., The Market Driven Organization: Understanding, Attracting, and Keeping Valuable Customers, New York 1999.

DUBINSKY, A. J., A Factor Analytic Study of the Personal Selling Process, in: Journal of Personal Selling and Sales Management, Volume 1 (Fall/Winter), 1981, S. 26–33.

DUNN JR., D. T., J. H. FRIAR AND C .A. THOMAS, An Approach to Selling High-Tech Solutions, in: Industrial Marketing Management, Volume 20, Issue 2, 1991, S. 149-159.

DUNN JR., D. T. AND S. C. PROBSTEIN, Marketing High-Tech Services, in: Review of Business, Volume 24, Issue 1, 2003, S. 10-17.

FINANCIAL TIMES, The Dangers of Being Distracted, September 17, 2004, p. 2.

FRANKWICK, G. L., S. S. PORTER AND L. A. CROSBY, Dynamics of Relationship Selling: A Longitudinal Examination of Changes in Salesperson–Customer Relationship Status, in: Journal of Personal Selling & Sales Management, Volume 21, Issue 2 (Spring), 2001, S. 135–146.

GONZALEZ, G. R., D. K. HOFFMAN AND T. N. INGRA, Improving Relationship Selling Through Failure Analysis and Recovery Efforts: A Framework and Call to Action, in: Journal of Personal Selling & Sales Management, Volume 25, Issue 1, 2005, pp. 57-65.

HAECKEL, S. H., Adaptive Enterprise: Creating and Leading Sense-and-Respond Organizations, Boston, MA, 1999.

HANNAN, M., Consultative Selling, New York 1995.

HAUSER, J., G. TELLIS AND A. GRIFFIN, Research on Innovation: A Review and Agenda for Marketing Science, in: MSI Special Report 05-200. Cambridge, MA: Marketing Science Institute, 2005.

HELANDER, A. AND K. MÖLLER, System Supplier's Customer Strategy, in: Industrial Marketing Management, Volume 36, Issue 6, 2007, S. 719-730.

HULTINK, E. J. AND K. ATUAHENE-GIMA, The Effect of Sales Force Adoption on New Product Selling Performance, in: Journal of Product Innovation Management, Volume 17, Issue 6, 2000, pp. 435-450.

INGRAM, T. N., Relationship Selling: Moving from Rhetoric to Reality, Mid-American in: Journal of Business, Volume 11 (Spring), 1996, S. 5–13.

JOLSON, M. A., Broadening the Scope of Relationship Selling, in: Journal of Personal Selling & Sales Management, Volume 17, Issue 4 (Fall), 1997, S. 75–88.

JUDSON, K., D. D.SCHOENBACHLER, G. L. GORDON, R. E. RIDNOUR AND D. C. WEILBAKER, The New Product Development Process: Let the Voice of the Salesperson be Heard, in: Journal of Product & Brand Management, Volume 15, Issue 2/3, 2006, S. 194-202.

KOTLER, P., The Major Tasks of Marketing Management, in: Journal of Marketing, Volume 37, 1973, S. 42-49.

KOTLER, P., N. RACKHAM AND S. KRISHNASWAMY, Ending the War Between Sales and Marketing, in: Harvard Business Review, Volume 84 (July-August), 2006, S. 68-78, 187.

LIGOS, M., Editor's Letter: We've Got the Solution, in: Sales and Marketing Management, Volume 156, Issue 10 (October), 2004, S. 4.

LIU, A. H. AND M. P. LEACH, Developing Loyal Customers with a Value-adding Sales Force: Examining Customer Satisfaction and the Perceived Credibility of Consultative Salespeople, in: Journal of Personal Selling and Sales Management, Volume 11, Issue 2, 2001, S. 147-56.

MICHEAL, K., L. ROCHFORD AND T. R. WOTRUBA, How New Product Introductions Affect Sales Management Strategy: The Impact of Type of "Newness" of the New Product, in: Journal of Product Innovation Management, Volume 20, Issue 4, 2003, pp. 270-283.

MOHR, J., S. SENGUPTA AND S. SLATER, Marketing of High-Technology Products and Innovations, 2. Auflage, New York 2005.

MÖLLER, K. AND A. RAJALA, Organizing Marketing in Industrial High-Tech Firms, in: Industrial Marketing Management, Volume 28, 1999, S. 521-535.

MORIARTY, R. T. AND T. J. KOSNIK, High-Tech Marketing: Concepts, Continuity, and Change, in: Sloan management Review, Volume 30, Issue 4, 1989, S. 7-17.

MORGAN, R. M. AND S. HUNT, The Commitment-trust Theory of Relationship Marketing, in: Journal of Marketing, Volume 58, Issue 3, 1994, S. 20-38.

RAJATANAVIN, R. AND M. SPEECE, The Sales Force as an Information Transfer Mechanism For New Service Development in the Thai Insurance Industry, in: Journal of Financial Services Marketing, Volume 8, Isssue 3, 2004, S. 244-258.

RAO, P. M., Sustaining Competitive Advantage in a High-Technology Environment: A Strategic Marketing Perspective, in: Advances in Competitiveness Research, Volume 13, Issue 1, 2005, S. 33-47.

REINARTZ, W. J. AND V. KUMAR, On the Profitability of Long-Life Customers in a Non-contractual Setting: An Empirical Investigation and Implications for Marketing, in: Journal of Marketing, Volume 64 (October), 2000, S. 17-35.

ROCHFORD, L. AND T. R. WOTRUBA, The Impact of Sales Management Changes on New Product Success, in: Journal of the Academy of Marketing Science, Volume 24, Issue 3, 1996, S. 263-271.

ROSEN, B., S. SCHNAARS AND D. SHANI, A Comparison of Approaches for Setting Standards for Technological Products, in: Journal of Product Innovation Management, Volume 5, Issue 5, 1988, S. 129-139.

SHARMA, S. K. AND J. N. D. GUPTA, Application Service Providers: Issues and Challenges, in: Logistics Information Management, Volume 15, Issue 3, 2002, S. 160-69.

STRONG, E. K., JR., Theories of Selling, in: Journal of Applied Psychology, Volume 9 (February), 1925, S. 75-86.

TEECE, D. J., Profiting from Technological Innovation: Implications for Integration, in: Collaboration, Licensing, and Public Policy, Research Policy, Volume 15, 1986, S. 285-305.

VARGO, S.L. AND R.F. LUSCH, Evolving to a New Dominant Logic for Marketing, in: Journal of Marketing, Volume 68, Issue 1, 2004, S. 1-23.

VARGO, S.L. AND R.F. LUSCH, The Service-Dominant Logic for Marketing: Dialogue, Debate and Directions. Armonk, NY, 2006.

WISE, R. AND P. BAUMGARTNER, Go Downstream: The New Profit Imperative in Manufacturing, in: Harvard Business Review, Volume 77 (September-October), 1999, S. 133-141.

WOTRUBA, T. R. AND L. ROCHFORD, The Impact of New Product Introductions on Sales Management Strategy, in: Journal of Personal Selling & Sales Management, Volume 15, Issue 1, 1995, S. 35-51.

Arun Sharma, Gopalkrishnan R. Iyer, and Heiner Evanschitzky

Solution Selling of High Technology Products[1]

1 This article is based on a paper published at *Journal of Relationship Marketing* (2008. Vol. 7, No. 3, pp. 287-308) by the same authors.

1 Introduction

While high technology products are the engines of innovation and growth in an economy, the realization that the marketing of such products requires a distinct and separate treatment as compared to more traditional products and services is quite recent (MOHR, SENGUPTA AND SLATER 2005). However, despite some focused attention to marketing by high technology firms in the past decade, the failure rates of new products are still quite high across various high technology industries. Over 60 % of all new-product development efforts are stopped before they are commercialized, and 40 % of the remaining products are withdrawn from the market (CHRISTENSEN AND RAYNOR 2003). CHRISTENSEN AND RAYNOR'S (2003) failure rate of 75 % is high but still somewhat conservative compared to research by Corporate Strategy Board that determined that the failure rate of new business ventures by existing firms is over 90 % and could be as high as 99 % (FINANCIAL TIMES 2004). Although research has not separately examined failure rates of high-technology products, we expect similar failure rates for such products as well.

A variety of reasons are offered for the high failure rates of high technology products and high technology new ventures. Traditionally, marketers have argued that high technology product failures are due not only to managerial mistakes but also due to environmental constraints (HAUSER, TELLIS AND GRIFFIN 2005). Some have argued that that timidity and incentive problems at large firms restrict their research and commercialization efforts (ANDERSON 2004). Others have noted the fact that several innovations in high technology may have limited appropriability (RAO 2005).

There has also been due attention placed to the study of success factors for high technology products. In a prescient article, TEECE (1986) noted that merely patents and legal frameworks do not ensure the successful commercialization of innovations. Instead, he called attention to the fact that firms must develop complementary assets to ensure the success of their innovations. In facts, even late entrants that follow innovators succeed if they have better developed and deployed critical complementary assets.

One such complementary asset critical for new product success and its continued performance in high technology industries is personal selling. The critical role of personal selling in high technology markets is evident from the high levels of product complexity that requires more in-depth communications about high technology products and services. However, research has not yet given exclusive attention to the importance and role of personal selling the context of high technology firms and products.

In this paper, we suggest that some of the failures of high-technology marketing may be due to the type of salesforce structures that have been used. We suggest that traditional salesforce and even relational salesforce were "supply" driven. "Supply" driven suggests that high-technology products were first developed and manufactured by firms and then marketed to customers. With this "supply-side" perspective in mind, salespeople were incented and motivated to fulfill the needs of selling firm rather than the customer firm. As noted recently by KOTLER, RACKHAM AND KRISHNASWAMY (2006), the conventional thought within firms is to bring in sales people only after the product is developed and the marketing plans are laid out rather than a more thorough integration of sales and marketing. However, in high technology firms, not only should sales be more integrated with marketing, it should also be more integrated with the rest of the firm, including the critical technology management functions that may be more the province of R&D and engineering.

We suggest that firms start with the customer and focus on satisfying the needs of customer, through both existing or emerging high technology products and services. The process of selling more complete solutions than merely stand-alone products requires solution selling. Such selling is "demand-driven" and more appropriate for the high technology products and services. Given that a large part of failure of high technology products and services could be attributed to the mismatch between the products and services and the environment, solutions selling can inform not only the customer but also the firm. In this perspective, the conventional logic of product-first is turned on its head by putting customer needs first, with the salespeople being a major conduit of information on future R&D investments and new product rather than conforming to the much-maligned "sales orientation," which is assumed to be based on short-term goals. Solution selling will increase the success of high-technology products and services and create competitive barriers. This paper is a call for the solution selling imperative. Such a revision in thinking is already underway at major high-technology firms, such as IBM, GE, Rolls-Royce, Ericsson and EDS, who are now competing on the basis of providing integrated solutions rather than stand-alone products and services (DAVIES, BRADY AND HOBDAY 2006).

The organization of our paper is as follows. In the section following, we elaborate on the key characteristics of high technology firms and industries and briefly outline their impact on sales management. In the section following, we review the scant literature on personal selling in the context of high technology firms. We then offer a framework that elaborates on the different perspectives of selling in high technology firms and offer the argument that solution selling is a critical imperative for high technology firms and products. In the final section, we discuss the managerial and academic implications of this focus on solution selling.

2 Implications of the Distinctive Characteristics of High Technology Industries

Recent perspectives within marketing have now elaborated on the unique imperatives of marketing high technology products and services and have built on earlier distinctions on how the marketing context of the high technology firm differs from a typical firm (MOHR, SENGUPTA AND SLATER 2005; DAVIES AND BRUSH 1997; DUNN, JR., FRIAR AND THOMAS 1991; MÖLLER AND RAJALA 1999; MORIARTY AND KOSNIK 1989). Essentially, it has been offered that the various distinctive characteristics of high technology industries and markets call for a different emphasis and organization of marketing activities (DAVIES AND BRUSH 1997; MOHR, SENGUPTA AND SLATER 2005).

There is no single definition of high-technology products and services. We define the boundaries of high technology based on the research by MOHR, SENGUPTA AND SLATER (2005) and MORIARTY AND KOSNIK (1989). One definition of high technology is from the US government. The US Bureau of Labor Statistics labels high technology firms as having twice the number of technical employees and double the R&D outlays of an average firm (MORIARTY AND KOSNIK 1989). Technology is the relevant knowledge, skills and abilities to develop new products and services and can encompass product technology (innovation in the products) or process technology (innovation in the process or manufacturing). In addition, high-technology has the following characteristics:

- Market Uncertainty. Ambiguity about the type and extent of customer needs that can be satisfied (MORIARTY AND KOSNIK 1989).
- Technology Uncertainty. Ambiguity whether the technology or firm providing it can deliver on its promise to meet customer needs (MORIARTY AND KOSNIK 1989).
- Competitive Volatility. Ambiguity about the future offerings of existing competitors and ambiguity of emerging new competitors and their offerings (MOHR, SENGUPTA AND SLATER 2005).
- Network Externalities and the Importance of Industry Standards. The value of products increases as more users adopt it and industry standards increase the penetration of products (MOHR, SENGUPTA AND SLATER 2005).

Other characteristics that are common to high-tech markets are unit one costs (the first unit cost are very high and there is a very steep experience curve), tradeability problems (difficult to value technology) and knowledge spillovers in that knowledge is relevant to other products (MOHR, SENGUPTA AND SLATER 2005).

Personal selling in the context of high technology business markets takes on unique dimensions as compared to personal selling in other business markets. These aspects are highlighted below (based on MOHR, SENGUPTA AND SLATER 2005) and summarized in Table 2-1.

Table 2-1: *High Technology Markets and Implications for Sales Management (Source: based on MOHR, SENGUPTA AND SLATER 2005)*

Industry Indicator	Description	Implications for Sales Management
Pace of Technological Change	High tech industries are characterized by more frequent changes in technology that affects their products and processes	Since the buyer's technological environment is volatile, there are more opportunities for selling new product solutions as well as cross-selling and often, less opportunities for routine order taking
Rapid Technological Obsolescence	Volatility in the technological environment assures that product life cycles for many products are short	Salesforce will have to undergo frequent retraining in anticipating demand for new products. Ideally, the sales force is also a key source of information on future product changes
Disruptive Competition	High term firms face the prospect of disruptive competition from new and established rivals	Salesforce dependence on current customers may threaten the firm's future position as a seller
Competing Industry Standards	Since the market is still evolving, there may not be a single industry standard	Salesforce efforts should be directed towards retaining installed customer base as well as recruiting new customers
Knowledge Spillovers	Network externalities are high given spillovers of public knowledge	Product adoption and increase in installed customer base provide revenue and cross-selling opportunities
Low Marginal Costs After Unit-One Costs	Since most technological products are developed after intensive capital investments in R&D and are knowledge products, costs of additional units are low and declining	Long-term contracts are essential to amortize supply and sales costs over a longer time period
Product Complexity	High tech products are technologically complex	Salesforce has to be educated in the relevant field (e.g., engineering) and detailed product knowledge is essential

Product Adaptations	High tech firms often adapt supplier's products to meet their own requirements	Salesforce is a key source of information on how "lead-users" adapt their products
Complex Buying Decisions	Buying decisions are complex due to technological and capital considerations	Salesforce must operate in teams of multi-disciplinary specialists

Pace of Technological Change: High-technology industries are characterized by more frequent changes in underlying processes and technology that affects their products and processes. Since the technological environment is evolving and volatile, routine order taking is of less importance as compared to the imperatives of selling new product solutions and cross-selling. The demand creation role of salespeople is more important than routine maintenance. In this context, routine maintenance involves account maintenance rather than achievement of sales targets for specific products.

Rapid Technological Obsolescence: Rapid technological volatility implies more rapid technological and product obsolescence in existing technological environments. This leads to extremely short product life cycles. Salesforce requires very frequent product training and technology expertise development. Often, salespeople will find themselves selling both existing technologies as well as emerging technologies. Anticipating demand for new product as well as the customer-required changes to existing products becomes a key function of the salesforce.

Disruptive Competition: Disruptive competition from both existing firms as well as prospective new entrants makes buyer-seller relationships less stable. Salesforce need to develop very strong social linkages or be regarded as technology experts. Ideally, buyers should consider salespeople as "partners" who would guide them through the complexities of different technologies and work with them to adapt the supplier technology to their own firm's needs.

Competing Industry Standards: In many instances, technological standards are not developed or there may be competing standards in the industry. Moreover, which standard may prevail is often unpredictable and may not always depend upon market leadership (ROSEN, SCHNAARS AND SHANI 1988). Firms attempt to obtain a market leadership position so that customer acceptance would ensure that their own adopted standards would prevail. The firm's salesforce plays an important part in expanding and retaining the firm's installed customer base.

Knowledge Spillovers: Network externalities are high in high-technology markets due to spillovers of public knowledge. Firms build proprietary technology and processes over knowledge from the public domain. The proprietary nature of such technologies come through product and process adaptations as well as unique configurations. Salespeople are an important source for the identification of such future adaptations and configurations that would help increase installed customer base revenues and margins as well increase cross-selling opportunities for the selling firm.

Low Marginal Costs after Unit-One Costs: Most high-technology products are developed after intensive capital investments in R&D. Decline in costs as well as prices of additional units are also not uncommon. Margin pressures for supplier firms are especially acute in later stages of the product evolution as the downstream price extracted by their customers declines. Firms marketing to end-customers attempt to "lock-in" customers through longer-term contracts. In business markets as well, salespeople need to enter into long-term or high-volume contracts. However, technological unpredictability may make such long-term or volume contracts unattractive for the buying firm. Supplier responsiveness to future changes, especially through salesforce interactions, is critical in obtaining long-term commitments from buyers.

Product Complexity and Adaptations: High tech products are technologically complex and are typically adapted to customer needs. This requires a more educated and qualified salesforce. Moreover, since the buying firms are technologically-oriented, they may engage in making adaptations to the source product on their own. Such "lead users" are a critical source of inputs for new product development by the supplier firm. Salesforce is a key source of information on such lead usage and thus, to new product development and customized offerings by the supplier firm.

Complex Buying Decisions: High-technology buying decisions are complex due to technological and capital considerations. The use of sales teams in high technology is not uncommon since the buying group may include personnel from multiple functional areas. Such teams need to be comprised of multi-disciplinary specialists. Moreover, integrated solutions require organization of the teams across product specializations as well.

3 Personal Selling in the context of High-Technology Products and Services

ANDERSON (1996), in his comprehensive review identifies three areas where the salesforce would be impacted by new technologies: salesforce automation, virtual sales offices, and electronic sales channels. However, in each of these cases, possible shifts in salesforce structures is not an issue.

Research on sales management issues in high-technology or new product development is sparse. We provide some exemplars of this research in Table 3-1. Although research has highlighted the importance of salesforce in the success of new products (DI BENEDETTO 1999), excellence in sales strategies has not been researched. The research on sales management in this area addresses issues such as salesforce organization, information transfer, compensation, goal setting, and new product adoption by the salesforce.

Table 3-1: *Selected Research on High-Technology/New Product and Personal Selling and Sales Management*

Reference	Context/Source of Data	Findings
Darr (2006)	Study of capacitor and real time computing	Dramatic shift in sales strategies for "old" and "emerging" industries. Shift in recruitment, sales process, evaluation and compensation.
Judson et al., (2006)	246 sales managers of US from multiple industries	Salespeople are involved in the new product/service development process. In spite of this contribution, many firms do not directly reward salespeople for their involvement. Offering appropriate incentives could greatly increase their efforts to collect information for new product/service idea generation.
Rajatanavin and Speece (2004)	15 interviews with sales managers from the insurance industry	Sales agents act as a main information transfer mechanism, bringing in customer views through the sales managers, who play a role in new service development. A lack of cross-functional teamwork can cause failure in developing new products and services.
Micheal, Rochford, and Wotruba (2003)	187 Australian sales managers, manufacturing industry	Firms do not make the most adjustments for products with the greatest degree of market newness except in the sales management strategy categories of compensation and supervision. Organization, training, quotas and goals, and sales support as well as sales management strategy changes were greatest in incidence, when the new product was new to the firm but not new to the market.
Hultink, and Atuahene-Gima (2000)	97 high technology firms from the Netherlands	Salesforce adoption of new products is positively related to selling performance. Salespeople who simultaneously exhibit commitment and effort will achieve higher levels of new product selling performance. Outcome based control, internal marketing, and market volatility are positively related to new product selling performance.

Di Benedetto (1999)	PDMA practitioners, judging 200 product launches, across all industries	Salesforce and sales strategies impacted success of new products, but did not identify the exact structure that aided new product success.
Rochford and Wotruba (1996)	112 sales managers in US from multiple industries	Firms that were more successful in achieving their new product objectives accompanied their new product launches with significantly more changes in salesforce quotas than did firms whose achievement of new product objectives was less successful. No other significant differences were found.
Wotruba and Rochford (1995)	110 sales managers in the US from multiple industries	Organizations are most likely to change sales management mix elements related to quotas and least likely to make changes in sales organization structure.
Dunn, Friar, and Thomas (1991); Dunn and Probstein (2003)	12 company case histories, high-tech firms	Salespeople need to focus on solutions for customers.

DI BENEDETTO (1990) examined success factors in new product launches and found that successful launches were related to perceived superior skills in marketing research, salesforce, distribution, promotion, R&D, and engineering. They found that salesforce and sales strategies impacted success of new products, but did not identify the exact structure that aided new product success. Others have emphasized salesforce shifts. For example, MICHEAL, ROCHFORD, AND WOTRUBA (2003) find that firms do not make the most sales management adjustments for products with the greatest degree of market newness, except in the sales management strategy categories of compensation and supervision. Organization, training, quotas and goals, and sales support as well as sales management strategy changes were greatest in incidence, when the new product was new to the firm but not new to the market (MICHEAL, ROCHFORD, AND WOTRUBA 2003). The nature of the change was not the focus of this study.

ASAF DARR'S (2006) ethnographic exploration of the sales processes for existing and high-technology industries examined sales strategies and structures for high technology firms. It was found that there was an increase in both the educational level and technical skills of the high-technology salesforce. In addition, sellers' and buyers' engineers engage in co-development, and long-term collaborative relationships are replacing brief sales encounters. A number of tasks performed in the design or production phases have become part of the sale of emergent technologies. The sales people at high-technology firms act as remote members of the customer's research and development team, willing to weigh in on customers' decisions early, if necessary, and solve customers' problems. Sales people in high technology markets rely on maintaining a technical dialogue, offering technical support, and sharing their engineering occupational backgrounds with buyers to maintain contacts. He also highlights the growing interdependence of social and technical skills in the high-technology markets (DARR 2006).

In the section following, we note the evolution of personal selling and emphasize the imperative of a demand-focused view of personal selling rather than the dominant supply-oriented paradigm that has been in vogue for quite some time.

4 Evolution of Personal Selling in High Technology Markets

The rapid growth of marketing took place after the Second World War, when the product was the focus and production capacities exceeded demand in many industries. At this stage, marketing strategies were created to enhance demand and in some cases reduce demand (KOTLER 1973). Traditional marketing focused on the products and services that firms provide. The goal of marketing was to create demand for the product that matched organizational requirements and, therefore, marketing management has traditionally been viewed as demand management (KOTLER 1973). This version of demand management was the supplier's perspective, making the process "supply" side driven. In marketing terms, one of the popular options in business-to-business markets for creating demand was the establishment of a salesforce.

The origins of salesforce structures matched the growth of firms. Initially, for the small firms, sales people served only their local markets. As firms grew larger in size, sales organizations were created and sales people worked from a specific location and served a geographical area. Salespeople were assigned customers in a geographical area, and customers typically interacted with the assigned sales person during typical business hours. Also at this stage, salespeople were typically product experts, with some firms having multiple salesforces selling different products. This confined the salesforce to locational, product, and temporal limits. The salesforce followed the demands of the production schedule (supply side perspective). In times of surplus, salespeople attempted to sell more products and in times of shortages attempted to ration the products to their best customers (KOTLER 1973).

The salesforce functions matched the persuasion model AIDA (Awareness-Interest-Desire-Action), attributed to E. ST. ELMO LEWIS in 1898 (STRONG 1925). At this stage, the selling process was designed around persuasion models, as the salesperson was the communication channel for the firm and also participated in the customer selection process. This process evolved into the seven steps of selling, which were typically (1) prospecting, (2) pre-approach, (3) approach, (4) presentation, (5) overcoming objections, (6) close, and (7) follow-up (DUBINSKY 1981). In matching the seven steps of selling and persuasion processes, the first three steps were associated with customer selection and attention, the next two steps were associated with interest and desire (awareness, knowledge, liking, preference), the sixth step was associated with action, and the final selling step was follow-up for future sales.

One of the interesting issues at this stage was that sales processes were regarded as discrete, with each sale being a new process. In some cases, the salesforce was divided into hunters – those salespeople who were good at getting new customers to the firm – and farmers – those salespeople who were good at maintaining sales relationships. In addition, some sales managers hired prospectors to identify and qualify customers before handing the lead to the salesforce.

4.1 Emergence of Relationship Marketing and Relationship Selling

Relationship marketing has always been of interest to practitioners. Relationship marketing came into the mainstream marketing mindset during the 1990s. The underlying premise of the relationship marketing was that customer satisfaction leads to loyalty, which in turn leads to higher levels of profitability for the firm. In the same context, the past decade has witnessed a growing interest in relationship selling, which stresses the development of long-term buyer-seller relationships (FRANKWICK, PORTER AND CROSBY 2001; GONZALEZ, HOFFMAN AND INGRAM 2005; INGRAM 1996; JOLSON 1997). An offshoot of the relational salesforce is the system supplier or system integration salesforce (HELANDER AND MOLLER 2007). Such salesforces sell and install large scale, complex systems, and regard personal relationships to be critical to the process.

These forms of sales organization are still "supply" oriented organizations because of their emphasis on their own marketing needs. In addition, some of the basic assumptions of relationship marketing have been questioned (REINARTZ AND KUMAR 2000), and relationship selling is evolving into other forms of marketing.

4.2 The Service Dominant Logic of Marketing

The focus on the "demand" side of marketing has been stressed recently in "new dominant logic" in marketing highlighted by VARGO AND LUSCH (2004). This new logic is labeled service-centered and reflects a dramatic change in perspective. A service-centered view of exchange implies developing customized offerings to better fit the customer's needs and identifying firm resources (both internal and external) to better satisfy the needs of customers. The logic also implies a movement away from the exchange of tangible goods and towards the exchange of intangibles, specialized skills, and knowledge, and processes. Service-centered firms develop networks that allow firms to offer solutions to customers that may involve both insourcing and outsourcing. Goods, in this perspective, are merely appliances for service and ownership will no longer be critical for firms (VARGO AND LUSCH 2004).

VARGO AND LUSCH (2006, p. xvii) suggest that the use of the singular service as opposed to the common services is intentional. They suggest that service implies a process in that firms use resources to benefit customers; whereas the term "services" refer to the output. Ultimately, in this evolving logic in marketing, the most successful organizations are those whose core competence is marketing, along with related market-sensing processes (DAY 1999; HAECKEL 1999). This is where the critical role of the sales force emerges. VARGO AND LUSCH (2004) suggest that most communication in the past was characterized as one-way, communication that flowed from the marketing firm to the customer. They suggest that a service-centered view suggests that communication process will be characterized by dialogue as well as asking and answering questions.

Some of the fundamental premises that (VARGO AND LUSCH 2006, p. 44) suggest are relevant to the personal selling and sales management context. These are (VARGO AND LUSCH 2006, p. 44):

- The application of specialized skills and knowledge is the fundamental unit of exchange.
- Goods are distribution mechanisms for service provision.
- Knowledge is the fundamental source of competitive advantage.
- The customer is always a co-creator of value.
- A service-centered view is customer oriented and relational.

In this emerging era, the role of the salesperson will change from a "supply" focus to a "demand" focus. Since suppliers' specialized skills and knowledge will become more important to customers, salespeople will become more of information agents rather than persuasion agents. Salespeople's' reliance on selling of goods will decrease. Salespeople's knowledge of customers and solutions will become a source of competitive advantage. In this scenario, salespeople will need to be more of customer experts (demand side) rather than product or service experts (supply side). As stated earlier, salespeople will offer solutions to customers that may involve both insourcing and outsourcing and ownership will no longer be critical for firms (VARGO AND LUSCH 2004). Thus, a solution selling salesforce will be more appropriate in this context.

We suggest that some of the problems of high technology arise from the "supply" side emphasis of firms. For example, a "supply" side process or a traditional high-technology process starts with product development and may look like:

Product Development → Manufacturing → Marketing/Sales → Customer

In contrast, a "demand" side process starts with customer needs and then a development of product/service to satisfy the needs. The process may look like:

Customer → Marketing/Sales → Product Development → Purchasing/Manufacturing → Customer

In this case, the customer is at both the start and the end of the process. This would reduce some of the uncertainty associated with high-technology markets. For example, market uncertainty arises from ambiguity about the type and extent of customer needs that can be satisfied. If the development of the high-technology product or service is based on the need of the customer, then the ambiguity will decline. Similarly, competitive volatility, tradeability and knowledge spillover issues may decline in a "demand" oriented model.

This shift toward service and solution selling should increase the success of high-technology products and services. As stated earlier, the practice of service-dominant logic should reduce market uncertainty, and reduce uncertainties around competitive volatility, tradeability and knowledge spillover issues.

5 Solution Selling Salesforce

There has been an increase in the focus on solutions-focused selling (also labeled customer-focused selling or consultative selling) (ARNETT AND BADRINARAYANAN 2005). Solutions are customized and integrated offerings of products and services that are designed to solve a particular customer needs/wants or problem. The process of solution selling involves the definition of the customer's requirement, requisitioning the products/service, the customized integration of products and services, their deployment, and any possible post-purchase support.

Among the most common reason cited for the increasing solution selling is the prospect of charging a premium for solutions comprising of configurations of products rather than the individual products themselves (CICHELLI 2005). Even if the integrated solutions approach involves only servicing the installed base, the revenues are estimated to be about 10 to 30 times the value of new product sales (WISE AND BAUMGARTNER 1999). It has been estimated that at Rolls-Royce and IBM Corp., services adding value to physical product brings more than 50% of the firm's revenues (DAVIES, BRADY AND HOBDAY 2006).

Solution selling has been gaining in popularity, at least, among large firms that are also market and technology leaders in their areas of operations. Such firms include those from diverse industries such as information technology, automobiles, aircraft manufacturing, and telecom (DAVIES, BRADY AND HOBDAY 2006). However, the shift to solutions selling has not been easy for many firms. In a survey by a Charlotte-based consultancy firm, Sales Performance International, 69 percent of the 134 sales managers surveyed noted "moving to solution type sell" as the most difficult transitional challenge, more than any other difficulty (AMERICAN SALESMAN 2006). As the consultancy firm's CEO, Keith Eades, noted: "…solution selling is where leading companies want to be. Not only does a consultative approach afford a competitive advantage, but it also makes a more honorable seller. The salesperson becomes a problem solver and builds a better relationship with the customer" (AMERICAN SALESMAN 2006, p. 30).

One reason for the difficulty in transition to solution selling is the fact that such a transition requires a fundamental shift in focus from the "supply" side to "demand" side. Current approaches to selling are all oriented towards the supply side, while solution selling requires a demand-side orientation. An example is the movement of customers from ownership toward the on-demand or the subscription model (SHARMA AND GUPTA 2002). The shift toward solutions selling has changed the role of a salesperson from a spokesperson for the firm's product to that of a consultant for the buying firm. This involves salespeople understanding the problems of customers and seeking solutions for the customer firm (HANNAN 1995; LIU AND LEACH 2001). Moreover, the transition requires changes in established ways of doing things, including new product development and focus on operations and production strategies at the supplier firm.

In the solution selling model, each customer will have its own balance sheet, i.e., sales organizations will become profit centers rather than cost centers. Therefore, in the future, we expect sales organizations to be customer experts (rather than product experts) and to be able to sell solutions that may require the outsourcing of some products and services. The model is IBM global services, which can install and allow functioning of their own products as well as the products of their competitors. Sales organizations have traditionally left fulfillment to other functions in the organization. In the context of a customer-focused sales organization, salespeople will need to become experts in fulfillment also. This is a fertile area of research.

It has been noted that in a true solution-selling culture, sales reps routinely do the following:

- "[T]alk big-picture business goals with a CEO, and financial ramifications with the CFOs.
- When asked, they can list each client's unique business challenges – specific obstacles that may change from month to month.

- They rarely rely on boilerplate sales presentations; instead, they pepper each presentation with carefully crafted questions designed to uncover a client's toughest challenges.
- They are constantly bringing in additional revenue from existing customers, because of their efforts to regularly identify their clients' changing needs.
- They spend an insane amount of time with clients – not just giving presentations. They attend clients' staff meetings, go on plant tours, and spend time getting to know customers, rather than just selling to them." (LIGOS 2004, p. 4).

In the past, salespeople were traditionally selected based on their ability to bring new customers to the sales organization. With the traditional turnover in customers, the consistent emphasis on new customers necessary for growth meant that salespeople who were able to bring in new customers (i.e., hunters) were at a premium. The shift toward consultative selling requires personnel who can be problem solvers and managers of their accounts. Instead of charisma and push, salespeople will need to emphasize customer understanding and their ability to provide high levels of customer service. This is another great opportunity for research, as our understanding is anecdotal rather than empirical.

The consultative selling process will lead to selling steps that are oriented toward problem identification, presentation of solution, and continued customer support. This will lead to the end of the traditional seven steps of selling. This is another area for research as this change will have tremendous implications for training.

When salespeople practice solution selling, the traditional compensation based on sales may not be adequate. A profit component will be needed, and an indica-tor of customer satisfaction will be necessary. Profit has been used in sales to compensate salespeople, but it has been used predominantly in areas where the salesperson controls pricing decisions. This is another area for research enquiry.

The final shift in the organization of personal selling and sales management will be in the area of internal marketing. Internal marketing was first introduced by BERRY (1981) and is now commonly used in the context that firms need to mar-ket to employees and employees in one functional area to employees in another functional area. AHMED AND RAFIQ (2003) suggest that by satisfying the needs of internal customers, an organization should be in a better position to deliver the quality necessary to satisfy external customers. They suggest that implicit in internal marketing is the assumption that fulfilling employee needs enhances employee motivation, and as a consequence, there is a greater possibility of generating external satisfaction and loyalty. Because sales organizations will need resources from the selling organization to satisfy customer needs through fulfillment, sales organizations will need to become better at obtaining resources from their own firms.

6 Discussion

High-technology products and services are very important for firms and nations. However, the high failure rate of new product introductions is a considerable source of angst among managers, academics and policy makers. There has been considerable research in the areas of high-technology product development and high-technology product adoption in both consumer and business markets. In this paper, we concentrate on the orientation of the firm.

We suggest that firms need to shift from a "supply" oriented focus to a "demand' oriented focus to aid the success of high-technology products and services. The primary reason is that the driver of the high-technology creation process are customers, who are also the consumers of high-technology products and services. We further suggest that this shift toward a solution selling focus is an imperative for long-term success of high-technology firms.

The changes in business practices can be profound. As we stated earlier, market-ing function has traditionally been organized from a "customer acquisition to market products" viewpoint. With the shift to "demand" side, the focus will change to customer retention. Customers need to be viewed as financial assets (SRIVASTATVA, SHERVANI AND FAHEY 1998) that must be nurtured, protected and harnessed. Within this context, marketers need to provide offerings that a cus-tomer will seek rather than those that need to be pushed. By maintaining close ties with business customer and developing an ability to predict customer pref-erences, firms can created a very loyal base of customers who will seek them out.

Firms will need to reconsider the control and integration of the marketing func-tion. In this context, the separation of sales from marketing as well as customer service functions in the current organization structure needs to be reviewed. Marketing in high-technology industries need to be accorded greater say over key decision areas, such as pricing and product development. In this context, virtually all functions will be market-oriented. The marketing function needs formally incorporate upstream linkages that are the domain of the purchasing department. Key suppliers need to become an integral part of the marketing team, and need to be involved in strategic planning and new product develop-ment.

The paper suggests that for firms selling high-technology products and services, it is imperative that they shift from a traditional salesforce to a solution oriented salesforce. Solution focused salesforce will concentrate on the needs of customers and will satisfy the needs of customers through internal or external procure-ment. For example, consulting firms such as Accenture and IBM Global services use their own products and services as well as the products and services of com-petitors to satisfy the needs of their customers. The dynamic of business relationships change as a business may both be a competitor and an ally. The phrase "coopetition" has emerged from this domain.

In the sales arena, some profound changes in high-technology business-to-business salesforce are also expected. First, the structure of sales organizations will change. The traditional sales organization that separated the order taking from delivery activities will decline. The salespeople will be in-charge of both order taking and order fulfillment. In addition, the sales process will change from being an ad-hoc process to a more designed process. The need identification and satisfaction process will become more formal and unique to organizations. Second, the personnel will change. Rather than being acquisition specialists, salespeople will increasingly be relationship oriented. This will require a shift in personnel, and technical specialists will increasingly become a part of the salesforce. Third, evaluation and systems will change. In addition to profitability, share of wallet and satisfaction will increasingly be more important to both the evaluation and compensation of salespeople. Finally, salespeople will need to become more adept at internal marketing. Salespeople's ability to marshal internal and external resources will become increasingly important. The role of the "new" salesperson will be similar to that of a general manager, rather than a persuasion agent.

References

AHMED, P. K. AND M. RAFIG, Internal Marketing Issues and Challenges, in: European Journal of Marketing, Volume 37, Issue 9, 2003, pp. 1177-86.

AMERICAN SALESMAN, Shift to Consultative Selling Now Seen as Biggest Challenge, September, 2006, pp. 29-30.

ANDERSON, H., Why Big Companies Can't Invent, Technology Review, May, 2004, pp. 56-59.

ANDERSON, R. E., Personal Selling and Sales Management in the New Millennium, in: Journal of Personal Selling and Sales Management, Volume 16 (Fall), 1996, pp. 17-32.

ARNETT, D. B. AND V. BADRINARAYANAN, Enhancing Customer-Needs-Driven CRM Strategies: Core Selling Teams, Knowledge Management Competence, and Relationship Marketing Competence, in: Journal of Personal Selling and Sales Management, Volume 25, Issue 4 (Fall), 2005, pp. 329-41.

BERRY, L. L., The Employee as Customers, in: Journal of Retail Banking, Volume 3 (March), 1981, pp. 25-28.

BENEDETTO, C. A. DI., Identifying the Key Success Factors in New Product Launch, in: Journal of Product Innovation Management, Volume 16, Issue 6, 1999, pp. 530–544.

CHRISTENSEN, C. M. AND M. E. RAYNOR, The Innovator's Solution: Creating and Sustaining Successful Growth, Boston 2003.

CICHELLI, D., What's the Buzz All About?, in: Sales and Marketing Management, Volume 157, Issue 8 (August), 2005, p. 20.

DARR, A., Selling Technology: The Changing Shape of Sales in an Information Economy. Ithaca, NY, 2006.

DAVIES, A., T. BRADY AND M. HOBDAY, Charting A Path Toward Integrated Solutions, in: MIT Sloan Management Review, Volume 47, Issue 3 (Spring), 2006, pp. 39-48.

DAVIES, W. AND K. E. BRUSH, High-Tech Industry Marketing: The Elements of a Sophisticated Global Strategy, in: Industrial Marketing Management, Volume 26, 1997, pp. 1-13.

DAY, G., The Market Driven Organization: Understanding, Attracting, and Keeping Valuable Customers, New York 1999.

DUBINSKY, A. J., A Factor Analytic Study of the Personal Selling Process, in: Journal of Personal Selling and Sales Management, Volume 1 (Fall/Winter), 1981, pp. 26–33.

DUNN JR., D. T., J. H. FRIAR AND C .A. THOMAS, An Approach to Selling High-Tech Solutions, in: Industrial Marketing Management, Volume 20, Issue 2, 1991, pp. 149-159.

DUNN JR., D. T. AND S. C. PROBSTEIN, Marketing High-Tech Services, in: Review of Business, Volume 24, Issue 1, 2003, pp. 10-17.

FINANCIAL TIMES, The Dangers of Being Distracted, September 17, 2004, p. 2.

FRANKWICK, G. L., S. S. PORTER AND L. A. CROSBY, Dynamics of Relationship Selling: A Longitudinal Examination of Changes in Salesperson–Customer Relationship Status, in: Journal of Personal Selling & Sales Management, Volume 21, Issue 2 (Spring), 2001, pp. 135–146.

GONZALEZ, G. R., D. K. HOFFMAN AND T. N. INGRA, Improving Relationship Selling Through Failure Analysis and Recovery Efforts: A Framework and Call to Action, in: Journal of Personal Selling & Sales Management, Volume 25, Issue 1, 2005, pp. 57-65.

HAECKEL, S. H., Adaptive Enterprise: Creating and Leading Sense-and-Respond Organizations, Boston, MA, 1999.

HANNAN, M., Consultative Selling, New York 1995.

HAUSER, J., G. TELLIS AND A. GRIFFIN, Research on Innovation: A Review and Agenda for Marketing Science, in: MSI Special Report 05-200. Cambridge, MA: Marketing Science Institute, 2005.

HELANDER, A. AND K. MÖLLER, System Supplier's Customer Strategy, in: Industrial Marketing Management, Volume 36, Issue 6, 2007, pp. 719-730.

HULTINK, E. J. AND K. ATUAHENE-GIMA, The Effect of Sales Force Adoption on New Product Selling Performance, in: Journal of Product Innovation Management, Volume 17, Issue 6, 2000, pp. 435-450.

INGRAM, T. N., Relationship Selling: Moving from Rhetoric to Reality, Mid-American in: Journal of Business, Volume 11 (Spring), 1996, pp. 5–13.

JOLSON, M. A., Broadening the Scope of Relationship Selling, in: Journal of Personal Selling & Sales Management, Volume 17, Issue 4 (Fall), 1997, pp. 75–88.

JUDSON, K., D. D.SCHOENBACHLER, G. L. GORDON, R. E. RIDNOUR AND D. C. WEILBAKER, The New Product Development Process: Let the Voice of the Salesperson be Heard, in: Journal of Product & Brand Management, Volume 15, Issue 2/3, 2006, pp. 194-202.

KOTLER, P., The Major Tasks of Marketing Management, in: Journal of Marketing, Volume 37, 1973, pp. 42-49.

KOTLER, P., N. RACKHAM AND S. KRISHNASWAMY, Ending the War Between Sales and Marketing, in: Harvard Business Review, Volume 84 (July-August), 2006, pp. 68-78, 187.

LIGOS, M., Editor's Letter: We've Got the Solution, in: Sales and Marketing Management, Volume 156, Issue 10 (October), 2004, p. 4.

LIU, A. H. AND M. P. LEACH, Developing Loyal Customers with a Value-adding Sales Force: Examining Customer Satisfaction and the Perceived Credibility of Consultative Salespeople, in: Journal of Personal Selling and Sales Management, Volume 11, Issue 2, 2001, pp. 147-56.

MICHEAL, K., L. ROCHFORD AND T. R. WOTRUBA, How New Product Introductions Affect Sales Management Strategy: The Impact of Type of "Newness" of the New Product, in: Journal of Product Innovation Management, Volume 20, Issue 4, 2003, pp. 270-283.

MOHR, J., S. SENGUPTA AND S. SLATER, Marketing of High-Technology Products and Innovations, Second Edition, New York 2005.

MÖLLER, K. AND A. RAJALA, Organizing Marketing in Industrial High-Tech Firms, in: Industrial Marketing Management, Volume 28, 1999, pp. 521-535.

MORIARTY, R. T. AND T. J. KOSNIK, High-Tech Marketing: Concepts, Continuity, and Change, in: Sloan management Review, Volume 30, Issue 4, 1989, pp. 7-17.

MORGAN, R. M. AND S. HUNT, The Commitment-trust Theory of Relationship Marketing, in: Journal of Marketing, Volume 58, Issue 3, 1994, pp. 20-38.

RAJATANAVIN, R. AND M. SPEECE, The Sales Force as an Information Transfer Mechanism For New Service Development in the Thai Insurance Industry, in: Journal of Financial Services Marketing, Volume 8, Isssue 3, 2004, pp. 244-258.

RAO, P. M., Sustaining Competitive Advantage in a High-Technology Environment: A Strategic Marketing Perspective, in: Advances in Competitiveness Research, Volume 13, Issue 1, 2005, pp. 33-47.

REINARTZ, W. J. AND V. KUMAR, On the Profitability of Long-Life Customers in a Noncontractual Setting: An Empirical Investigation and Implications for Marketing, in: Journal of Marketing, Volume 64 (October), 2000, pp. 17-35.

ROCHFORD, L. AND T. R. WOTRUBA, The Impact of Sales Management Changes on New Product Success, in: Journal of the Academy of Marketing Science, Volume 24, Issue 3, 1996, pp. 263-271.

ROSEN, B., S. SCHNAARS AND D. SHANI, A Comparison of Approaches for Setting Standards for Technological Products, in: Journal of Product Innovation Management, Volume 5, Issue 5, 1988, pp. 129-139.

SHARMA, S. K. AND J. N. D. GUPTA, Application Service Providers: Issues and Challenges, in: Logistics Information Management, Volume 15, Issue 3, 2002, pp. 160-69.

STRONG, E. K., JR., Theories of Selling, in: Journal of Applied Psychology, Volume 9 (February), 1925, pp. 75-86.

TEECE, D. J., Profiting from Technological Innovation: Implications for Integration, in: Collaboration, Licensing, and Public Policy, Research Policy, Volume 15, 1986, pp. 285-305.

VARGO, S.L. AND R.F. LUSCH, Evolving to a New Dominant Logic for Marketing, in: Journal of Marketing, Volume 68, Issue 1, 2004, pp. 1-23.

VARGO, S.L. AND R.F. LUSCH, The Service-Dominant Logic for Marketing: Dialogue, Debate and Directions. Armonk, NY, 2006.

WISE, R. AND P. BAUMGARTNER, Go Downstream: The New Profit Imperative in Manufacturing, in: Harvard Business Review, Volume 77 (September-October), 1999, pp. 133-141.

WOTRUBA, T. R. AND L. ROCHFORD, The Impact of New Product Introductions on Sales Management Strategy, in: Journal of Personal Selling & Sales Management, Volume 15, Issue 1, 1995, pp. 35-51.

Alke Töllner

Anforderungserhebung bei der Erstellung integrierter Lösungen

1 Problemstellung

Um auf industriellen Märkten bestehen zu können, müssen sich Unternehmen nicht nur mit der zunehmenden Wettbewerbsintensität, sondern auch mit steigenden Kundenanforderungen auseinandersetzen. Eine Differenzierung vom Wettbewerb sowie die Erfüllung der Kundenwünsche gelingen mittlerweile aber nicht mehr allein durch eine überzeugende Technologie (vgl. ISHII und ICHIMURA 2003). Denn Kunden verlangen oftmals nicht mehr nur ein qualitativ hochwertiges Produkt (z. B. eine industrielle Anlage), sie fordern eine individuelle Lösung für ein bestimmtes Problem (z. B. eine auf ihre Bedürfnisse zugeschnittene Anlage inklusive Serviceleistungen und Nachkaufbetreuung). Infolgedessen wird es für Unternehmen unerlässlich, neue Wege zu beschreiten, um den aktuellen Herausforderungen entgegenzutreten und langfristig am Markt erfolgreich zu sein.

Die veränderte kundenseitige Anspruchssituation impliziert für die anbietenden Unternehmungen das Potenzial, sich durch eine auf die individuellen Kundenbedürfnisse zugeschnittene Leistung von der Konkurrenz abzugrenzen. Die damit einhergehende strategische Neuausrichtung vom technologiefokussierten Hersteller zum kundenorientierten Lösungsanbieter (vgl. TRAYNOR und TRAYNOR 2004) ist als eine vielversprechende Möglichkeit anzusehen, unter den neuen Gegebenheiten wettbewerbsfähig zu bleiben. Dabei ist es von besonderer Bedeutung, die jeweilige individuelle Problemsituation des nachfragenden Unternehmens zu analysieren. Denn die erhöhten Ansprüche der Kunden resultieren aus deren Bedürfnis nach einer individuellen Gesamtlösung, die einen reibungslosen Ablauf der Prozesse garantiert (vgl. DAVIES, BRADY und HOBDAY 2006).

Die detaillierte Erfassung der individuellen Problemsituation sowie die Identifikation der in diesem Zusammenhang bestehenden Ansprüche des Kundenunternehmens stehen im Fokus des Interesses, wenn es gilt, eine individuelle Lösung zu realisieren. Obwohl in dem von TULI, KOHLI und BHARADWAJ (2007) identifizierten vierstufigen Prozess des Solution Selling die Anforderungserhebung und somit ein tiefgehendes Verständnis der Bedürfnisse des Kunden die essenzielle Basis der Erstellung einer individuellen Lösung bilden, wird dieser ersten Prozessstufe in der Praxis oftmals nur unzureichende Aufmerksamkeit gewidmet.

Insbesondere auf industriellen Märkten gestaltet sich die Anforderungserfassung aufgrund der speziellen Merkmale des Sektors schwierig (vgl. BARNES und MCTRAVISH 1983). Kundenanforderungen vollständig zu erheben, diese im Weiteren zu strukturieren, gänzlich zu verstehen und bei der Leistungserstellung zu berücksichtigen, gelingt den anbietenden Unternehmen nur selten. Denn vor allem die Charakteristika des Organizational Buying stellen eine Herausforderung bei der Anforderungserhebung dar. Aber auch auf unterschiedliche Gründe zurückzuführende Formulierungsschwierigkeiten der beteiligten Personen erschweren die Identifikation und

Erfassung der Ansprüche des Kunden. Demnach sind unterschiedliche, auf die jeweilige Situation zugeschnittene Erhebungsmethoden notwendig, um einen umfassenden Überblick über die Kundenanforderungen zu erhalten.

Ziel dieses Beitrags ist es daher, einerseits potenzielle Anforderungen an integrierte Lösungen aufzuzeigen und die Herausforderungen der Anforderungserhebung auf industriellen Märkten näher zu beleuchten. Andererseits werden unterschiedliche Methoden der Anforderungserhebung vorgestellt und erörtert, welche Methode unter welchen Rahmenbedingungen am geeignetsten ist, um Anforderungen industrieller Kunden effizient und effektiv zu erfassen. Auf Basis dieser Erkenntnisse soll abschließend eine Toolbox entwickelt werden, welche die Handhabung der verschiedenen Herausforderungen der Anforderungserhebung erleichtert, so dass eine ganzheitliche Erfassung der Kundenansprüche gelingt und die Erstellung einer individuellen Lösung ermöglicht wird.

2 Anforderungen an integrierte Lösungen

Die Identifikation von Kundenwünschen und -bedürfnissen stellt bereits seit Jahrzehnten einen Grundgedanken des Marketings dar (vgl. KOHLI und JAWORSKI 1990). Oftmals wird die Anspruchserfassung allerdings zur Gestaltung neuer Produkte für eine breite Zielgruppe genutzt. Dabei soll „the voice of the customer" in Produktmerkmale umgesetzt werden, um die Akzeptanz und Adoption der Produkte durch die Zielgruppe zu verbessern (vgl. BETTENCOURT 2009; BRANDT 2008; ULWICK 2005; GRIFFIN und HAUSER 1993; HOLT, GESCHKA und PETERLONGO 1984). Diese Motivation der Anforderungserfassung ist infolgedessen jedoch der allgemeinen Innovationsforschung zuzurechnen und zielt weniger auf die Erstellung eines kundenindividuellen Produkts oder sogar einer integrierten Lösung ab.

Dem „Requirement Management bzw. Engineering" kommt auf industriellen Märkten im Rahmen von Einzelprojekten zwar eine größere Bedeutung zu, aber auch in diesem Bereich unterbleibt oftmals eine umfassende Anforderungserhebung. Obwohl die Ansprüche der Kunden an das zu erstellende Produkt insbesondere bei der Softwareentwicklung (vgl. DAVIS 2005; SAIEDIAN und DALE 2000; COSSICK, BYRD und ZMUD 1992) oder im Maschinenbau (vgl. KÄRKKÄINEN ET AL. 2003; KÄRKKÄINEN und ELFVENGREN 2002; KÄRKKÄINEN ET AL. 2001) erfasst werden, steht eine strukturierte und ausführliche Anforderungserhebung, die über die Erfassung von Produktmerkmalen hinausgeht, beim „Requirement Management" nicht im Fokus.

Zur Gestaltung einer integrierten Lösung, welche als „individualisiertes und interaktiv entwickeltes Angebot in gebündelter Form, dessen Komponenten einen integrativen Mehrwert bieten, um ein komplexes Kundenproblem zu lösen" (vgl. WOISETSCHLÄGER,

BACKHAUS und MICHAELIS 2009) definiert wird, kommt der Anforderungserhebung eine besondere Bedeutung zu. Da Kunden unter einer „Lösung" nicht einfach ein Bündel von Produkten und Dienstleistungen, sondern einen Prozess verstehen, der sich aus der Anforderungserhebung, der Anpassung, Erstellung und Integration der Lösung, der Implementierung und einer Nachbetreuung zusammensetzt (vgl. TULI, KOHLI und BHARADWAJ 2007) und auf die Lösung eines konkreten Problems ausgerichtet ist, ergeben sich weitaus mehr Kundenansprüche als solche, die sich nur auf das zu erstellende Produkt oder die Dienstleistung beziehen.

Bei einer integrierten Lösung handelt es sich um ein individuelles, auf das spezifische Kundenproblem ausgerichtetes und in Kooperation mit dem Kunden erstelltes Angebot, so dass für den Kunden auch die Ausgestaltung bzw. der Prozess der Kooperation von der Auftragsvergabe bis zur Nachbetreuung von großer Bedeutung sind. Daher ergeben sich nicht nur Anforderungen, die sich auf das zu erstellende Produkt und/oder die Dienstleistung bzw. das Leistungsbündel beziehen, sondern auch auf die Zusammenarbeit mit dem anbietenden Unternehmen abzielen.

Damit einhergehend lassen sich zwei Anforderungsdimensionen identifizieren, denen wiederum unterschiedliche Anspruchskategorien zugeordnet werden können. Grundsätzlich sind produkt-/service- und prozessorientierte Anforderungen zu unterscheiden. Während sich die produkt-/serviceorientierten Anforderungen auf das konkrete Produkt und die zu erbringenden Dienstleistungen beziehen, d. h. Produkt- und Serviceattribute fokussieren, zielen prozessorientierte Anforderungen auf die Eigenschaften und Kooperation mit dem Anbieter ab. Die in diesen beiden Anspruchsdimensionen enthaltenen unterschiedlichen Anforderungskategorien sollten schließlich bei der Erstellung einer Lösung berücksichtigt werden (vgl. TÖLLNER, JOCKISCH und HOLZMÜLLER 2009). Abbildung 2-1 gibt am Beispiel der Beschaffung einer industriellen Anlage einen Überblick über potenzielle Anforderungskategorien.

Eine umfassende Anforderungserhebung ist aus unterschiedlichen Gründen allerdings nur selten möglich. Diese auf industriellen Märkten bestehenden Herausforderungen der Anforderungserhebung werden im Weiteren näher beleuchtet.

Abbildung 2-1: *Anforderungen einer integrierten Lösung (Quelle: Eigene Darstellung)*

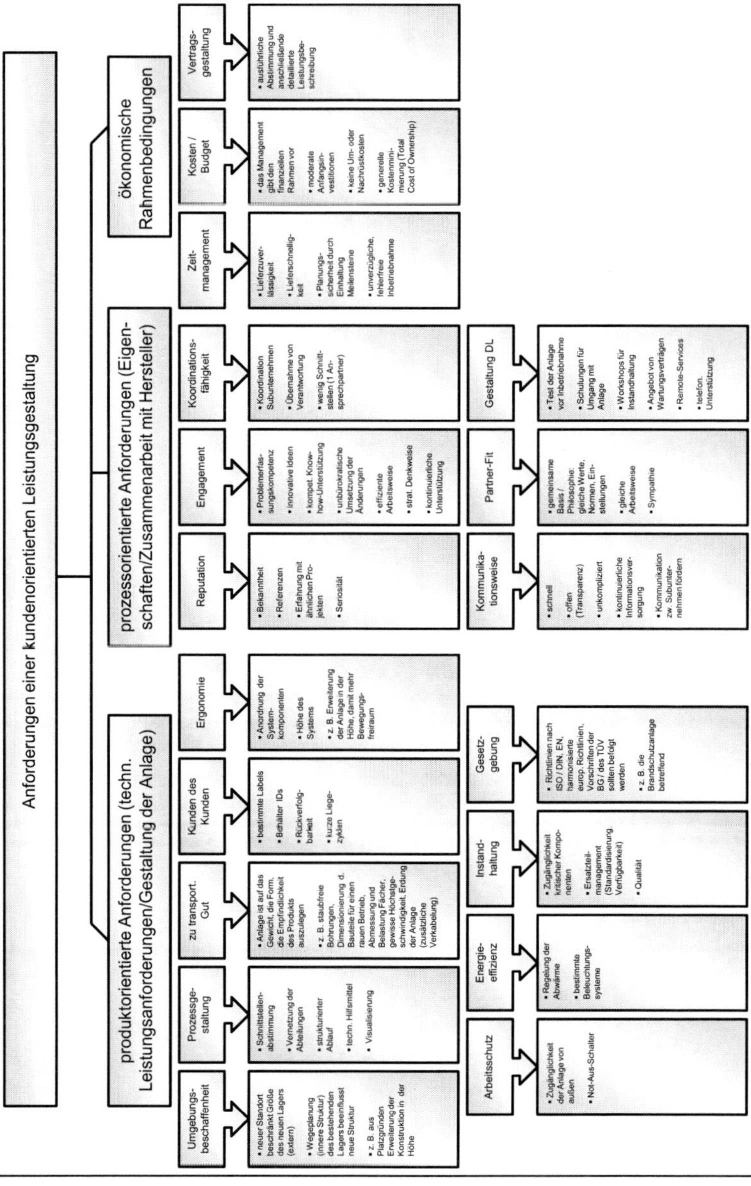

3 Herausforderungen der Anforderungserhebung auf industriellen Märkten

Die Erfassung der Kundenbedürfnisse und -anforderungen gestaltet sich auf Industriegütermärkten aufgrund unterschiedlicher Herausforderungen schwierig. Nicht nur die Charakteristika des Organizational Buying stellen eine große Herausforderung bei der Anforderungserhebung dar, auch die häufig auftretenden Formulierungsschwierigkeiten der beteiligten Personen behindern oftmals den Erfassungsprozess.

Die *Multipersonalität* als grundlegendes Merkmal des Organizational Buying erschwert die Identifikation und Erfassung der Kundenanforderungen erheblich. Da es sich bei einem industriellen Kunden in der Regel um ein größeres Unternehmen handelt, sind an der Beschaffung einer industriellen Leistung zahlreiche Personen aus verschiedenen Abteilungen und Hierarchieebenen beteiligt. Und zusätzlich zu den unterschiedlichen Rollenträgern im Buying Center (vgl. WEBSTER und WIND 1972) sind noch weitere Anspruchsgruppen bei der Anforderungserhebung zu berücksichtigen (vgl. BAMFORTH und BROOKES 2002). Denn die Beurteilung der Leistung, d. h. der Lösung, wird letztlich durch die Gesamtheit der Stakeholder vorgenommen. In Anlehnung an FREEMANS (1984) Definition eines Stakeholders besteht die Zielsetzung der Anforderungserhebung darin, alle Personengruppen einzubeziehen, deren Handeln die Kaufentscheidung beeinflusst oder die in ihrem Handeln durch die Kaufentscheidung beeinflusst werden. Somit sollten sämtliche Sichtweisen der betroffenen Mitglieder der Nachfragerorganisation bei der Anforderungserhebung Berücksichtigung finden. Aufgrund der Perspektivenvielfalt gestaltet sich der Erfassungsprozess jedoch häufig äußerst schwierig und ist nur mit großem Aufwand realisierbar.

Da die Ansprüche zudem, soweit möglich, direkt beim primären Anforderungssteller erhoben werden sollten, um Fehlinterpretationen oder Verzerrungen zu vermeiden, ergibt sich die Notwendigkeit, jede Anspruchsgruppe direkt in den Erhebungsprozess einzubeziehen. Aus der Vielzahl der beteiligten Personen resultieren schließlich etliche unterschiedliche Anforderungen. Die verschiedenen Stakeholder gehören unterschiedlichen Fachbereichen an und äußern somit zumeist nur Anforderungen ihrer Disziplin. Demnach ergeben sich beispielsweise kaufmännische, organisatorische und technische Ansprüche, die sich entweder direkt auf die zu erstellende Produkt- oder Serviceleistung beziehen oder auf den Ablauf des gesamten Prozesses und die Zusammenarbeit mit dem anbietenden Unternehmen gerichtet sind (vgl. TÖLLNER, JOCKISCH und HOLZMÜLLER 2009). Da ein Lösungsanbieter ein individualisiertes Leistungsgesamtpaket erstellt, das sich aus Produkt- und Servicekomponenten zusammensetzt, sind folglich sämtliche Anspruchsdimensionen zu berücksichtigen.

Allerdings stehen sich einzelne Anforderungen teilweise konträr gegenüber, so dass nicht immer eindeutig ist, wie die Lösung letztlich zu realisieren ist. Interessenkonflikte können innerhalb einer Anforderungsdimension bestehen, z. B. zwischen zwei technischen Anforderungen, die nicht gleichzeitig umsetzbar sind oder aber zwischen zwei Anforderungskategorien, z. B. der kaufmännischen und der technischen Dimension. Oftmals besteht beispielsweise der Anspruch, die finanzielle Belastung so gering wie möglich zu halten, gleichzeitig aber eine qualitativ hochwertige Lösung zu erstellen. Die Anforderungserhebung wird demnach zusätzlich durch Abstimmungs- und Koordinationsprobleme zwischen den Stakeholdern erschwert, so dass oftmals eine Methode nötig ist, die diesen Widrigkeiten bei der Anforderungserfassung entgegenwirkt.

Zusätzlich ergeben sich häufig *Formulierungsschwierigkeiten* bei der Anforderungserhebung. Diese sind auf unterschiedliche Gründe zurückzuführen. Einerseits fällt es den Kunden aufgrund der Komplexität industrieller Produkte schwer, sämtliche Ansprüche zu formulieren. Andererseits bestehen je nach Fach- und/oder Ausbildungshintergrund Schwierigkeiten bei der konkreten Anforderungsformulierung. Zudem sind latente Anforderungen nur schwer zu explizieren und somit zu erfassen.

Die zu beschaffende Leistung ist häufig hoch komplex und vielschichtig, so dass es oftmals unmöglich ist, sämtliche Ansprüche zu formulieren. Es sind derart viele Aspekte zu bedenken, dass es einer Einzelperson kaum gelingen kann, alle Anforderungen zu äußern, den Überblick zu behalten und Wechselwirkungen und Konsequenzen der Ansprüche abzuschätzen. Durch die Integration unterschiedlicher Stakeholder kann eine nahezu umfassende Anforderungserhebung zwar potenziell gewährleistet werden, damit einhergehend erhöht sich allerdings die Anzahl konfliktärer Ansprüche.

Zudem ergeben sich häufig Formulierungsschwierigkeiten bei Stakeholdern mit geringerem Ausbildungsniveau, die einer niedrigeren Hierarchiestufe angehören und eher verhaltensintensive Tätigkeiten ausüben, d. h. beispielsweise direkt an einer industriellen Anlage arbeiten. Diese Personen sind oftmals gehemmt oder nicht in der Lage, Anforderungen zu formulieren. Einerseits setzen sie einen Anspruch an ein neues Produkt mit Kritik an der aktuellen Situation und somit an ihrem Arbeitgeber gleich. Um diese indirekte Kritik zu vermeiden, sind sie häufig nicht gewillt, Anforderungen oder Verbesserungsvorschläge zu äußern. Andererseits gelingt es ihnen möglicherweise nicht, konkrete Anforderungen klar zu formulieren. Erst wenn sie direkt am Produkt erklären können, wo Schwierigkeiten bestehen, sind sie in der Lage, daraus resultierende Anforderungen aufzuzeigen. Schließlich sind ihnen Probleme teilweise nicht mehr bewusst. In der Routine der täglichen Arbeit haben sie selbstständig Lösungen entwickelt, die den kleinen Problemen entgegenwirken. Diese Schwierigkeiten werden sodann nicht mehr als solche wahrgenommen, obwohl sie Anforderungen implizieren. Demnach ist zur Anforderungserhebung eine Methode nötig, welche die Formulierungsschwierigkeiten umgeht.

Letztlich ist für sämtliche Stakeholder die Formulierung latenter Anforderungen kaum möglich. Neben den bewusst vorhandenen Ansprüchen existieren beim Kunden häufig auch unbewusste, latente Anforderungen, die nur schwer formulierbar sind. Diese Unbewusstheit kann entweder auf ein unzureichendes Problembewusstsein des Stakeholders zurückgeführt werden oder aber auf die Unvorhersehbarkeit zukünftiger Entwicklungen. Dabei handelt es sich um Anforderungen, denen sich ein Stakeholder zum gegenwärtigen Zeitpunkt noch nicht bewusst ist, die im Laufe der Zeit aber wirksam werden (vgl. LAß 2002).

Aufgrund der Komplexität industrieller Produkte ist die Anzahl latenter Anforderungen im Industriegüterbereich häufig sehr hoch. Beispielsweise fallen industrielle Anlagen zumeist nicht in das Kerngeschäft des beschaffenden Unternehmens, sondern dienen lediglich dazu, die eigene Leistungserstellung zu optimieren. Infolgedessen fehlen bei der Nachfragerorganisation oftmals das problemspezifische Know-how und die Fähigkeit, zukünftige Entwicklungen abzuschätzen. Daher sollte das anbietende Unternehmen versuchen, einerseits das Problembewusstsein zu fördern und andererseits durch entsprechende Erfassungsmethoden insbesondere die zukünftigen Erwartungen des Kunden zu antizipieren, um eine zukunftsfähige Lösung erstellen zu können. Abbildung 3-1 gibt einen Überblick über die Herausforderungen der Anforderungserhebung.

Abbildung 3-1: *Herausforderungen der Anforderungserhebung (Quelle: Eigene Darstellung)*

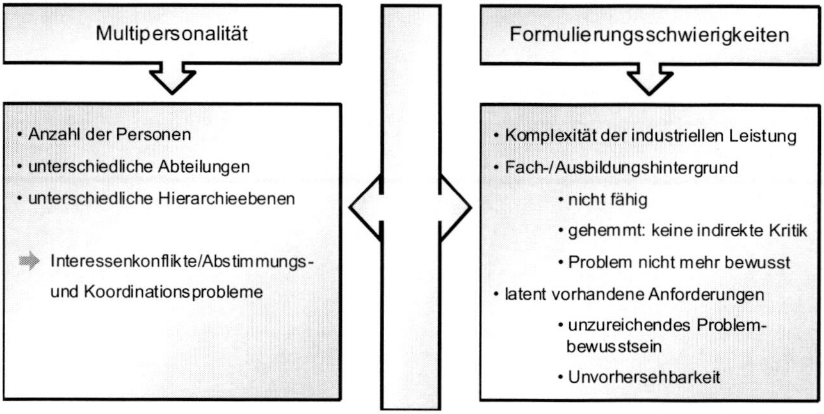

Infolgedessen ist zur Erstellung einer individualisierten Lösung eine umfassende Identifikation und Erfassung der Kundenanforderungen nur möglich, wenn die kontextspezifischen Herausforderungen gemeistert werden. Es sind Erhebungsmethoden zu wählen, die

- der Anzahl und den unterschiedlichen Perspektiven der Stakeholder Rechnung tragen,
- Abstimmungs- und Koordinationsprobleme zwischen den Stakeholdern lösen, d. h. den Umgang mit konträren Anforderungen erleichtern,
- Formulierungsschwierigkeiten aufgrund der Komplexität der Leistung verringern,
- Formulierungsschwierigkeiten aufgrund des Ausbildungsniveaus umgehen und
- die Erfassung latenter Anforderungen ermöglichen.

Demnach ist zu entscheiden, welche Erhebungsmethoden geeignet sein könnten, Anforderungen unter den gegebenen Umständen zu erheben. Einerseits soll den unterschiedlichen Perspektiven der beteiligten Stakeholder Rechnung getragen und eine Methode zur Abstimmung und Koordination eingesetzt werden.

Andererseits stellt sich aufgrund der häufigen Formulierungsschwierigkeiten die Frage, ob einige Erfassungsmethoden besonders gut oder schlecht geeignet sind, diese Hindernisse zu verringern oder zu umgehen. Da zu den relevanten Stakeholdern sowohl kaufmännisch (z. B. Management oder Einkäufer) als auch technisch (z. B. Projektleitung, Ingenieure, Instandhalter, operative Mitarbeiter) unterschiedlich gut ausgebildete Personen zählen, die zudem verschiedenen Hierarchieebenen angehören, sind je nach Fach- und/oder Ausbildungshintergrund unterschiedliche Erhebungstechniken zu nutzen.

Zudem stellt die Zukunftsorientierung für die Anforderungserhebung immer wieder eine große Herausforderung dar. Die Erfassung latenter Anforderungen bedarf in der Regel eines spezialisierten Instrumentariums. Latent vorhandene Ansprüche lassen sich durch die „klassischen" Erhebungsmethoden der empirischen Sozialforschung, wie beispielsweise qualitativen Einzel- oder Gruppeninterviews (vgl. GRIFFIN und HAUSER 1993), nur schwer identifizieren, da sie kaum zu explizieren sind.

Im Folgenden werden einige Methoden der Anforderungserhebung vorgestellt und hinsichtlich ihrer Eignung für die Erfassung von Anforderungen bewertet. Denn die bestehenden Herausforderungen können mit Hilfe unterschiedlicher Methoden umgangen oder sogar gemeistert werden.

4 Methoden der Anforderungserhebung

Zur Erhebung von Kundenanforderungen im Rahmen der Erstellung einer integrierten Lösung sollten Methoden der qualitativen Marktforschung zum Einsatz kommen. Denn es ist einerseits das spezifische Kundenproblem zu erfassen, welches ein tiefgehendes Verständnis der Unternehmensprozesse und -eigenheiten voraussetzt. Andererseits sind mit Hilfe ausgewählter Einzelpersonen detaillierte Anforderungen zu identifizieren, die sich auf das jeweils vorliegende Einzelprojekt beziehen und zumeist nicht auf andere Situationen oder Unternehmen übertragen lassen. Dies lässt sich lediglich durch die Anwendung qualitativer Methoden erreichen, so dass im Weiteren einige vielversprechende Methoden vorgestellt und hinsichtlich der Herausforderungen der Anforderungserfassung beurteilt werden.

4.1 Das qualitative Einzelinterview

Eines der Basisinstrumente der empirischen Sozialforschung ist das qualitative Einzelinterview. Beim qualitativen Interview handelt es sich zumeist um eine persönliche, mündliche Form der Befragung. Während des Gesprächs nutzt der Interviewer einen Leitfaden als Strukturierungshilfe, der Redefluss des Interviewten soll aber nicht beeinflusst werden. Der Befragte kann durch eine offene Gesprächsführung eigene Themenschwerpunkte wählen und diese in persönlicher Wortwahl kommunizieren (vgl. FONTANA und FREY 2003). Das Gespräch wird aufgezeichnet und anschließend transkribiert. Dieses Textmaterial gilt es sodann, hinsichtlich der jeweiligen Forschungsfrage zu analysieren. Da im Rahmen des Interviews nicht nur Informationen abgefragt, sondern auch Erzählungen des Interviewten forciert werden sollten, sollte die folgende Analyse auch nicht nur die expliziten Aussagen verwerten, sondern zugrunde liegende Tiefenstrukturen aufdecken (vgl. AGHAMANOUKJAN, BUBER und MEYER 2009).

Ein großer Vorteil des qualitativen Interviews ist seine universelle Einsetzbarkeit. Grundsätzlich kann unabhängig vom Forschungsgegenstand oder der zu befragenden Person das Einzelinterview als Befragungsform genutzt werden. Aus Sicht des Interviewers scheint die Durchführung eines Interviews recht intuitiv zu sein. Die sehr offene Herangehensweise, die keine Themenfelder von vornherein ausschließt, bietet für den Interviewteilnehmer aber oftmals eine zu große Freiheit, so dass er sich überfordert fühlt. Zudem kann die sorgfältige Durchführung einer Studie mittels qualitativer Interviews sehr zeitintensiv sein.

Einer Studie von GRIFFIN (1997) zufolge scheint der Nutzen den Aufwand aber zu rechtfertigen. Denn innerhalb des Produktenwicklungsprozesses setzen viele der erfolgreichen Unternehmen überdurchschnittlich häufig qualitative Interviews ein. Allerdings ist die vielfache Verwendung dieser Methode möglicherweise auch auf die scheinbar intuitive Durchführung zurückzuführen. Die in diesem Kontext als Interviewer tätigen Personen verfügen jedoch oftmals nicht über eine professionelle Marktforschungsausbildung, so dass sie Schwierigkeiten haben, die „richtigen" Fragen zu stellen und das Textmaterial auszuwerten. Infolgedessen sind die Ergebnisse teilweise nicht sehr hilfreich.

Zudem werden in der Unternehmenspraxis häufig *explorative Interviews* durchgeführt, die im Rahmen einer offenen und größtenteils unstandardisierten Gesprächsführung subjektiv relevante Informationen zum jeweiligen Untersuchungsproblem abfragen (vgl. KEPPER 1995). Bei der anschließenden Analyse werden dann aber weniger Interpretationen vorgenommen als die erfassten Angaben deskriptiv ausgewertet. Somit bleiben wichtige Informationen oftmals unberücksichtigt.

Die Durchführung derartiger Interviews ist prinzipiell nicht auf besondere Anspruchsgruppen beschränkt, andere Herausforderungen der Anforderungserhebung auf industriellen Märkten sind aber nicht zu bewältigen. Abstimmungs- und Koordinationsprobleme zwischen den Stakeholdern können nicht verringert und Formulierungsschwierigkeiten nicht umgangen werden. Zudem sind latente Anforderungen aufgrund der ausbleibenden Interpretationsbemühungen nicht zu erfassen.

Trotzdem sind qualitative Einzelinterviews zur Erhebung von Kundenanforderungen grundsätzlich zweckmäßig. Im Rahmen des Requirement Engineering empfehlen einige Autoren ihren Einsatz explizit (vgl. ULWICK 2005; SUTCLIFFE 2002; BROWN und ROGICH 2001; GRIFFIN und HAUSER 1993). Da die Ausgestaltung eines qualitativen Einzelinterviews jedoch von der jeweiligen Erhebungstechnik abhängt, sind die verschiedenen Formen des Interviews unterschiedlich gut geeignet, Anforderungen zu erheben. Es existiert eine Vielzahl von Unterarten, die sich durch verschiedenartige Fragetechniken auszeichnen. Im Weiteren werden die Critical-Incident-Technique, die Sequenziellen Ereignismethode und die Zaltman-Metaphor-Elicitation-Technique näher beschrieben und hinsichtlich ihrer Eignung für die Anforderungserhebung beurteilt.

Die von FLANAGAN 1954 entwickelte *Critical-Incident-Technique (CIT)* findet zumeist in der Dienstleistungsforschung Anwendung (vgl. EDVARDSSON und ROOS 2001; GREMLER 2004). Dabei ist es Ziel, die vom Kunden wahrgenommene Qualität sowie die daraus resultierende Zufriedenheit anhand von positiven oder negativen kritischen Ereignissen zu erfassen (vgl. BITNER, NYQUIST und BOOMS 1985; STAUSS 1993). Zunehmend wird die CIT aber auch im Kundenbeziehungsmanagement eingesetzt (vgl. SCHURR 2007), um beispielsweise Anbieterwechsel zu ergründen (vgl. KEAVENEY 1995; STEWART 1996; ROOS 1999).

Als ereignisorientierte Befragungstechnik zur Ermittlung nachhaltiger Kundeneindrücke besteht die Kernidee der CIT darin, sowohl negative als auch positive Erlebnisse beim Kontakt des Kunden mit einem Unternehmen oder dem Produkt zu sammeln.

An die Stelle unsystematischer Beschreibungen sollen dabei klar abgrenzbare verhaltensnahe Schilderungen der kritisch erlebten bzw. als außergewöhnlich anzusehenden Ereignisse rücken (vgl. CHELL 1998; GELBRICH 2007). So kann beispielsweise eine besonders positive oder negative Erfahrung bei der Zusammenarbeit mit einem Hersteller aufgezeigt werden. Diese Fragetechnik hilft, den Interviewverlauf zu strukturieren und zu fokussieren. Nach FLANAGAN (1954) gliedert sich die Anwendung der CIT in einen fünfstufigen Prozess, der in der Interpretation der Kundenanforderungen mündet. Durch die Analyse der geschilderten Ereignisse lassen sich positiv und negativ wahrgenommene Erfahrungen der Kunden mit dem Unternehmen oder dem Produkt identifizieren und daraus die Ansprüche der Kunden ableiten. Allerdings ist zu berücksichtigen, dass diese Technik auf der Erinnerungs- und Schilderungsfähigkeit der Interviewpartner basiert (vgl. URQUHART ET AL. 2003).

Für die Anforderungserhebung auf industriellen Märkten ist die Funktionalität der CIT gerade wegen der hohen technischen Komplexität der Güter positiv zu bewerten. Denn es soll von kritischen Ereignissen berichtet werden, ohne konkrete Anforderungen äußern zu müssen. Voraussetzung für den Einsatz der Technik ist es aber, dass die Befragten bereits Erfahrungen mit dem Untersuchungsgegenstand sammeln konnten. Denn diese werden rückblickend aufgearbeitet, so dass aufgrund der bewussten Konzentration auf die Schilderung zurückliegender Ereignisse die Nutzung der CIT bei erstmaligen Investitionsentscheidungen implizit ausgeschlossen ist.

Obwohl die CIT somit die Gefahr birgt, sich zu stark auf existierende Lösungen zu beziehen, trägt sie unterschiedlichen Stakeholderperspektiven Rechnung. Beispielsweise können mit dieser Technik Anforderungen eines Projektleiters erfasst werden, die sich entweder auf die Zusammenarbeit mit den anbietenden Unternehmen oder aber auf technische Produkt- oder Serviceaspekte beziehen. Ebenso eignet sich die Technik aber auch, um z. B. Projektingenieure zu interviewen. Denn diese können aufgrund ihrer Erfahrung konkrete Erlebnisse schildern und explizite Aussagen treffen. Da ein direktes Nachfragen bei der CIT ausbleibt, kann eine tiefgehende Analyse des Interviewmaterials, d. h. die Interpretation geschilderter kritischer Situationen, zudem sogar die Identifikation latenter Anforderungen ermöglichen (vgl. URQUHART ET AL. 2003).

Um Abstimmungs- und Koordinationsprobleme zu lösen und den Umgang mit konträren Anforderungen zu erleichtern, eignet sich die CIT jedoch nicht. Ebenso ist die Verwendung dieser Form des qualitativen Interviews bei Stakeholdern, die Formulierungsschwierigkeiten haben, nur wenig zielführend. Die Aufforderung, eine konkrete außergewöhnliche Situation zu schildern, aus der sodann Anforderungen abgeleitet werden, kann die Schwierigkeiten zwar abmildern, aber nicht umgehen.

Ein ähnlicher Grundgedanke wie bei der Critical-Incident-Technique liegt auch der *Sequenziellen Ereignismethode (SE)* zugrunde. Sie ist eine der bedeutendsten Befragungstechniken in der Dienstleistungsforschung und basiert auf der Analyse des Konsumprozesses und dessen Darstellung in einem Ablaufdiagramm (vgl. GELBRICH 2007).

Anhand dieses Diagramms werden Kunden durch den Konsumprozess geführt und aufgefordert, die Gefühle, Gedanken und Ereignisse zu schildern, die sie in der jeweiligen Phase des Prozesses durchlebt haben. Somit kann die Sequenzielle Ereignismethode prinzipiell als Verallgemeinerung der Critical-Incident-Technique um nichtkritische Erlebnisse gesehen werden (vgl. STRAUSS und WEIDLICH 1997).

Demnach liefert auch die Sequenzielle Ereignismethode ein Gerüst, an welchem sich sowohl der Interviewer als auch der Interviewte orientieren können. Da die Technik gestützte Erinnerungen erfasst, ergibt sich einerseits der Vorteil, dass es den Kunden leichter fällt, sich an Ereignisse zu erinnern. Andererseits setzt aber auch die SE Erfahrungen mit einem Unternehmen oder Produkt voraus. Gleichzeitig birgt sie zudem die Gefahr, dass unwichtige Ereignisse durch den Aufforderungscharakter der Technik überbewertet werden.

Wie auch die CIT bietet die Sequenzielle Ereignismethode eine Strukturierungshilfe bei der Anforderungserfassung. Dieser Vorteil trägt den Formulierungsschwierigkeiten, welche sich aufgrund der Komplexität industrieller Produkte ergeben, Rechnung. Zudem eignet sich auch diese Technik, unterschiedliche Stakeholder, welche Anforderungen aus verschiedenen Perspektiven äußern, zu befragen. Sowohl der Projektleiter als auch Instandhalter einer Anlage oder operative Mitarbeiter können mit Hilfe der SE befragt werden. Allerdings kann die SE bei Stakeholdern mit Formulierungsschwierigkeiten – ebenso wie die CIT – zwar unterstützend wirken, diese aber nicht gänzlich vermeiden. Eine detaillierte Analyse der Schilderungen des Probanden kann jedoch zur Identifikation latenter Anforderungen führen. Für die Handhabung von Abstimmungs- und Koordinationsproblemen ist die Technik jedoch nicht geeignet.

Als eine weitere Befragungstechnik kann die *Zaltman-Methaphor-Elicitation-Technique (ZMET)* zur Anforderungserhebung genutzt werden. Im Konsumgüterbereich hat diese Technik viel Beachtung gefunden (vgl. ZALTMAN und HIGIE COULTER 1995), dient dort aber eher der Erfassung von Wahrnehmungen oder Einstellungen (vgl. COULTER, ZALTMAN und COULTER 2001). Als teilstrukturiertes persönliches Interview arbeitet die ZMET mit Metaphern und Collagen, um die non-verbale Kommunikation zu nutzen und die Explikation zu erleichtern (vgl. ZALTMAN 1997). Da die Probanden im Vorfeld des Interviews gebeten werden, Bilder – aus beispielsweise Zeitschriften – zu sammeln, welche Assoziationen zum jeweiligen Forschungsgegenstand darstellen, wird der Fokus des Interviews durch die interviewte Person selbst festgelegt (vgl. COULTER, ZALTMAN und COULTER 2001). Im Verlauf des Interviews werden die zusammengetragenen Bilder schließlich in einem zehnstufigen Prozess hinsichtlich der jeweiligen Fragestellung diskutiert (vgl. ZALTMAN und HIGIE COULTER 1995).

Erste Anwendungen im Industriegüterbereich zeigen, dass diese Stimulus getriebene Befragungstechnik durchaus zur Anforderungserhebung geeignet ist. Die Methode kann bei sämtlichen Stakeholdern Anwendung finden und verringert Formulierungsschwierigkeiten durch die Nutzung von Bildern erheblich. Zudem ist die ZMET gut geeignet, latente Anforderungen zu erheben. Denn unbewusste, nicht direkt zu explizierende Ansprüche können mittels des Bildmaterials greifbar gemacht werden. Nur den Abstimmungs- und Koordinationsproblemen kann nicht entgegengewirkt werden.

4.2 Das Fokusgruppeninterview

Unter einem Fokusgruppeninterview ist ein Gruppeninterview zu verstehen, an dem typischerweise sechs bis acht Personen teilnehmen (vgl. MORGAN 1998) und das durchschnittlich eine bis drei Stunden in Anspruch nimmt (vgl. MAYERHOFER 2009). Die Durchführung eines Gruppeninterviews kann häufig zeitsparender und kostengünstiger realisiert werden als mehrere Einzelinterviews, der größte Nutzen wird aber in den während des Interviews entstehenden gruppendynamischen Effekten gesehen. Diese führen oftmals zu reicheren Ergebnissen, da im Verlauf der Diskussion immer wieder neue Ideen, Sichtweisen und Erfahrungen eingebracht werden, auf welche die Gruppe reagieren kann, so dass der zu diskutierende Themenkomplex ausführlich beleuchtet wird (vgl. GOLDMAN 1962). Für den Erfolg einer Fokusgruppe wird einerseits häufig eine ausreichende Homogenität der Diskussionsteilnehmer angeführt. Andererseits ist jedoch eine Vielfalt an Meinungen erwünscht, da unterschiedliche Standpunkte für eine intensive Diskussion wünschenswert sind (vgl. MAYERHOFER 2009). Diese Dialektik macht deutlich, dass die sorgfältige Auswahl der Teilnehmer von zentraler Bedeutung ist (vgl. DUHOVNIK ET AL. 2006). Daher werden oftmals je nach Forschungszweck unterschiedliche Kriterien herangezogen, in denen die Gruppenteilnehmer übereinstimmen sollten und andere, bei denen sich die Teilnehmer unterscheiden sollten (vgl. GOLDMAN 1962).

Während des Fokusgruppeninterviews werden zur Unterstützung der Diskussion ein teilstrukturierter Leitfaden (vgl. SCHNEIDER ET AL. 2002) und häufig auch verschiedene Kreativitätstechniken, z. B. das Brainstorming oder Mind-Mapping, genutzt (vgl. DUHOVNIK ET AL. 2006). Das Interview wird – wie auch ein Einzelinterview – aufgezeichnet und transkribiert, um anschließend eine detaillierte Analyse durchführen zu können.

Infolgedessen können gruppenorientierte Erhebungsverfahren insbesondere der Vielzahl zu berücksichtigender Anspruchsgruppen gerecht werden. Denn Fokusgruppeninterviews sind speziell dazu geeignet, Perspektiven in einer Gemeinschaft zu erfassen (vgl. TRAULSEN 2004). Zudem können Koordinations- und Kommunikationsprobleme minimiert werden, indem Ideen interdisziplinär und gemeinsam diskutiert werden. Zur Erhebung und Koordination von Anforderungen sind Fokusgruppeninterviews somit gut geeignet. Sie tragen zu einer ganzheitlichen und perspektivenreichen Erörterung von Anforderungen bei. Formulierungsschwierigkeiten sind durch Fokusgruppeninterviews allerdings nicht zu umgehen und auch zur Erfassung latenter Anforderungen ist diese Methode nicht geeignet.

4.3 Die qualitative Beobachtung

Als qualitative Beobachtung wird die Beschreibung und Dokumentation von wahrgenommenen Geschehnissen bezeichnet. Dabei stehen allerdings nicht – wie bei einer quantitativen Beobachtung – die Häufigkeiten von Verhaltensereignissen im Fokus des Interesses, sondern die Verhaltenseigenschaften. Bei einer qualitativen Beobachtung ist die Annahme leitend, dass durch die unmittelbare Erfahrung der Situation Aspekte des Handelns und Denkens beobachtbar werden, die in Gesprächen und Dokumenten über diese Interaktionen bzw. Situationen nicht zugänglich wären. Die qualitative Beobachtung beschreibt und interpretiert demnach das Verhalten direkt ohne den Umweg der Verbalisierung durch die handelnde Person (vgl. RUSO 2009). Diese Eigenschaften machen sie zu einem Instrument, welches die Umwelt umfassender dokumentiert als jede andere Erhebungsmethode.

Die Durchführung einer qualitativen Beobachtung erfordert ein hohes Maß an Methodenkenntnis und Erfahrung auf Seiten des Marktforschers, denn es handelt sich um einen ständigen Balanceakt zwischen Nähe (Teilnahme) und Distanz (Beobachtung). Dabei ist es Aufgabe des Beobachters, durch Beschreibungen von Einzelgeschehnissen und Verhaltensweisen in einer Situation sowie durch Gedächtnisprotokolle, Denk-Laut-Protokolle oder ein Forschertagebuch Geschehnisse detailliert zu dokumentieren, so dass dieses Material schließlich analysiert werden kann (vgl. GIRTLER 2001).

Wenngleich die sorgfältige Durchführung einer qualitativen Beobachtungsstudie auch zeit- und personalintensiv ist, sind Beobachtungen doch sinnvoll und nutzbringend einsetzbar. Im Kontext komplexer industrieller Lösungen sind vor allem verhaltensintensive Tätigkeitsbereiche wie beispielsweise die Instandhaltung oder der Arbeitsablauf der operativen Mitarbeiter, die direkt an der Anlage arbeiten, für eine Beobachtungsstudie geeignet. Im Rahmen der Erstellung einer individuellen Lösung finden z. B. häufig Ortsbegehungen statt, bei denen der Standort der zu produzierenden Anlage begutachtet wird und der derzeitige Arbeitsablauf beobachtet werden kann. Diese Methode impliziert allerdings – ebenso wie die Critical-Incident-Technique oder die Sequenzielle Ereignismethode –, dass beim Kunden Vorerfahrungen bestehen bzw. aktuell ein Beobachtungsobjekt existiert.

Besonders gut geeignet ist die qualitative Beobachtung, um Formulierungsschwierigkeiten zu umgehen. Sei es, dass sich diese Schwierigkeiten aufgrund eines spezifischen Fach- oder Ausbildungshintergrunds ergeben oder aber, weil Verwendungsprobleme im Umgang mit der Anlage im Arbeitsalltag nicht mehr präsent sind. Zudem sind Beobachtungen sinnvoll, um latente Anforderungen zu identifizieren (vgl. LEONARD und RAYPORT 1997). Denn die Interpretation des beobachteten Verhaltens deckt oftmals Ansprüche auf, die den beobachteten Personen nicht wirklich bewusst und somit formulierbar sind. Abstimmungs- und Koordinationsprobleme mit anderen Stakeholdergruppen sind jedoch nicht zu lösen.

4.4 Ethnographie

Obwohl die qualitative Beobachtung grundsätzlich gut geeignet ist, Anforderungen zu ermitteln, bestehen aufgrund der Komplexität der Leistung teilweise Schwierigkeiten, die beobachteten Situationen richtig zu interpretieren, d. h. tatsächliche Anforderungen abzuleiten. Denn viele Tätigkeiten oder Problemstellungen sind erklärungsbedürftig und allein durch Beobachtung nicht fachgerecht zu deuten. Dieser Herausforderung tritt die Methode der Ethnographie entgegen.

Die ethnographische Forschung verfolgt das Konzept des Mit(er)lebens und zielt mit seinem investigativen, explorativen, interpretativen und deskriptiven Charakter (vgl. DOUGLAS 1976) auf die Erkundung und Rekonstruktion abgrenzbarer Teil- und Sonderwelten ab (vgl. HITZLER 2009). Ethnographische Ansätze werden daher häufig zur Erforschung des Konsumentenverhaltens oder sozialer Phänomene eingesetzt (vgl. z. B. BELK und COSTA 1998; MUNIZ und O'GUINN 2001), aber auch zur Untersuchung von Unternehmenskulturen, d. h. von bestimmten Arbeitsabläufen oder sozialen Strukturen sowie der Generierung von praktischem Wissen, genutzt (vgl. z. B. SCRIBNER 1986).

Dabei ist es Aufgabe des Forschers, „möglichst intensiv am Leben in seinem Feld teilzuhaben und zugleich im Feld so zu agieren, dass er es […] möglichst wenig von äußeren Wertsetzungen her beeinflusst und verändert“ (vgl. HITZLER 2009). Denn nur durch die Nähe zum zu explorierenden Feld und gleichzeitiger Wahrung einer gewissen analytischen Distanz ist es möglich, detaillierte, aber trotz der Anwesenheit des Forschers nicht beeinflusste Ergebnisse zu erhalten. Durch eine multimethodische Herangehensweise, welche Analysen sämtlicher sekundärer Materialien (z. B. Dokumente, Fotos etc.), Beobachtungen, aber auch Gespräche impliziert, können Daten über die Eigen- und Besonderheiten des Forschungsfelds, wichtige und problematische Gegebenheiten sowie besondere Herausforderungen und deren Lösungsansätze gewonnen werden.

Da sich die Ethnographie vor allem dazu eignet, unerforschte Phänomene zu beleuchten, wenn sich das Forschungsfeld als „sperrig“ erweist (vgl. HITZLER 2009) und es um die Erforschung von Routinehandlungen geht (vgl. EBERLE 2009), scheint diese Methode im vorliegenden Kontext aus zwei Gründen sinnvoll zu sein. Einerseits können Formulierungsschwierigkeiten umgangen werden, andererseits aber auch aufgrund der Komplexität erklärungsbedürftige Sachlagen erfasst und somit adäquate Anforderungen abgeleitet werden. Ethnographische Ansätze können grundsätzlich bei jedem Stakeholder zur Anwendung kommen, führen aber insbesondere bei verhaltensintensiven Tätigkeiten, welche gut beobachtet werden können, zu aufschlussreichen Ergebnissen. Durch die multimethodische Herangehensweise ist zudem die Identifikation latenter Anforderungen möglich, die Koordination und Abstimmung unterschiedlicher Stakeholder gelingt jedoch nicht.

5 Die Methoden-Toolbox

Jede der beschriebenen Methoden ist je nach Situation des Stakeholders, dessen Ansprüche erhoben werden sollen, unterschiedlich gut geeignet, Anforderungen zu erfassen. Dabei stellen die zu bewältigenden Herausforderungen der Anforderungserhebung die Rahmenbedingungen dar, welche die Methodenauswahl beschränken. Tabelle 5-1 gibt einen strukturierten Überblick über die Eignung der verschiedenen Methoden hinsichtlich der zu bewältigenden Herausforderungen.

Tabelle 5-1: *Methodenbewertung (Quelle: Eigene Darstellung)*

Methode		**Herausforderung**				
		Eignung Stakeholder	Eignung zur Koordination	Vermeidung von Formulierungsschwierigkeiten	Erfassung latenter Anforderungen	Erfahrung mit dem Objekt nötig
Qualitatives Einzelinterview	Exploratives Einzelinterview	alle	nein	nein	nein	nein
	Critical-Incident-Technique	alle	nein	eher nicht	möglich	ja
	Sequenzielle Ereignismethode	alle	nein	eher nicht	möglich	ja
	ZMET	alle	nein	ja	ja	nein
Fokusgruppeninterview		alle	ja	nein	nein	nein
Beobachtung		bei verhaltensintensiven Tätigkeiten	nein	ja	ja	ja
Ethnographie		insbesondere bei verhaltensintensiven Tätigkeiten	nein	ja	ja	ja

Obwohl sämtliche Methoden grundsätzlich bei fast allen Stakeholdergruppen anwendbar sind, ist beispielsweise nur das Fokusgruppeninterview für die Koordination der unterschiedlichen Stakeholderanforderungen geeignet. Um Formulierungsschwierigkeiten zu vermeiden, kann nur auf die ZMET, die qualitative Beobachtung oder einen ethnographischen Ansatz zurückgegriffen werden, welche zugleich zweckmäßig sind, latente Anforderungen zu identifizieren. Die Vorgehensweise einiger Methoden schließt allerdings implizit deren Verwendung aus, wenn der Proband noch keinerlei Erfahrung mit der gewünschten Leistung vorweisen kann. Sowohl die Critical-Incident-Technique als auch die Sequenzielle Ereignismethode beruhen auf Schilderungen vergangener Erfahrungen, so dass diese Methoden oftmals nicht genutzt werden können, wenn der Proband von keinem Erlebnis berichten kann. Ebenso bestehen bei der Ethnographie oder der Durchführung von Beobachtungen Einschränkungen. Basis beider Methoden ist es, Probanden in ihrem jeweiligen Umfeld zu erleben, um daraus Erkenntnisse für die aktuelle Fragestellung ableiten zu können. Existiert dieses Umfeld noch nicht, wie beispielsweise bei der Erstausstattung einer Produktionsabteilung, ist die Verwendung der Methoden ausgeschlossen.

Bei der Wahl einer entsprechenden Erhebungsmethode ist somit zu allererst auszumachen, ob beim jeweiligen Stakeholder bereits Erfahrungen mit der gewünschten Leistung bestehen. Sind diese Erfahrungen nicht vorhanden, ist die Verwendung der Critical-Incident-Technique, der Sequenziellen Ereignismethode, der qualitativen Beobachtung und auch der ethnographischen Ansätze von vornherein nicht möglich.

In einem weiteren Schritt ist zu berücksichtigen, ob der zu befragende Stakeholder Schwierigkeiten bei der Formulierung von Anforderungen hat. Unabhängig davon, aus welchen Gründen diese Probleme resultieren, z. B. der Komplexität der Leistung oder aber dem Ausbildungshintergrund, sind Methoden, welche die Verbalisierung zur Informationsgewinnung nutzen, nicht zur Anforderungserhebung geeignet. Bis auf die ZMET, die während des Interviews mit Collagen arbeitet, sind sämtliche Interviewformen gar nicht oder nur bedingt sinnvoll. Die Critical-Incident-Technique und die Sequenzielle Ereignismethode können zwar durch ihr strukturiertes Vorgehen Formulierungsschwierigkeiten abmildern, aber auch nicht gänzlich verhindern. Das explorative Interview sowie das Fokusgruppeninterview sollten nicht verwendet werden. Lediglich Beobachtungen und eine ethnographische Vorgehensweise sind geeignet, Formulierungsschwierigkeiten zu umgehen.

Um latente Anforderungen erfassen zu können, sind grundsätzlich die ZMET, Beobachtungen und ethnographische Ansätze zweckmäßig. Zudem lassen sich durch eine tiefgehende Analyse und Interpretation des Interviewmaterials auch bei Verwendung der Critical-Incident-Technique sowie der Sequenziellen Ereignismethode latente Anforderungen identifizieren. In Abbildung 5-1 zeigt einen Entscheidungsbaum, der je nach bestehenden Herausforderungen die möglichen Erhebungsmethoden aufzeigt.

Abbildung 5-1: *Toolbox zur Anforderungserhebung (Quelle: Eigene Darstellung)*

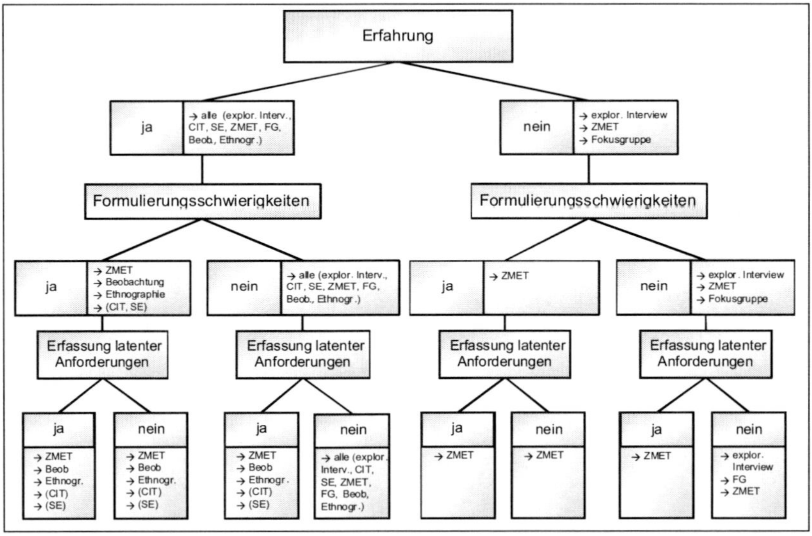

Um Anforderungen aus sämtlichen Kategorien zu erfassen, sind die Ansprüche verschiedener Stakeholder zu erheben. Denn je nach Fachbereich bestehen unterschiedliche Anforderungen, die bei der Erstellung einer integrierten Lösung berücksichtigt werden sollten. Allerdings ist für jeden beteiligten Stakeholder individuell zu entscheiden, welche Methode der Anforderungserfassung zur Anwendung kommen soll. Je nachdem, ob der jeweilige Stakeholder bei einem ähnlichen Projekt bereits Erfahrungen sammeln konnte, ob er Schwierigkeiten bei der Formulierung von Anforderungen hat oder ob auch latente Ansprüche identifiziert werden sollen, ist eine entsprechende Methode zu wählen.

Da die Erfahrung des Stakeholders Basisvoraussetzung für die Verwendung einiger Methoden ist, sind diese bereits ausgeschlossen, wenn noch keine Erfahrungen bestehen. Aus dem verbleibenden Pool an Methoden eignen sich wiederum nicht alle Methoden bei Formulierungsschwierigkeiten und zur Erfassung latenter Anforderungen steht in einem dritten Schritt beispielsweise nur die ZMET zur Verfügung.

Da das Fokusgruppeninterview die einzige Methode ist, die zur Abstimmung und Koordination der Stakeholder bzw. deren Anforderungen herangezogen werden kann, scheint es ratsam, diese (zumindest) zum Abschluss einer Anforderungserhebungsphase zu nutzen. Denn unabhängig vom Einsatz der anderen Methoden ist es sinnvoll, die involvierten Personen im Rahmen eines Fokusgruppeninterviews sämtliche Anforderungen diskutieren und konträre Ansprüche abwägen zu lassen, nachdem von den beteiligten Stakeholdern mit jeweils adäquaten Methoden deren Ansprüche erfasst worden sind.

6 Fazit

Es wird deutlich, dass die Erhebung der Anforderung an eine integrierte Lösung mit einem umfangreichen Zeit- und Ressourcenbedarf einhergeht. Um die individuelle Problemsituation des nachfragenden Unternehmens zu erfassen, ist eine Vielzahl von Personen durch unterschiedliche Erhebungsmethoden in den Prozess zu integrieren. Dabei sollten je nach Stakeholder unterschiedliche Methoden zur Anwendung kommen. Mit Hilfe der in diesem Beitrag beschriebenen Erhebungsmethoden kann den Herausforderungen der Anforderungserhebung entgegengetreten werden, natürlich existieren aber noch viele weitere Methoden, die zum Einsatz kommen könnten. Es ist allerdings zu berücksichtigen, dass für die „richtige" Verwendung von einigen Methoden eine besondere Marktforschungsausbildung nötig ist. Eine multimethodische Vorgehensweise ist grundsätzlich aber unumgänglich, denn nur, wenn sämtliche Stakeholderperspektiven Berücksichtigung finden, gelingt es, eine individuell auf das Kundenproblem zugeschnittene integrierte Lösung zu erstellen.

Dieser erste Schritt des Lösungsprozesses ist als Basis der Erstellung einer integrierten Lösung zu verstehen und somit essenziell für die weitere Arbeit. Nichtsdestotrotz wird dieser ersten Stufe in der Praxis nur wenig Aufmerksamkeit gewidmet. Ist als mögliche Erklärung dafür auch der hohe Zeit- und Ressourcenaufwand festzustellen, sollte zukünftig doch bedacht werden, dass ein großes Engagement zu Beginn einer eher langfristigen und sehr intensiven Zusammenarbeit komplizierte abschließende Nachbesserungen vermeidet. Bei der Erstellung von komplexen Lösungen kommt es häufig zu Rechtsstreitigkeiten, um Nachforderungen durchzusetzen. Um diesen und den damit verbundenen negativen Auswirkungen, wie z. B. hohen Kosten, einem schlechten Image oder einer zerstörten Anbieter-Kunden-Beziehung, entgegenzuwirken, ist eine Berücksichtigung der Kundenwünsche schon zu Beginn der Zusammenarbeit unabdingbar. Denn eine Missachtung der Kundenbedürfnisse oder Fehler in einer frühen Phase des Entwicklungsprozesses führen letztlich zu einer Multiplikation der Kosten. Nur durch eine auf seine Bedürfnisse zugeschnittene Lösung kann der Kunde zufriedengestellt werden und bleibt dem Anbieter langfristig verbunden.

Literaturverzeichnis

AGHAMANOUKJAN, A., R. BUBER UND M. MEYER, Qualitative Interviews, in: Buber, R. und Holzmüller, H. H. (Hrsg.), Qualitative Marktforschung, 2. Auflage, Wiesbaden 2009.

BAMFORTH, S. UND N. J. BROOKES, Incorporating the voice of multiple customers into product design, in: Proceedings of the Institution of Mechanical Engineers – Part B – Engineering Manufacture, Volume 216, Issue 5, 2002, S. 809-813.

BARNES, J. G. UND R. MCTRAVISH, Segmenting Industrial Markets by Buyer Sophistication, in: European Journal of Marketing, Volume 17, Issue 6, 1983, S. 16-33.

BELK, R. UND J. A. COSTA, The Mountain Man myth: A Contemporary Consuming Fantasy, in: Journal of Consumer Research, Volume 25, Issue 3, 1998, S. 218-240.

BETTENCOURT, L. A., Debunking Myths About Customer Needs, in: Marketing Management, Volume 18, Issue 1, 2009, S. 46-52.

BITNER, M. J., J. D. NYQUIST UND B. H. BOOMS, The critical incident technique as a technique for analyzing the service encounter, in: Boch, T. M., Upah, G. D. und Zeithaml, V. A. (Hrsg.), Service Marketing in a Changing Environment, American Marketing Association, Chicago, IL, 1985, S. 48-51.

BRANDT, D. R., Getting more from the voice of the customer, in: Marketing Management, Volume 17, Issue 6, 2008, S. 36-42.

BROWN, G. J. UND M. B. ROGICH, An Empirical Investigation of User Requirement Elicitation: Comparing the Effectiveness of Prompting Techniques, in: Journal of Management Information Systems, Volume 17, Issue 4, 2001, S. 223-249.

CHELL, E., Critical Incident Technique, in: Symon, G. und Cassel, C. (Hrsg.), Qualitative Methods in Organizational Analysis and Research: a practical guide, London 1998.

COSSICK, K. L., T. A. BYRD UND R. W. ZMUD, A Synthesis of Research on Requirements Analysis and Knowledge Acquisition Techniques, in: MIS Quarterly, Volume 16, Issue 1, 1992, S. 117-138.

COULTER, R., G. ZALTMAN UND K. COULTER, Interpreting Consumer perception of Advertising: an application of the Zaltman Metaphor Elicitation Technique, in: Journal of Advertising, Volume 30, Issue, 4, 2001, S. 1-21.

DAVIES, A., T. BRADY UND M. HOBDAY, Charting a Path Toward Integrated Solutions, in: MIT Sloan Management Review, Volume 47, Issue 3, 2006, S. 39-48.

DAVIS, A. M., Just Enough Requirements Management: Where Software Development Meets Marketing, New York 2005.

DOUGLAS, J. D., Investigative Social Research, Thousand Oaks 1976.

DUHOVNIK, J., J. KUŠAR, R. TOMAŽEVIC UND M. STARBEK, Development Process with Regard to Customer Requirements, in: Concurrent Engineering: Research and Applications, Volume 14, Issue 1, 2006, S. 67-82.

EBERLE, T. S., Ethnomethodologie, in: Buber, R. und Holzmüller, H. H. (Hrsg.), Qualitative Marktforschung, 2. Auflage, Wiesbaden 2009, S. 93-109.

EDVARDSSO, B. UND I. ROOS, Critical incident techniques, in: International Journal of Service Industry Management, Volume 12, Issue 3, 2001, S. 251-268.

FLANAGAN, J. C., The Critical Incident Technique, in: Psychological Bulletin, Volume 51, 1952, S. 327-359.

FONTANA, A. UND J. H. FREY, The Interview: From Structured Questions to Negotiated Text, in: Denzin, N. und Lincoln, Y. (Hrsg.), Collecting and Interpreting Qualitative Materials, 2. Auflage, Thousand Oaks 2003, S. 61-106.

FREEMAN, R. E., Strategic Management: A Stakeholder Approach, Boston 1984.

GELBRICH, K., Blueprinting, sequentielle Ereignismethode und Critical Incident Technique. Drei Methoden zur qualitativen Messung von Dienstleistungsqualität, in: Buber, R. und Holzmüller, H. H. (Hrsg.), Qualitative Marktforschung, Wiesbaden 2009, S. 617-633.

GREMLER, D., The Critical Incident Technique in Service Research, in: Journal of Service Research, Volume 7, Issue 1, 2004, S. 65-89.

GIRTLER, R., Methoden der Feldforschung, Wien 2001.

GOLDMAN, A. E., The Group Depth Interview, in: Journal of Marketing, Volume 26, Issue 3, 1962, S. 61-68.

GRIFFIN, A., PDMA Research on New Product Development Practices: Updating Trends and Benchmarking Best Practices, in: Journal of Product Innovation Management, Volume 14, 1997, S. 429-458.

GRIFFIN, A. UND J. R. HAUSER, The voice of the customer, in: Marketing Science, Volume 12, Issue 1, 1993, S. 1-27.

HITZLER, R., Ethnographien, in: Buber, R. und Holzmüller, H. H. (Hrsg.), Qualitative Marktforschung, 2. Auflage, Wiesbaden 2009, S. 207-218.

HOLT, K., H. GESCHKA UND G. PETERLONGO, Need Assessment: A Key to User-oriented Product Innovation, Hoboken 1984.

ISHII, K. UND T. ICHIMURA, A method of users' needs assessment, in: International Journal of Technology Management, Volume 25, Issue 6/7, 2003, S. 579-587.

KÄRKKÄINEN, H. UND K. ELFVENGREN, Role of careful customer need assessment in product innovation management – empirical analysis. International Journal of Production Economics, Volume 80, Issue 1, 2002, S. 85-104.

KÄRKKÄINEN, H., K. ELFVENGREN, M. TUOMINEN UND P. PIIPPO, A tool for systematic assessment of customer needs in industrial markets, in: International Journal of Technology Management, Volume 25, Issue 6/7, 2003, S. 588-605.

KÄRKKÄINEN, H., P. PIIPPO, K. PUUMALAINEN UND M. TUOMINEN, Assessment of hidden and future customer needs in Finnish business-to-business companies, in: R&D Management, Volume 31, Issue 4, 2001, S. 391-408.

KEAVENEY, S. M., Customer switching behavior in service industries: an exploratory study, in: Journal of Marketing, Volume 59, Issue 2, 1995, S. 71-82.

KEPPER, G., Qualitative Marktforschung, Köln 1995.

KOHLI, A. K. UND B. J. JAWORSKI, Market Orientation: The Construct, Research Propositions, and Managerial Implications, in: Journal of Marketing, Volume 54, Issue 2, 1990, S. 1-18.

LAß, D., Kundenwünsche analysieren und verstehen, Berlin 2002.

LEONARD, D. UND J. F. RAYPORT, Spark Innovation through Empathic Design, in: Harvard Business Review, Volume 15, Issue 6, 1997, S. 102-113.

MAYERHOFER, W., Das Fokusgruppeninterview, in: Buber, R. und Holzmüller, H. H. (Hrsg.) Qualitative Marktforschung, 2. Auflage Wiesbaden 2009, S. 477-490.

MORGAN, D. L., The Focus Group Guidebook, in: Morgan, D. L. und Krueger, R. A. (Hrsg.), The Focus Group Kit, Thousand Oaks 1998.

MUNIZ, A. M. UND T. C. O'GUINN, Brand Communities, in: Journal of Consumer Research, Volume 27, Issue 4, 2001, S. 412-432.

ROOS, I., Switching processes in customer relationships, in: Journal of Service Research, Volume 2, Issue 2, 1999, S. 68-85.

RUSO, B., Qualitative Beobachtung, in: Buber, R. und Holzmüller, H. H. (Hrsg.), Qualitative Marktforschung, 2. Auflage, Wiesbaden 2009, S. 525-536.

SAIEDIAN, H. UND R. DALE, Requirements engineering: making the connection between the software developer and customer. Information and Software Technology, Volume 42, Issue 6, 2000, S. 419-428.

SCHNEIDER, S. J., J. KERWIN, J. FRECHTLING UND B. A. VIVARI, Characteristics of the Discussion in Online and Face-to-Face Focus Groups, in: Social Science Computer Review, Volume 20, Issue 1, 2002, S. 31-42.

SCHURR, P. H., Buyer-Seller Relationship Development Episodes, in: Journal of Business and Industrial Marketing, Volume 22, Issue 3, 2007, S. 161-170.

SCRIBNER, S., Thinking in action: Some characteristics of practical thought, in: Sternberg, R. und Wagner, R. K. (Hrsg.), Practical intelligence: Nature and origins of competence in the everyday world, Cambridge University Press, 1986, S. 13-30.

STAUSS, B., Using the critical incident technique in measuring and managing service quality, in: Scheuing, E. und William, F. C. (Hrsg.), The Service Quality Handbook, American Management Association, New York 1993, S. 408-427.

STAUSS, B. UND B. WEIDLICH, Process-oriented Measurement of Service Quality, Applying the Sequential Incident Method, in: European Journal of Marketing, Volume 31, Issue 1, 1997, S. 33-55.

STEWART, K., Relationship breakdown – an exploration in retail banking, International Conference on Relationship Marekting, Development, Management and Governance of Relationships, Berlin 1996.

SUTCLIFFE, A., User-Centred Requirements Engineering, London 2002.

TÖLLNER, A., M. JOCKISCH UND H. H. HOLZMÜLLER, Kundenanforderungen an intralogistische Anlagen aus Sicht unterschiedlicher Stakeholder – Ergebnisse einer empirischen Exploration, in: Künne, B., Tillmann, W. und Crostack, H.-A. (Hrsg.), Forderungsgerechte Auslegung von intralogistischen Systemen. Logistics on Demand, Dortmund 2009, S. 5-25.

TRAULSEN, J. M., A. B. ALMARSDÓTTIR UND I. BJÖRNSDÓTTIR, Interviewing the Moderator: An Ancillary Method to Focus Groups, in: Qualitative Health Research, Volume 14, Issue 5, 2004, S. 714-725.

TRAYNOR, K. UND S. TRAYNOR, A comparison of marketing approaches used by high-tech firms: 1985 versus 2001, in: Industrial Marketing Management, Volume 33, 2004, S. 457-461.

TULI, K. R., A. K. KOHLI UND S. G. BHARADWAJ, Rethinking Customer Solutions: From Product Bundles to Relational Processes, in: Journal of Marketing, Volume 71, Issue 7, 2007, S. 1-17.

ULWICK, A., What Customers Want, New York 2005.

URQUHART, C., A. LIGHT, R. THOMAS, A. BARKER, A. YEOMAN, J. COOPER, C. ARMSTRONG, R. FENTON, R. LONSDALE UND S. SPINK, Critical incident technique and explication interviewing in studies of information behaviour, in: Library & Information science Research, Volume 25, Issue 1, 2003, S. 63-88.

WEBSTER, F. UND Y. WIND, Organizational Buying Behavior, Englewood Cliffs 1972.

WOISETSCHLÄGER, D., C. BACKHAUS UND M. MICHAELIS, M., Solution Selling: Wie der Wandel zum Lösungsanbieter gelingt, in: Borchert, M., Heinen, E. und Zühlke-Robinet, K. (Hrsg.), Systematische Gestaltung von Leistungen und Prozessen in KMU – Voraussetzung für erfolgreiche Internationalisierung von Dienstleistungen, Ingolstadt 2009, S. 57-78.

ZALTMAN, G., Rethinking Market Research: Putting People Back In, in: Journal of Marketing Research, Volume 34, Issue 4, 1997, S. 424-437.

ZALTMAN, G. UND R. HIGIE COULTER, Seeing the Voice of the Customer: Metaphor-Based Advertising Research, in: Journal of Advertising Research, Volume 35, Issue 4, 1995, S. 35-51.

Marcus Zimmer, Christoph Scholze und Florian von Wangenheim

Kundenbindungsmanagement von B2B-Lösungen[1]

1 Dieser Beitrag wurde vom Bundesministerium für Bildung und Forschung im Rahmen des Projekts „TRANSOLVE – Transformation vom Produzenten zum Lösungsanbieter" (FKZ 01FD0680) gefördert.

1 Einleitung

Das systematische Management von Kundenbeziehungen (äquivalent hierzu der englische Begriff *Customer Relationship Management*) ist heute ein wesentlicher Bestandteil sowohl der Marketingpraxis als auch der marketingbezogenen Forschung (HOMBURG und BRUHN 2008). Die praktische Realisierung der Idee, dass die langfristige Bindung bereits vorhandener Kunden für das Unternehmen vorteilhafter ist als die ständige Akquise neuer Kunden, ist zumindest in Business-to-Consumer-Märkten (B2C) in Form von Loyalitätsprogrammen und Kundenkarten allgegenwärtig. Die Forschung im Bereich Kundenbeziehungen erweist sich mittlerweile als äußerst differenziert. Stand am Anfang die Markentreue im Mittelpunkt des Interesses (HOMBURG und BRUHN 2008), umfasst die Forschung heute auch Themenbereiche wie Weiterempfehlung und die Analyse komplexen Cross Buyings. Die empirische Forschung hat allerdings – nicht zuletzt durch die zunehmende Verfügbarkeit von Transaktionsdaten aus Kundendatenbanken – einen deutlichen Schwerpunkt im B2C-Bereich (EGAN 2008; HOMBURG und JENSEN 2004).

Im Industriegüter- bzw. Business-to-Business-Marketing (B2B) haben enge und vor allem gestaltbare Kundenbeziehungen aufgrund von Charakteristika wie Individualisierbarkeit der Leistung oder aushandelbare Preise traditionell einen hohen Stellenwert. Die B2B-Marketingforschung behandelt damit nicht selten Themen, die ihrer Art nach dem Relationship Marketing zugeordnet werden könnten, auch wenn sie dieses Label nicht explizit tragen.

Sowohl im B2C- als auch im B2B-Relationship Marketing stellt die Kundenzufriedenheit eine zentrale Wirkgröße dar. Grob vereinfacht skizziert ist demnach ein Kunde zufrieden, wenn die ihm angebotenen Produkte und Dienstleistungen seinen Erwartungen entsprechen oder sie übertreffen. Im B2B-Bereich hingegen lässt sich seit einigen Jahren der Trend erkennen, die Bedürfnisse des Kunden nicht durch die Bereitstellung einzelner Produkte und Dienstleistungen zu befriedigen, sondern durch das Lösen des zugrunde liegende Geschäftsproblems mittels so genannter Business Solutions (DAVIES, BRADY und HOBDAY 2006; FOOTE ET AL. 2001; SAWHNEY 2006; TULI, KOHLI und BHARADWAJ 2007).

Im Folgenden soll dargstellt werden, (1) wie sich Kundenbeziehungen auf Basis von Business Solutions von traditionellen Beziehungen unterscheiden und (2) inwieweit Solution Selling als Instrument des Kundenbindungsmanagements eingesetzt werden kann.

2 Bedeutung der Kundenbindung

Hinter der immer größer werdenden Bedeutung des Kundenbeziehungsmanagements in Wissenschaft und Praxis verbergen sich zwei fundamentale Strategien des Marketings: die Akquisition neuer Kunden und das Halten bestehender Kunden (BLATTBERG und DEIGHTON 1996; BLIEMEL und EGGERT 1998; ENGELHARDT und FREILING 1996). Dabei hat sich herausgestellt, dass für die Pflege loyaler Kunden nur etwa 15-20 % der Kosten einer Neukundenakquisition entstehen (REICHHELD und SASSER 1990). Maßnahmen zur Kundenretention sind demnach unter Effizienzgesichtspunkten Akquisitionsmaßnahmen überlegen (REICHHELD und SASSER 1990). Dieser Effizienzvorteil lässt sich sowohl aus einer inputorientierten als auch aus einer outputorientierten Perspektive betrachten (BACKHAUS ET AL. 2008). Nicht nur fallen die aus der inputorientierten Perspektive notwendigen Investitionen zum Binden von Kunden geringer aus als die einer Neukundenakquisition, auch mündet eine aus outputorientierter Perspektive höhere Kundenloyalität in einem höheren Kunden- und damit auch Firmenwert.

Vor dem Hintergrund einer durch die aktuell angespannte wirtschaftliche Lage noch verschärften Wettbewerbssituation und einer generell sinkenden Bereitschaft der Kunden zur Bindung an einen bestimmten Anbieter (MEYER und OEVERMANN 1995) ist ein erfolgreiches Kundenbindungsmanagement und damit eine loyale Kundenbasis für Unternehmen essenziell geworden.

3 Begriffe der Kundenbindung und Kundenloyalität als wichtige Ziele des Kundenbeziehungsmanagements

In der Literatur sowie in der Praxis werden etliche Begriffe für Kundenbindung synonym verwendet. Vor allem zwischen den Begriffen Kundenloyalität und Kundenbindung wird häufig nicht deutlich genug differenziert. Die Fachliteratur stellt diverse Definitionen zur Verfügung, wobei im deutschsprachigen Raum besonders die Abhandlungen von DILLER (1996) sowie von BLIEMEL und EGGERT (1998) immer wieder hervorgehoben werden (z. B. BACKHAUS ET AL. 2008; HOMBURG und BRUHN 2008). Nach DILLER (1996) sollte der Fokus bei der Definition von Kundenbindung auf Merkmalen sowohl des Anbieters als auch des Kunden liegen. Aus Sicht des Anbieters definiert DILLER (1996) Kundenbindung als „*Aktivitäten* zur Kundenbindung", während Kundenbindung aus Sicht des Kunden als „*Bereitschaft* von Kunden zu Folgekäufen bei einem bestimmten Anbieter" gesehen wird. PLINKE (1997) und BLIEMEL und EGGERT

(1998) unterstreichen dabei auch die Möglichkeit der unfreiwilligen Bindung eines Kunden und schlagen deshalb aus Sicht des Kunden zwei mögliche Zustände der Bindung vor: das Gebunden-Sein und das Verbunden-Sein. HOMBURG und BRUHN (2008, S. 8) definieren Kundenbindung in Anlehnung an DILLER (1996) schließlich als „sämtliche Maßnahmen eines Unternehmens, die darauf abzielen, sowohl die Verhaltensabsichten als auch das tatsächliche Verhalten eines Kunden gegenüber einem Anbieter oder dessen Leistungen positiv zu gestalten, um die Beziehung zu diesem Kunden für die Zukunft zu stabilisieren bzw. auszuweiten." Um im Folgenden Missverständnisse zwischen der aktivitätsbezogenen Sichtweise des Anbieters und der einstellungs- bzw. verhaltensbezogenen Perspektive des Kunden zu vermeiden, wird der Begriff *Kundenloyalität* als ein Gebunden- oder Verbunden-Sein des Kunden an den Anbieter verstanden. Kundenbindung hingegen beschreibt die Aktivitäten des Anbieters zum Binden des Kunden (HOMBURG und JENSEN 2004).

4 Loyalität in B2C- und B2B-Kundenbeziehungen

Betrachten wir zunächst grundsätzliche Unterschiede in Bezug auf die Kundenloyalität zwischen dem B2C- und dem B2B-Bereich (BACKHAUS ET AL. 2008; HOMBURG und JENSEN 2004; NARAYANDAS 2005), bevor wir uns B2B-Lösungen als eine spezielle Ausprägungsart von Geschäftskundenbeziehungen zuwenden.

HOMBURG und JENSEN (2004) haben verschiedene loyalitätsrelevante Merkmale industrieller Kunden identifiziert, die sich auf die Kundenloyalität im B2B Geschäft auswirken (vgl. Abb. 4-1).

Notwendigkeit der Leistungsindividualisierung und geschäftsbeziehungstypischer Investitionen

Unter der Notwendigkeit der Leistungsindividualisierung und geschäftsbeziehungstypischer Investitionen wird „die Erfordernis, für eine Geschäftsbeziehung individualisierte Leistungen zu erbringen oder Ressourcen aufzuwenden, deren Amortisation nur in dieser Geschäftsbeziehung erfolgen kann" (HOMBURG und JENSEN 2004) verstanden. Diese Notwendigkeit der beziehungsspezifischen Investitionen kann sowohl auf Nachfrager- als auch auf Anbieterseite bestehen (BACKHAUS ET AL. 2008). Auf Anbieterseite sind vor allem Akquisitionskosten sowie Investitionen in das Vertrauen der Kunden in der Anbahnungsphase und Entwicklungs-, Produktions- und Logistikinvestitionen in der Realisierungsphase zu nennen (HOMBURG und JENSEN 2004). Sollte der Kunde den Auftrag nicht erteilen bzw. die Geschäftsbeziehung abbrechen, bevor die Investitionen amortisiert wurden, sind diese verloren.

Abbildung 4-1: *Loyalitätsrelevante Unterschiede im B2B-Geschäft (Quelle: in Anlehnung an HOMBURG und JENSEN 2004)*

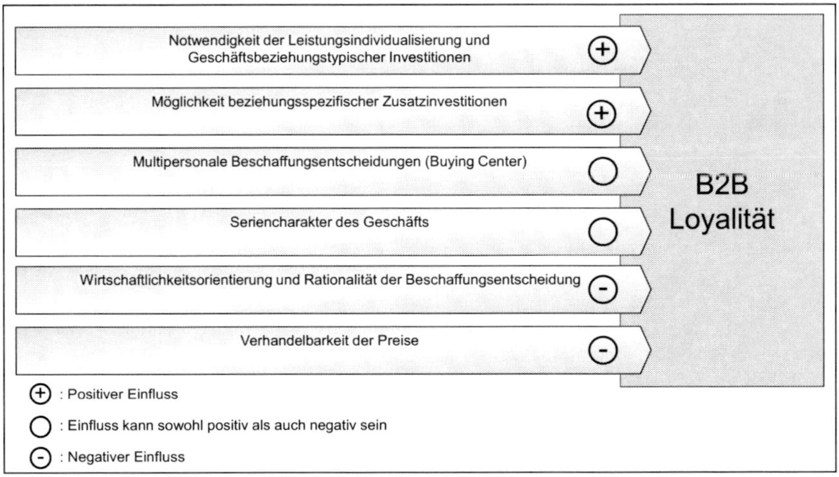

Notwendige geschäftsbeziehungsspezifische Investitionen haben vor allem im System- (BACKHAUS ET AL. 2008) bzw. Lösungsgeschäft einen positiven Einfluss auf die Loyalität eines Kunden, da seine anbieterspezifischen Investitionen meist hoch ausfallen. So muss der Kunde den Anbieter zunächst evaluieren, Produkt- und Prozessanpassungen vornehmen oder die Logistik umstellen. Die so entstehenden Wechselkosten führen zu einer erhöhten Abhängigkeit des Kunden, zu einem *Lock-in* (PLINKE und SÖLLNER 2008). Der Kunde wird erst dann den Anbieter wechseln, wenn dadurch Vorteile erlangt werden können, deren Nutzen die Wechselkosten übersteigt. Dabei ist allerdings zu beachten, dass sich ein Bumerang-Effekt ergeben kann, sollte der Kunde befürchten, dass seine Abhängigkeit ausgenutzt wird. Der Kunde könnte dann in einer Weise reagieren, die erhebliche negative Auswirkungen auf die Beziehung zum Anbieter haben kann (PLINKE und SÖLLNER 2008).

Möglichkeit beziehungsspezifischer Zusatzinvestitionen

Mittels beziehungsspezifischer Zusatzinvestitionen haben sowohl der Kunde als auch der Anbieter die Möglichkeit, über das zuvor beschriebene Mindestmaß an spezifischen Investitionen hinaus in die Geschäftsbeziehung zu investieren (HOMBURG und JENSEN 2004). Beispielsweise kann der Kunde weitere Prozesse auf den Anbieter abstimmen oder seine Systeme mit denen des Anbieters vernetzen. Durch solcherlei Investitionen können Transaktionskosten gesenkt (PLINKE und SÖLLNER 2008) und somit Effektivitäts- und Effizienzvorteile realisiert (BACKHAUS ET AL. 2008) sowie mittelfristig Kosten gespart werden. Andererseits werden alternative Verwendungsmöglichkeiten eingeschränkt, so dass, wie oben beschrieben, Wechselkosten entstehen und damit Wechselbarrieren aufgebaut werden.

Seriencharakter des Geschäfts

Im B2B-Bereich bedeutet eine Entscheidung für einen Anbieter gewöhnlich eine Fülle einzelner Beschaffungen und Bestellungen, die innerhalb verschiedener Ebenen von Verträgen, wie Rahmen- oder Einzelverträgen, geregelt werden (HOMBURG und JENSEN 2004). In Bezug auf die Messung der Kundenloyalität ist dies von Bedeutung, da diese oft anhand von Wiederkäufen oder einer Wiederkaufsabsicht operationalisiert wird. Somit stellt sich nicht nur die Frage, ob der Kunde sich wieder für einen Anbieter entscheidet, sondern auch, wie lange er sich rahmenvertraglich an einen Anbieter binden lässt.

Wirtschaftlichkeitsorientierung und Rationalität der Beschaffungsentscheidung

Im B2B-Bereich wird, bedingt durch die Multipersonalität und Formalisierung der Beschaffungsentscheidung, das Preis-Nutzen-Verhältnis stärker in den Vordergrund gerückt als dies im Endverbrauchergeschäft der Fall ist (HOMBURG und JENSEN 2004).

Kaufentscheidungen werden rationaler betrachtet („The usage of the product or service is its value, and brands mean very little to customers", NARAYANDAS 2005, S. 1). Es ist notwendig, die Vorteile des eigenen Produkts herauszustellen und aufzuzeigen, was für einen konkreten Nutzen der Kunde durch das Produkt erlangt (NARAYANDAS 2005).

Konflikte können durch eine ungleiche Rollenverteilung zwischen den Akteuren eines Buying Centers entstehen: Ein technischer Nutzen mag zwar dem technischen Personal klar erkenntlich sein, der resultierende Preisaufschlag muss aber dem Einkauf vermittelt werden, wo möglicherweise ein erbrachter Mehrwert nicht als solcher gesehen wird.

Verhandelbarkeit der Preise

Im Gegensatz zum Endverbrauchergeschäft sind für B2B-Kunden die Preise oft individualisierbar (NARAYANDAS 2005) und somit auch verhandelbar. Dies liegt zum einen darin begründet, dass auf einem B2B-Markt in der Regel wesentlich weniger Kunden zu bedienen sind. Zum anderen werden die Preise, bedingt durch die Wirtschaftlichkeitsorientierung der Beschaffungsentscheidung, öfter und sorgfältiger verglichen, als das im Endverbrauchergeschäft der Fall ist (HOMBURG und JENSEN 2004). Für die Kundenloyalität im B2B-Geschäft hat das zur Folge, dass Loyalität auch durch niedrigere Preise und so genannte Loyalitäts- oder Exklusivrabatte erkauft werden kann (HOMBURG und JENSEN 2004). Im Hinblick auf die Profitabilitätsberechnungen von Kundenbindungsmaßnahmen muss daher nicht nur berücksichtigt werden, ob und wie oft ein Produkt gekauft wird, sondern auch zu welchem Preis.

5 Loyalität in B2C- und B2B-Kundenbeziehungen

Business Solutions stellen eine spezifische Ausprägungsart von Angebotsformen innerhalb des B2B-Marketings dar. Grundsätzlich muss eine Solution von einem System und einem Product Bundle unterschieden werden.

Basierend auf der Definition von TULI, KOHLI und BHARADWAJ (2007) versteht man unter einer Business Solution ein individualisiertes Leistungsbündel zur Lösung komplexer Kundenbedürfnisse, dessen Bestandteile einen integrativen Mehrwert liefern. Eine Lösung wird mittels der vier Prozessschritte Anforderungsermittlung (*requirement definition*), Anpassung und Integration der Bestandteile (*customization and integration*), Bereitstellung (*deployment*) und Nachsorge (*post deployment support) erbracht.* TULI, KOHLI und BHARADWAJ (2007) betonen deutlich die Definitionshoheit des Kunden darüber zu entscheiden, was überhaupt eine Lösung sei. Zu viele Anbieter verwendeten das Etikett Lösung ohne auf die spezifischen, individuellen Bedürfnisse des Kunden einzugehen. Bestandteile der Lösung können sowohl tangible Produkte als auch Dienstleistungen sein; reine Dienstleistungslösungen, wie sie in der Finanzindustrie zu finden sind, sind somit in dieser Definition auch enthalten.

Ähnlich wie Lösungen betonen auch Systeme die Vernetzung der einzelnen Bestandteile zum Zweck eines integrativen Mehrwerts (HOMBURG, STOCK und KÜHLBORN 2005). Allerdings ist der Individualisierungsgrad sowohl des gesamten System als auch der seiner einzelnen Bestandteile eher gering. Systeme gehen von einer eher statischen Bedürfnislage des Kunden aus, Lösungen hingegen antizipieren eine mögliche Veränderung von Kundenbedürfnissen über die Zeit hinweg (DAVIES, BRADY und HOBDAY 2007).

Product Bundling ist der „Verkauf von zwei oder mehreren separaten Produkten zu einem reduzierten Preis ohne jegliche Integration“ (STREMERSCH und TELLIS 2002). Im Solution Selling wird gerade über den integrativen Mehrwert ein Preisaufschlag gerechtfertigt, so dass der Preis einer Komplettlösung über dem der Summe der Bestandteile liegt (TULI, KOHLI und BHARADWAJ 2007).

Durch eine Kundenlösung verändert sich die Kundenbeziehung. Es treten unterschiedliche Risiken, aber auch Vorteile für die Marktpartner zu Tage, die letztlich auch die Effizienz und die Effektivität der Kundenbeziehung beeinflussen.

Risiken für die Marktpartner

Eine Kundenbeziehung auf Grundlage einer Geschäftslösung ist im Vergleich zu einer auf dem klassischen Komponentengeschäft basierenden Beziehung durch einen wechselseitigen Transfer verschiedener Risiken zwischen Anbieter und Kunde gekennzeichnet (SAWHNEY 2006).

Im Mittelpunkt des Konzepts der Lösung steht die Idee, dass das ursprüngliche Kundenproblem durch die vom Anbieter bereitgestellte Solution vollständig gelöst wird (AHLERT ET AL. 2008; JOHANSSON, KRISHNAMURTHY und SCHLISSBERG 2003). Während der Kunde im Komponentengeschäft für Auswahl, Zusammenstellung und Integration der einzelnen Elemente, die ihm für die Lösung seines Problems dienlich schienen, selbst verantwortlich war, wird diese Verantwortung im Lösungsgeschäft vollständig auf den Anbieter übertragen: „Customers are not paying just for an integrated package of products and services. They are buying guaranteed solutions for trouble-free operations" (DAVIES, BRADY und HOBDAY 2006, S. 40).

Aus diesem *funktionalen Risiko* ergibt sich wiederum für den Anbieter das *Kompetenzrisiko* (SAWHNEY 2006): Unternehmen, die zwar hervorragende Produkte herstellen und diese auch gut vermarkten, müssen noch lange nicht gut darin sein, diese mit anderen Produkten und Services zu kombinieren und letztlich individuelle Lösungen für die Probleme ihrer Kunden anzubieten.

Im Regelfall übersteigt die Komplexität einer Solution die eines Stand-alone-Produkts. Da eine Lösung mehrere Komponenten umfasst, steigt das *Ausfallrisiko* proportional mit der Anzahl der verwendeten Elemente. Aufgrund der hohen Komplexität sind Kundenprojekte auf Basis einer Lösung schwieriger zu managen (BRADY, DAVIES und GANN 2005). Im Verlauf des Projekts kommt es nicht selten zur Erwartungsinflation seitens der Kunden. Es wird eine Komplettlösung des zugrunde liegenden Problems versprochen, aber die genaue Definition des Problems ist bereits Bestandteil eines Lösungsprojekts (TULI, KOHLI und BHARADWAJ 2007). Übersteigt dann auch der Anpassungsaufwand das geplante Maß, steht bei Kundenlösungsprojekten die kalkulierte Gewinnspanne schnell auf dem Spiel. Das „risk of lower margins" (SAWHNEY 2006, S. 369) wird zusätzlich durch einen weiteren Gesichtspunkt verstärkt: Da Lösungen individuell auf den jeweiligen Kunden abgestimmt werden müssen, einfache Produkte demgegenüber nur einmal entwickelt werden und dann ohne Veränderung teils millionenfach verkauft werden können, sind die Skaleneffekte für einen Solution Seller wesentlich geringer als für einen traditionellen Produzenten von Komponenten. Wenn es einem Anbieter nicht gelingt, den Mehrwert seiner Lösung aufzuzeigen bzw. eine Balance zwischen Individualisierung und Standardisierung seiner Solutions zu finden (DAVIES, BRADY und HOBDAY 2006), ist die Profitabilität des Lösungsgeschäfts gefährdet.

Aber auch der Kunde steht im Vergleich zur Nutzung einzelner Leistungen erhöhten Risiken gegenüber (HOMBURG, STOCK und KÜHLBORN 2005). Die größte Gefahr geht von einem *Customer-Lock-in* aus: Der Kunde bindet sich technologisch, organisatorisch oder vertraglich an ein System und wird in Zukunft auf herstellerspezifische Komponenten zurückgreifen müssen, da ein Wechsel auf einen konkurrierenden Anbieter nur unter hohen Wechselkosten möglich wäre (BACKHAUS ET AL. 2008). Für einen Kunden besteht dann die Gefahr, dass der Anbieter ihm die Quasi-Rente streitig macht (PLINKE und SÖLLNER 2008) oder das Angebot eines konkurrierenden Anbieters (*Out-Supplier*) das des aktuellen Anbieters übertrifft. Ein Wechsel würde sich für den Kunden in einem solchen Fall aber nur lohnen, wenn das Leistungsangebot des Out-Suppliers einen Nutzenvorteil verspricht, der die Wechselkosten bzw. die Quasi-Rente übersteigt.

Sind Dienstleistungen in der Lösung integriert, verändert sich das *Kaufrisiko* in Bezug auf diejenigen Eigenschaften, die der Kunde vor der Leistungserbringung beurteilen kann: Anstelle von objektiv feststellbaren Sucheigenschaften treten risikobehaftete Vertrauens- und Erfahrungseigenschaften in den Vordergrund (BRAX 2005; DARBY und KARNI 1973; NELSON 1970). Dieses Risiko wird durch einen möglichen Lock-in-Effekt noch verstärkt. Im Falle einer Fehlinvestition sind größere Geldmittel gebunden bzw. verloren, da die in einen Anbieter zu investierende Summe bei Lösungen meist über der der Einzelkomponenten liegt.

Risiken für die Marktpartner

Den Risiken des Lösungsgeschäfts stehen spezifische Vorteile für die jeweiligen Marktpartner gegenüber. Für den Nachfrager einer Solution steht der *integrative Mehrwert*, der sich nach SAWHNEY (2006) in einen *funktionalen* und *transaktionskostensenkenden Mehrwert* unterteilen lässt. Der funktionale Mehrwert ergibt sich durch die Zusammensetzung der Einzelkomponenten zu einem integrativen System, dessen Gesamtnutzen über den der Summe der Bestandteile hinausgeht (PAGE und SIEMPLENSKI 1983; JOHANSSON, KRISHNAMURTHY und SCHLISSBERG 2003; TULI, KOHLI und BHARADWAJ 2007). Die einzelnen Komponenten sind hierbei optimal aufeinander abgestimmt und – beispielsweise durch Informationsaustausch über Schnittstellen – miteinander verzahnt. Als Beispiel ließe sich ein Operationssaal nennen, in dem die einzelnen medizinischen Geräte wichtige Diagnosedaten untereinander austauschen und auch im Falle einer drohenden Fehlfunktion selbstständig den Kundendienst anfordern. Der transaktionskostensenkende Mehrwert resultiert in geringeren Beschaffungskosten, die sich durch den Bezug aus einer Hand (*one-stop-shopping*) ergeben (PAGE und SIEMPLENSKI 1983; PALIWODA und THOMSON 1985).

Weitere Vorteile für den Kunden liegen in einer schnelleren Implementierung im Gegensatz zu einer internen Entwicklung und einer besseren Planung und Übersicht anfallender Kosten. Hinzu kommt die Möglichkeit der Nutzung externer Ressourcen, wie zum Beispiel externes Know-how. Der Kunde kann sich dadurch auf seine eigenen Kernkompetenzen konzentrieren. Der Übergang des funktionalen Risikos auf den Anbieter ist aus Sicht des Kunden positiv zu betrachten.

Die primäre Motivation für den Anbieter, sich im Lösungsgeschäft zu betätigen, besteht in der Möglichkeit, dem Kunden einen höheren Nutzen anbieten zu können und sich diesen in Form von Preisaufschlägen vergüten zu lassen. Gleichzeitig steigt der Kundenwert in einer lösungsbasierten Beziehung, die in den Dimensionen Tiefe, Breite und Länge wächst (BOLTON, LEMON und VERHOEF 2004): Die Transaktionsvolumina steigen (Tiefe), es kommt zu einem verstärkten Cross- und Up-Buying (Breite) und die

Wiederkaufswahrscheinlichkeit in einer verlängerten Kundenbeziehung steigt (Länge). Die aus Kundensicht als Risiko einzustufenden Lock-in-Effekte wirken für den Anbieter positiv, falls die gesamte Kundenbeziehung profitabel ist. Allerdings befindet sich je nach Umfang der beziehungsspezifischen Investitionen auch der Anbieter in einer Lock-in-Situation gegenüber dem Kunden.

Weiterhin ergeben sich für den Anbieter Vorteile, die über die jeweilige Kundenbeziehung hinausgehen. Die Auseinandersetzung mit dem Geschäftsproblem des Kunden führt zu einem tiefgründigen Wissen über Prozesse und Marktentwicklungen, was es dem Anbieter erleichtert, neue Kunden zu gewinnen (JOHANSSON, KRISHNAMURTHY und SCHLISSBERG 2003; SAWHNEY 2006; TULI, KOHLI und BHARADWAJ 2007).

Die Gründe für und wider das Solution Selling müssen von beiden Beziehungspartnern sorgfältig abgewogen werden. Nur wenn die Vorteile auf beiden Seiten überwiegen, sollte eine Kundenlösung in Angriff genommen werden. Ansonsten sollten die Partner eine alternative Basis ihrer Geschäftsbeziehung wählen, zum Beispiel Standalone-Produkte oder Dienstleistungen (vgl. Abb. 5-1).

Abbildung 5-1: *Risiken und Vorteile der Marktpartner (Quelle: in Anlehnung an* ZIMMER *und* VON WANGENHEIM *2009)*

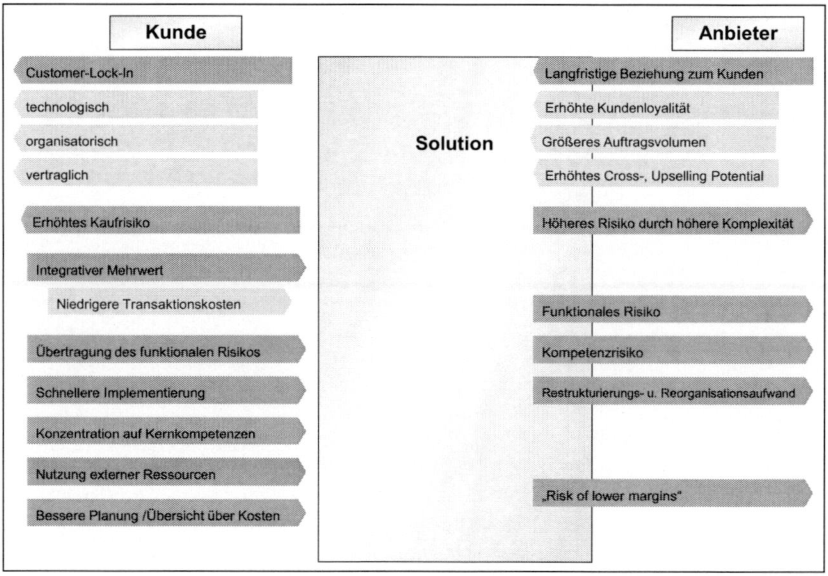

6 Profitabilität von Solutions

Aufgrund der beschriebenen Risiken muss der Profitabilität bei Kundenlösungsprojekten besondere Aufmerksamkeit geschenkt werden. Individualisierung und Anpassung sind zwar notwendige Charakteristika einer Kundenlösung im engeren Sinn, garantieren aber noch keinen lang anhaltenden Geschäftserfolg (DAVIES, BRADY und HOBDAY 2006). Eine zu hohe Individualisierung einer Lösung droht für den Solution-Anbieter unprofitabel zu werden, wenn der nötige Preisaufschlag gegenüber dem Kunden nicht durchzusetzen ist. Auch wenn durch eine intensive Auseinandersetzung mit Kundenproblemen und -bedürfnissen lösungsspezifisches Wissen akkumuliert werden kann, ist dessen produktive Nutzung für weitere Projekte aufgrund der begrenzten Skaleneffekte beschränkt: In ihrer Reinform startet eine Kundenlösung auf der grünen Wiese. Der Rückgriff auf Standardkomponenten oder gar vollständig standardisierter Lösungen widerspricht hingegen der ursprünglichen Idee von Kundenlösungen.

In der Praxis stellt sich dieses Problem als Balanceakt zwischen Individualisierung und Standardisierung dar (DAVIES, BRADY und HOBDAY 2006). Die Lösung ist so zu gestalten, dass sie für den Kunden ausreichend individuell und für den Anbieter möglichst profitabel ist.

In der Literatur werden drei Möglichkeiten genannt, um das Lösungsgeschäft für den Anbieter profitabler zu gestalten.

(1) Organisatorische Restrukturierungen in Form von Flexibilisierung und ein umfangreiches Wissensmanagement sorgen für einen besseren Wissensfluss zwischen *front-end* (Kundenkontakt) und *back-end* (Leistungserstellung). Weite Unternehmensbereiche sollen von einer schnelleren Penetration von Kunden- und Projektwissen und damit von einer steileren Lernkurve profitieren (GALBRAITH 2005; GALBRAITH 2002).

(2) Lösungsplattformen sind zu einem hohen Anteil vorgefertigte und entwickelte Module, die aber angepasst an den Kunden zusammengesetzt werden können. Inspiriert von Konzepten wie dem Mass Customization (PINE 1992) wird versucht, mit einer möglichst geringeren Variabilität von Lösungsmerkmalen eine möglichst große Variabilität im relevanten Merkmalsraum der Kunden abzudecken. Solche Plattformlösungen wirken dann weitestgehend individualisiert, können aber einer großen Bandbreite von Kunden angeboten werden (FOOTE ET AL. 2001).

(3) Zeichnen sich mehrere Kundengruppen durch eine unterschiedliche Zahlungsbereitschaft im Hinblick auf Individualisierungsgrad und Anpassungsaufwand einer Lösung aus, sollte zwischen ihnen im Sinne eines Kundenportfolios differenziert werden. Kunden, die nicht bereit sind, für eine individualisierte Lösung einen Preisaufschlag zu bezahlen und eine standardisierte Lösung ablehnen, sollten weiterhin mit Einzelprodukten oder Dienstleistungen beliefert werden. Im Falle einer vollständigen

Transformation zum Lösungsanbieter müsste sich dieser dann von solchen Kunden trennen (FOOTE ET AL. 2001).

7 Solution Selling als Instrument des Kundenbindungsmanagements

7.1 Einfluss von Solutions auf die Kundenloyalität

Kundenbeziehungen auf Basis von Lösungen weisen – wie dargelegt – bestimmte Eigenschaften auf. Diese lassen sich im Dienste des Kundenbeziehungsmanagements mit dem Ziel einer höheren Kundenbindung instrumentalisieren. Die Entscheidung für eine Solution fällt aber erst, nachdem beide Parteien die jeweiligen spezifischen Nutzen und Risiken abgewogen haben. Gelingt es dem Anbieter, die wahrgenommenen Risiken des Kunden (z. B. Lock-in-Effekte) zu antizipieren und bei der Realisierung der Lösung zu berücksichtigen, sollte sich das vorteilhaft auf die Beziehungsqualität auswirken. Gleichzeitig muss sich der Anbieter im Klaren darüber sein, dass aus Kundensicht lösungsspezifische Vorteile (z. B. Transfer des funktionalen Risikos) dem Anbieter wiederum zum Nachteil gereichen können und die Profitabilität der Beziehung gefährden. Auch und gerade bei Kundenlösungen ist es von höchster Bedeutung, die „richtigen" – sprich profitablen – Kunden an sich zu binden (REINARTZ und KUMAR 2002).

Zum besseren Verständnis werden im folgenden die überwiegend in der industrieökonomischen und transaktionskostentheoretischen Literatur verwendeten Begrifflichkeiten der spezifischen Investitionen von denen des Relationship-Marketings getrennt (vgl. Abb. 7-1).

Abbildung 7-1: *Wirkungsweise des Solution Selling als Kundenbindungsinstrument (Quelle: Eigene Darstellung)*

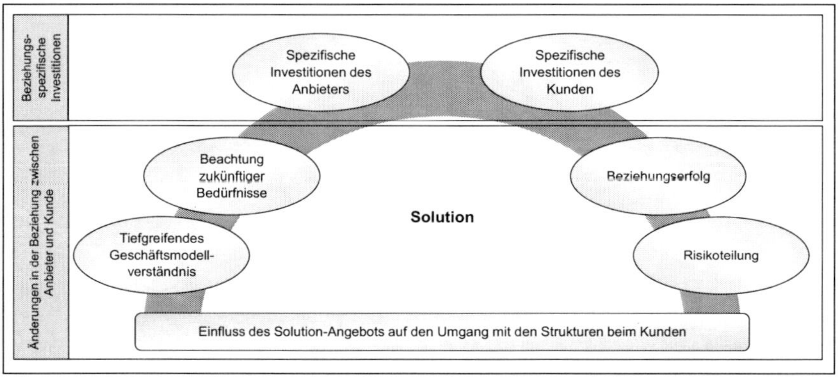

7.2 Beziehungsspezifische Investitionen

Die zentrale Motivation für spezifische Investitionen sind Effektivitäts- und Effizienzvorteile, die beispielsweise durch gesenkte Transaktionskosten entstehen. Gleichzeitig aber werden alternative Verwendungsmöglichkeiten der entstehenden Aktiva durch die Spezifität der Investition eingeschränkt. Es entsteht eine fiktive Rente (Quasi-Rente), die sich aber im Falle eines Fehlschlags der Investition in die Lösung als realer Verlust darstellt. Beide Partner sind also am Erfolg der Solution und der zugrunde liegenden Geschäftsbeziehung interessiert. Eine beziehungsspezifische Investition kann daher als loyalitätsfördernd bezeichnet werden, auch wenn in diesem Fall der Aspekt des Gebundenseins gegenüber dem der freiwilligen Bindung überwiegt. Spezifische Investitionen können sowohl vom Nachfrager als auch vom Anbieter getätigt werden.

Beziehungsspezifische Investitionen des Nachfragers

Ein Kunde legt sich in der Regel mit seiner ersten Investition auf einen Anbieter fest (BACKHAUS ET AL. 2008). Neben dieser technikbasierten Bindung führen aber auch eine organisatorische Bindung (durch spezifische Investitionen in Logistik und Prozesse) und eine vertraglich (Rahmenverträge mit vergünstigten Konditionen) gestützte Bindung zu einem Systembindungseffekt, der auch im Lösungsgeschäft die Kundenloyalität erhöht.

Die aus dieser Bindung entstehende Abhängigkeit des Kunden gegenüber dem Anbieter ist ambivalent zu betrachten: Einerseits vermindern hohe Wechselkosten in einer bestehenden Kundenbeziehung die Gefahr der Abwanderung zum Wettbewerber, andererseits antizipiert der Kunde diesen Lock-in-Effekt bereits bei der Wahl des Anbieters. Konsequenterweise sollte daher zu Beginn einer Kundenbeziehung eine Lösung so gestaltet sein, dass die Wechselkosten aus Kundensicht niedrig ausfallen. Dies kann beispielsweise durch offene Standards, dokumentierte Schnittstellen oder durch den Einbezug bereits beim Kunden vorhandener Komponenten – auch derjenigen eines möglichen Wettbewerbers – geschehen. Im weiteren Verlauf der Kundenbeziehung kann der Kunde dann motiviert werden, weitere beziehungsspezifische Investitionen vorzunehmen. So hängt die Effektivität einer Lösung unter anderem vom dem Grad der organisatorischen Bindung und den dafür bereitgestellten Ressourcen ab: Je eher ein Kunde bereit ist, seine Prozeduren und Prozesse an die Produkte des Anbieters anzupassen, desto leichter stellen sich Individualisierung und Anpassung der Lösung dar (TULI, KOHLI und BHARADWAJ 2007).

Beziehungsspezifische Investitionen des Anbieters

Auch der Anbieter muss beziehungsspezifische Investitionen, wie beispielweise Investitionen in das Vertrauen des Kunden und Entwicklungs- und Produktionsinvestitionen, tätigen, um die Geschäftsbeziehung erst möglich zu machen. Durch diese Investitionen entsteht das Risiko, dass der Kunde die Geschäftsbeziehung abbricht, bevor die Investitionen amortisiert wurden, bzw. den Auftrag gar nicht erst erteilt. Auch für den Anbieter können sich Lock-in-Effekte ergeben, beispielsweise durch langfristige Verträge, durch Investitionen in speziell für den Kunden entwickelte Technologien oder durch spezifische organisatorische Restrukturierungen.

Wenn der Kunde realisiert, dass auch der Anbieter bereit ist, Risiken einzugehen und in die Beziehung zu investieren, sieht er das Input-Output-Verhältnis der Beziehung als ausgeglichen an (PLINKE und SÖLLNER 2008). Dies führt wiederum zu einer engeren Kundenbeziehung, da der Kunde dadurch seinerseits bereit, ist eine technologische oder vertragliche Bindung und somit ein ressourcenbezogenes Commitment einzugehen. Der Anbieter sollte daher darauf achten, die von seiner Seite aus getätigten oder noch zu tätigenden Investitionen und eingegangene Risiken dem Kunden bewusst zu machen.

7.3 Vertiefung der Beziehung zwischen Anbieter und Kunde

Tiefgreifendes Geschäftsmodellverständnis und kundenspezifisches Wissen

Bei der Auseinandersetzung mit komplexen Kundenproblemen gelangt ein Lösungsanbieter zu einem tiefer gehendem Geschäftsmodellverständnis des Kunden als ein Anbieter, der Stand-alone-Produkte anbietet (AHLERT ET AL. 2008; DAVIES, BRADY und

HOBDAY 2007). Dieses Wissen lässt sich insbesondere dann zu einem Wettbewerbsvorteil gegenüber Mitbewerbern ausbauen, wenn es sich auf andere oder potenzielle Kunden in ähnlicher Lage übertragen lässt (*best practice*) und sich auf diese Weise ein positiver Rückkoppelungseffekt ergibt (SHARMA, LUCIER und MOLLY 2002).

Kundenspezifisches Wissen erhöht in zweifacher Weise die Loyalität: Zum einen kann so die Lösung enger an das Problem des Kunden angepasst werden, was die Wahrscheinlichkeit der Problemlösung und damit auch die Effektivität der Lösung steigert. Zum anderen erhöht gemeinsam erarbeitetes Wissen die Wechselkosten des Kunden, der Anbieter kann nicht ohne weiteres durch einen Wettbewerber ersetzt werden (SAWHNEY 2006).

Beachtung zukünftiger Bedürfnisse

Die Beachtung zukünftiger Bedürfnisse ist eines der Schlüsselelemente des Solution Selling und ein Hauptabgrenzungsmerkmal gegenüber dem Systemverkauf (DAVIES, BRADY und HOBDAY 2007; TULI, KOHLI und BHARADWAJ 2007). Während Systeme in erster Linie statische Kundenbedürfnisse bedienen und ihren Mehrwert gegenüber Komponenten durch die Systemintegration rechtfertigen, betrachten Lösungskonzepte Bedürfnisse als dynamisch. Da Solutions in ihrer Reinform kundenindividuell konzipiert werden, sind oftmals Beratungsdienstleistungen in der Phase der Anforderungserstellung bereits ein Bestandteil des Leistungspakets. Schon in dieser Phase sollten mögliche Änderungen der Kundenbedürfnisse antizipiert werden; bei der Realisierung der Lösung kann dem dann beispielsweise durch Modularisierung und Skalabilität Rechnung getragen werden. Nach Übergabe der Lösung können neue Bedürfnisse durch entsprechende Updating- und Upgradingangebote adressiert werden.

Zu Ermittlung dieses neuen Bedarfs seien hier neben herkömmlichen Mitteln des Direktmarketings weitere Konzepte genannt, die dem Solution Selling eher gerecht werden. Lösungen enthalten in den meisten Fällen Servicekomponenten, die entweder von entsprechendem Personal des Anbieters (vor Ort oder in Call Centern) oder neuerdings durch entsprechende Datenverbindungen ferngelenkt (*Remote Services*) erbracht werden. Im ersten Fall kann das Servicepersonal zielgerichtet für die systematische Ermittlung möglicher Bedürfnisänderungen geschult werden (CHALLAGALLA, VENKATESH und KOHLI 2009). Remote Services bieten hingegen beispielsweise mittels der Überwachung von Verbrauchsmaterialien die Möglichkeiten der automatisierten Bedarfsermittlung. Obwohl in vielen technischen Lösungen bereits eine Rückkanalfähigkeit oder sogar eine ständige Datenleitung zum Anbieter enthalten ist, stehen der Verbreitung momentan noch Bedenken der Kunden vor allem in Bezug auf Betriebs- und Datensicherheit gegenüber (WÜNDERLICH 2009).

Risikoteilung

Wie bereits dargestellt, findet bei Lösungsgeschäften ein wechselseitiger Transfer verschiedener Risiken zwischen Kunde und Anbieter statt. So trägt der Anbieter trägt einen Großteil des Risikos, indem er für die Funktionalität der Lösung verantwortlich ist (JOHANSSON, KRISHNAMURTHY und SCHLISSBERG 2003). Das größte Risiko für den Kunden besteht in einem technologischen, vertraglichen oder organisatorischen Lock-in.

Für die Gestaltung längerfristigen Beziehungen muss dem Kunden ein Gefühl der Beziehungsgerechtigkeit vermittelt werden (PLINKE und SÖLLNER 2008). Wahrgenommener Input und Output beider Partner in die Beziehung sollt hierbei in gleicher Relation stehen (ADAMS 1965). Für den Lösungsanbieter ergeben sich daraus zwei Implikationen: Einerseits sollte der Beitrag des Kunden in dessen Wahrnehmung möglichst gering ausfallen, andererseits sollte die Investition des Anbieters in die Kundenbeziehung als möglichst groß wahrgenommen werden. Ersteres lässt sich beispielsweise durch Maßnahmen erreichen, die dem vom Kunden antizipierten Lock-in entgegenwirken (s. o.). Zweiteres lässt sich durch gezielte Kommunikation erreichen. Baut beispielsweise der Anbieter interne Ressourcen auf, indem er Teams zusammenstellt oder Personen mit spezifischen Kompetenzen anwirbt, sollte dies dem Kunden mitgeteilt und als Beleg für das eigene Commitment dargestellt werden.

Einfluss des Solution-Angebots auf Strukturen und Prozesse des Kunden

Mit der Entwicklung des Anbieters vom Produktanbieter zum Solution Seller ändert sich die Tiefe und die Komplexität des Angebots, was wiederum die Beschaffungsprozesse auf Kundenseite beeinflusst. In den Erwerb einer Kundenlösung sind weitaus mehr Personen und Prozesse auf Seiten des Kunden involviert als das im reinen Produktgeschäft der Fall ist. Üblicherweise übertreffen Lösungsprojekte entsprechende Beschaffungsprojekte für Komponenten hinsichtlich ihrer Komplexität, ihrer Zentralität (strategischen Bedeutung in Bezug auf den Unternehmenszweck), ihres Beschaffungsvolumens und der Notwendigkeit zur Anpassung kundeninterner Abläufe. Aus diesen Gründen ist auf Kundenseite meist eine größere Anzahl Entscheidungsträger aus verschiedenen Fachbereichen in Lösungsprojekte involviert, die aufgrund der strategischen Relevanz zudem höhere Positionen bis hin zum Top-Management bekleiden. Aus der Sicht des Kundenbeziehungsmanagements sind diese so genannten *multiple ties* von Vorteil. Es konnte empirisch gezeigt werden, dass multiple ties zu höheren und stabileren Umsätzen führen, insbesondere auf wettbewerbsintensiven Märkten (TULI, BHARADWAJ und KOHLI 2010).

Beziehungserfolg

Ziel einer Business Solution ist die Lösung eines Problems des Kunden zu dessen voller Zufriedenheit. Die Effektivität der Lösung wird damit zur notwendigen Grundlage einer erfolgreichen Kundenbeziehung, innerhalb derer die erwähnten loyalitätsfördernden Mechanismen vollständig zum Tragen kommen. Scheitert hingegen die Solution, drohen die lösungsspezifischen Risiken für beide Partner zum Verhängnis zu werden. Der Kunde ist technologisch, vertraglich und eventuell bereits organisatorisch gebunden, die beziehungsspezifischen Investitionen gehen verloren. Der Anbieter ist möglicherweise vertraglich zu kostenintensiven Nachbesserungen verpflichtet, die Profitabilität des Projekts ist gefährdet. Die Wahrscheinlichkeit für Zusatz- und Folgekäufe sinkt und in dessen Folge auch der Kundenwert. Der Erfolg der Lösung muss daher im Mittelpunkt der Kundenbeziehung stehen.

Eine bereits existierende enge Beziehung zwischen Kunde und Anbieter wiederum erleichtert die Planung, Realisierung und Implementierung einer Lösung. Eine bereits konfliktbeladene Kundenbeziehung hat genau die gegenteilige Wirkung. Dies hat insbesondere für den Produzenten, der sich erst auf dem Weg zum Lösungsanbieter befindet, wichtige Implikationen. Solutions sollten nicht wahllos jedem Kunden angeboten werden, sondern – nach sorgfältiger Abwägung aller Risiken – nur solchen, mit denen bereits eine enge, vertrauensvolle Beziehung besteht. Umgekehrt ist auch der Transformationsprozess selbst risikobehaftet, falls noch keine engen Kundenbeziehungen vorhanden sind. Ein Marktneueinstieg als Lösungsanbieter ohne jegliche Bestandskunden stellt in dieser Logik die größte Herausforderung dar und sollte auch vom Kunden kritisch begutachtet werden.

8 Schlussbetrachtung

Das Konzept des Solution Selling umfasst ein Bündel von Mechanismen, die zur Kundenbindung eingesetzt werden können. Vor deren Nutzung sollte der Anbieter aber sorgfältig deren Nutzen und Risiken abwägen. Er sollte daher prüfen,

(1) ob sein Lösungsangebot vom Kunden als solches wahrgenommen wird. Bietet die Lösung einen spezifischen integrativen Mehrwert und ist der Kunde bereit, dafür einen Aufpreis gegenüber Einzelkomponenten zu zahlen? Wurde das Geschäftsmodell des Kunden verstanden und wird es durch die angebotene Lösung unterstützt? Wie werden Erwartungen des Kunden gemanagt, um eine Anspruchsinflation zu vermeiden?

(2) ob bereits bestehende Kundenbeziehungen eng und belastbar sind. Eignen sich bestimmte Kunden für Pilotprojekte?

(3) ob er über die Ressourcen verfügt, die Lösung effektiv und profitabel zu realisieren. Sind ein Ressourcenaufbau und organisatorische Restrukturierungen notwendig? Welche beziehungsspezifischen Investitionen erwartet der Kunde? Wie können diese Investitionen optimal dargestellt werden, um wiederum sein Commitment in dieser Beziehung zu erhöhen?

(4) ob der mit der Lösung verbundene Risikotransfer für beide Parteien ausgeglichen und handhabbar ist. Können für den Kunden die Wechselkosten zu Beginn niedrig gehalten werden, um das wahrgenommene Risiko von Lock-in-Effekten zu minimie-

ren? Können sie dann im Verlauf der Kundenbeziehung erhöht werden? Inwieweit macht sich der Anbieter auch vom Kunden abhängig?

(5) ob das zugrunde liegende Problem des Kunden wirklich dauerhaft gelöst werden kann. Wie ändern sich die Bedürfnisse des Kunden im Verlauf der Zeit? Wie kann der Anbieter nach auch Übergabe der Lösung geänderte Bedürfnisse erfassen und wie kann die implementierte Lösung dahingehend modifiziert werden?

Damit das Konzept des Solution Selling nicht zum *yet another management fad* zu werden droht, müssen Lösungen systematisch und mit Bedacht geplant und realisiert werden. Die Marketingforschung kann hierzu einen wertvollen Beitrag liefern.

Literaturverzeichnis

ADAMS, J. S., Inequity in Social Exchange, in: Advanced Experimental Social Psychology, Volume 62, 1965, S. 335-343.

AHLERT, D., F. V. WANGENHEIM, J. KAWOHL UND M. ZIMMER, The Concept of Solution Selling: Theoretical Considerations and Methods, Münster 2008.

BACKHAUS, K., C. BAUMEISTER, M. KOCH UND K. MÜHLFELD, Kundenbindung im Industriegütermarketing, in: Bruhn, M. und Homburg, C. (Hrsg.), Handbuch Kundenbindungsmanagement, Wiesbaden 2008, S. 215-248.

BLATTBERG, R. C. UND J. DEIGHTON, Manage Marketing by the Customer Equity Test, in: Harvard Business Review, Volume 74, Issue 4, 1996, S. 136-144.

BLIEMEL, F. UND A. EGGERT, Kundenbindung – Die neue Sollstrategie?, in: Marketing – ZFP, Volume 20, Issue 1, 1998, S. 37-46.

BOLTON, R. N., K. N. LEMON UND P. C. VERHOEF, The Theoretical Underpinnings of Customer Asset Management: A Framework and Propositions for Future Research, in: Journal of the Academy of Marketing Science, Volume 32, Issue 3, 2004, S. 271-292.

BRADY, T., A. DAVIES UND D. GANN, Creating Value by Delivering Integrated Solutions, in: International Journal of Project Management, Volume 23, 2005, S. 360-365.

BRAX, S., A manufacturer becoming service provider – challenges and a paradox, in: Managing Service Quality, Volume 15, Issue 2, 2005, S. 142–155.

CHALLAGALLA, G., R. VENKATESH UND A. K. KOHLI, Proactive Postsales Service: When and Why Does It Pay Off?, in: Journal of Marketing, Volume 73, Issue 2, 2009, S. 70-87.

DARBY, M. R. UND E. KARNI, Free Competition and the Optimal Amount of Fraud, in: Journal of Law & Economics, Volume 16, Issue 1, 1973, S. 67-88.

DAVIES, A., T. BRADY UND M. HOBDAY, Charting a Path Toward Integrated Solutions, in: MIT Sloan Management Review, Volume 47, Issue 3, 2006, S. 39-48.

DAVIES, A., T. BRADY UND M. HOBDAY, Organizing for Solutions: Systems Seller vs. Systems Integrator, in: Industrial Marketing Management, Volume 36, Issue 2, 2007, S. 183-93.

DILLER, H., Kundenbindung als Marketingziel, in: Marketing – ZFP, Volume 2, Issue 2, 1996, S. 81-94.

EGAN, J., Relationship Marketing: Exploring Relational Strategies in Marketing, 3. Auflage, London 2008.

ENGELHARDT, W. H. UND J. FREILING, Integrativität als Brücke zwischen Einzeltransaktion und Geschäftsbeziehung, in: Marketing – ZFP, Volume 1, Issue 1, 1996, S. 37-43.

FOOTE, N. W., J. GALBRAITH, Q. HOPE UND D. MILLER, Making solutions the answer, in: McKinsey Quarterly, Volume 3, 2001, S. 84-93.

GALBRAITH, J. R., Become Customer-Centric, in: T+D, Volume 59, Issue 10, 2005, S. 14-15.

GALBRAITH, J. R., Organizing to Deliver Solutions, in: Organizational Dynamics, Volume 31, Issue 2, 2002, S. 194-207.

HOMBURG, C. UND M. BRUHN, Kundenbindungsmanagement – Eine Einführung in die theoretischen und praktischen Problemstellungen, in: Bruhn, M. und Homburg, C. (Hrsg.), Handbuch Kundenbindungsmanagement, Wiesbaden 2008, S. 3-40.

HOMBURG, C. UND O. JENSEN, Kundenbindung im Industriegütergeschaft, in: Backhaus, K. und Voeth, M. (Hrsg.), Handbuch Industriegütermarketing, Wiesbaden 2004, S. 483-512.

HOMBURG, C., R. STOCK UND S. KÜHLBORN, Die Vermarktung von Systemen im Industriegütermarketing, in: DBW, Volume 65, Issue 6, 2005, S. 537-662.

JOHANSSON, J. E., C. KRISHNAMURTHY UND H. E. SCHLISSBERG, Solving the Solutions Problem, in: McKinsey Quarterly, Volume 3, 2003, S. 116-125.

MEYER, A. UND D. OEVERMANN, Kundenbindung, in: Tietz, B., Köhler, R. und Zentes, J. (Hrsg.), Handwörterbuch des Marketings, 2. Auflage, Stuttgart 1995.

NARAYANDAS, D., Building Loyalty in Business Markets, in: Harvard Business Review, Volume 83, Issue 9, 2005, S. 131-139.

NELSON, P., Information and Consumer Behavior, in: Journal of Political Economy, Volume 78, Issue 2, 1970, S. 311.

PAGE, A. L. UND M. SIEMPLENSKI, Product Systems Marketing, in: Industrial Marketing Management, Volume 12, Issue 2, 1983, S. 89-99.

PALIWODA, S. UND P. THOMSON, The Practice of Systems Marketing in the French Packaging Industry, in: Journal of Marketing Management, Volume 1, Issue 1, 1985, S. 99-113.

PINE, II. B. J., Mass Customization: The New Frontier in Business Competition, Boston 1992.

PLINKE, W. UND A. SÖLLNER, Kundenbindung und Abhängigkeitsbeziehungen, in: Bruhn, M. und Homburg, C. (Hrsg.), Handbuch Kundenbindungsmanagement, Wiesbaden 2008, S. 77-101.

REICHHELD, F. F. UND W. E. SASSER, Zero Defections: Quality Comes to Service, in: Harvard Business Review, Volume 68, Issue 5, 1990, S. 105-111.

REINARTZ, W. UND V. KUMAR, The Mismanagement of Customer Loyalty, in: Harvard Business Review, Volume 80, Issue 7, 2002, S. 86-94.

SAWHNEY, M., Going Beyond the Product, Defining, Designing, and Delivering Customer Solutions, in: Lusch, R. F. und Vargo, S. L. (Hrsg.), The Service-Dominant Logic of Marketing: Dialog, Debate, and Directions, Armonk 2006.

SHARMA, D., C. Lucier und R. Molloy, From Solutions to Symbiosis: Blending with Your Customer, Strategy and Business, Volume 27, Issue 2, 2002, S. 38-43.

STREMERSCH, S. UND G. TELLIS, Strategic Bundling of Products and Prices: A New Synthesis for Marketing, in: Journal of Marketing, Volume 66, Issue 1, 2002, S. 55-72.

TULI, K. R., S. G. BHARADWAJ UND A. K. KOHLI, Ties That Bind: The Impact of Multiple Types of Ties with a Customer on Sales Growth and Sales Volatility, in: Journal of Marketing Research, Volume 47, Issue 1, 2010, S. 36-50.

TULI, K. R., A. K. KOHLI UND S. G. BHARADWAJ, Rethinking Customer Solutions from Product Bundles to Relational Processes, in: Journal of Marketing, Volume 71, Issue 3, 2007, S. 1-17.

WÜNDERLICH, N., Acceptance of Remote Services, Wiesbaden 2009.

ZIMMER, M. UND F. V. WANGENHEIM, Describing Solution-orientated B2B- Relationships, in: QUIS 11 – The Service Conference, Wolfsburg 2009.

Volker G. Kuppelwieser

Transformationale Führung von Vertriebsmitarbeitern im Solution Selling

1 Einleitung

Die Vertriebsfunktion ist ein elementarer Bestandteil eines Unternehmens und bestimmt dessen Erfolg (vgl. MACKENZIE, PODSAKOFF und RICH 2001). Dementsprechend versuchen sowohl Praktiker als auch Wissenschaftler, Dimensionen des Verhaltens von Vertriebsmanagern zu finden, um deren Mitarbeiter zu größtmöglichem Erfolg zu verhelfen (vgl. PANAGOPOULOS und DIMITRIADIS 2009). KOHLI (1989) hat diese Dimensionen in drei Kategorien unterteilt: (1) Eigenschaften von Vertriebsmitarbeitern und Rollenverständnis, (2) Eigenschaften der Aufgabe und (3) Verhalten des Managers. Das Verhalten und die Aktivitäten von Vertriebsmanagern beeinflussen Verhalten und Performance ihrer Vertriebsmitarbeiter (vgl. WALKER JR, CHURCHILL JR und FORD 1977). Forschungsarbeiten haben gezeigt, dass Vertriebsmanager je nach ihrem zugrunde liegenden Führungsstil den Erfolg ihrer Vertriebsmitarbeiter unterstützen, aufrechterhalten oder auch negativ beeinflussen können (vgl. WALKER, CHURCHILL und FORD 1979). Einige Aspekte des Managerverhaltens wie z. B. Umfang der Überwachung, Leistungsfeedback, Rücksichtnahme, Aufbau einer Struktur, bestrafendes Verhalten und andere wurden dabei aufgegriffen (vgl. MACKENZIE, PODSAKOFF und RICH 2001). Leider haben diese Ergebnisse nicht sehr viel vom Ergebnis eines Vertriebmitarbeiters erklären können (vgl. MACKENZIE, PODSAKOFF und RICH 2001), so dass nun der Schwerpunkt der Forschung auf denjenigen Verhaltensweisen des Managers liegt, die als transformationaler Führungsstil bekannt sind und von denen angenommen wird, dass sie Vertriebsmitarbeiter befähigen, über das vom Unternehmern definierte Mindestmaß des Erfolges hinaus zu wachsen (vgl. Panagopoulos und Dimitriadis 2009). Zusätzlich ist transformationale Führung weithin akzeptiert und wird als wichtiger Stellhebel für den Vertriebs- und den Unternehmenserfolg gesehen (vgl. INGRAM, LAFORGE und LEIGH 2002; INGRAM ET AL. 2005).

Die Bedeutung wird weiter gestärkt, da auf Unternehmen zahlreiche Veränderungen im Vertrieb zukommen. Zunehmend müssen sich auch klassische Produktunternehmen mit ergänzenden Dienstleistungen befassen und Lösungen für den Kunden anbieten. Mit dem Konzept des Solution Selling stehen nicht mehr singuläre Produkte oder Dienstleistungen im Vordergrund. Vielmehr ist es eine Kombination aus beiden, die einen Beitrag zum Erfolg des Geschäftspartners liefert (vgl. TULI, KOHLI und BHARADWAJ 2007). Viele Unternehmen gehen diesen Weg schon heute. Häufig wird bereits von einer Lösung gesprochen, wenn ein ehemaliges Produkt in ein physisches Element und eine Dienstleistung gegliedert wird und somit „hybride" Produkte entstehen (vgl. DAVIES, BRADY und HOBDAY 2006). Dies geht einher mit einer neuen Denkhaltung, der Service Dominant Logic, welche die Dienstleistung als Lösungsansatz in den Mittelpunkt des Kundeninteresses rückt (vgl. VARGO und LUSCH 2004).

Aufgrund dieser Fokussierung auf die Dienstleistung und nicht mehr auf das Produkt mit seinen spezifischen Attributen werden Unternehmensfunktionen zunehmend komplexer und die Anforderungen der Koordination zwischen den einzelnen Beteiligten im Unternehmen im Zuge der Lösungserstellung steigen. Innerhalb des Unternehmens entsteht daraus eine organisationale Veränderung (vgl. DAY 2006). Insbesondere auf den Vertrieb kommen dabei neue Anforderungen zu. Er muss die Kundenbedürfnisse und somit den Wunsch nach einer Lösung erkennen, um dem Kunden eine individuelle Leistung anbieten zu können (vgl. BONNEMEIER, IHL und REICHWALD 2007). Das Konzept der transformationalen Führung wird in der Literatur zur Unterstützung von Veränderungsprozessen empfohlen (vgl. BASS 1985, 1990, 1998). Eine adäquate Personalführung, also der direkt oder indirekt auf die Verhaltensbeeinflussung der Mitarbeiter gerichtete Teil der Unternehmensführung, gilt als eine der wichtigsten Determinanten organisatorischer Innovationen und innovativen Verhaltens (vgl. AMABILE ET AL. 1996; JUNG, CHOW und WU 2003; MUMFORD und LICUANAN 2004). Transformationalen Führungskräften gelingt es, höhere moralische Werte zu erschaffen und den Gedanken der Kundenorientierung und Kundenintegration stärker zu verwirklichen (vgl. LIAW, CHI und CHUANG, im Druck).

Dieser Beitrag zeigt auf, inwieweit transformationale Führung den Vertrieb eines Unternehmens im Solution Selling begleiten und unterstützen kann. Dazu werden nachfolgend zunächst die Konstrukte Solution Selling und transformationale Führung thematisiert. Darauf aufbauend erfolgt eine Zusammenführung der beiden Ansätze. Abgeschlossen wird dieser Beitrag mit einem Ausblick.

2 Theorie

2.1 Solution Selling

Ausgehend vom traditionellen Produktverständnis werden zusätzliche Dienstleistungen im Konkurrenzkampf immer wichtiger, da mit diesen Wechselbarrieren für Kunden aufgebaut werden können (vgl. GARBE 1997; MEYER und BLÜMELHUBER 2000; MEYER und DULLINGER 1998).

Abbildung 2-1: *Die vier Phasen des Konkurrenzkampfes (Quelle: in Anlehnung an SINGH 1990, S. 193 f.)*

Nach SINGH (1990) existieren vier Phasen, die den Weg hin zu dieser Entwicklung beschreiben (vgl. Abb. 2-1). „In the final phase though, service tends to stand out as the most strategic issue in the marketing strategy" (SINGH 1990, S. 194). In der vierten Phase dieser Entwicklung sind damit nicht mehr die Kernleistung und ihre Ausprägung entscheidend, sondern die jeweilige Zusatzdienstleistung. „Even substantive differences in the generic products are presumed to be so minimal that what really count are the ads and the packages" (LEVITT 1986, S. 87). Dabei scheint die Betrachtung aller Prozessschritte aus der Kundenperspektive ausschlaggebend zu sein, um beim Kunden nicht Unzufriedenheit oder sinkende Profitabilität im Unternehmen zu erzeugen (vgl. GRÖNROOS 1984; TULI, KOHLI und BHARADWAJ 2007). Daher analysieren Unternehmen zunehmend die ihren Produktionsprozessen vor- oder nachgelagerten Prozesse und bauen so ihr Angebot aus, um eine Lösung für den Kunden anbieten zu können.

Abbildung 2-2: *Anteil des Dienstleistungsumsatzes am Unternehmensumsatz 2004/2005 (Quelle: GEBAUER, HILDEBRAND und FLEISCH 2006)*

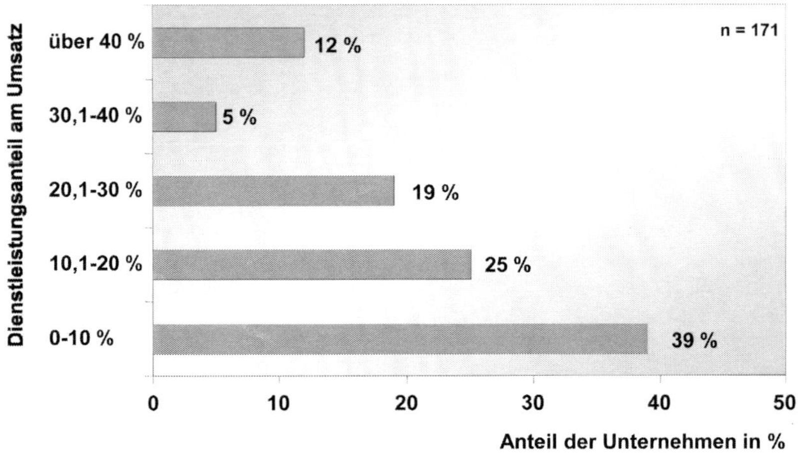

So weitet sich der Anteil der Dienstleistungen auch bei klassischen Produktherstellern immer weiter aus. GEBAUER, HILDENBRAND und FLEISCH (2006) zeigen eine weite Spanne von unterschiedlichen Anteilen des Dienstleistungsumsatzes am Unternehmensumsatz auf (vgl. Abb. 2-2). Dabei wird deutlich, dass kumuliert bereits 36 % der befragten Unternehmen mehr als ein Fünftel ihres Umsatzes durch Dienstleistungen generieren. Das klassische Produktgeschäft, das sich über Produktmerkmale definierte, ergänzt sich nun mit einem Servicegeschäft, das eine Serviceorientierung innerhalb des Unternehmens notwendig macht. Die einzelnen Unternehmensteile müssen eine Servicementalität erwerben, um das Unternehmen als Ganzes zumindest als (Teil-) Dienstleister zu etablieren. „Grundsatz einer Servicementalität ist die Verantwortung jedes Mitarbeiters für die Qualität seiner Arbeit" (WILDEMANN 2007, S. 6).

Ausgehend von den Merkmalen einer Dienstleistung im Vergleich zum reinen Produkt ergeben sich für die Anbieter von hybriden Produkten Konsequenzen. Basierend auf der Intangibilität einer Dienstleistung sind die additiven Dienstleistungsteile sehr viel leichter imitierbar als Produkte und können nur schwer patentiert werden. Innovationen zur Problemlösung des Kunden sind daher sehr viel riskanter als im klassischen Produktgeschäft, da der Dienstleistungsteil des hybriden Produktes einfach vom Wettbewerber nachgeahmt werden kann. Entstandene Kosten für die Entwicklung einer evtl. innovativen Dienstleistung sind dann verloren. Daneben steht die Verbesserung einzelner Produktattribute nicht mehr im Vordergrund der Innovation, sondern die innovative, ergänzende Dienstleistung des hybriden Produktes. Hinzu kommt, dass beim Erstellungsprozess der Dienstleistung die Kundenbeteiligung essenziell ist. Für den Anbieter bedeutet das eine tiefere Integration des Kunden in den Erstellungsprozesses des hybriden Produktes. Gerade im Solution Selling steht der Kundennutzen zentral im Fokus und muss daher im Rahmen des Dienstleistungsprozesses definiert und erfasst werden. Beispiele für den Kundennutzen finden sich z. B. bei FRIEDRICH (2000):

- Verbesserung der Anwendungssicherheit,
- Prozesssicherheit,
- Kosteneinsparung,
- Flexibilisierung von Kosten (Betreibermodelle),
- Vereinfachung der eigenen Arbeiten und Wertschöpfungsprozesse sowie
- Know-how und Qualitätsverbesserungen.

2.2 Transformational Leadership

INGRAM, LAFORGE und LEIGH (2002; vgl. auch INGRAM ET AL. 2005) stellen fest, dass transformationale Führung eine wichtige Rolle in der Zukunft von Unternehmen einnehmen wird. Tatsächlich scheint unter allen Führungsmodellen im Vertrieb transformationale Führung ein vielversprechender Ansatz für Manager im Allgemeinen (vgl. Tejeda, Scandura und Pillai 2001) und für Vertriebsmanager im Speziellen zu sein (vgl. DUBINSKY ET AL. 1995; INGRAM ET AL. 2005).

Führungskräfte, die Transformational Leadership betreiben, versuchen Verhalten und Ergebnis ihrer Mitarbeiter positiv zu beeinflussen. Hierzu nutzen sie eine Kombination aus persönlicher und sozialer Identifikation sowie die Verinnerlichung von Vision, Werten und Normen (vgl. BASS 1985). Transformationale Führungskräfte geben Mitarbeitern das Gefühl, sich positiv zu entwickeln und ihre Kompetenzen auszuweiten. Daneben gewinnen die Mitarbeiter das Gefühl, Teil einer großen Gemeinschaft zu werden (vgl. DUBRIN 2001). „Transformationale Führungskräfte motivieren ihre Mitarbeiter dadurch, dass sie attraktive Visionen vermitteln, überzeugend kommunizieren, wie Ziele gemeinsam erreicht werden können, selber als Vorbild wahrgenommen werden und die Entwicklung der Mitarbeiter unterstützen" (FELFE 2006, S. 163). Transformationale Führung besteht dabei aus vier Faktoren (vgl. BASS 1998, 1999; BASS und AVOLIO 1994): Idealized Influence (Charisma), Inspirational Motivation, Intellectual Stimulation and Individualized Consideration. Diese „vier I's" lassen sich wie folgt beschreiben (vgl. FELFE 2006):

(1) Idealized Influence: Hiermit ist die besondere fachliche und moralische Vorbildfunktion von Führungskräften angesprochen, aufgrund der die Mitarbeiter ihren jeweiligen Vorgesetzten Respekt und Vertrauen entgegenbringen.

(2) Inspirational Motivation: Führungskräfte begeistern mit attraktiven und überzeugenden Visionen und wecken gleichzeitig Hoffnung und Zuversicht, dass die Erwartungen erfüllt werden können.

(3) Intellectual Stimulation: Führungskräfte regen ihre Mitarbeiter zu innovativem Denken an, indem sie bisherige Vorgehensweisen immer wieder hinterfragen und die Mitarbeiter dazu ermutigen, neue Lösungen zu erproben.

(4) Individualized Consideration: Führungskräfte verstehen sich als Coach ihrer Mitarbeiter, erkennen deren persönliche Bedürfnisse nach Leistung und Entwicklung und fördern sie systematisch.

Die vier Leadership-Faktoren sind von hoher Aktivität und Effektivität gekennzeichnet. Sie enthalten charismatische, emotionale, fördernde und verlangende Aspekte. Alle vier Komponenten arbeiten zusammen und sollten beim Mitarbeiter Verhaltensänderungen hervorrufen (vgl. BASS und AVOLIO 1993).

3 Einsatz transformationaler Führung im Vertrieb

Die organisationalen Anpassungen aufgrund der Entwicklung vom klassischen Produktanbieter hin zum Anbieter von hybriden Produkten als Lösungen für den Kunden bringen für die meisten Mitarbeiter Unsicherheit und Veränderung mit sich. Gerade Vertriebsmitarbeiter können sich nicht mehr auf alte erlernte Verfahrensweisen und Argumentationen über Produkte verlassen und werden im Kundenkontakt unsicher. Die Unsicherheit im Kundenkontakt spiegelt sich im Unternehmen wider, sei es durch mangelnde Aufträge oder durch ein unklares Rollenverständnis des Mitarbeiters. Hier scheint transformational leadership eine Begegnungsstrategie zu sein. Transformational leadership beansprucht gerade für sich, Motivation, Einstellung und Werte von Mitarbeitern verändern zu können (vgl. RAFFERTY und GRIFFIN 2004). So konnten DE HOOGH ET AL. (2004) zeigen, dass bei unsicherem Umfeld ein hoher Zusammenhang zwischen Charisma und verschiedenene Erfolgsindikatoren wie z. B. positiver Arbeitseinstellung existiert. Zusätzlich sollte „durch die positive Beeinflussung von Kompetenz und Zutrauen sowie soziale Unterstützung ... transformationale Führung das Erleben von Stress reduzieren" (FELFE 2006, S. 167). Das Führungsverhalten der Führungskraft wirkt sich auf die Leistung der Vertriebsmitarbeiter aus. DUBINSKY ET AL. (1995) haben in diesem Zusammenhang nicht nur gezeigt, dass transformationale

Führung das Rollenverständnis von Vertriebsmitarbeitern fördert, sondern auch, dass die physische Nähe des Vertriebsmitarbeiters zu seinem Manager durchaus Einfluss auf die Auswirkungen von transformationaler Führung haben kann. Vertriebsmitarbeiter müssen alleine aufgrund ihrer Tätigkeit mit verschiedenen Personen und Charakteren sowohl innerhalb als auch ausserhalb des Unternehmens agieren. Allein das kann dazu führen, dass eine Mitarbeiter-Manager-Beziehung nicht in der üblichen Stärke entsteht (vgl. DUBINSKY ET AL. 1995). Daneben arbeiten Vertriebsmitarbeiter häufig alleine und isoliert (vgl. BELASCO 1966). Die auftretende physische Distanz führt zu einem reduzierten Einfluss des Managers auf den einzelnen Mitarbeiter. Der Mitarbeiter wiederum kann Führung und Verhalten damit nur entfernt wahrnehmen, ein direktes Führen ist nicht mehr möglich. Beides hat Auswirkungen auf die Beziehung des Managers zum Mitarbeiter und beeinflusst so die Stärke der Auswirkungen transformationaler Führung, da dieser Führungsstil auf Vorleben der Führungskraft als Rollenmodell aufbaut.

Commitment kann ein weiterer Faktor zur Reduzierung von Unsicherheit sein. Organisationales Commitment ist ein wichtiger Bestandteil der unternehmensweiten Effektivität (vgl. PANAGOPOULOS und DIMITRIADIS 2009). In diesem Beitrag soll Commitment als affektives Commitment verstanden werden, das die Stärke der psychologischen Anbindung einer Person hin zu einem Unternehmen wiedergibt (vgl. MOWDAY, STEERS und PORTER 1979). Je mehr ein Vertriebsmitarbeiter an sein Unternehmen gebunden ist, desto höher wird seine Resistenz gegenüber den Bedrohungen aus Veränderungsprozessen sein. Transformationale Führung beeinflusst in drei Richtungen das Commitment von Mitarbeitern:

(1) durch die Kommunikation der Mission und Vision der Organisation und der Führung an die Mitarbeiter und daraus resutlierender sozialer und persönlicher Identifikation des Mitarbeiters an das Unternehmen (vgl. BASS ET AL. 2003; BYCIO, HACKETT und ALLEN 1995; RAFFERTY und GRIFFIN 2004),

(2) durch den selektiven Einbezug verschiedener Motive von Mitarbeitern in die Führungsmission des Managers, was die Zufriedenheit bei den Mitarbeitern erhöht (vgl. PANAGOPOULOS und DIMITRIADIS 2009) und

(3) durch die Vision des Managers, die den Ausblick auf eine aufregende Zukunft in der Vertriebseinheit bietet (VGL. MACKENZIE, PODSKAFF und RICH 2001).

Trust (Vertrauen) ist die Voraussetzung für Commitment (Verbundenheit). „Because commitment involves potential vulnerability and sacrifice, it follows that people are unlikely to be committed unless trust is already established" (GARBARINO und JOHNSON 1999, S. 73). Transformationale Führung kann auch in der Vertrauensbildung des Mitarbeiters einen Beitrag leisten. MACKENZIE, PODSKAFF und RICH (2001) untersuchten u. a. den Einfluss transformationaler Führung auf die Leistung von Vertriebsmitarbeitern. Sie zeigten, dass sich dieser Führungsstil indirekt über Vertrauen positiv leistungsfördernd auswirkt.

Vertrieb im Solution Selling geht einher mit einem hohen Innovationsbedarf. Gerade im Solution Selling muss für den Kunden ein kreativer und innovativer Lösungsweg gefunden werden. Anders als im klassischen Produktvertrieb ist es nicht mehr möglich, singulär über Produktattribute den Kunden zufriedenzustellen. Die Förderung von Innovation und Ideen ist integraler Bestandteil der transformationalen Führung. So steigert Transformational Leadership das Engagement im Ideenmanagement (vgl. PUNDT und SCHYNS 2005) und die Kreativität (vgl. SHIN und ZHOU 2003). Dienstleistungsinnovationen können von Mitarbeitern und Kunden angestoßen werden (vgl. de JONG und KEMP 2003; TETHER und SWANN 2003; ZOLFAGHARIAN und PASWAN 2008). Unternehmen müssen daher die Innovationsbereitschaft bei den Mitarbeitern und die Akzeptanz einer Innovation bei den Kunden sicherstellen (vgl. FREEL 2006; SIRILLI und EVANGELISTA 1998; VERMEULEN, DE JONG und O'SHAUGHNESSY 2005). Kunden können in verschiedene Phasen des Innovationsprozesses integriert werden. Denkbar sind hier Fokusgruppen, Blogs oder ähnliches (vgl. BERRY ET AL. 2006; FREEL 2006; MAGNUSSON, Matthing und Kristensson 2003; Martin und Horne 1995; ULwick 2002). Gleichzeitig müssen Mitarbeiter motiviert sein, kreativ und innovativ über ihre Arbeit nachzudenken. Mitarbeiter müssen ein Gespür für die Bedürfnisse, Probleme und Wünsche ihrer Kunden entwickeln (vgl. DE JONG und KEMP 2003; VARGO und LUSch 2004) und in der Lage sein, diese Informationen ins Unternehmen zu tragen und weiter zu diskutieren.

Eine wichtige Rolle kommt dabei dem Top-Management zu. Es beeinflusst zwar weniger den einzelnen Mitarbeiter, prägt aber das ganze Unternehmen in seiner Ausrichtung. Unternehmen, deren Management transformational führt, investieren mehr in Innovationen (vgl. JUNG, CHOW und WU 2003). Transformationale Führer geben den Mitarbeitern das Gefühl, dass sie einen Schritt vorangehen können und schaffen ein Arbeitsumfeld, das Innovationen und kreative Prozesse ermöglicht (vgl. GUMUSLUOGLU und ILSEV 2009). Darüber hinaus fühlen die Mitarbeiter, dass sie Teil einer großen und wichtigen sozialen Einheit sind (vgl. DUBRIN 2001).

Transformationale Führung ermutigt die Mitarbeiter, kreativ zu denken (vgl. SHIN und ZHOU 2003) und neue Prozesse oder innovative Lösungen zu entwickeln sowie zu testen. Dieses Konzept basiert auf einer Stimulation der intrinsischen Motivation als eine essenzielle Quelle der Kreativität. Außerdem unterstützt transformationale Führung eine Kultur der Innovation (vgl. ELKINS und KELLER 2003; JUNG, CHOW und WU 2003; KELLER 1992). Diese Innovationsorientierung wird von einer Arbeitsumgebung flankiert, die es Mitarbeitern erlaubt, neue Ideen ohne die Angst des Versagens auszuprobieren (vgl. AMABILE ET AL. 1996). Als Reaktion arbeiten Mitarbeiter „open-minded" und versuchen die Kundenbedürfnisse gerade im Solution Selling aus verschiedenen Perspektiven und mit verschiedenen Herangehensweisen zu erfüllen (vgl. LIAW, CHI und CHUANG, im Druck).

Daneben stärkt transformationale Führung auch die Kundenorientierung der Mitarbeiter. Transformationale Führer können die Zielgrößen deutlich formulieren und dem Mitarbeiter kommunizieren. Dabei wird die Erfüllung von Kundenbedürfnissen thematisiert und reduziert so Unsicherheit und Defizite im Rollenverständnis des Mitarbeiters (vgl. STOCK und HOYER 2002). Dieses Führungsverhalten motiviert Mitarbeiter, sich kundenorientiert zu verhalten (vgl. HENNIG-THURAU und THURAU 2003). Zusätzlich sind transformationale Führer insbesondere im Vertrieb gegenüber Informationen aus dem Markt und vom Kunden sehr aufgeschlossen. Sie werden darauf aufbauend Anreizsysteme für die Mitarbeiter entwickeln, die eine hohe Kundenorientierung beinhalten (vgl. MACKENZIE, PODSKAFF und RICH 2001).

4 Grenzen der transformationalen Fürhrung

Der Einsatz von transformationaler Führung hat im Vertrieb von Solutions viele positive Effekte. Dennoch sollen hier auch die Grenzen eines Einsatzes dieses Führungsstils aufgezeigt werden. So hängt der Erfolg von transformationaler Führung im Vertrieb von den beteiligten Personen ab. In der Literatur werden übereinstimmend Führungskräfte, die transformational führen, als selbstbewusst, extrovertiert, emotional stabil, offen, proaktiv und sozial kompetent beschrieben (vgl. FELFE 2006). Auf Seiten des Mitarbeiters ist unklar, welche Merkmale ihn empfänglich für transformationale Führung werden lassen (vgl. KLEIN und HOUSE 1995). Als Resultat kann der einzelne Mitarbeiter durch einen transformationalen Führungsstil nicht immer erreicht werden. Er kann sich sogar „ungeführt" und damit weiter bedroht von den auftretenden Änderungen fühlen. Dies ist nicht nur im Vertrieb, sondern bei allen Kundenkontaktmitarbeitern gefährlich, da das Verhalten des Mitarbeiters durch den Kunden gerade bei Dienstleistungen erlebt und verstanden wird (vgl. NERDINGER 2007). Durch transformationale Führung nicht erreichte Mitarbeiter sind damit weniger innovativ und bringen für den Kunden keine innovativen Solutions mehr hervor.

Daneben darf nicht vergessen werden, dass transformationale Führung auch negative Seiten hat. So hat BASS (1998) bereits festgehalten, dass die Ziele der Führungskraft nicht immer mit den Zielen des Unternehmens übereinstimmen müssen. Der Manager verfolgt dann seine eigenen Ziele und ist an den Zielen des Unternehmens nicht mehr interessiert. Daneben führt dieses Verhalten – solange die Mitarbeiter ihrer Führungskraft folgen – zu einer Unterwanderung einer Innovationskultur.

Literaturverzeichnis

AMABILE, T. M., R. CONTI, H. COON, J. LAZENBY UND M. HERRON, Assessing the work environment for creativity, in: Academy of Management Journal, Volume 39, Issue 5, 1996, S. 1154-1184.

BASS, B. M., Leadership and performance beyond expectations, New York 1985.

BASS, B. M., From transactional to transformational leadership: Learning to share the vision, in: Organizational Dynamics, Volume 18, Issue 3, 1990, S. 19-31.

BASS, B. M. UND B. J. AVOLIO, Transformational leadership: A response to critiques, in: M. M. Chemers (Hrsg.), Leadership: Theory and research perspectives and directions, San Diego, CA , 1993, S. 49-80.

BASS, B. M. UND B. J. AVOLIO, Introduction, in: B. M. Bass und B. J. Avolio (Hrsg.), Improving organizational effectiveness through transformational leadership, S. 1-9. London 1994.

BASS, B. M., Transformational leadership. Industrial, military, and educational impact, Mahwah, NJ, 1998.

BASS, B. M., Two decades of research and development in transformational leadership, in: European Journal of Work & Organizational Psychology, Volume 8, Issue 1, 1999, S. 9-32.

BASS, B. M., D. I. JUNG, B. J. AVOLIO UND Y. BERSON, Predicting unit performance by assessing transformational and transactional leadership, in: Journal of Applied Psychology, Volume 88, Issue 2, 2003, S. 207-218.

BELASCO, J. A., The salesman's role revisited, in: Journal of Marketing, Volume 30, Issue 2, 1966, S. 6-8.

BERRY, L. L., V. SHANKAR, J. T. PARISH, S. CADWALLADER UND T. DOTZEL, Creating new markets through service innovation, in: MIT Sloan Management Review, Volume 47, Issue 2, 2006, S. 56-63.

BONNEMEIER, S., C. IHL UND R. REICHWALD, Wertschaffung und Wertaneignung bei hybriden Produkten. Eine prozessorientierte Betrachtung, Arbeitsbericht Nr. 03/2007 des Lehrstuhls für Betriebswirtschaftslehre – Information, Organisation und Management, München 2007.

BYCIO, P., R. D. HACKETT UND J. S. ALLEN, Further assessments of Bass' (1985) conceptualization of transactional and transformational leadership, in: Journal of Applied Psychology, Volume 80, Issue 4, 1995, S. 468-478.

DAVIES, A., T. BRADY UND M. HOBDAY, Charting a path toward integrated solutions, in: MIT Sloan Management Review, Volume 47, Issue 3, 2006, S. 39-48.

DAY, G. S., Aligning the organization with the market, in: MIT Sloan Management Review, Volume 48, Issue 1, 2006, S. 41-49.

DE HOOGH, A., D. DEN HARTOG, P. KOOPMAN, H. THIERRY, P. VAN DEN BERG, J. VAN DER WEIDE UND C. WILDEROM, Charismatic leadership, environmental dynamism, and performance, in: European Journal of Work & Organizational Psychology, Volume 13, Issue 4, 2004, S. 447-471.

DE JONG, J. P. J. UND R. KEMP, Determinants of co-workers' innovative behaviour: An investigation into knowledge intensive services, International Journal of Innovation Management, Volume 7, Issue 2, 2003, S. 189.

DUBINSKY, A. J., F. J. YAMMARINO, M. A. JOLSON UND W. D. SPANGLER, Transformational leadership: An initial investigation in sales management, in: Journal of Personal Selling & Sales Management, Volume 15, Issue 2, 1995, S. 17-31.

DUBRIN, A. J., Leadership: Research findings, practice, and skills, Boston 2001.

ELKINS, T. UND R. T. KELLER, Leadership in research and development organizations: A literature review and conceptual framework, in: Leadership Quarterly, Volume 14, 2003, S. 587.

FELFE, J., Transformationale und charismatische Führung – Stand der Forschung und aktuelle Entwicklungen, in: Zeitschrift für Personalpsychologie, Volume 5, Issue 4, 2006, S. 163-176.

FREEL, M., Patterns of technological innovation in knowledge-intensive business services, in: Industry & Innovation, Volume 13, Issue 3, 2006, S. 335-358.

FRIEDRICH, R., Marketing für industrielle Dienstleistungen, Eschborn 2000.

GARBARINO, E. UND M. S. JOHNSON, The different roles of satisfaction, trust, and commitment in customer relationships, in: Journal of Marketing, Volume 63, Issue 2, 1999, S. 70-87.

GARBE, B., Industrielle Dienstleistungen: Einfluss und Erfolgsfaktoren, Wiesbaden 1998.

GEBAUER, H., K. HILDENBRAND UND E. FLEISCH, Servicestrategien für die Industrie, in: Harvard Business Manager, Volume 5, 2006, S. 47-55.

GRÖNROOS, C., A service quality model and its marketing implications, in: European Journal of Marketing, Volume 18, Issue 4, 1984, S. 36.

GUMUSLUOGLU, L. UND A. ILSEV, Transformational leadership, creativity, and organizational innovation, in: Journal of Business Research, Volume 62, Issue 4, 2009, S. 461-473.

HENNIG-THURAU, T. UND C. THURAU, Customer orientation of service employees – toward a conceptual framework of a key relationship marketing construct, in: Journal of Relationship Marketing, Volume 2, Issue 1, 2003, S. 23-41.

INGRAM, T. N., R. W. LAFORGE UND T. W. LEIGH, Selling in the new millennium: A joint agenda, in: Industrial Marketing Management, Volume 31, Issue 7, 2002, S. 559-567.

INGRAM, T. N., R. W. LAFORGE, W. B. LOCANDER, S. B. MACKENZIE UND P. M. PODSAKOFF, New directions in sales leadership research, in: Journal of Personal Selling & Sales Management, Volume 25, Issue 2, 2005, S. 137-154.

JUNG, D. I., C. CHOW UND A. WU, The role of transformational leadership in enhancing organizational innovation: Hypotheses and some preliminary findings, in: Leadership Quarterly, Volume 14, Issue 4/5, 2003, S. 525-544.

KELLER, R. T., Transformational leadership and the performance of research and development project groups, in: Journal of Management, Volume 18, Issue 3, S. 489-501.

KLEIN, K. J. UND R. J., House, On fire: Charismatic leadership and levels of analysis, in: The Leadership Quarterly, Volume 6, Issue 2, 1995, S. 183-198.

KOHLI, A. K., Effects of supervisory behavior: The role of individual differences among salespeople, in: Journal of Marketing, Volume 53, Issue 4, 1989, S. 40-50.

LEVITT, T., The marketing imagination, New York, London 1986.

LIAW, Y.-J., N.-W. CHI UND A. CHUANG, Examining the mechanisms linking transformational leadership, employee customer orientation, and service performance: The mediating roles of perceived supervisor and coworker support, in: Journal of Business and Psychology, im Druck.

MACKENZIE, S., P. PODSAKOFF UND G. RICH, Transformational and transactional leadership and salesperson performance, in: Journal of the Academy of Marketing Science, Volume 29, Issue 2, 2001, S. 115-134.

MAGNUSSON, P. R., J. MATTHING UND P. KRISTENSSON, Managing user involvement in service innovation: Experiments with innovating end users, in: Journal of Service Research, Volume 6, Issue 2, 2003, S. 111-124.

MARTIN, C. R., JR. UND D. A. HORNE, Level of success inputs for service innovations in the same firm, in: International Journal of Service Industry Management, Volume 6, Issue 4, 1995, S. 40.

MEYER, A. UND F. DULLINGER, Leistungsprogramm von Dienstleistungsanbietern, in: Meyer, A. (Hrsg.), Handbuch Dienstleistungsmarketing, Stuttgart 1998, S. 711-735.

MEYER, A. UND C. BLÜMELHUBER, Kundenbindung durch Services, in: Bruhn, M. und Homburg, C. (Hrsg.), Handbuch Kundenbindungsmanagement: Grundlagen – Konzepte – Erfahrungen, Wiesbaden 2000, S. 269-292.

MOWDAY, R. T., R. M. STEERS UND L. W. PORTER, The measurement of organizational commitment, in: Journal of Vocational Behavior, Volume 14, Issue 2, 1979, S. 224-247.

MUMFORD, M. D. UND B. LICUANAN, Leading for innovation: Conclusions, issues, and directions, in: The Leadership Quarterly, Volume 15, Issue 1, 2004, S. 163-171.

NERDINGER, F.W., Dienstleistung, in: L. von Rosenstiel und D. Frey, Marktpsychologie. Enzyklopädie der Psychologie, Volume 5, Göttingen 2007.

PANAGOPOULOS, N. UND S. DIMITRIADIS, Transformational leadership as a mediator of the relationship between behavior-based control and salespeople's key outcomes: An initial investigation, in: European Journal of Marketing, Volume 43, Issue 7/8, 2009, S. 1008-1031.

PUNDT, A. UND B. SCHYNS, Führung im Ideenmanagement, in: Zeitschrift für Personalpsychologie, Volume 4, Issue 2, 2005. S. 55-65.

RAFFERTY, A. E. UND M. A. GRIFFIN, Dimensions of transformational leadership: Conceptual and empirical extensions, in: The Leadership Quarterly, Volume 15, Issue 3, 2004, S. 329-354.

SHIN, S. J. UND J. ZHOU, Transformational leadership, conservation, and creativity: Evidence from Korea, in: Academy of Management Journal, Volume 46, Issue 6, 2003, S. 703-714.

SINGH, M. P., Service as a marketing strategy: A case study at reliance electric, in: Industrial Marketing Management, Volume 19, Issue 3, 1990, S. 193-200.

SIRILLI, G. UND R. EVANGELISTA, Technological innovation in services and manufacturing: Results from Italian surveys, in: Research Policy, Volume 27, Issue 9, 1998, S. 881-899.

STOCK, R. M. UND W. D. HOYER, Leadership style as driver of salespeoples' customer orientation, in: Journal of Market-Focused Management, Volume 5, Issue 4, 2002, 355-376.

TEJEDA, M. J., T. A. SCANDURA UND R. PILLAI, The mlq revisited: Psychometric properties and recommendations, in: The Leadership Quarterly, Volume 12, Issue 1, 2001, S. 31-52.

TETHER, B. UND G. M. P. SWANN, Service innovation and the science base: An investigation into the UK's "system of innovation" using evidence from the UK's third community innovation survey, International Workshop on Innovation in Europe: Empirical Studies on Innovation Surveys and Economic Performance, Rome 2003.

TULI, K. R., A. K. KOHLI UND S. G. BHARADWAJ, Rethinking customer solutions: From product bundles to relational processes, in: Journal of Marketing, Volume 71, Issue 3, 2007, S. 1-17.

Ulwick, A. W., Turn customer input into innovation, in: Harvard Business Review, Volume 80, Issue 1, 2002, S. 91-97.

VARGO, S. L. UND R. F. LUSCH, Evolving to a new dominant logic for marketing, in: Journal of Marketing, Volume 68, Issue 1, 2004, S. 1-17.

VERMEULEN, P. A. M., J. P. J. DE JONG UND K. C. O'SHAUGHNESSY, Identifying key determinants for new product introductions and firm performance in small service firms, in: Service Industries Journal, Volume 25, Issue 5, 2005, S. 625-640.

WALKER JR, O.C., G.A. CHURCHILL JR UND N. M. FORD, Motivation and performance in industrial selling: Present knowledge and needed research, in: Journal of Marketing Research, Volume 14, Issue, 2, 1977, 156-168.

WALKER, O. C., G. A. CHURCHILL UND N. M. FORD, Where do we go from here? Selected conceptual and empirical issues concerning the motivation and performance of the industrial sales force, in: Albaum, G. und Churchill, G. A. (Hrsg.), Critical issues in sales management: State-of-the-art and future research needs, Eugene, ON, 1979, S. 10-75.

WILDEMANN, H., Servicestrategien, Service Today, Volume 5, S. 5-11.

ZOLFAGHARIAN, M. UND A. PASWAN, Do consumers discern innovations in service elements?, in: Journal of Services Marketing, Volume 22, Issue 4/5, 2008, S. 338-352.

Michael Santo, Boris Wippermann und Benjamin Becker

Technikfokussiertes Kundenmanagement

Erfolgsfaktor zur Hebung von ungenutzten Aftermarket Potenzialen

1 Einleitung

In Krisenzeiten stellen viele Unternehmen ihre Neu-, Erweiterungs- und Ersatzinvestitionen zurück und nutzen die vorhandenen Anlagen länger. Die Wartung der Anlagen bekommt somit einen höheren Stellenwert. Aus Sicht des Investitionsgüterherstellers ist das initiale Investitionsgeschäft zwar rückläufig – im Aftermarket ergeben sich daraus jedoch neue Chancen. Margen von mehr als 40 % sind keine Seltenheit im Servicegeschäft. Dieses Potenzial gilt es konsequent zu nutzen.

2 Erweiterung der vertraglichen Basis und des Serviceumfangs

Ziel muss es sein, die gesamte installierte Basis als Markt zu adressieren. Dies umfasst neben dem Bereich proprietärer Dienstleistungen, also dort, wo kein Wettbewerber in der Lage ist, die Leistung zu erbringen, auch den Bereich, in dem sich Drittanbieter um die Wartung der Anlagen kümmern. Gerade hier gilt es, den Kundenmarktanteil (Share of Wallet) zu maximieren.

Ein weiteres Wachstumspotenzial liegt in der Erweiterung des Serviceumfangs sowohl durch Ausdehnung auf vor- und nachgelagerte Leistungen als auch mittels einer Erhöhung der Service-Level oder der Wertigkeit der Produkte und Dienstleistungen (Up-Selling). Gerade, wenn Anlagen über die normale wirtschaftliche und technische Nutzungsdauer hinaus betrieben werden, ergibt sich ein Bedarf für spezielle Servicepakete. Durch ein- oder mehrjährige Verträge lässt sich ein kontinuierlicher Umsatzstrom erzielen und damit die Planbarkeit des Geschäfts erhöhen. Nicht zuletzt beeinflusst die erfolgreiche Erweiterung der Geschäftsbeziehung im After-Sales-Bereich die Kundenbindung positiv und steigert so die Chancen bei der nächsten Investitionswelle (vgl. Abb. 2-1).

Abbildung 2-1: *Profitables Wachstum im Servicegeschäft kann über drei Ebenen erzielt werden (Quelle: H&Z UNTERNEHMENSBERATUNG)*

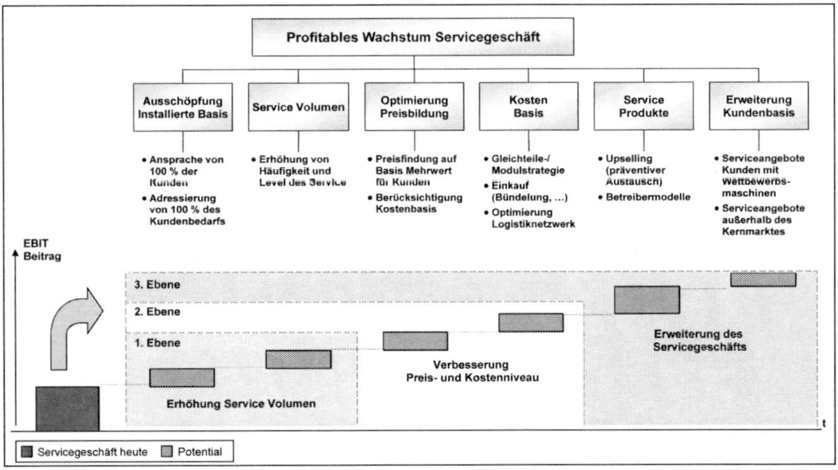

3 Analyse der Installed Base

Grundlage für eine erfolgreiche Servicevermarktung ist eine Analyse der installierten Basis und ihr Abgleich mit der aktuellen Vertragslage. Daraus lässt sich eine erste Potenzialabschätzung der Vermarktungsmöglichkeiten ableiten und die Prioritäten für die nächsten Schritte können gesetzt werden (vgl. Abb. 3-1).

Abbildung 3-1: *Der Vergleich der prognostizierten Lebenzykluskosten mit den tatsächlichen Auftragseingängen identifiziert Servicepotenziale (Quelle: H&Z UNTERNEHMENSBERATUNG)*

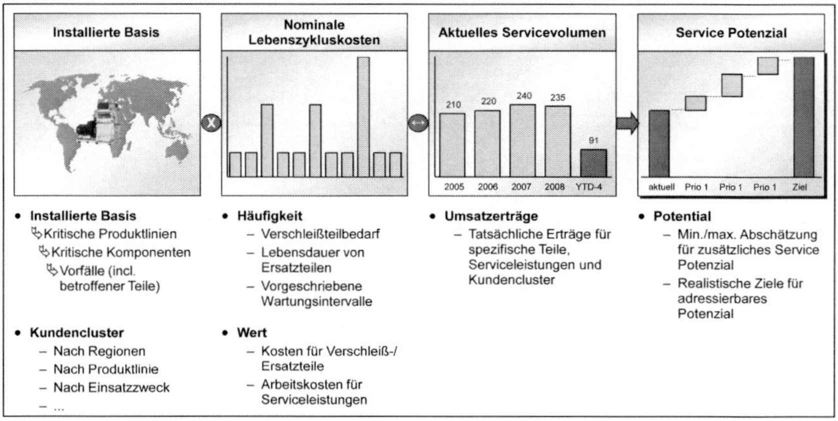

Aus einer detaillierten Untersuchung des vermarkteten Ersatzteilvolumens im Vergleich zu einer analytischen oder statistischen Lifetime-Betrachtung einzelner Bauteile können außerdem weitere Hinweise auf potenzielle Umsatzvolumina generiert werden. Hier hilft eine differenzierte Untersuchung nach Verbrauchsmaterial, Verschleißteilen und Teilen, die einer stochastischen Ausfallhäufigkeit unterliegen (vgl. Abb. 3-2).

Abbildung 3-2: Basis zur Schätzung des Ersatzvolumen (Quelle: H&Z UNTERNEHMENSBERATUNG)

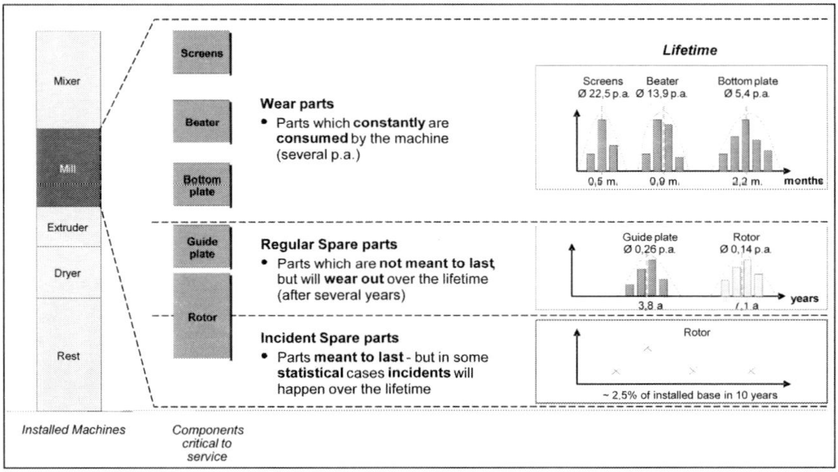

Das Potenzial auf Kundenebene auszuweisen, ist Grundlage für die Identifikation und Ansprache nicht (ausreichend-)aktiver Kunden und somit die Realisierung des Potenzials. Interessant ist die Erkenntnis, wie viele Kunden tatsächlich Ersatzteile beim OEM kaufen. Die Gruppe, der vollständig inaktiven Kunden wird bereits in diesem Schritt sichtbar (1). Weiterhin ist das Bestellverhalten und somit die zu schließende Lücke von aktiven Kunden Resultat dieser Analyse. Es können zwei Gründe für die partielle Inaktivität vorliegen. Der Kunde befriedigt einen Teil seiner Aftermarketbedürfnisse über Drittanbieter und der Share of Wallet beim Kunden ist anzuheben (2). Oder der Kunde nutzt eine Komponente länger als die angenommene Lebensdauer, z. B., da er einen geringeren Servicelevel wählt, als vom OEM empfohlen wird (3) (vgl. Abb. 3-3).

Abbildung 3-3: *Die Potenziallücke basiert auf nicht-aktiven Kunden sowie auf geringer Ersatzteilabnahme (Quelle: H&Z UNTERNEHMENSBERATUNG)*

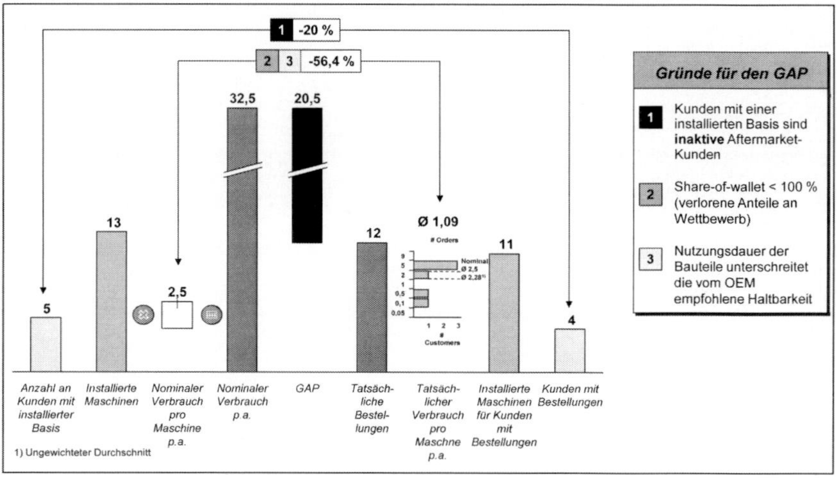

4 Vermarktung über kundenorientiertes Serviceportfolio

Entscheidende Voraussetzung für die Definition des Serviceportfolios ist die detaillierte Kenntnis der Kundenanforderungen und Kundenzufriedenheit. Dazu müssen Befragungen der Kunden und Kundenverantwortlichen ausgewertet und verlorene Aufträge analysiert werden.

Abbildung 4-1: *Basierend auf Kundenanforderung und Marktpositionierung ist ein optimales Soll-Kompetenzprofil zu entwickeln (Quelle: H&Z UNTERNEHMENSBERATUNG)*

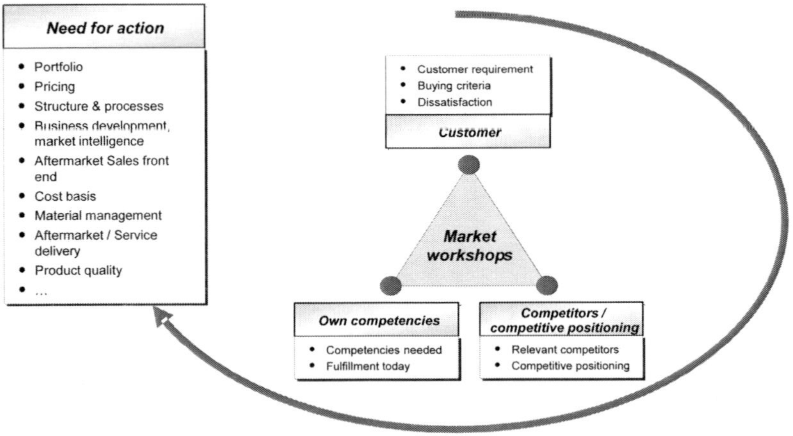

Eine gute Kenntnis der Leistungsfähigkeit der eigenen Serviceorganisation (z. B. KPIs für die Erfüllung der zugesagten Antwortzeiten) komplettiert das Bild bei der Analyse der Handlungsfelder und Geschäftspotenziale. Letztlich müssen aber auch die Stärken und Schwächen der Wettbewerber in den nicht-proprietären Bereichen betrachtet werden, um eine erfolgreiche Marktpositionierung mit klar ersichtlichen Wettbewerbsvorteilen zu erreichen.

5 Ausnutzung preispolitischer Spielräume

Bei der Preisgestaltung kommt dem Wissen um die proprietären oder monopolistischen Servicebereiche besondere Bedeutung zu. Es ist unabdingbar, das relevante Wettbewerberportfolio genau zu kennen. Während sich im Wettbewerbsbereich die Preisgestaltung am Marktpreis zu orientieren hat, ist für proprietäre Dienstleistungen ein Verständnis der Alternativen des Kunden wichtig. Das anzustrebende Preisniveau lässt sich dann über eine wertbasierte Argumentation (Value Based Selling) steigern und vermarkten.

Die Festlegung eines klar strukturierten Portfolios mit differenzierten Servicepaketen und einer entsprechenden Servicepreisliste ist die Voraussetzung für eine effektive vertriebliche Umsetzung. Diese sollte im Übrigen durch eine entsprechende Incentivierung der Vertriebsmannschaft gefördert werden. Daneben ist sicherzustellen, dass die Vertriebsmitarbeiter über das erforderliche Know-how verfügen, um Services erfolgreich zu vermarkten. Erfolgreicher Servicevertrieb setzt ein solides Verständnis der Kundenprozesse voraus. So lässt sich nicht nur die vertriebliche Value-Selling-Argumentation entwickeln, sondern es werden auch zusätzliche Vermarktungsmöglichkeiten erkannt (vgl. Abb. 5-1).

Abbildung 5-1: *Chancen im Servicegeschäft: Hebel zur Erschließung von Umsatz- und Effizienzpotenzialen und zur Steigerung der Effektivität (Quelle: H&Z UNTERNEHMENSBERATUNG)*

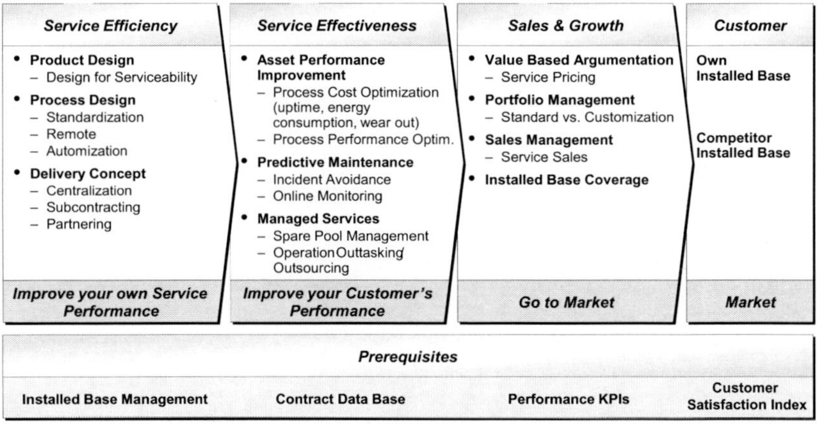

6 Erschließen von Effizienzreserven

Neue Effizienzpotenziale für den Anlagenbetreiber lassen sich erschließen, indem die traditionellen Grenzen in der Wertschöpfung zwischen Hersteller und Kunde infrage gestellt werden. So können unter Umständen bisher von den Kunden selbst erbrachte Leistungen effizienter durch den Hersteller angeboten werden. Zum Beispiel kann das Einbringen von korrigierter Software direkt durch die Mitarbeiter des Herstellers von Vorteil sein. Auch die zentralisierte Bevorratung und das Management von Ersatzteilen durch den Hersteller können für die Kunden zu reduzierter Kapitalbindung bei verbesserter Verfügbarkeit führen.

Im nächsten Schritt ist die Ausdehnung des Services auf Ergänzungsprodukte zu prüfen. Die Dienstleistung wird hierbei auf ganze Funktionseinheiten ausgedehnt, woraus sich positive Rückwirkungen etwa auf das Liefergeschäft ergeben können. Eine grundsätzliche strategische Fragestellung umfasst die Ausdehnung des Services auf Produkte der direkten Wettbewerber.

7 Prozessinnovationen als Treiber

Um das Servicegeschäft nachhaltig erfolgreich zu betreiben, gilt es, permanent nach Effizienzsteigerungen und Innovationen zu suchen. Das größte Potenzial z. B. im Bereich der Entstörung liegt in der Einführung von Remote-Services. Hier können Kostensenkungen von bis zu 80 % erzielt werden. Gleichzeitig lassen sich die Reaktionszeiten bei der Problemdiagnose drastisch verkürzen. Remote-Services sind darüber hinaus die Grundlage zur Automatisierung von einzelnen Serviceschritten.

In jedem Fall sind jedoch zuerst Serviceleistungen und -prozesse zu standardisieren. Nur auf dieser Basis lassen sich eine bessere Ausführungsqualität, verkürzte Reaktionszeiten und eine beschleunigte Entstörung realisieren. Die Kunden profitieren auf diese Weise von der Reduzierung der Betriebskosten und einer verbesserten Anlagennutzung. Die nachhaltige Reduzierung der Total Cost of Ownership für den Betreiber beeinflusst damit auch positiv die nächste Systementscheidung.

8 Profitables Wachstum im Service

Wird After-Sales-Service als eigenständiges Geschäft verstanden und betrieben, kann er sich zu einer stabilen Umsatzgröße bei hoher Profitabilität entwickeln. Nicht zu unterschätzen sind die positiven Auswirkungen auf die Kundenbindung und damit auf die Wettbewerbsposition bei Neuinvestitionen. Service als eigenständiges Geschäft bedeutet aber auch eine ganzheitliche Steuerung von der Vermarktung bis hin zur Leistungserbringung.

Thomas Neumann und Marc Schnöring

Erfolgsfaktoren von Value Added Services

Eine empirische Analyse am Beispiel eines B2B-Unternehmens

1 Problemstellung

Industrieunternehmen werden zunehmend mit neuen Herausforderungen im Umgang mit ihren Kunden konfrontiert. So lässt sich beispielsweise ein wachsender Wunsch nach Individualität sowie ein erhöhter Serviceanspruch auf Kundenseite feststellen. Durch den steigenden Wettbewerb, angestoßen durch die Globalisierung, die Öffnung der Märkte und den damit verbundenen Einstieg neuer Konkurrenten, werden Produkte immer häufiger vom Nachfrager als austauschbar oder sogar als identisch mit Konkurrenzprodukten eingestuft. Bedingt durch diese Entwicklungen versuchen viele Unternehmen, anstatt der oftmals starken Fokussierung auf den Preis als Marketinginstrument, sich als Anbieter von Lösungen zu positionieren (vgl. DAVIES, BRADY und HOBDAY 2006; TULI, KOHLI und BHARADWAJ 2007). Dabei soll dem Kunden durch ein individualisiertes und interaktiv entwickeltes Angebot in gebündelter Form ein Mehrwert geboten und so ein komplexes Kundenproblem gelöst werden (vgl. WOISETSCHLÄGER, BACKHAUS und MICHAELIS 2009, S. 60).

Ein erster Schritt auf dem Weg zum Lösungsanbieter stellt das Angebot von Value Added Services dar, die als produktbegleitende Dienstleistungen zu den jeweils angebotenen Primärleistungen offeriert werden. Durch den Einsatz von Value Added Services wird eine Anpassung („Customization") der Produkte an die Erfordernisse der Kunden und eine Differenzierung von den übrigen Wettbewerbern bezweckt (vgl. RUDOLPH 1998, S. 1). Zudem geben ergänzende Dienstleistungen den anbietenden Unternehmen die Möglichkeit, die Beziehung zum Nachfrager zu intensivieren und die Kunden dauerhaft zu binden.

Für die Anbieter aus dem Investitionsgüterbereich stellt sich im Rahmen der Planung und Konzeption von Value Added Serices die Frage, welche Faktoren in den unterschiedlichen Phasen der Durchführung eines Services in einem positiven Zusammenhang mit der Beziehungsqualität zum Kunden stehen und welche Folgen das Erzielen einer hohen Beziehungsqualität auf die Kundenbindung und damit letztlich auf ökonomische Erfolgsgrößen hat.

Aus diesem Grund soll in dem vorliegenden Beitrag eine Konzeptualisierung und empirische Überprüfung eines geeigneten Modells zur Messung und Analyse des Einflusses von Value Added Services auf die Beziehungsqualität erfolgen. Dabei ist zu klären, welche Faktoren die Beziehung zwischen Kunde und Anbieter beeinflussen. Zu diesem Zweck wurde eine quantitative und international ausgerichtete Umfrage unter Kunden eines Anbieters von Industrieprodukten, insbesondere für den Automobilbereich, durchgeführt.

Zur Beantwortung der Forschungsfragen wird zunächst der Begriff des Relationship Marketing im Allgemeinen und das Konstrukt der Beziehungsqualität im Speziellen erläutert, bevor die Charakteristika von Value Added Services im B2B-Bereich vorgestellt werden. Aufbauend auf den konzeptionellen Vorüberlegungen werden im dritten Kapitel die Ergebnisse der Untersuchung dargestellt, ehe nach den Implikationen und Strategieempfehlungen noch ein Fazit gezogen und ein Ausblick gegeben wird.

2 Konzeptionelle Grundlagen

2.1 Relationship Marketing

Das Phänomen des Relationship Marketing erfreut sich in jüngster Zeit einer wachsenden Beachtung (vgl. HENNIG-THURAU 2000). So lässt sich in der Forschungsliteratur eine Abkehr vom traditionellen Marketingverständnis des transaktionsorientierten Ansatzes hin zum Relationship Marketing beobachten (vgl. GRÖNROOS 1994; MORGAN und HUNT 1994; SHETH und PARVATIYAR 1994). Durch das Beziehungsmarketing rückt die langfristige Geschäftsbeziehung in den Mittelpunkt des Forschungsinteresses (vgl. CHRISTOPHER ET AL. 1991, S. 8). Mittels eines kontinuierlichen Kundenkontakts und über die Erfüllung von Kundenerwartungen wird das Ziel verfolgt, die Kunden zufriedenzustellen und Kundenloyalität aufzubauen (vgl. GIERING 2000, S. 13). Eine frühe Definition des Ansatzes stammt von GRÖNROOS: „The role of relationship marketing is to identify, establish, maintain and enhance relationships with customers and other stakeholders, at a profit, so that the objectives of all other parties involved are met; and this is done by a mutual exchange and fulfillment of promises" (GRÖNROOS 1990, S. 7). Eine Geschäftsbeziehung setzt sich somit aus einer kontinuierlichen Abfolge von Markttransaktionen zwischen einem Anbieter und einem Nachfrager zusammen, wobei die Beziehung nicht durch Zufall, sondern aufgrund einer inneren Verbindung existiert (vgl. PLINKE 1997, S. 23).

Ein mögliches Modell zur Bearbeitung und Analyse der Forschungsfragen bietet HADWICH durch die Konzeption der Wirkungskette des Relationship Marketing (vgl. HADWICH 2003). Inhaltlich unterscheidet HADWICH vier verschiedene Ebenen, welche im idealtypischen Fall aufeinander folgen und die verschiedenen Ausprägungen einer Kundenbeziehung repräsentieren (vgl. Abb. 2-1). Der Grundgedanke des Ansatzes ist der, dass kontinuierlich durchgeführte und vom Kunden als qualitativ hochwertig eingestufte Markttransaktionen zwischen Anbieter und Nachfrager eine Steigerung der Kundenzufriedenheit und somit eine Steigerung der Beziehungsqualität fördern. Diese wiederum übt weiterführend einen positiven Einfluss auf die Loyalität aus und generiert letztendlich einen positiven Effekt auf den ökonomischen Erfolg.

Abbildung 2-1: *Wirkungskette des Relationship Marketing (Quelle: Eigene Darstellung in Anlehnung an HADWICH 2003, S. 56)*

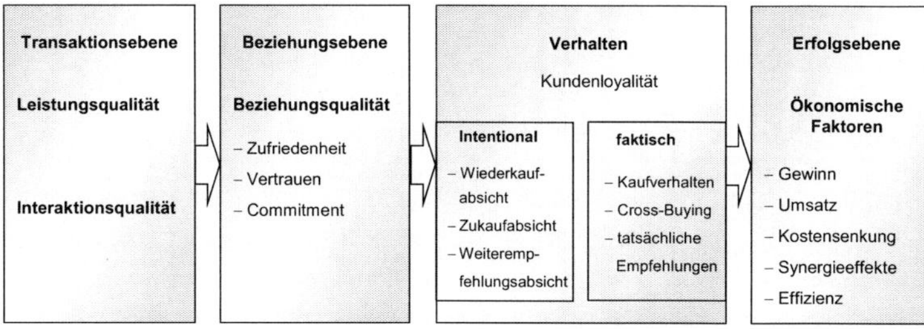

Die Transaktionsebene stellt den Ausgangspunkt des Modells dar und bildet die Qualität der erbrachten Leistung des Anbieters und die Interaktionsqualität zwischen dem Anbieter und dem Kunden ab (vgl. HADWICH 2003, S. 54). Dabei kann davon ausgegangen werden, dass die Qualität von Transaktion und Interaktion, aus denen sich eine Beziehung zusammensetzt, entscheidend für den Aufbau und die Aufrechterhaltung von Kundenbeziehungen ist. Die Aufschlüsselung der Ebene in die zwei unterschiedlichen Konstrukte Leistungsqualität und Interaktionsqualität impliziert, dass nicht nur das Produkt bzw. der durchgeführte Service, sondern auch die Interaktion des Kunden mit dem Unternehmen und den jeweiligen Kundenkontaktmitarbeitern einen messbaren Einfluss auf die Komponenten der Beziehungsebene leisten können (vgl. HADWICH 2003, S. 33 ff.).

Im Rahmen des Relationship Marketing stellt die Beziehungsebene mit dem Konstrukt der Beziehungsqualität die zentrale Steuergröße in der Wirkungskette dar (vgl. u. a. STUMP und HEIDE 1996; JAP und MANOLIS 1999; NAUDÉ und BUTTLE 2000). Dabei wird die Beziehungsqualität als ein transaktionsübergreifendes Konstrukt aufgefasst, welches die Komplexität der Transaktion zwischen Anbieter und Kunde und die beim einzelnen Akteur auftretende Unsicherheit reduzieren und die Interaktionseffizienz erhöhen soll (vgl. u. a. CROSBY, EVANS und COWLES 1990; HENNIG-THURAU, KLEE und LANGER 1999). Eine detaillierte Betrachtung des Konstrukts Beziehungsqualität wird in Kapitel 2.2 vorgenommen.

Innerhalb des Relationship Marketing wird die Intensivierung der Kundenloyalität[1] als Hauptunternehmensziel angesehen. Dabei wird auf Ebene der Kundenloyalität zwischen intentionaler und aktionaler Kundenloyalität unterschieden (vgl. MITTAL und KAMAKURA 2001, S. 115). Die intentionale Kundenloyalität beschreibt die Verhaltensabsicht eines Kunden, z. B. die Wiederkaufs- und Zukaufsabsicht einer Leistung sowie

1 Der Begriff Kundenloyalität wird im Folgenden mit dem Begriff Kundenbindung gleichgesetzt (vgl. VOGEL 2006, S. 34).

auch mögliche Weiterempfehlungen. Die aktionale Kundenloyalität kann indes anhand des tatsächlichen Kundenkaufverhaltens, dem Auftreten von Folgekäufen und den real durchgeführten Empfehlungen nachvollzogen werden (vgl. HADWICH 2003, S. 46).

Die Beurteilung des Erfolgs einer Anbieter-Kunden-Beziehung lässt sich innerhalb der Erfolgsebene durch die Gegenüberstellung von Kosten und Nutzen der Partner ableiten. Kosten werden als alle durch die Geschäftsbeziehung verbundenen Nachteile aufgefasst, z. B. die anfallenden Kosten zum Aufbau einer Beziehung (vgl. KELLER und STOLPER 2006, S. 6). Immaterielle Erfolgsgrößen für den Anbieter können z. B. auftretende Synergieeffekte oder Effizienzsteigerungen innerhalb der Leistungserstellung und in weiterführenden Prozessen sein. Materielle Gewinne können durch eine Erhöhung der Toleranz und Preisbereitschaft des Kunden, als auch durch Einsparungsmöglichkeiten in den Bereichen Transaktionskosten, Beschwerdemanagement, Neukundenakquisition oder Lagerkosten erwirtschaftet werden (vgl. ANDERSON, FORNELL und RUST 1997). Der Kunde kann seinen ökonomischen Erfolg durch den Erhalt von Preisvorteilen, durch Kostensenkungen und mögliche Nebeneffekte generieren. Es ist davon auszugehen, dass das durch eine langfristige Beziehung aufgebaute Vertrauen der Partner zu reduzierten Transaktionskosten bei der Kontrolle, Kommunikation und Koordination mit dem Lieferanten führt (vgl. CANNON und HOMBURG 2001; LAM, SHANKAR und MURTHY 2004). Für den Anbieter hat eine langfristig angelegte Zusammenarbeit aufgrund steigender Ausgaben seitens des Kunden und sinkender Kosten seitens des Anbieters eine erhöhte Profitabilität zur Folge. So schätzen REICHHELD und SASSER, dass eine Erhöhung der Kundenloyalität um 5 % den Gewinn um 25 bis 85 % steigern lässt (vgl. REICHHELD und SASSER JR. 1990). Durch die Bindung der Kunden ans Unternehmen können zusätzlich Markteintrittsbarrieren gegenüber potenziellen Wettbewerbern aufgebaut und das Kaufrisiko für den Kunden reduziert werden (vgl. PETERSON 1995).

2.2 Beziehungsqualität als Erfolgsindikator des Relationship Marketing

Wie bereits erwähnt, ist die Beziehungsqualität ein zentrales Konstrukt des Relationship Marketing. KELLER und STOLPER definieren die Beziehungsqualität „als Güte einer Beziehung, die auf der kundenseitigen Wahrnehmung einzelner Komponenten und Einflussgrößen einer Geschäftsbeziehung basiert“ (KELLER und STOLPER 2006, S. 6).

Über die konkrete Zusammensetzung und den Aufbau des Konstrukts gibt es in der Wissenschaft unterschiedliche Auffassungen (vgl. KUMAR, SCHEER und STEENKAMP 1995, S. 55; HOMBURG 2000, S. 71 ff.). Jedoch haben sich in der Literatur die Dimensionen Zufriedenheit, Vertrauen und Commitment durchgesetzt (vgl. WALTER ET AL. 2000;

ABDUL-MUHMIN 2005). Im Folgenden werden die drei zentralen Dimensionen der Beziehungsqualität vorgestellt.

Die grundsätzliche Relevanz der Zufriedenheit ist im Relationship Marketing unumstritten. Dabei wird zumeist davon ausgegangen, dass das Konstrukt nicht einzelne Erfahrungen des Kunden mit einem Anbieter widerspiegelt, sondern eine Aussage über die kumulierten Einschätzungen aller gemachten Kauf- und Konsumerfahrungen mit dem Unternehmen darstellt (vgl. ANDERSON, FORNELL und RUST 1997). Dabei entsteht Zufriedenheit in einem Vergleichsprozess aus den subjektiven Erwartungen und den tatsächlichen Erfahrungen des Kunden mit dem Anbieter (vgl. OLIVER 1980, S. 461 ff.).

Das am häufigsten im Zusammenhang mit Konzeptualisierungen von Beziehungsqualität verwendete Konstrukt ist jedoch das Vertrauen (vgl. BACKHAUS 2009, S. 53). Vertrauen kann einerseits als die Bereitschaft des Kunden, sich auf das Unternehmen ohne Durchführung einer Prüfung zu verlassen, definiert werden, andererseits wird Vertrauen als Glaube des Kunden, dass der Mitarbeiter des Anbieters sich langfristig für seine Interessen einsetzt, aufgefasst (vgl. MORGAN und HUNT 1994). Vertrauen ist gerade in solchen Geschäftsbeziehungen wichtig, die durch Unsicherheiten und Risiken geprägt sind (vgl. CROSBY, EVANS und COWLES 1990). Eine vertrauensvolle Beziehung stellt für den Kunden zudem eine Wechselbarriere dar (vgl. MORGAN und HUNT 1994) und hilft, kurzfristige Unstimmigkeiten und eventuelle Misserfolge innerhalb einer Geschäftsbeziehung zu überwinden (vgl. DWYER und OH 1987).

Die dritte zentrale Größe der Beziehungsqualität betrifft die Komponente Commitment. Das Commitment schlüsselt sich in eine emotionale und eine kognitive Komponente auf. Dabei gründet sich die emotionale Komponente der Anbieter-Kunden-Beziehung auf Gefühlen, während die kognitive Komponente Kosten-Nutzen-Überlegungen des Kunden umfasst (vgl. HENNIG-THURAU 2000, S. 8).

Neben der Betrachtung der Komponenten der Beziehungsqualität ist auch von Interesse, welche allgemeinen Determinanten auf die Beziehungsqualität einwirken und welchen Einfluss die Beziehungsqualität auf die Verhaltensebene ausübt.

Betrachtet man die Meta-Analyse von PALMATIER ET AL., in der diverse Industrien untersucht wurden, so kann zwischen anbieterseitigen, kundenseitigen und dyadischen Determinanten unterschieden werden (vgl. PALMATIER ET AL. 2006). Als wesentliche kundenseitige Determinanten identifizierten PALMATIER ET AL. die sich aus der Beziehung heraus ergebenden Vorteile für den Kunden sowie die Abhängigkeit des Kunden von einem Anbieter (vgl. hierzu und im Folgenden PALMATIER ET AL. 2006, S. 136 ff.). Aus der Perspektive des Anbieters sind die Investitionen in eine Beziehung sowie die Expertise des Anbieters entscheidende Einflussfaktoren. Als dyadische Faktoren konnten Kommunikation, Ähnlichkeit, Dauer der Beziehung, Häufigkeit der Interaktion und Konflikt festgestellt werden. In diesem Zusammenhang wird ersichtlich, dass durch das Angebot von Value Added Services diese Determinanten und somit indirekt auch die Beziehungsqualität nachhaltig positiv beeinflusst werden können.

Im Hinblick auf die Wirkung der Beziehungsqualität sind insbesondere ökonomische Erfolgswirkungen wie Umsatz- und Gewinn(wachstum) auf Seiten des Anbieters von Bedeutung. Hinzu kommen Verhaltens- bzw. verhaltensnahe Größen auf Seiten des Kunden, die sich z. B. in der Kundenbindung und in der Kaufabsicht widerspiegeln (vgl. BACKHAUS 2009, S. 66 f.).

2.3 Value Added Services als Untersuchungsgegenstand im B2B-Bereich

Unter Value Added Services werden solche Sekundärdienstleistungen verstanden, die in Kombination mit der Primärleistung ein Leistungsbündel ergeben, welches zumindest einzelnen Kundengruppen einen zusätzlichen Nutzen gegenüber anderen Leistungsbündeln mit identischer Primärleistung verspricht und damit dem anbietenden Unternehmen eine Differenzierung ermöglicht (vgl. LAAKMANN 1995, S. 22). Dabei besitzen (industrielle) Dienstleistungen besondere Eigenschaften, die einen Einfluss auf den Aufbau der Beziehungsqualität ausüben können.

Durch die Notwendigkeit der Integration eines externen Faktors wird der Kunde oder ein ihm gehörendes Objekt oftmals direkt in den Dienstleistungserstellungsprozess mit eingebunden (vgl. hierzu und im Folgenden MEFFERT und BRUHN 2009, S. 32 ff.; LOVELOCK und WIRTZ 2007, S. 16 ff.). Dadurch kann die Qualität der Leistung stark von der Bereitschaft des Kunden abhängen, seine ihm zugedachte Rolle zu erfüllen. Um die Mitarbeit des Kunden optimal einzusetzen, müssen Arbeitsabläufe und Prozesse der Leistungserstellung möglichst kundenfreundlich gestaltet werden. Die Standardisierung einer Dienstleistung ist nur schwer möglich und auch die individuelle Qualitätseinschätzung und die Zufriedenheit der Kunden können stark voneinander abweichen. Da Dienstleistungen darüber hinaus überwiegend immaterieller Natur sind, kauft der Kunde im Vorfeld der Dienstleistungserstellung lediglich ein Leistungsversprechen. Eine Prüfung der Qualität und des Preis-Leistungsverhältnisses vor dem Kauf ist nicht bzw. nur schwer durchführbar. Ausgehend aus diesen beiden konstituierenden Merkmalen einer Dienstleistung lassen sich zudem die Charakteristika der Nichtlagerbarkeit und der Simultanität von Produktion und Konsumtion ableiten. Durch die Unmöglichkeit der Lagerung müssen im Vorfeld Kapazitäten geschaffen werden, die zu entsprechend hohen Fixkosten führen. Die Simultanität von Produktion und Konsumtion impliziert, dass der Kunde am Erstellungsprozess teilnimmt und eine Individualisierung der Leistung dadurch möglich und auch erwünscht ist.

Innerhalb von B2B-Beziehungen existieren besondere Eigenschaften. Ein wichtiger Aspekt liegt in der Tatsache begründet, dass aufgrund der Langlebigkeit der Produkte eine strukturell gegebene lang anhaltende Partnerschaft zwischen Unternehmen und Kunde vorliegt (vgl. GRUND 1998, S. 66). Zudem besteht im B2B-Bereich oftmals die Notwendigkeit spezifischer Investitionen (vgl. KELLER und STOLPER 2006). Der Kunde hat folglich aufgrund seiner eigenen Investitionen ein Interesse an einer langfristigen Bindung (vgl. KELLER und STOLPER 2006, S. 491). Außerdem muss beachtet werden, dass Kaufentscheidungen im B2B-Bereich einen Buying-Center-Charakter haben und im Rahmen intensiver Problemlösungs- und Entscheidungsprozesse insbesondere unter Abwägung des Preis-Nutzen-Verhaltens getroffen werden (vgl. HOMBURG und KROHMER 2003, S. 86).

Die genannten Merkmale verdeutlichen, dass ein passendes und erfolgreiches Angebot von Value Added Services im B2B-Bereich insbesondere durch die persönliche Beziehung zum Kunden geprägt ist. Dabei spielt in erster Linie der Kundenkontaktmitarbeiter eine zentrale Rolle. Da die Kundenkontaktmitarbeiter oftmals die einzigen Kontaktpersonen zwischen Anbieter und Nachfrager sind und sie die Kundenanforderungen und die Kundenorganisation am besten kennen, üben sie durch ihr Verhalten einen direkten Einfluss auf die vom Kunden wahrgenommene Qualität einer Dienstleistung und den Verlauf der Geschäftsbeziehung aus (vgl. BEJOU, WRAY und INGRAM 1996; LAGACE, DAHLSTROM und GASSENHEIMER 1991). Damit eine hohe Servicequalität erreicht werden kann, muss sich die Beziehung zwischen Unternehmen, Kundenkontaktmitarbeiter und Kunde im Gleichgewicht befinden (vgl. MASTENBROEK 1991).[2] Hierfür sind insbesondere Schulungen und die Einführung von Qualitätsstandards seitens des Unternehmens hilfreich, damit die Kundenkontaktmitarbeiter die Vorteile der Dienstleistung optimal an den Kunden kommunizieren können. Die Mitarbeiter wiederum sind angehalten, ein möglichst positives und emotional geprägtes Vertrauensverhältnis zu den Kunden aufzubauen, um so das anbietende Unternehmen und dessen Qualitätsansprüche passend zu repräsentieren.

2.4 Konzeptualisierung des Untersuchungsmodells

Ein adäquates Modell zur Messung des Einflusses von Value Added Services auf die Beziehungsqualität muss sowohl eine geeignete Auswahl der Beziehungskomponenten als auch Erklärungen zu den Wirkungszusammenhängen der Konstrukte abbilden.

---

2 Diese Argumentation basiert auf dem P-O-X-Modell von HEIDER (1958), bei dem zwei unterschiedliche Personen (in diesem Fall der Kundenkontaktmitarbeiter und der Kunde) sowie ein Einstellungsobjekt (in diesem Fall der Dienstleistungsanbieter) in einem Balance-Dreieck über Relationen miteinander verbunden sind (vgl. HEIDER 1958). Da Ungleichgewichtssituationen von Spannungen zwischen den Akteuren geprägt sind, bevorzugen die Akteure generell Beziehungen im Gleichgewicht (vgl. JORDAN 1953).

Da in der Forschungsliteratur bisher noch keine in der Praxis erprobten Modelle existieren, wird im Folgenden ein eigenes Erklärungsmodell auf Basis der Wirkungskette des Relationship Marketing konzipiert.

Nach HADWICH stellt die Transaktionsqualität in einer Kundenbeziehung den wesentlichen Einflussfaktor der Beziehungsqualität dar (vgl. HADWICH 2003, S. 100). Wie bereits erläutert, setzt sich die Transaktionsqualität aus zwei unterschiedlichen Komponenten zusammen, der Leistungsqualität und der Interaktionsqualität. Aufgrund der Besonderheiten von Value Added Services können den beiden Komponenten verschiedene Phasen bei der Erbringung einer Dienstleistung zugeordnet werden. Die Leistungsqualität spiegelt hierbei die ursprüngliche Qualität des Services wider, während die Interaktionsqualität die Interaktion zwischen Kundenkontaktmitarbeiter und Kunde darstellt. Anhand dieser Informationen und den spezifischen Gegebenheiten bei der Serviceerstellung des für diesen Beitrag untersuchten B2B-Unternehmens, werden die Phasen „Verkaufsprozess“ und „Implementierung“ der Interaktions- sowie der „Inhalt des Services“ und die abschließende „Nachberatung“ der Leistungsqualität zugeordnet. Diese Phasen stehen auch in einem engen Zusammenhang mit dem vierstufigen Solution-Selling-Prozess.[3] In beiden Modellen wird aufbauend auf der interaktiven Ermittlung der Kundenbedürfnisse die Leistung entwickelt und implementiert, ehe in einem letzten Schritt die Nachberatung des Kunden und die Pflege der Kundenbeziehung erfolgt. Durch die Einteilung des Services in die verschiedenen Bereiche erlaubt das Modell letztlich eine detaillierte Analyse und Identifizierung phasenabhängiger Erfolgs- und Einflussfaktoren auf die Beziehungsqualität (vgl. Abb. 2-2).

Abbildung 2-2: *VAS-Modell*
(Quelle: Eigene Darstellung in Anlehnung an die Wirkungskette des Relationship Marketing)

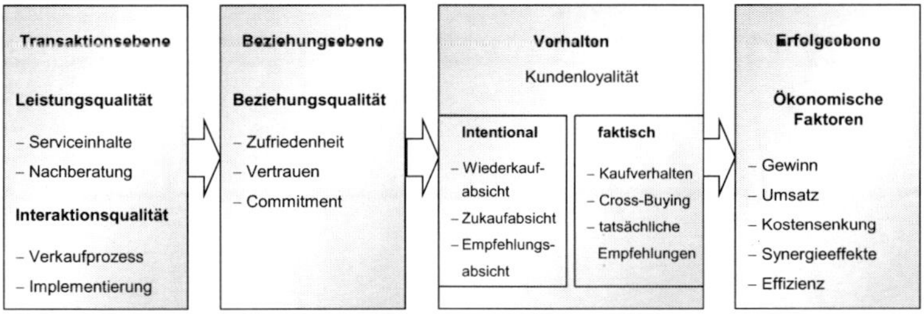

3 Dabei handelt es sich um die Phase „Definition der Kundenanforderungen“, „Anpassung und Integration“, „Einführung und Implementierung“ und „Fortführungsunterstützung“ (vgl. TULI, KOHLI und BHARADWAJ 2007).

Aufbauend auf dem angepassten Modell der Wirkungskette des Relationship Marketing lässt sich die Hypothesenentwicklung für den konkreten Untersuchungsfall vornehmen.

Verkaufsprozess

Im Rahmen der Durchführung eines Value Addes Services findet in einem ersten Schritt immer ein Verkaufs- bzw. Beratungsgespräch statt. Es kommt zu einem persönlichen Kontakt zwischen dem Kunden und dem jeweils zuständigen Berater. Nach TIETZ ist davon auszugehen, dass die Beziehungsqualität umso stärker ist, je höher die Motivation und der Ausbildungsstand des Kundenkontaktmitarbeiters ausfallen (vgl. TIETZ 2002, S. 34). Die durch die Betreuung des Kundenkontaktmitarbeiters bedingte Zufriedenheit steht demnach in einem positiven Zusammenhang mit der Beziehungsqualität.

H1: Die Zufriedenheit mit der Betreuung durch den Außendienst steht in einem positiven Zusammenhang mit der Beziehungsqualität.

Ein weiterer wichtiger Faktor innerhalb des Beratungsgesprächs ist die Versorgung des Nachfragers mit ersten Informationen zu dem angebotenen Service sowie die Erarbeitung der Kundeninteressen. Aufgrund der hohen Komplexität von Value Added Services kann eine detaillierte Beschreibung der Dienstleistung, die schnell verfügbar sein und alle relevanten Informationen enthalten sollte, für den Kunden von großer Bedeutung sein. Daraus kann geschlussfolgert werden, dass, je besser und aussagekräftiger die vorab enthaltenen Informationen sind, der Kunde umso zufriedener reagiert und dies in einem positiven Zusammenhang mit der Beziehungsqualität steht (vgl. HOMBURG und RUDOLPH 2001).

H2: Eine hohe Qualität der vorab erhaltenen Informationen zu den Eigenschaften und Zielen des Services steht in einem positiven Zusammenhang mit der Beziehungsqualität.

Der Verkaufsprozess wird im Modell durch die Konstrukte *Betreuung durch den Außendienst* (ASF) und *Qualität der Serviceinformationen* (SI) abgebildet.

Implementierung

Nach einem erfolgreichen Vertragsabschluss erfolgt die Implementierung der Dienstleistung in die Arbeitsprozesse des Kunden. Hierbei spielt der Berater bzw. der Techniker eine vorrangige Rolle, da der jeweilige Service oft sehr speziell und komplex ist und eine Betrachtung der Einsatzbedingungen vor Ort aufgrund der starken Erklärungsbedürftigkeit unabdingbar ist (vgl. RUDOLPH 1998, S. 79). Einen weiteren wichtigen Bestandteil der Implementierungsphase stellt die Erarbeitung der konkreten Zielvorstellung des Kunden dar. Das Auftreten bzw. die Kompetenz des Mitarbeiters entscheidet in der Implementierungsphase somit hauptsächlich, ob die Umsetzung eines Value Added Services erfolgreich verläuft.

H3: Eine positiv beurteilte Kompetenz des Beraters steht in einem positiven Zusammenhang mit der Beziehungsqualität.

In der Implementierungsphase ist die eigentliche Qualität der Serviceeinführung, neben der Kompetenz des Mitarbeiters, der wichtigste Einflussbereich auf die Zufriedenheit des Kunden. Bei Komplikationen oder Problemen kann es dazu kommen, dass der Kunde den Service schlecht beurteilt und dies negative Auswirkungen auf die Beziehungsqualität hat, während eine erfolgreiche Implementierung einen positiven Effekt ausübt.

H4: Eine hohe Qualität der Serviceimplementierung steht in einem positiven Zusammenhang mit der Beziehungsqualität.

Die Implementierungsphase beinhaltet nachfolgend die vom Kunden eingestufte *Kompetenz des Berater* (CC) und den Faktor *Qualität der technischen Implementierung* (QI).

Serviceinhalte

Der Nachfrager vergleicht nach dem Erstellungsprozess immer seine persönlichen Erwartungen mit den real erbrachten Leistungen. Werden die Erwartungen des Kunden erfüllt oder sogar übertroffen, sollte dies einen positiven Effekt auf die Beziehungsqualität zur Folge haben.

H5: Ein erfolgreicher Ablauf der Serviceumsetzung steht in einem positiven Zusammenhang mit der Beziehungsqualität.

Neben der erfolgreichen Umsetzung ist insbesondere der eigentliche Inhalt der Dienstleistung ein wichtiges Merkmal zur Erfüllung der Kundenzufriedenheit. Bei einer hohen Qualität der Serviceinhalte ist anzunehmen, dass die Gesamtzufriedenheit und damit die Beziehungsqualität zwischen Anbieter und Kunde steigt (vgl. RAUYRUEN und MILLER 2007).

H6: Eine hohe Qualität der Serviceinhalte steht in einem positiven Zusammenhang mit der Beziehungsqualität.

In dem betrachteten Unternehmen ist eines der Ziele verschiedener Value Added Services die Erklärung und Vermittlung betriebswirtschaftlicher Kenntnisse und Zusammenhänge. Dies dient u. a. dazu, dem Kunden konkrete Anwendungsbeispiele und Best Practice-Lösungen vorzustellen und dadurch seine Position auf dem Markt zu stärken. Die konkrete Vermittlung neuer Informationen sollte daher in einem positiven Zusammenhang zur Beziehungsqualität des Kunden stehen.

H7: Die Vermittlung neuer betriebswirtschaftlicher Erkenntnisse steht in einem positiven Zusammenhang mit der Beziehungsqualität.

Es kann vorkommen, dass ein Kunde zwar zufrieden mit dem Gesamtergebnis ist, gleichzeitig jedoch einzelne Bereiche des Services für verbesserungswürdig hält. Durch das Fordern und Zulassen von Kritik und Verbesserungsvorschlägen wird eine

Zusammenarbeit möglich, die zum einen die Geschäftsbeziehung sichert und zum anderen, falls der Kunde mit den erbrachten Leistungen unzufrieden ist, eine Kommunikationsbasis schafft. Erst durch eine solche Zusammenarbeit ist es möglich, schlecht beurteilte Ergebnisse zu analysieren, zu diskutieren und zu beseitigen (vgl. GIERING 2000, S. 107). Die Einführung eines offenen und ehrlichen Kommunikationsverhaltens kann folglich dazu führen, dass ein Kunde sich beachtet fühlt und sich zufriedener mit der Geschäftsbeziehung zeigt. Der Einwand von zu vielen Verbesserungsvorschlägen kann jedoch in einer verschlechterten Beziehungsqualität resultieren.

H8: Die Einführung eines offenen und ehrlichen Kommunikationsverhaltens verbunden mit dem Fordern und Zulassen von Kritik und konstruktiven Verbesserungsvorschlägen steht in einem positiven Zusammenhang mit der Beziehungsqualität.

Wurden die Wünsche und die anvisierten Ziele erfüllt, impliziert dies einen Mehrwert auf der geschäftlichen Ebene des Nachfragers. Der Kunde erfährt durch den Service eine Bereicherung seiner geschäftlichen Aktivitäten und kann so Kosteneinsparungen, Gewinnsteigerungen oder auch Geschäftsfelderweiterungen durchsetzen. Eine Verbesserung der geschäftlichen Aktivitäten durch eine Serviceeinführung sollte daher in einem positiven Zusammenhang mit der Beziehungsqualität stehen.

H9: Die entstandenen Vorteile durch die Servicedurchführung stehen in einem positiven Zusammenhang mit der Beziehungsqualität.

Der Abfragebereich „Serviceinhalte" wird nachfolgend durch die Faktoren *Zufriedenheit mit der Serviceumsetzung* (SaS), *Qualität der Serviceinhalte* (QS), *betriebswirtschaftliche Erkenntnisse* (BE), *Verbesserungspoteziale* (PO) und *wahrgenommene Vorteile* (BD) repräsentiert.

Nachberatung

Das Hauptanliegen der Nachberatungsphase ist es, dem Nachfrager bei Schwierigkeiten und Problemen, welche zeitlich verzögert nach der Einführung des Services auftreten können, zu helfen und den Erfolg der Dienstleistung zu gewährleisten. Dies ist aus strategischen Gründen relevant, da der Kunde durch eine umfassende Nachberatung eher an das Unternehmen gebunden werden kann. Das Angebot einer Nachberatung und die damit verbundene Abfrage der Gesamtzufriedenheit mit der Servicedurchführung sollte, falls die Erwartungen des Kunden erfüllt wurden, zu einem positiven Effekt auf die Beziehungsqualität führen.

H10: Die Gesamtzufriedenheit mit dem Ablauf der Servicedurchführung (Verkaufsprozess, Implementierung, Serviceinhalt) steht in einem positiven Zusammenhang mit der Beziehungsqualität.

Die Phase der Nachberatung beinhaltet das Konstrukt *Gesamtzufriedenheit mit der Servicedurchführung* (FS).

3 Ergebnisse der Untersuchung

Die nachfolgende Ergebnisübersicht basiert auf den Auswertungen des für den vorliegenden Untersuchungsfall konzipierten Fragebogens. Dabei wurden die Fragen zu den Abschnitten „Verkaufsprozess", „Implementierung" und „Serviceinhalt" direkt nach der Einführung des Services, der Abschnitt „Nachberatung" erst in einem zeitlichen Abstand von drei Monaten abgefragt. Dies geschah, um eine realistische Einschätzung der Kunden zu der Qualität der Serviceeinführung und dem Ablauf der Nachberatungsphase und dessen Auswirkungen zu treffen.

Für die Durchführung der Empirie wurde eine Erhebung über den Kundenstamm des zu betrachtenden B2B-Unternehmens angestrebt. Dabei mussten alle Teilnehmer einen der angebotenen Value Added Services in einem Betrachtungszeitraum von einem Jahr in Anspruch genommen haben. Insgesamt nahmen letztendlich 61 Kunden aus acht verschiedenen Ländern an der Befragung teil.

Zur Überprüfung der in Kapitel 2.4 postulierten Hypothesen wurde aufgrund der relativ geringen Stichprobe die Methode der bivariaten Korrelation gewählt. Diese Methode erlaubt es, allgemeine Aussagen über das Zusammenhangsmaß und den Einfluss der Faktoren durch die Berechnung der Korrelationskoeffizienten zwischen den einzelnen Konstrukten zu treffen.

In der Untersuchung konnte schließlich herausgefunden werden, dass bis auf den Faktor *wahrgenommene Vorteile* (BD)[4] alle Variablen in einem positiven Zusammenhang mit der Beziehungsqualität stehen. Dies bedeutet, dass bis auf Hypothese H9 alle Hypothesen durch die bivariate Korrelationsanalyse bestätigt werden können. Es besteht somit für alle Faktoren der Phasen Verkaufsprozess, Implementierung und Nachbearbeitung ein signifikanter und positiver Zusammenhang mit der Beziehungsqualität. Den höchsten Zusammenhang weist dabei der Faktor *Gesamtzufriedenheit mit der Servicedurchführung* (FS) mit einem Wert von 0,628 auf, gefolgt von der *Qualität der technischen Implementierung* (QI) mit einem Wert von 0,534 und dem Konstrukt *Zufriedenheit mit der Serviceumsetzung* (SaS) mit 0,482. Den schwächsten Zusammenhang weist das Konstrukt *Qualität der Serviceinhalte* (QS) mit einem Wert von 0,350 auf. Abb. 3-1 zeigt zusammenfassend den Zusammenhang der einzelnen Variablen auf die Beziehungsqualität.

---

4 Die Korrelation ist auf dem Niveau von 0.05 (1-seitig) nicht signifikant.

Abbildung 3-1: *Einflussfaktoren auf die Beziehungsqualität (Quelle: Eigene Darstellung)*

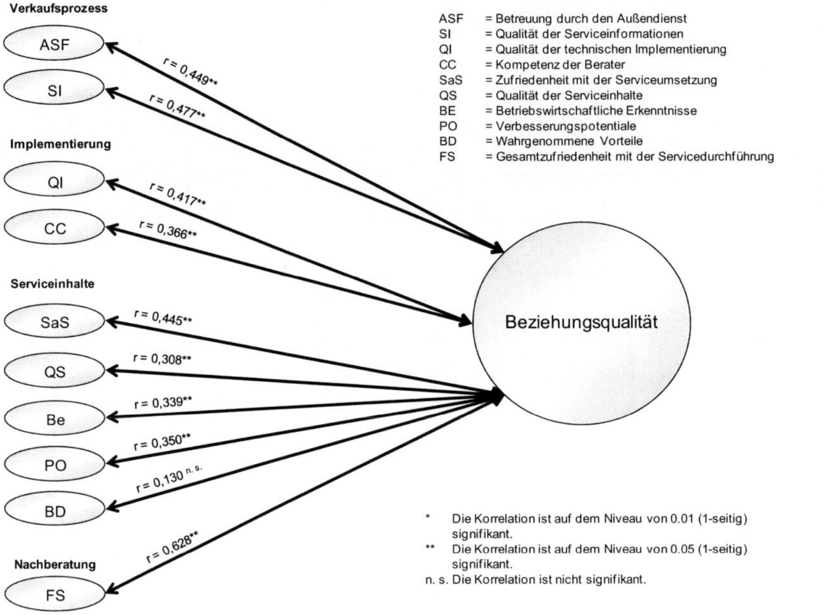

4 Implikationen und Strategieempfehlungen

Durch die Ergebnisse aus Kapitel 3 ergeben sich konkrete Anknüpfungspunkte für die Bewertung und Verbesserung des Einflusses von Value Added Services auf die Beziehungsqualität der Kunden.

In der ersten Phase eines Services, dem **Verkaufsprozess**, weist die *Qualität der Serviceinformationen* (SI) mit einem Faktor von 0,477 den stärksten Zusammenhang mit der Beziehungsqualität auf. Dies bedeutet, dass die Erhöhung des Faktors um eine Einheit die Beziehungsqualität um fast 50 % steigen lässt. Hier besteht für ein Unternehmen die Möglichkeit, seine Mitarbeiter mittels spezieller Schulungen auf die Erfassung der Wünsche von Kunden vorzubereiten. Zudem können die Präsentationsmaterialien, die beim Verkaufsgespräch genutzt werden, überarbeitet bzw. an jeden Kunden individuell angepasst werden.

Der zweite identifizierte Faktor innerhalb des Verkaufsprozesses ist die *Betreuung durch den Außendienst* (ASF) mit einem Korrelationskoeffizienten von 0,449. Dabei spiegelt sich hier sowohl das Einfühlungsvermögen des Mitarbeiters als auch dessen Wissensstand bezüglich der verschiedenen Services wider. Ähnlich dem Konstrukt *Qualität der Serviceinformationen* (SI) können die Mitarbeiter durch Schulungen ein noch detaillierteres Verständnis bei der Beschreibung der Dienstleistungseigenschaften und der Analyse von Kundenwünschen entwickeln. Die dadurch gestärkte Kompetenz des Beraters und sein verbessertes Verhandlungsgeschick begünstigen eine bestmögliche Wahrnehmung der Zusatzdienstleistungen und entscheiden möglicherweise über den Vertragsabschluss.

In der Phase der **Implementierung** stehen die Konstrukte *Qualität der technischen Implementierung* (QI) und *Kompetenz des Kundenkontaktmitarbeiters* (CC) jeweils in einem positiven Zusammenhang mit der Beziehungsqualität. Zur Verbesserung des ersten Faktors (QI) und der damit verbundenen Erhöhung der Beziehungsqualität können verschiedene Ansätze genutzt werden. Im Mittelpunkt steht dabei der ausführende Mitarbeiter, der die verschiedenen Bereiche koordinieren und planen muss. Ein geeignetes Hilfeinstrument könnte ein so genannter „Consultant Workbook" darstellen, welches jeder Berater während seiner Ausbildung erhält und welches Standards für die Durchführung verschiedener Arbeitsabläufe beinhaltet. Eine Verbesserung der einzelnen Items des Konstrukts *Qualität der technischen Implementierung* (QI) steht somit in engem Zusammenhang mit der Restrukturierung bzw. Verbesserung der Inhalte des Begleitbuches und der neuerlichen Erlernung durch den Mitarbeiter. Von besonderer Bedeutung zur Verbesserung des Faktors können vor allem die Entwicklung von zeitlich festgelegten Arbeitsabläufen, der Aufbau und die Erhaltung von Projektgruppen sowie ganz allgemein das Projektmanagement sein. Zusätzlich ist es sinnvoll, den Berater darauf hinzuweisen, die Nachvollziehbarkeit von geplanten Veränderungen aus Sicht des Kunden zu optimieren, z. B. durch grafische Abbildungen oder leicht verständliche Beispiele, und abgegebene Versprechungen bestmöglich einzuhalten bzw. nur Versprechungen zu machen, wenn diese auch erfüllbar sind.

Als zweiten Faktor der Implementierungphase weist die *Kompetenz des Beraters* (CC) einen positiven Zusammenhang mit der Beziehungsqualität auf (r = 0,366). Zur Verbesserung der Fähigkeiten des Beraters sollte ein Unternehmen das Hauptaugenmerk wiederum auf die Bearbeitung des „Consultant Workbook" in den Bereichen „Allgemeine Erscheinung", „Kommunikation" und „soziale Aspekte" legen. Zusätzlich erscheint es sinnvoll, die Berater bei der Verbesserung ihrer didaktischen Fähigkeiten (z. B. durch Rhetorikkurse), ihrem professionellen Auftreten (z. B. bei der Entwicklung von Präsentationsmaterial) und ihrem betriebswirtschaftlichen Wissen zu unterstützen.

In der Phase der **Serviceinhalte** konnten durch die empirische Untersuchung insgesamt vier signifikante Faktoren identifiziert werden. Die *Zufriedenheit mit der Serviceumsetzung* (SaS) bildet von allen vier Konstrukten den höchsten Zusammenhang mit der Beziehungsqualität ab (r = 0,445). Ein möglicher Ansatz zur Verbesserung des Konstrukts kann darin bestehen, die Berater noch gezielter auf die Bearbeitung von Kundenwünsche vorzubereiten bzw. sie dahingehend zu schulen, den Service von Anfang an auf die jeweiligen Problemstellungen des Kunden auszulegen. Eine Erhöhung der fachlichen Genauigkeit kann sowohl durch verbesserte Dokumentationen als auch durch zusätzliche Schulungen der ausführenden Mitarbeiter sichergestellt werden.

Der Faktor *Verbesserungspotenziale* (PO) hat in der Phase der Serviceinhalte den zweithöchsten Korrelationskoeffizienten (r = 0,350). Im untersuchten Unternehmen liegt dabei eine der Hauptaufgaben darin, den Kunden die Möglichkeit zu geben, z. B. im Rahmen von bisher verteilten Kundenfragebögen Verbesserungsvorschläge zu unterbreiten. Außerdem sollten Informationsbroschüren und Präsentationen individueller und anschaulicher aufbereitet und das Benutzerhandbuch verständlicher gestaltet werden. Zudem gilt es, das Zusammenspiel von vermittelten Informationen, der konkreten Umsetzung und der Betreuung im Rahmen von Serviceschulungen zu optimieren.

Der dritte Einflussfaktor in der Phase der Serviceinhalte ist das Konstrukt b*etriebswirtschaftliche Erkenntnisse* (BE) (r = 0,339). Hier sollte der Anbieter dafür sorgen, dass zukünftige und bereits bestehende Dienstleistungen immer auch einen Fokus auf betriebswirtschaftliche Problemfelder und Lösungsstrategien beinhalten. Der Nachfrager erhält durch die einzelnen Services und durch die zuständigen Berater bewährte und anerkannte Ansätze, wie er Verbesserungen bei sich vorantreiben und gleichzeitig auf die Erfahrungen des Unternehmens zurückgreifen kann. Ein zusätzlicher Anreiz für den Kunden kann dadurch geschaffen werden, dass bei Inanspruchnahme eines Services gleichzeitig Vergünstigungen für Business Seminare angeboten werden.

Der vierte Faktor der Phase Serviceinhalte ist die *Qualität der Serviceinhalte* (QS) (r = 0,308). Bei diesem Faktor konnte im untersuchten Fall festgestellt werden, dass eine Reihe von Kunden den Aufbau und den Ablauf des von ihnen in Anspruch genommenen Services als zu komplex betrachten. Für den Anbieter bedeutet dies, Erklärungen und Informationen möglichst einfach zu halten und den Einsatz von zusätzlichen Beispielen und Visualisierungen in Betracht zu ziehen. Zudem gilt es für den Anbieter, den Aufbau der konkreten Umsetzung des Services nicht zu theoretisch zu gestalten. Stattdessen erscheint es sinnvoll, konkrete Lösungsansätze in die Beratung mit einfließen zu lassen und den Kunden auf praxisrelevante Eigenschaften der Dienstleistung noch gezielter hinzuweisen.

Als letzte Phase einer Servicedurchführung bietet die **Nachberatung** mit dem Faktor *Gesamtzufriedenheit mit der Servicedurchführung* (FS) zugleich das einflussreichste Konstrukt der Erhebung (r = 0,628). Bei der Betrachtung dieses Konstrukts geht es um die

Evaluierung der Qualität der gesamten Leistung aus der Perspektive eines zeitlichen Abstandes von drei Monaten. Da das betrachtete Unternehmen insbesondere während des Einführungsprozesses und während des Nachberatungsprozesses aus Sicht der Kunden gut abgeschnitten hat, besteht in dem konkreten Fall lediglich die Möglichkeit, durch den Einsatz von weiterführenden Beraterschulungen und der Optimierung des Serviceportfolios die Beurteilung der Kunden weiter positiv zu beeinflussen. Eine Zusammenfassung der Handlungsempfehlungen ist in Abb. 4-1 dargestellt.

Abbildung 4-1: *Handlungsempfehlungen (Quelle: Eigene Darstellung)*

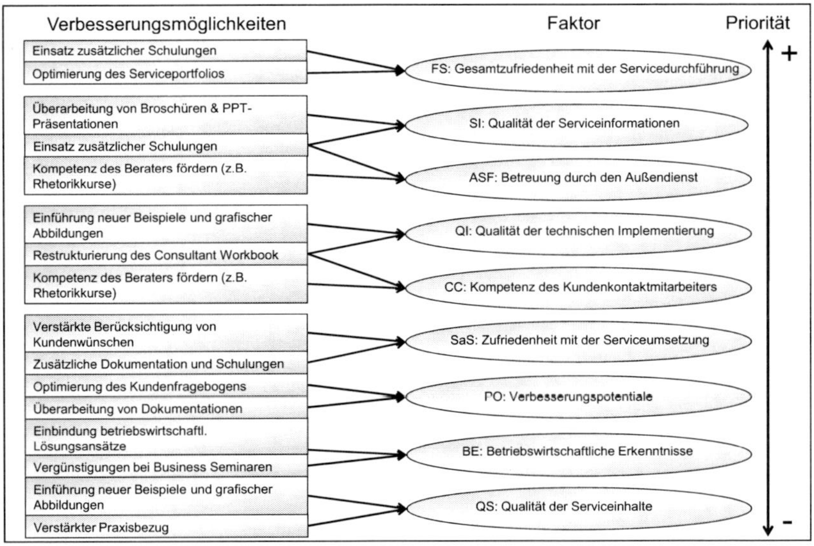

Anhand der vorgestellten Handlungsempfehlungen können der Einfluss des Kundenkontaktmitarbeiters sowie die Bereitstellung und Übermittlung qualitativ hochwertiger Informationen in allen Phasen der Servicedurchführung zusammenfassend als die zwei zentralen Kernfaktoren festgestellt werden. Ein starker Einfluss des Kundenkontaktmitarbeiters ist in allen Phasen der Servicedurchführung ersichtlich und beeinflusst damit maßgeblich die Beziehungsqualität. Es gilt daher, die Berater optimal auszubilden, ihnen Freiräume bei der Bearbeitung und Umsetzung der Services zu geben und ihnen bei Problemen Unterstützung seitens des Unternehmens zuzusichern. Nur zufriedene und motivierte Angestellte können die hochkomplexen und kostenintensiven Dienstleistungsangebote erfolgreich vermarkten und die Kundenwünsche erfüllen.

Der zweite Basisfaktor ist die Bereitstellung und Übermittlung qualitativ hochwertiger Informationen in jeder Phase der Durchführung. Etwaige Übertreibungen von versprochenen Verbesserungen durch den Service sind zu vermeiden. Stattdessen ist es sinnvoll, nur realistische und einhaltbare Versprechungen abzugeben, um nicht die zuvor geweckten Vorstellungen und Hoffnungen des Kunden zu enttäuschen. Wird den Erwartungen des Kunden entsprochen oder werden diese sogar übertroffen, hat dies einen besonders hohen Effekt auf die Kundenzufriedenheit und kann die Beziehungsqualität enorm stärken.

Abschließend soll ein kurzes Fazit gezogen und auf verschiedene Restriktionen der vorliegenden Studie hingewiesen werden, die zum einen die Ergebnisse beeinflussen, aber auch neue Perspektiven und Ansätze für weitere Erhebungen im Bereich Value Added Services bieten sollen.

5 Fazit und Ausblick

Die Untersuchung hat gezeigt, dass es beim Einsatz von produktbegleitenden Dienstleistungen im B2B-Bereich Erfolgsfaktoren gibt, die eine Beeinflussung der Qualität der Geschäftsbeziehungen ermöglichen. Anhand der empirischen Analyse ist zu erkennen, dass die *Gesamtzufriedenheit mit der Serviceeinführung* den größten Zusammenhang mit der Beziehungsqualität aufweist. In den anderen Phasen konnten jeweils weitere Variablen ermittelt werden, die unterschiedlich stark mit der Beziehungsqualität zusammenhängen.

Für die Zukunft ist es wünschenswert, die Untersuchung in weiteren B2B-Unternehmen und in weiteren Branchen durchzuführen, um mögliche Gemeinsamkeiten und Gesetzmäßigkeiten zu entdecken. Des Weiteren wäre eine größere Anzahl an Teilnehmern erstrebenswert. Durch eine Replikation mit einer größeren Fallzahl wäre es z. B. möglich, in einer weiterführenden Untersuchung moderierende und mediierende Variablen zu untersuchen. Darüber hinaus sollte auch der Versuch unternommen werden, den Einfluss der Faktoren auf die weiterführenden Ebenen des Verhaltens und des ökonomischen Erfolgs nachzuweisen.

Literaturverzeichnis

ABDUL-MUHMIN, A. G., Instrumental and Interpersonal Determinants of Relationship Satisfaction and Commitment in Industrial Markets, in: Journal of Business Research, Volume 58, Issue 5, 2005, S. 619-628.

ANDERSON, E. W., C. FORNELL UND R. T. RUST, Customer Satisfaction, Productivity, and Profitability: Differences Between Goods and Services, in: Marketing Science, Volume 16, Issue 2, 1997, S. 129-145.

BACKHAUS, C., Beziehungsqualität in Dienstleistungsnetzwerken, Wiesbaden 2009.

BEJOU, D., B. WRAY UND T. N. INGRAM, Determinants of Relationship Quality: An Artificial Neural Networks Analysis, in: Journal of Business Research, Volume 36, Issue 2, 1996, S. 137-143.

CANNON, J. P. UND C. HOMBURG, Buyer-Supplier Relationships and Customer Firm Costs, in: Journal of Marketing Research, Volume 65, Issue 1, 2001, S. 29-43.

CHRISTOPHER, M., A. PAYNE UND D. BALLANTYNE, Relationship Quality, Customer Service and Marketing Together, Oxford 1991.

CROSBY, L. A., K. R. EVANS UND D. COWLES, Relationship Quality in Services Selling: An Interpersonal Influence Perspective, in: Journal of Marketing, Volume 54, Issue 3, 1990, S. 68-81.

DAVIS, A., T. BRADY UND M. HOBDAY, Charting a Path Toward Integrated Solutions, in: MIT Sloan Management Review, Volume 47, Issue 3, 2006, S. 39-48.

DWYER, R. F. UND S. OH, Output Sector Munificence Effects on the Internal Political Economy of Marketing Channels, in: Journal of Marketing, Volume 24, Issue 4, 1987, S. 347-358.

GIERING, A., Der Zusammenhang zwischen Kundenzufriedenheit und Kundenloyalität: eine Untersuchung moderierender Effekte, Wiesbaden 2000.

GRÖNROOS, C., Relationship Approach to Marketing in Service Contexts: The Marketing and Organizational Behavior Interface, in: Journal of Business Research, Volume 20, Issue 1, 1990, S. 3-11.

GRÖNROOS, C., From Marketing Mix to Relationship Marketing: Towards a Paradigm Shift in Marketing, in: Management Decision, Volume 32, Issue 2, 1994, S. 4-

GRUND, M. A, Interaktionsbeziehungen im Dienstleistungsmarketing: Zusammenhänge zwischen Zufriedenheit und Bindung von Kunden und Mitarbeitern, Wiesbaden 1998.

HADWICH, K., Beziehungsqualität im Relationship Marketing: Konzeption und empirische Analyse eines Wirkungsmodells, Wiesbaden 2003.

HEIDER, F., The Psychology of Interpersonal Relations, New York 1958.

HENNIG-THURAU, T., A. KLEE UND M. F. LANGER, Das Relationship Quality-Modell zur Erklärung von Kundenbindung. Einordnung und empirische Überprüfung, in: Zeitschrift für Betriebswirtschaft, 69. Jg., Ergänzungsheft Nr. 2, 1999, S. 111-132.

HENNIG-THURAU, T., Relationship Quality and Customer Retention Through Strategic Communication of Customer Skills, in: Journal of Marketing Management, Volume 16, Issue 1-3, 2000, S. 55-79.

HOMBURG, C., Kundennähe von Industriegüterunternehmen. Konzeption –Erfolgsauswirkungen – Determinanten, 3. Auflage, Wiesbaden 2000.

HOMBURG, C. UND B. RUDOLPH, Customer Satisfaction in Industrial Markets: Dimensional and Multiple Role Issues, in: Journal of Business Research, Volume 52, Issue 1, 2001, S. 15-33.

HOMBURG, C. UND H. KROHMER, Marketingmanagement, Wiesbaden 2003.

JAP, S. D. UND C. MANOLIS, Relationship Quality and Buyer-Seller Interactions in Channels of Distribution, in: Journal of Business Research, Volume 46, Issue 3, 1999, S. 303-314.

JORDAN, N., Behavioral Forces that are a Function of Attitudes and of Cognitive Organization, in: Human Relations, Volume 6, 1953, S. 273-287.

KELLER, N. UND M. STOLPER, Messung der Kundenbeziehungsqualität im B2B-Marketing – eine Studie im industriellen Großhandel, Arbeitsbericht Nr. 15, Februar 2006, Universität Dortmund 2006.

KUMAR, N., L. K. SCHEER UND J.-B. E. M. STEENKAMP, The Effects of Supplier Fairness on Vulnerable Resellers, in: Journal of Marketing Research, Volume 32, Issue 1, 1995, S. 54-65.

LAAKMANN, K., Value Added Services als Profilierungsinstrument im Wettbewerb, Frankfurt a. M. 1995.

LAGACE, R.R., R. DAHLSTROM UND J.B. GASSENHEIMER, The Relevance of Ethical Salesperson Behavior on Relationship Quality: The Pharmaceutical Industry, in: Journal of Personal Selling and Sales Management, Volume 11, Issue 4, 1991, S. 39-47.

LAM, S.Y., V. SHANKAR UND M.K.E.B. MURTHY, Customer Value, Satisfaction, Loyalty, and Switching Costs: An Illustration From a Business-to-Business Service Context, in: Journal of the Academy of Marketing Science, Volume 32, Issue 3, 2004, S. 293-311.

LOVELOCK, C. UND J. WIRTZ, Service Marketing. People, Technology, Strategy, 6. Auflage, Upper Saddle River 2007.

MASTENBROEK, W. F., Who Cares About Quality? Organizational Conditions and Motivation, in: Mastenbroek, W.F. (Hrsg.), Managing Quality in the Service Sector, Oxford 1991, S. 14-28.

MEFFERT, H. UND M. BRUHN, Dienstleistungsmarketing: Grundlagen – Konzepte – Methoden, 6. Auflage, Wiesbaden 2009.

MITTAL, V. UND W. KAMAKURA, Satisfaction, Repurchase Intent, and Repurchase Behavior: Investigating the Moderating Effect of Customer Characteristics, in: Journal of Marketing Research, Volume 38, Issue 1, 2001, S. 131-142.

MORGAN, R. M. UND S. D. HUNT, The Commitment-Trust Theory of Relationship Marketing, in: Journal of Marketing, Volume 58, Issue 3, 1994, S. 20-38.

NAUDÉ, P. UND F. BUTTLE, Assessing Relationship Quality, in: Industrial Marketing Management, Volume 29, Issue 4, 2000, S. 351-362.

OLIVER, R. L., A Cognitive Model of the Antecedents and Consequences of Satisfaction Decisions, in: Journal of Marketing Research, Volume 17, Issue 4, 1980, S. 460-469.

PALMATIER, R. W., R. P. DANT, D. GREWAL UND K. R. EVANS, Factors Influencing the Effectiveness of Relationship Marketing: A Meta-Analysis, in: Journal of Marketing, Volume 70, Issue 4, 2006, S. 136-153.

PETERSON, R.A., Relationship Marketing and the Consumer, in: Journal of the Academy of Marketing Science, Volume 23, Issue 4, 1995, S. 278-281.

PLINKE, W., Grundlagen des Geschäftsbeziehungsmanagements, in: Kleinalterkamp, M. und Plinke, W. (Hrsg.), Geschäftsbeziehungsmanagement, Berlin 1997, S. 1-62.

RAUYRUEN, P. UND K. E. MILLER, Relationship Quality as a Predictor of B2B Customer Loyalty, in: Journal of Business Research, Volume 60, Issue 1, 2007, S. 21-31.

REICHHELD, F. F. UND W. E. SASSER JR., Zero Defections: Quality Comes to Services, in: Harvard Business Review, Volume 68, Issue 5, 1990, S. 105-111.

RUDOLPH, B., Kundenzufriedenheit im Industriegüterbereich, Wiesbaden 1998.

SHETH. J. N. UND A. PARVATIYAR, Relationship Marketing: Theory, Methods and Applications, Atlanta 1994.

STUMP, R. L. UND J. B. HEIDE, Controlling Supplier Opportunism in Industrial Relationships, in: Journal of Marketing Research, Volume 23, Issue 4, 1996, S. 431-441.

TIETZ, W., Kundenbindung im Großhandel – Theoretische Diskussion und empirische Analyse dargestellt am Beispiel des Handwerks als Großhandelskunde, Nürnberg 2002.

TULI, K. R., A. K. KOHLI UND S. G. BHARADWAJ, Rethinking Customer Solutions: From Product Bundles to Relational Processes, in: Journal of Marketing, Volume 71, Issue 3, 2007, S. 1-17.

VOGEL, V., Kundenbindung und Kundenwert – Der Einfluss von Einstellungen auf das Kaufverhalten, Wiesbaden 2006.

WALTER, A., T. A. MÜLLER, G. HELFERT UND T. RITTER, The Impact of Satisfaction, Trust and Relationship Value on Comment: Theoretical Considerations and Empirical Results, in: Proceedings of the 16th IMP Conference, Bath, September 7-9, 2000.

WOISETSCHLÄGER, D., C. BACKHAUS UND M. MICHAELIS, Solution Selling: Wie der Wandel zum Lösungsanbieter gelingt, in: Borchert, M., Heinen, E. und Zühlke-Robinet, K. (Hrsg.), Systematische Gestaltung von Leistungen und Prozessen in KMU – Voraussetzung für erfolgreiche Internationalisierung von Dienstleistungen, Ingoldstadt 2009, S. 57-78.

Tim Dolezych

Determinanten der Beziehungsqualität im B2B-Marketing

Eine empirische Analyse in Kooperation mit einem mittelständischen Industriegüterhersteller

1 Problemstellung

Ein Industriegüterhersteller wird heutzutage mit vielfältigen und widersprüchlichen Anforderungen konfrontiert: Einerseits steigen die Zahl der Produktvarianten und die Komplexität der Produkte ständig an, andererseits erwarten die Kunden kürzere Lieferzeiten, während sich gleichzeitig die Produktlebenszyklen verkürzen. Darüber hinaus machen sich durch die zunehmende Globalisierung und Dynamisierung der Märkte mehrere Problemaspekte bemerkbar: Technische Differenzierungen durch neue und innovative Produkte bieten häufig nur noch relativ kurzfristig Wettbewerbsvorteile oder Alleinstellungsmerkmale, da mehr und mehr Industriegüterhersteller in der Lage sind, durch größere Flexibilität und kürzere Reaktionszeiten technologische Vorsprünge der Wettbewerber rasch auszugleichen – mit dem zwangsläufigen Effekt eines höheren Konkurrenzdrucks (vgl. BACKHAUS, BAUMEISTER und MÜHLFELD 2003, S. 195; BRUHN 1998).

Dem skizzierten Konkurrenzdruck versuchen Unternehmen zunehmend durch das Anbieten ganzheitlicher Problemlösungen („Solutions") zu begegnen – das reine Produkt scheint nicht mehr auszureichen (vgl. SHARMA und MOLLOY 1999, S. 1; AHLERT und EVANSCHITZKY 2003, S. 3). Eine stetig wachsende Zahl von Forschungsarbeiten zu diesem Thema sowie zahlreiche Beispiele aus der Praxis verdeutlichen die Erfolgspotenziale der Weiterentwicklung hin zu einem Lösungsanbieter („Solution Seller"). So lassen sich z. B. durch den Verkauf von Solutions zusätzliche Zahlungsbereitschaften bzw. geringere Preissensitivitäten generieren (vgl. AHLERT 2008, S. 41), was sich zwangsläufig positiv auf den Unternehmenserfolg auswirkt.

„Der Aufbau einer langfristigen, auf Vertrauen und wechselseitige Wertschaffung ausgelegte Kundenbeziehung" (AHLERT 2008, S. 41) ist nicht nur als Konsequenz, sondern im Vorfeld der Entwicklung zum Lösungsanbieter auch als wesentlicher Erfolgsfaktor des Solution Selling anzusehen. Es kommt also darauf an, mit Hilfe geeigneter Maßnahmen des „Customer Relationship Management" diesen Prozess zu unterstützen und die Kunden langfristig an das Unternehmen zu binden. Die Akzeptanz einer solchen Strategie durch den Kunden ist hierfür die zentrale Erfolgsvoraussetzung (vgl. DWYER, SCHURR und OH 1987, S. 14), die nur gewährleistet ist, wenn sich Leistungs- oder Effizienzsteigerungen auch für den Abnehmer ergeben (vgl. BACKHAUS, BAUMEISTER und MÜHLFELD 2003, S. 196). Es stellt sich somit die Frage, mit Hilfe welcher Maßnahmen die Erwartungen von Geschäftskunden erfüllt bzw. übertroffen werden können, um erfolgreiche langfristige Geschäftsbeziehungen zu etablieren und somit die Voraussetzungen für die Entwicklung hin zum Lösungsanbieter zu schaffen. Grundvoraussetzung dafür ist, eine Kundenbeziehung neben dem rationalen Blickwinkel auch aus der relationalen Perspektive zu betrachten. Es erfolgt also neben der Ausrichtung an der Kundenzufriedenheit eine Fokussierung auf die Qualität von Kundenbeziehungen als Determinante von erfolgreichen Geschäftsbeziehungen. Die „Beziehungsqualität" stellt somit das Bindeglied zwischen der kundenseitig wahrgenommenen Transaktionsqualität (Zufriedenheit der Kunden mit verschiedenen Leistungsdimensionen des Anbieters) und der Kundenloyalität dar. Ein hohes Maß an Beziehungsqualität ist wiederum eine zentrale Voraussetzung für die Akzeptanz als Lösungsanbieter (vgl. WOISETSCHLÄGER, BACKHAUS und MICHAELIS 2009).

Vor diesem Hintergrund ist es das Ziel dieses Beitrags, mittels einer empirischen Untersuchung die Beziehungsqualität zwischen dem Kooperationsunternehmen dieser Studie (Dolezych GmbH & Co. KG)[1] und seinen Kunden zu messen und die Determinanten der Beziehungsqualität im B2B-Marketing zu bestimmen. Im Einzelnen wird folgenden zentralen Forschungsfragen nachgegangen:

- Sind die Leistungsdimensionen eines im Dienstleistungsmarketing bekannten Messansatzes (SERVQUAL) auf den B2B-Bereich übertragbar und lassen sich auf diese Weise Teilzufriedenheiten von industriellen Geschäftskunden messen?
- Wie groß sind die Einflüsse dieser verschiedenen Leistungsdimensionen auf die kundenseitig wahrgenommene Beziehungsqualität zum Anbieter?
- Welche Implikationen ergeben sich aufgrund der empirischen Ergebnisse für das Kooperationsunternehmen „Dolezych" in Bezug auf das Beziehungsmanagement seiner Geschäftskunden?

Zur Erreichung der in diesem Beitrag verfolgten Ziele beschäftigt sich Abschnitt 2 zunächst mit den konzeptionellen Grundlagen. Zur Einordnung des Untersuchungsgegenstandes werden die Rolle der Beziehungsqualität in der Wirkungskette des Relationship Marketing sowie die Besonderheiten des B2B-Marketing erläutert. Anschließend werden die einzelnen Leistungsdimensionen der Kundenzufriedenheit erarbeitet und die Messmodelle konzeptualisiert. Abschnitt 3 umfasst das Design und die Durchführung der empirischen Untersuchung. Hierbei werden zunächst das Untersuchungsobjekt – der Kooperationspartner dieser Studie – und die empirische Studie vorgestellt. Nach der Operationalisierung der Konstrukte erfolgen die empirische Datenanalyse sowie die Interpretation der Ergebnisse. Ausgehend davon werden in Abschnitt 4 Implikationen und Handlungsoptionen zum effektiven und effizienten Kunden-Beziehungsmanagement im B2B-Bereich vorgestellt. Der Beitrag schließt mit einer Zusammenfassung der zentralen Untersuchungsergebnisse sowie weiterführenden Vorschlägen für Forschung und Praxis.

1 Im Folgenden „Firma Dolezych" oder einfach „Dolezych" genannt.

2 Konzeptionelle Grundlagen

2.1 Die Rolle der Beziehungsqualität im Relationship Marketing

Die wissenschaftliche Auseinandersetzung mit dem Kundenbindungsmanagement prägte insb. den Begriff des **Relationship Marketing** (vgl. BACKHAUS 1997; PLINKE 1989; BRUHN 2003b; BERRY 1983). Die Kritik des Relationship Marketing an einem rein transaktionsorientierten Marketing wurzelt in dessen dominierendem Ziel – der Anbahnung einzelner Transaktionen mit dem Kunden. Demgegenüber befasst sich das Relationship Marketing mit der Steuerung von (langfristigen) Kundenbeziehungen (vgl. BRUHN 2001, S. 9). Eine Geschäftsbeziehung stellt in diesem Kontext eine nicht zufällige Folge von Markttransaktionen zwischen einem Anbieter und einem Nachfrager dar, zwischen denen eine „innere" Verbindung existiert (vgl. PLINKE 1997, S. 23). Insbesondere im Industriegütermarketing wiesen bereits in den 1970er-Jahren zahlreiche Studien die Existenz von (langfristigen) Beziehungen zwischen Lieferanten und Kunden nach (vgl. u. a. WIND 1970; LUFFMANN 1974; FORD 1978). WEBSTER (1979) empfiehlt seit jeher, im Industriegütermarketing den Fokus auf die Geschäftsbeziehungen zwischen Kunden und Lieferanten zu legen, die im Gegensatz zu Einzeltransaktionen von einer längerfristigen Perspektive gekennzeichnet sind und über einzelne „Transaktionsepisoden", wie z. B. einem Kommunikationsakt oder einem Kaufakt, hinausreichen (vgl. DILLER 1995, S. 442). Darüber hinaus impliziert die Annahme eines dynamischen Marktes eine ständige Veränderung der gegebenen Rahmenbedingungen, was die einzelnen Parteien regelmäßig vor neue Probleme stellt, die in einer auf gegenseitigem Vertrauen beruhenden Geschäftsbeziehung besser gelöst werden können oder erst gar nicht entstehen.

Während in der einschlägigen Literatur viele unterschiedliche Definitionen des Konzepts des Relationship Marketing anzutreffen sind (vgl. u. a. MORGAN und HUNT 1994; SHETH und PARVATIYAR 1995; BERRY 1983; GRÖNROOS 1990), wird dieser Arbeit eine – auf den Untersuchungsgegenstand angepasste – ganzheitliche Betrachtung von BRUHN (2001, S. 9) zugrunde gelegt. Demnach umfasst das Relationship Marketing *„sämtliche Maßnahmen der Analyse, Planung, Durchführung und Kontrolle, die der Initiierung, Stabilisierung, Intensivierung und Wiederaufnahme von Geschäftsbeziehungen zu den Kunden des Unternehmens mit dem Ziel des gegenseitigen Nutzens dienen."*

BRUHN (2001, S. 53 ff.) weist in Bezug auf Geschäftsbeziehungen auf die Doppelseitigkeit der Betrachtung einer Kundenbeziehung als grundlegendes Prinzip hin, welches zum einen in der Perspektivenübernahme als Verhaltensprinzip und zum anderen im Denken in Erfolgsketten als Managementprinzip seinen Niederschlag findet. Nach dem Konzept der Perspektivenübernahme soll das Unternehmen die Sicht der Kunden einnehmen, um so Kundenprobleme und Kundenerwartungen erkennen und somit langfristige Beziehungen zu seinen Kunden sicherstellen zu können. Das Denken in Erfolgsketten als Managementprinzip meint die Nutzung einer so genannten Erfolgs- bzw. Wirkungskette – einer inhaltlichen Verknüpfung von Variablen, die miteinander in Zusammenhang stehen – als gedankliche Basis für die Planung, Steuerung und Kontrolle des Relationship Marketing (vgl. auch HESKETT, SASSER und SCHLESINGER 1997, S. 18 ff.).

Empirische Ergebnisse bestätigen eine zunehmende Profitabilität eines Kunden im Laufe seiner Beziehung zum Anbieter (vgl. HADWICH 2003, S. 3). In diesem Zusammenhang wurden zahlreiche sich teilweise sehr ähnelnde Wirkungsmodelle des Relationship Marketing vorgestellt (vgl. HOMBURG und BRUHN 2003; KLEE 2000; BRUHN 2001; BACKHAUS und VOETH 2004). Der Forschungsschwerpunkt liegt dabei allerdings mehrheitlich in der Analyse der Transaktionsqualität und deren Wirkungen auf die Zufriedenheit und die Bindung der Kunden. Jedoch wird immer häufiger an dem eindeutigen Zusammenhang zwischen Kundenzufriedenheit und Kundenloyalität gezweifelt (vgl. u. a. JONES und SASSER 1995), infolgedessen zunehmend die Qualität von Kundenbeziehungen als Determinante von erfolgreichen Kundenbeziehungen in den Fokus empirischer Untersuchungen gerückt wird (vgl. u. a. NAUDÉ und BUTTLE 2000). Auch DILLER (1995) ist überzeugt davon, dass der Beziehungsqualität im Rahmen des Relationship Marketing die Rolle der zentralen Steuergröße zukommt. Der Fokus auf die Beziehung zwischen Kunde und Anbieter und die damit einhergehende Betrachtung der Beziehungsqualität bildet damit das zentrale Moment des Relationship Marketing. Die Sinnhaftigkeit dieser Betrachtung ergibt sich zudem durch zahlreiche Studien, die einen direkten Einfluss der Beziehungsqualität auf die Kaufabsicht (konative Loyalität) empirisch bestätigen konnten. Insbesondere für den vorliegenden Untersuchungsgegenstand ist bemerkenswert, dass HEWETT, MONEY und SHARMA (2002) diesen Nachweis für industrielle Anbieter-Kunde-Beziehungen erbrachten.

Den weiteren Ausführungen wird das in Abb. 2-1 dargestellte Wirkungsmodell des Relationship Marketing zugrunde gelegt. Es zeigt dabei den idealtypischen Verlauf der vier aufeinanderfolgenden Ebenen einer Geschäftsbeziehung.

Den Grundgedanken der Wirkungskette bildet der Ansatz, dass eine hohe Beziehungsqualität über eine stabile Geschäftsbeziehung mit starker Kundenbindung zu ökonomischem Erfolg führt. Ausgangspunkt ist dabei die Überlegung, dass die Qualität einzelner Transaktionen, aus denen sich eine Beziehung zusammensetzt, entscheidend für den Aufbau und die Aufrechterhaltung von Kundenbeziehungen ist.

Abbildung 2-1: *Wirkungsmodell des Relationship Marketing (Quelle: Eigene Darstellung in Anlehnung an* HADWICH *2003, S. 56;* KELLER *und Stolper 2006, S. 5)*

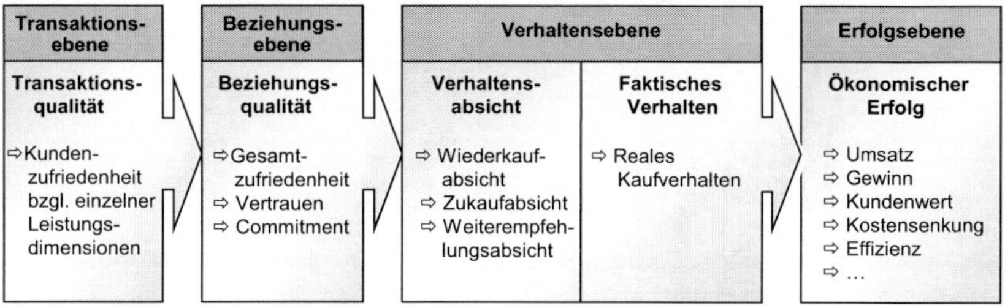

Die **Transaktionsebene** untersucht dabei die Wahrnehmung einzelner Kontaktsituationen durch den Kunden. Beurteilungsmaß ist in diesem Zusammenhang die transaktionsbezogene Kundenzufriedenheit bzw. die durch den Kunden wahrgenommene Transaktionsqualität. Die Kundenzufriedenheit wird in dieser Studie sinngemäß differenziert betrachtet und sowohl als Determinante als auch als Dimension der Beziehungsqualität gesehen. Für die Auffassung als Antezedent der Beziehungsqualität spricht der umfassende Kenntnisstand im Bereich der Kundenzufriedenheitsforschung und der dort dominanten Einordnung von Zufriedenheit als transaktionsbezogenes Konstrukt (vgl. u. a. HENNIG-THURAU 2000; HOWARD und SHETH 1969; OLIVER 1981). Auf der anderen Seite unterstützen zahlreiche bedeutende Arbeiten im Kontext von B2B-Beziehungen die Interpretation der Gesamtzufriedenheit als Dimension der Beziehungsqualität (vgl. u. a. DORSCH, SWANSON und KELLEY 1998; SMITH 1998; HOMBURG, GIERING und MENON 2003). Das Konstrukt der Kundenzufriedenheit wird demzufolge unterteilt in ein multidimensionales Konstrukt, bestehend aus transaktionsbezogenen, emotional dominierten Teilzufriedenheiten und ein Konstrukt der Gesamtzufriedenheit („Overall Satisfaction").

Die vom Kunden wahrgenommene Transaktionsqualität determiniert wiederum die durch den Kunden wahrgenommene **Beziehungsqualität**, also den *Grad der durch den Kunden wahrgenommenen Güte seiner Geschäftsbeziehung zum Anbieter, der auf der Beurteilung der Fähigkeit des Anbieters, sämtliche Kundenanforderungen zu erfüllen, beruht* (vgl. u. a. DWYER und OH 1987, S. 349; GEORGI 2000, S. 41; KLEE 2000, S. 100; BRUHN 2001a, S. 66; HADWICH 2003, S. 22). In der einschlägigen Literatur sind von verschiedenen Autoren zahlreiche unterschiedliche multidimensionale Konzeptualisierungen des Konstrukts „Beziehungsqualität" zu finden und es herrscht wenig Einigkeit darüber, inwieweit verschiedenste Konstrukte „eine Vorbedingung für eine hohe Beziehungsqualität sind, per se eine hohe Beziehungsqualität darstellen oder die Konsequenz einer hohen Beziehungsqualität sind" (HADWICH 2003, S. 23). Vor diesem Hintergrund stützt sich der vorliegende Beitrag auf die am häufigsten in der Forschungsliteratur diskutierte Konzeptualisierung der Beziehungsqualität, d. h. jene drei-dimensionale Konzeptualisierung, welche die drei Schlüsselkomponenten Gesamtzufriedenheit, Vertrauen und Commitment umfasst (vgl. DORSCH, SWANSON und KELLEY 1998).

Bei der **Gesamtzufriedenheit** handelt es sich um die oben beschriebene „Overall Satisfaction". **Vertrauen** tritt insbesondere bei Geschäftsbeziehungen in den Vordergrund, die mit Unsicherheit und Risiko behaftet sind, etwa aufgrund fehlender Verträge oder Garantien, aber auch aufgrund hoher Komplexität der angebotenen Sach- und Dienstleistungen eines Anbieters – was für den vorliegenden Untersuchungsgegenstand maßgeblich ist (vgl. CROSBY, EVANS und COWLES 1990; HADWICH 2003, S. 23; RUDOLPH 1998, S. 79). Nach DONEY und CANNON (1997) versuchen Kunden das wahrgenommene Risiko dadurch zu reduzieren, indem sie Anbieter wählen, die Zuverlässigkeit und Vertrauenswürdigkeit demonstrieren und Interesse für das Wohlergehen des Kunden zeigen. Empirische Untersuchungen im Handelsmarketing (u. a. von MORGAN und HUNT 1997) sowie in Bezug auf industrielle Kunde-Anbieter-Beziehungen (u. a. von DONEY und CANNON 1997) zeigen, dass die Vertrauenswürdigkeit von Anbietern den Kunden sowohl aus rationalen als auch aus emotionalen Gründen dazu bewegt, wieder bei diesem zu kaufen (vgl. BORNEMANN, HENNIG-THURAU und HANSEN 2006). Darüber hinaus kann Vertrauen dabei helfen, gelegentliche Unstimmigkeiten oder Misserfolge, die im Rahmen einer Geschäftsbeziehung auftreten können, zu überwinden (vgl. DWYER und OH 1987, MORGAN und HUNT 1994). Somit ist anzunehmen, dass Vertrauen für das Relationship Marketing von zentraler Bedeutung ist, „da es einen direkten Einfluss auf die langfristige Bindung von Kunden hat" (BORNEMANN, HENNIG-THURAU und HANSEN 2006). Das **Commitment** eines Kunden („Bindung" oder „innere Verpflichtung", DILLER und KUSTERER 1988, S. 218) bezieht sich nicht etwa auf einzelne Leistungen des Anbieters, sondern stets auf den Anbieter selbst bzw. die Beziehung zu ihm und stellt deshalb ein zentrales beziehungsrelevantes Konstrukt dar (vgl. HADWICH 2003, S. 45). Hier drückt sich eine Konsequenz der Beziehungsbeurteilung durch den Kunden in Form einer Verhaltensabsicht in der Beziehung aus (vgl. MORGAN und HUNT 1994, S. 23). Es kann somit analog zur Gesamtzufriedenheit und zum Vertrauen ein direkter Einfluss auf die Kundenbindung postuliert werden, der zurückzuführen ist auf die innere Bindung des Kunden an den Anbieter, die sich in Commitment ausdrückt (vgl. GARBARINO und JOHNSON 1999, S. 71 ff.).

Auf der **Verhaltensebene** wird die auf die Qualität der Beziehung aufbauende Kundenloyalität erforscht. Diese bezieht sich sowohl auf das bisherige Kundenverhalten (ex post-Sichtweise) als auch auf die Verhaltensabsicht (ex ante-Betrachtung). Dabei ist der Dimension „bisheriges Kundenverhalten" das bisherige Kauf- sowie das bisherige Weiterempfehlungsverhalten zuzuordnen. Die Dimension „Verhaltensabsicht" entspricht der konativen Loyalität und umfasst die Kaufverhaltensabsicht (Wieder- und Zukaufabsicht) sowie die Dialogbereitschaft (Weiterempfehlungsabsicht) (vgl. MEYER und OEVERMANN 1995, Sp. 1341; OLIVER 1997; OLIVER 1999; HOMBURG, BECKER und HENTSCHEL 2003, S. 98 f.).

Zum Abschluss der Wirkungskette des Relationship Marketing wird der **Erfolg** einer Geschäftsbeziehung mit Hilfe verschiedener ökonomischer Erfolgsgrößen bestimmt (vgl. HADWICH 2003, S. 3 ff.). Monetärer (materieller), aber auch nicht-monetärer (immaterieller) Erfolg ergibt sich aus loyalem Kaufverhalten, also z. B. aus umsatzbezogenen Vorteilen wie Wiederkauf und Zukauf („Cross-Buying") oder aus einer reduzierten Preissensitivität des Kunden. Daneben können sich kostenbezogene Vorteile ergeben, indem aufgrund langfristiger Geschäftsbeziehungen erforderliche Informations- und Koordinationsaufwendungen (Transaktionskosten) sinken und die Notwendigkeit kostenintensiver Neukundenakquisitionen reduziert wird (vgl. BRUHN 2001; HOMBURG und BRUHN 2003, S. 16 f.; HOMBURG und KROHMER 2003, S. 422 f.).

2.2 Besonderheiten von Geschäftsbeziehungen im B2B-Marketing

Fragen, die das aus der amerikanisch-englischen Fachterminologie entstammende Business-to-Business-Marketing („B2B-Marketing") betreffen, werden auch häufig unter anderen Bezeichnungen diskutiert. Begrifflichkeiten wie bspw. „Business Marketing" (RANGAN, SHAPIRO und MORIARTY 1995), „Investitionsgütermarketing" (RICHTER 2001; KLICHE, 1990; GODEFROID 1995), „Industriegütermarketing" (BACKHAUS und VOETH 2007; BACKHAUS 2003), „Industriellen Marketing-Management" (PLINKE 2000) und „Kontraktgütermarketing" (KAAS 1992) sind untereinander oft inhaltlich weitgehend deckungsgleich und weisen jedoch feine Unterschiede auf.

Diesem Beitrag sollen in Bezug auf die begriffliche Einordnung des „B2B-Marketing" die Ansätze von BACKHAUS und VOETH (2007) sowie ENGELHARDT und GÜNTER (1981) zugrunde gelegt werden, welche nicht die Leistung, sondern die Nachfrager eines Unternehmens als abgrenzendes Kriterium hervorheben und somit eine kauf- bzw. verwendungsbezogene Sichtweise wählen. Bei dem Kooperationspartner dieser Studie handelt es sich um einen Industriegüterhersteller, der neben seinen Absatz- und Beschaffungsprozessen zu anderen Industrieunternehmen auch solche zu Handels- und Dienstleistungsunternehmen sowie zu öffentlichen Institutionen pflegt. Vor diesem Hintergrund soll diesem Beitrag ein „breiteres" Begriffsverständnis des B2B-Marketing zugrunde gelegt werden. Nach RICHTER (2001, S. 12) umfasst dieses *alle relevanten Ausprägungen des organisationalen Marketing, also sämtliche Absatz- und Beschaffungsprozesse anbietender und nachfragender Organisationen.* Dieses schließt also neben den Geschäftsbeziehungen zwischen (zwei) Herstellern bzw. Herstellern und anderen Organisationen (wie staatlichen Einrichtungen) auch die Vermarktungsansätze gegenüber Handelsunternehmen ein, die auch auf die Befriedigung konsumtiver Endkunden ausgerichtet sind (vgl. BACKHAUS 2003, S. 8).

Das B2C-Marketing („Business-to-Consumer"-Marketing) und das B2B-Marketing weisen konzeptionelle Gemeinsamkeiten auf. Diese liegen insbesondere darin, dass auf beiden Teilmärkten der Wettbewerb einen Suchprozess darstellt, „der darauf gerichtet ist, durch Generierung neuer Lösungen vorhandene Bedürfnisse besser (z. B. preiswerter und/oder schneller) zu befriedigen, um daraus einen ökonomischen Vorteil zu ziehen" (BACKHAUS 2003, S. 36). Allerdings ergeben sich insbesondere in Bezug auf die Güte einer Geschäftsbeziehung im B2B-Bereich bedeutende Unterschiede für das Kundenbindungsmanagement, da die jeweiligen Vermarktungsprozesse grundsätzlich unterschiedlich sind (vgl. BACKHAUS und VOETH 2004, S. 8). Die instrumentellen Besonderheiten des organisationalen Kaufverhaltens und deren Konsequenzen für das Relationship Marketing der Firma Dolezych sollen nun im Vergleich zum B2C-Marketing anhand der Abb. 2-2 dargestellt werden.

Abbildung 2-2: *Unterschiedliche Vermarktungsprozesse im B2C- und B2B-Bereich (Quelle: Eigene Darstellung in Anlehnung an BACKHAUS und VOETH 2004, S. 8; WERANI 2006, S. 8)*

B2C-Marketing		B2B-Marketing		Exempl. Besonderheiten
Originäre Nachfrage	↔	Derivative Nachfrage	→	Mehrstufigkeit
Person	↔	Organisationen	→	Beschaffungsrichtlinien
Einpersonenentscheidung dominierend	↔	Mehrpersonenentscheidung dominierend	→	Multipersonalität Buying Center-Problematik
Selten Involvierung mehrerer Organisationen	↔	Häufig Involvierung mehrerer Organisationen	→	Multiorganisationalität
Nicht formalisierte Nachfrage	↔	Formalisierte Nachfrage	→	Submissionen
Tendenziell geringerer Individualisierungsgrad	↔	Tendenziell höherer Individualisierungsgrad	→	Kooperative Neuproduktentwicklung
Tendenziell geringerer Interaktionsgrad	↔	Tendenziell höherer Interaktionsgrad	→	Key Account-Management

2.3 Das Untersuchungsmodell

In der Abb. 2-3 ist das schematische Maßnahmenfilter-Modell mit den einzelnen Filtern zu erkennen, durch die die Maßnahmen geleitet werden, um letztendlich die relevanten Maßnahmen zu erhalten.

Zur Konzeptualisierung des *Modells zur Messung der Teilzufriedenheiten der Geschäftskunden der Firma Dolezych mit verschiedenen Leistungsdimensionen (TZ-Modell)* bildet der von PARASURAMAN, ZEITHAML und BERRY (1988; 1991) entwickelte **SERVQUAL-Ansatz** in modifizierter Form die grundlegende Basis. Die für den Dienstleistungsbereich geschaffene und auf umfassenden empirischen Untersuchungen basierende Konzeptualisierung des „Service Quality"-Konzepts stellt die wahrgenommene Dienstleistungsqualität als multidimensionales Konstrukt dar und unterscheidet dabei fünf Dimensionen:

- Annehmlichkeit des tangiblen Umfelds (Tangibles),
- Zuverlässigkeit (Reliability),
- Reaktionsfähigkeit (Responsiveness),
- Leistungskompetenz (Assurance, Competence) und
- Einfühlungsvermögen (Empathy).

Neben diesem „Grundmodell" wurden insb. vier weitere Ansätze zur Konzeptualisierung der Teilzufriedenheiten der Kunden hinzugezogen: Besonders hervorzuheben ist dabei die auf dem SERVQUAL-Ansatz basierende Studie von WESTBROOK und PETERSON (1998). Diese untersuchte zwölf Basisdeterminanten der Servicequalität auf ihre Wichtigkeit hin im B2B-Bereich.[2] Das INDSAT-Modell („Industrial Satisfaction") von HOMBURG und RUDOLPH (2001) misst mit Hilfe sieben verschiedener Leistungsparameter die Kundenzufriedenheit in den Bereichen Produkte, Außendienst, Dokumentation bzw. produktbezogene Informationen, Auftragsabwicklung, technischer Service, Kommunikation sowie Beschwerdemanagement. Die zwei verbleibenden zentralen Ausgangspunkte zur Erarbeitung der Leistungsdimensionen sind die Arbeiten von HADWICH (2003) und KLEE (2000), welche u. a. die Einflussgrößen der Beziehungsqualität untersuchten. Darüber hinaus wurde eine qualitative Vorstudie (neun leitfadengestützte Interviews mit Mitarbeitern der Firma Dolezych aus den Bereichen Verkauf, Marketing, Versand, Auftragsservice sowie Reklamation)

2 300 Firmen aus den Bereichen produzierendes Gewerbe, Dienstleistungen, öffentliche Institutionen, Handelsgewerbe, Finanzdienstleistungen, Gesundheitswesen, Konstruktion und Sonstige bewerteten die Dimensionen Reaktionsvermöge, (Leistungs-)Kompetenz, Einfühlungsvermögen/Kooperation, Zuverlässigkeit, Preis, Kontaktfähigkeit, Erreichbarkeit, Glaubwürdigkeit, Leistungsangebot, Marktstellung/Marktmacht, geografische Nähe und tangibles Umfeld, die allesamt einen bedeutsamen Einfluss auf die B2B-Servicequalität aufweisen konnten.

durchgeführt, mit deren Ergebnissen die Ausgangsmodelle modifiziert werden konnten.

Die sieben entwickelten (vorläufigen) Leistungsdimensionen zur Bestimmung der Teilzufriedenheiten der Kunden eines Industriegüterherstellers sollen nun im Einzelnen kurz vorgestellt werden. Das **tangible Umfeld** (Tangibles) umfasst das materielle Umfeld, im dem die Sach- oder Dienstleistungen der Firma Dolezych erstellt werden, wie bspw. die Räumlichkeiten, die Einrichtung und das Erscheinungsbild der (Kundenkontakt)Mitarbeiter. Die **Zuverlässigkeit** bezieht sich auf die Fähigkeit des Anbieters, die versprochenen Leistungen gründlich und zuverlässig zu erbringen (exakte Angabe von Liefer- und Serviceterminen, Einhaltung von Lieferterminen, Erstellung fehlerfreier Dokumente etc.). Im Gegensatz zur Zuverlässigkeit, bei der es darauf ankommt, *dass* eine Leistung erbracht wird, geht es bei der **Reaktionsfähigkeit** im Kern um die Schnelligkeit, mit der eine Leistung erbracht wird, d. h. die „Fähigkeit und Bereitschaft des Anbieters, auf Kundenanfragen und geäußerte Kundenbedürfnisse zeitnah zu reagieren" (HOMBURG und KROHMER 2003, S. 815). Die Dimension **Leistungskompetenz/Glaubwürdigkeit** umfasst das Fachwissen, die Erfahrung sowie die Vertrauenswürdigkeit der Mitarbeiter des Anbieters. Bei der Leistungsdimension **Einfühlungsvermögen/Kooperation** handelt es sich insbesondere um die Bereitschaft und Fähigkeit der Mitarbeiter, sich in einzelne Kunden hineinzuversetzen und deren Wünsche bzw. Bedürfnisse zu verstehen sowie die Zusammenarbeit der Beziehungspartner, die sowohl auf die Erreichung der Individualziele der Partner als auch auf die Erreichung der gemeinsamen „Beziehungsziele" gerichtet ist (vgl. HOMBURG und KROHMER 2003, S. 815; HADWICH 2003, S. 39). Die **Leistungsqualität** ist als Ergebnis des Leistungserstellungsprozesses maßgeblich für das Vertrauen in eine Geschäftsbeziehung verantwortlich (vgl. HOMBURG 2000; HADWICH 2003, S. 33). Das **Leistungsangebot** umfasst die Kombination von Produktprogrammbreite (Anzahl der Produktlinien) und Produktprogrammtiefe (Zahl der Produkte oder Varianten innerhalb einer Produktlinie).

Es wird nun davon ausgegangen, dass die sieben Leistungsdimensionen das Konstrukt **„Beziehungsqualität"** signifikant beeinflussen. Allerdings ist anzumerken, dass die sieben Teilzufriedenheiten zunächst einen vorläufig entwickelten Ansatz darstellen, so dass erst im Rahmen der empirischen Datenanalyse (vgl. Abschnitt 3.4) die endgültigen Konstrukte entwickelt werden.

Zur *Messung der Beziehungsqualität zwischen der Firma Dolezych und ihren Geschäftskunden (BQ-Modell)* soll das „klassische" – aus dem traditionellen Handel stammende – dreidimensionale Modell Anwendung finden (vgl. Abschnitt 2.1.2). In Anlehnung an BORNEMANN, HENNIG-THURAU und HANSEN (2006) wird postuliert, dass Beziehungen zwischen Kunden und Anbietern sowohl im traditionellen Handel als auch im Industriegütergeschäft von den gleichen Faktoren determiniert werden. Nur unwesentlich ergeben sich Abweichungen im Bereich der Beziehungen zwischen den Komponenten sowie ihrer Auswirkung auf die Kundenloyalität.

Wie in der Wirkungskette des Relationship Marketing dargestellt, wird darüber hinaus angenommen, dass eine hohe Beziehungsqualität eine emotionale Wechselbarriere für den Kunden darstellt (vgl. DWYER, SCHURR und OH 1987) und diese somit einen positiven Einfluss auf die konative Kundenloyalität hat. Darüber hinaus determiniert das Konstrukt „Kundenloyalität" (bestehend aus Verhaltensabsicht sowie bisherigem Verhalten) den Unternehmenserfolg positiv.[3] Allerdings wird im Rahmen dieser Studie der Fokus auf die Beeinflussung der Beziehungsqualität durch die Teilzufriedenheiten gelegt, wodurch dezidierte Handlungsoptionen für im B2B-Bereich tätige Industriegüterhersteller abgeleitet werden können, um die kundenseitig wahrgenommene Beziehungsqualität zu steigern.

Zum Abschluss der Konzeptualisierung der relevanten Konstrukte ist das gesamte Wirkungsmodell mit den theoretischen Kausalzusammenhängen dargestellt(vgl. Abb. 2-3).

Abbildung 2-3: *Gesamtes (vorläufiges) Wirkungsmodell (Quelle: Eigene Darstellung)*

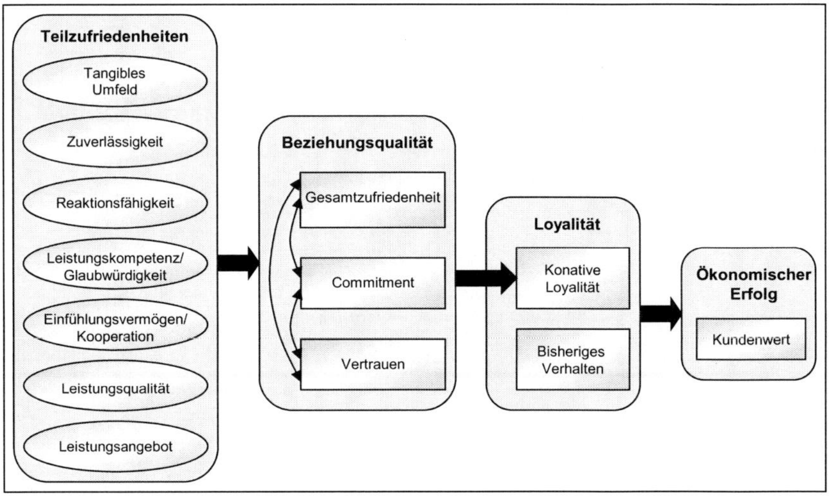

3 Das bisherige Verhalten entspricht dem vergangenheitsbezogenen umsatzbasierten Kundenwert und wäre also durch objektive Kenngrößen messbar. Die zukunftsbezogene Komponente der Loyalität (konative Loyalität) könnte im Rahmen einer weiteren schriftlichen Kundenbefragung durch die Erfragung der zukünftigen Verhaltensabsichten der Kunden gemessen werden. Den wirtschaftlichen Erfolg könnte bspw. der „zukunftsbezogene" Kundenwert darstellen.

3 Methodische Grundlagen und empirische Untersuchung

3.1 Das Untersuchungsobjekt

Die 1935 von Franz Dolezych in Dortmund gegründete Firma „Westdeutscher Drahtseilverkauf Dolezych GmbH & Co. KG" wird seit 1980 von Udo Dolezych in zweiter Familiengeneration geführt. Seit dem Niedergang der deutschen Montanindustrie Mitte der 1970er-Jahre entwickelte sich die Firma Dolezych weg vom regional tätigen Fabrikationsbetrieb für Spezialdrahtseile hin zu einem international agierenden Komplettanbieter seiner Branche (vgl. LANGENSCHEIDT 2008, S. 374 ff.). Nicht allein Drahtseile, sondern die gesamte Palette von Anschlag- und Ladungssicherungsmitteln wie z. B. Seile, Ketten, Hebebänder, Rundschlingen, Hebezeuge und Zurrgurte werden heute weltweit hergestellt (in Dortmund, Polen, Schweiz, Ukraine, China und Chile) und rund um den Globus vertrieben. Insgesamt beschäftigt die Firma Dolezych ca. 550 Mitarbeiter, davon ca. 170 in Dortmund. Zu den Kunden im In- und Ausland zählen neben Großkonzernen, wie Stahl- und Röhrenproduzenten, Automobilherstellern und Energieversorgern, auch international operierende Handelshäuser und vor allem mittelständisch geprägte Unternehmen aus dem verarbeitenden Gewerbe.

Dolezych stellt jeden Artikel nach zertifizierten Standards und Normen (z. B. EN ISO 9000 und EN ISO 14000) umweltgerecht her. Eine Mindestanforderung, insbesondere vor dem Hintergrund, dass sich die Firma Dolezych selbst als „Deutschlands erste Adresse in der Seil-, Hebe-, Anschlag- bzw. Ladungssicherungstechnik" (DOLEZYCH 2005) sieht. Der Familienbetrieb stellt höchste Qualitätsansprüche an sich selbst und will die Erwartungen seiner Kunden übertreffen. Erreicht werden soll dies durch Kompetenz und Leistungsstärke durch größte Produktauswahl, einem optimalen Preis-Leistungsverhältnis, ausschließlich erstklassiger und geprüfter Qualitätsprodukte, garantiert schnellster Lieferzeiten, umfassender Dienstleistungen (Beratung, Wartung, Prüfung, Reparatur, Seminare, Schulungen etc.), aber auch vor allem mit Hilfe individueller Problemlösungen („Solutions") (vgl. DOLEZYCH 2005).

3.2 Datenerhebung und -aufbereitung

In der empirischen Studie wurden qualitative und quantitative Forschungsmethoden kombiniert und aufeinander folgend angewandt. Im ersten Schritt der empirischen Untersuchung wurde die qualitative Vorstudie – die Mitarbeiterbefragung in der Firma Dolezych – durchgeführt. Diese sollte maßgeblich dazu dienen, die quantitative Untersuchung zu fundieren, d. h., der als Grundlage dienende SERVQUAL-Ansatz sollte mit diesen Ergebnissen an den B2B- bzw. Industriegüterbereich angepasst und um neue Indikatoren ergänzt werden. Inhaltlich ging es dabei um Kundenerwartungen und Kunden(un)zufriedenheit sowie Stärken, Schwächen und Kernkompetenzen der Firma Dolezych.

Im Anschluss an die qualitative Befragung wurden Kunden von Dolezych mittels eines standardisierten schriftlichen Fragebogens befragt:

Stichprobenumfang: Im Rahmen dieser quantitativen Studie stellten die (inländischen) Kunden des Kooperationsunternehmens die Grundgesamtheit dar, aus der die relevante Teilmenge zur Befragung bestimmt werden musste. Es wurden alle in Deutschland ansässigen, „aktiven" Kunden in die Empfängerliste aufgenommen, die in den Jahren 2005, 2006, 2007 mindestens einen geschäftlichen Kontakt (Umsatz) zum befragenden Unternehmen hatten. Demzufolge ergab sich ein Stichprobenumfang von 3.721 Objekten mittels „Cut-off-Verfahren".

Rücklauf: Insgesamt wurden 230 Fragebögen zurückgesandt. Nach der Eingabe der Daten mit Hilfe des Statistikprogramms *SPSS* und der anschließenden Editierung der Daten, mussten allerdings (aufgrund zu großer Unvollständigkeit sowie eines unseriösen bzw. oberflächlichen Antwortverhaltens) einige Fragebögen der Analyse entzogen werden. Schließlich bildeten insgesamt 206 Fragebögen die effektive Stichprobe, also „die Menge derjenigen Objekte, von denen im Rahmen der Marktforschungsuntersuchung tatsächlich Informationen eingeholt wurden" (HOMBURG und KROHMER 2003, S. 224). Dieses Ergebnis entspricht einer (effektiven) Rücklaufquote von ca. 5,5 %.

3.3 Operationalisierung der Konstrukte

Modell zur Messung der Beziehungsqualität (BQ-Modell): Zur Operationalisierung der Beziehungsqualität wird für die einzelnen Konstrukte auf etablierte Indikatoren zurückgegriffen, die sich in vorangegangenen Studien bereits bewährt haben. Das Konstrukt Vertrauen (TRUST) wird mit Hilfe von acht Indikatoren operationalisiert. Dieser auf DONEY und CANNON (1997) zurückzuführende Ansatz hat sich bereits in vielen weiteren Studien bewährt (vgl. u. a. HEWETT, MONEY und SHARMA 2002; HOMBURG, FAßNACHT und WERNER 2003). Das Konstrukt Commitment (COMMIT) wird in Anlehnung an HEWETT, MONEY und SHARMA (2002) gemessen, dessen Indikatoren auf MORGAN und HUNT (1994) zurückzuführen sind. Auch bei LOHTIA ET AL. (2005) fanden vier dieser Items Anwendung. Die drei Indikatoren zur Messung der Gesamtzufriedenheit (SAT) stammen aus der Studie von CANNON und PERREAULT (1999) zu Kunde-Anbieter-Beziehungen im B2B-Bereich. Ursprünglich stammen sie von OLIVER (1997) (1. und 2.) sowie GASKI und NEVIN (1985) (3.). In der folgenden Abbildung sind die

Indikatoren des Modells zur Messung der Beziehungsqualität dargestellt (vgl. Abb. 3-1).

Abbildung 3-1: *Operationalisierung der Beziehungsqualität (Quelle: Eigene Darstellung)*

Vertrauen (TRUST)	Commitment (COMMIT)
	Die Beziehung zwischen meiner Firma und dem Unternehmen…
1. Versprechen werden eingehalten	1. … ist durch großes gegens. Engagement geprägt.
2. Unternehmen ist ehrlich	2. … ist für uns sehr wichtig.
3. Glaube an bereitgestellte Informationen	3. … möchten wir auf unbegrenzte Zeit erhalten.
4. Aufrichtiges Interesse an unserem Geschäftserfolg	4. … ist etwas, um das wir uns sehr kümmern.
5. Unternehmen berücksichtigt unser Wohlergehen	5. … verdient unser maximales Engagement, um erhalten zu bleiben.
6. Unternehmen berücksichtigt unsere Interessen	
7. Unternehmen ist vertrauenswürdig	
8. Vorsicht bei Geschäften mit dem Unternehmen (R)	

Gesamtzufriedenheit (SAT)

1. Insgesamt sehr zufrieden mit dem Unternehmen
2. Sehr zufrieden mit dem, was das Unternehmen für uns tut
3. Sehr zufrieden mit den Leistungen, die das Unternehmen uns anbietet

Der erste Teil des Fragebogens umfasste somit 16 Fragen bzw. Behauptungen, die von den Befragten auf einer siebenstufigen Likert-Skala beurteilt wurden.

Modell zur Messung der Teilzufriedenheiten (TZ-Modell): Das ursprüngliche SERVQUAL-Messinstrument wurde an den vorliegenden Untersuchungsgegenstand umfassend angepasst, wodurch das Ausgangsmodell (fünf Konstrukte mit zusammen 22 Items) auf sieben Konstrukte mit insgesamt 53 Indikatoren (Behauptungen) angewachsen ist. Dabei wurde es sowohl inhaltlich als auch formal neu ausgerichtet. Wie auch in Abschnitt 2.3 beschrieben, wurden dafür einerseits die Ergebnisse der qualitativen Vorstudie und andererseits maßgeblich die Ansätze von WESTBROOK und PETERSON (1998) sowie HOMBURG und RUDOLPH (2001) herangezogen. Die hierbei entwickelten Leistungsdimensionen (Konstrukte) mit den dazugehörigen Indikatoren bilden die Operationalisierung des *vorläufigen* TZ-Modells – also das in der schriftlichen Befragung verwendete Messinstrument (vgl. Abb. 3-2). Das *endgültige* TZ-Modell entsteht erst im Rahmen der empirischen Datenanalyse im folgenden Abschnitt.

Abbildung 3-2: *Operationalisierung der Teilzufriedenheiten (Quelle: Eigene Darstellung)*

Tangibles Umfeld (TU)

1. Moderne Ausstattung
2. Visuell ansprechende physikalische Einrichtungen
3. Mitarbeiter gut gekleidet und gepflegt
4. Verwendete Materialien visuell ansprechend

Zuverlässigkeit (ZV)

1. Pünktlichkeit
2. Problemlösung
3. Einhaltung Liefertermine
4. Fehlerfreie Dokumente
5. Sofort alles richtig
6. Information über Lieferverzögerungen
7. Exakte Liefer- oder Servicetermine

Reaktionsfähigkeit (RF)

1. Schnelle Auftragsabwicklung
2. Minimale Lieferzeiten
3. Schnelle Antwort auf Anfragen
4. Ausreichende Anzahl an Außendienstmitarbeitern
5. Schnelle Abwicklung von Reklamationen
6. Adäquate Betriebsstunden/ Arbeitszeiten
7. Lange Auftragsabwicklung (R)

Leistungskompetenz/ Glaubwürdigkeit (LKG)

1. Vertrauen in Mitarbeiter
2. Sicherheit bei Transaktionen
3. Mitarbeiter haben das fachliche Wissen, um Anfragen sofort zu beantworten
4. Lange Firmengeschichte
5. Mitarbeiter verhalten sich ethisch und moralisch korrekt
6. Mitarbeiter beraten neutral und objektiv

Einfühlungsvermögen/Kooperation (EVK)

1. Kundenindividuelle Aufmerksamkeit
2. Gutes Verständnis spezifischer Kundenbedürfnisse
3. Kenntnis des Geschäfts bzw. der Branche des Kunden
4. Angebot rentabler Alternativlösungen
5. Wiederholte Anfrage bei Nichtbeantwortung von Angeboten
6. Übernahme von Aufgaben und Verantwortung für den Kunden
7. Eingehen von (finanziellen) Risiken für den Kunden
8. Auf Wunsch Angebot kundenspezifischer Produkte
9. Mitarbeiter gewillt zu helfen
10. Mitarbeiter höflich und freundlich
11. Interessen des Kunden sind besonders wichtig

Leistungsqualität (LQ)

1. Zuverlässigkeit bez. Produktqualität
2. Produkte erfüllen höchste Qualitätsansprüche
3. Produkte entsprechen mind. Normen & Standards
4. Sorgfältige Verpackung auszuliefernder Produkte
5. Gutes Preis-Leistungsverhältnis
6. Preise im Vergleich zum Wettbewerb eher niedrig
7. Gutes Qualitätsimage

Leistungsangebot (LA)

1. Großes Angebot von Seminaren und Schulungen
2. Hilfreiche Seminare und Schulungen
3. Ausreichend breite Produktpalette
4. Große Investitionen in F&E und regelmäßige Präsentation innovativer Produkte
5. Angebot einzigartiger Produkte
6. Gutes Warenangebot sowie gute Kaufabwicklung im Onlineshop
7. Ausgezeichnete Nachkaufbetreuung
8. Angebot von Produkten, die auch mit denen anderer Hersteller kombinierbar bzw. austauschbar sind
9. Übernahme von Zollabwicklungsaufgaben ist lobenswerter Service
10. Hochprofessioneller Internetauftritt
11. Großer Markteinfluss

3.4 Determinanten der Beziehungsqualität

Mit Hilfe der Kausalanalyse wird in dieser Studie auf der Basis des theoretisch fundierten Hypothesensystems überprüft, ob das empirisch gewonnene Datenmaterial den postulierten Beziehungen zwischen den latenten Variablen (Konstrukten) entspricht (vgl. BEREKHOVEN, ECKERT und ELLENRIEDER 2001, S. 230).[4] Dafür wurden die latenten Variablen über zwei Messmodelle (TZ-Modell und BQ-Modell) mit empirisch erhobenen Indikatorvariablen operationalisiert und im Rahmen des Strukturmodells zueinander in Beziehung gesetzt (vgl. RINGLE 2004, S. 7 f.). Diese im Zuge der Konzeptualisierung aufgestellten Beziehungen werden in ein System linearer Gleichungen überführt, auf dessen Basis die unbekannten Modellparameter ermittelt werden.

Zuvor mussten die Messmodelle jedoch einer Gütebeurteilung unterzogen werden. Die Skalen des Messmodells der Teilzufriedenheiten (TZ-Modell) wurden im Gegensatz zu denen des BQ-Modells überwiegend selbst entwickelt und stellten somit bis dahin lediglich ein *vorläufiges* (in dieser Form noch nicht bewährtes) Messmodell dar. Vor diesem Hintergrund wurde zunächst mittels explorativer Ansätze (u. a. Faktorenanalyse) seine Güte überprüft und für die anschließende eigentliche Kausalanalyse (konfirmatorischer Ansatz) „vorbereitet". In einem iterativen Prozess wurden mehrere Hauptachsen-Faktorenanalysen durchgeführt und es ergab sich eine Struktur bestehend aus fünf Faktoren mit insgesamt 22 Indikatoren, die wie folgt interpretiert werden:

- Faktor 1: Zuverlässigkeit/Reaktionsfähigkeit (ZVRF),
- Faktor 2: Leistungsangebot (LA),
- Faktor 3: Leistungskompetenz/Glaubwürdigkeit (LKG),
- Faktor 4: Einfühlungsvermögen/Kooperation (EVK),
- Faktor 5: tangibles Umfeld (TU).

Daraus ergaben sich folgende für das Kausalmodell relevante Untersuchungshypothesen (vgl. Abb. 3-3):

[4] Die Kausalanalyse ist ein multivariates Verfahren zur Analyse von gerichteten Abhängigkeiten und zählt demnach zu den Verfahren der Dependenzanalyse. Die gerichteten Abhängigkeiten stellen Kausalzusammenhänge dar, d. h., es liegt Kausalität vor, wenn Variationen einer unabhängigen Variablen Variationen der abhängigen Variablen hervorrufen (vgl. BACKHAUS ET AL. 2006, S. 344).

Abbildung 3-3: *Hypothesen zum Einfluss der Leistungsdimension des TZ-Modells auf das Konstrukt der Beziehungsqualität (Quelle: Eigene Darstellung)*

Einfluss der Leistungsdimensionen des TZ-Modells auf die Beziehungsqualität
H_{TZ1}: *Die Leistungsdimension „ZVRF" hat einen positiven Einfluss auf die Beziehungsqualität.*
H_{TZ2}: *Die Leistungsdimension „LA" hat einen positiven Einfluss auf die Beziehungsqualität.*
H_{TZ3}: *Die Leistungsdimension „LKG" hat einen positiven Einfluss auf die Beziehungsqualität.*
H_{TZ4}: *Die Leistungsdimension „EVK" hat einen positiven Einfluss auf die Beziehungsqualität.*
H_{TZ5}: *Die Leistungsdimension „TU" hat einen positiven Einfluss auf die Beziehungsqualität.*

Nach erfolgter Reliabilitäts- und Validitätsprüfung mittels konfirmatorischer Ansätze (Gütekriterien der zweiten Generation) im zweiten Schritt und entsprechenden Maßnahmen zur Verbesserung der Güte der Messmodelle kann abschließend davon ausgegangen werden, dass sich die aus der Literatur sowie auf Basis der qualitativen Vorstudie entwickelten (angepassten) Konstrukte mit den vorliegenden Daten bestätigen lassen. Demnach qualifiziert sich das finale Messmodell für die anschließende Überprüfung der Hypothesen. Das Strukturmodell ist mit den Ergebnissen in Abb. 3-4 dargestellt.[5]

Die Pfadkoeffizienten des Strukturgleichungsmodells zeigen, dass vier der fünf Leistungsdimensionen einen signifikanten Einfluss aufweisen und demnach die kundenseitig wahrgenommene Beziehungsqualität zur Firma Dolezych beeinflussen. Ferner wird deutlich, dass diese vier Determinanten die Beziehungsqualität unterschiedlich stark beeinflussen und bei unterschiedlich hoher Vertrauenswahrscheinlichkeit signifikant sind.

Bei der nicht-signifikanten Leistungsdimension handelt es sich um das „Leistungsangebot". Das bedeutet, dass die Hypothese H_{TZ2} nicht verifiziert werden kann. Die Wahrnehmung des Leistungsangebots hat somit über alle Befragten keinen Einfluss auf die empfundene Beziehungsqualität. Dies verwundert durchaus, da Industriegüterhersteller generell – Dolezych im Speziellen – sehr produktorientiert sind (vgl. HOMBURG und RUDOLPH 1998, S. 260). Insbesondere verkörpert Indikator LA3 („ausreichend große Produktpalette") den Anspruch des Kooperationsunternehmens, größ-

5 Der Einfluss der exogenen auf die endogenen latenten Variablen wird dabei mittels Pfadkoeffizienten quantifiziert. An diesen Koeffizienten interessieren der Wert und die Richtung (Vorzeichen). Ist der Wert Null, hat ein Faktor keinen Einfluss auf die abhängige Variable. Ist er nicht Null, zeigt das Vorzeichen des Koeffizienten, in welche Richtung der Faktor die abhängige Variable beeinflusst (vgl. HOMBURG und KROHMER 2003, S. 259; BACKHAUS ET AL. 2006, S. 73 f.; HARTUNG und ELPELT 2007, S. 45 f.)

te Produktauswahl anbieten zu können, da es sich selbst als „Hersteller der gesamten Produktpalette" (DOLEZYCH 2005) versteht.

Abbildung 3-4: *Ergebnis der Kausalanalyse (Quelle: Eigene Darstellung)*

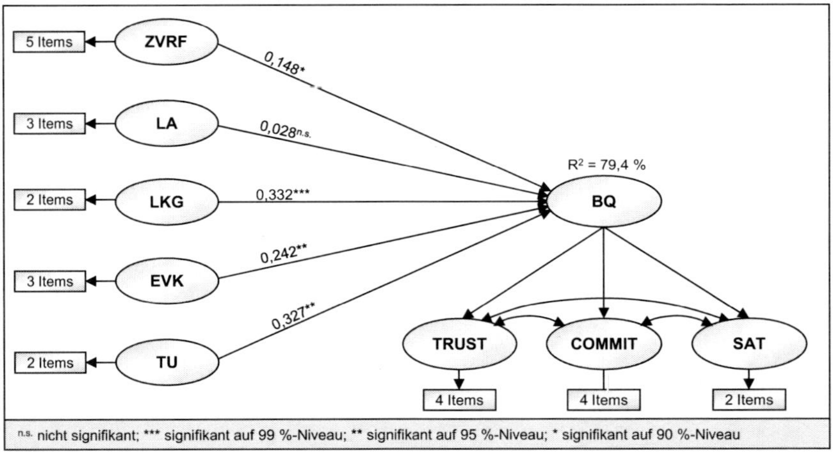

Von besonderer Bedeutung ist der Faktor „Leistungskompetenz/Glaubwürdigkeit". Mit einem hoch signifikanten (α = 0,01) Pfadkoeffizienten von 0,332 übt diese Leistungsdimension den stärksten Einfluss auf die Beziehungsqualität aus. Vor dem Hintergrund, dass sich der Aspekt der fachlichen Kompetenz der Mitarbeiter im Rahmen der qualitativen Vorstudie (Mitarbeiterbefragung) als eine Kernkompetenz der Firma Dolezych herauskristallisiert hat und dass in der kompetenzorientierten Betrachtung der Dienstleistungsqualität die Fachkompetenz als Schlüsselgröße des Vertrauens gilt (vgl. PARASURAMAN, ZEITHAML und BERRY 1988; WESTBROOK und PETERSON 1998), ist dies nicht verwunderlich. H_{TZ3} wird somit bestätigt.

Den zweitstärksten Erklärungsbeitrag für die Beziehungsqualität liefert das „tangible Umfeld" (PK = 0,327, α = 0,05), womit H_{TZ5} verifiziert werden kann. Dieses in der einschlägigen Literatur sonst relativ selten betrachtete bzw. als die Beziehungsqualität geringfügig beeinflussend erachtete Konstrukt (vgl. WESTBROOK und PETERSON 1998), wird im Rahmen dieser Studie als durchaus bedeutsam eingestuft. Die Wirkung des materiellen Umfelds, in dem die „qualitativ hochwertigen" (DOLEZYCH 2005) Produkte erstellt werden, und das Erscheinungsbild der Kundenkontaktmitarbeiter ist demnach nicht zu unterschätzen.

Die Leistungsdimension „Einfühlungsvermögen/Kooperation" ist bei einer 95 %igen Vertrauenswahrscheinlichkeit signifikant einflussreich und leistet mit einem Pfadkoeffizienten von 0,242 ebenfalls einen wichtigen Erklärungsbeitrag für die Beziehungsqualität. Folglich kann H_{TZ4} angenommen werden und die aufgrund der Ergebnisse der Mitarbeiterinterviews vermutete große Bedeutung der Fähigkeit des Anbieters, sich in einzelne Kunden hineinzuversetzen und deren Wünsche bzw. Bedürfnisse zu verstehen, kann bestätigt werden.

Auch das Konstrukt „Zuverlässigkeit/Reaktionsfähigkeit" bzw. seine Bestandteile (wie z. B. Pünktlichkeit und Schnelligkeit) wurden nebst theoretischer Herleitung im Rahmen der qualitativen Vorstudie als bedeutsam für die kundenseitige Wahrnehmung der Beziehungsqualität herausgearbeitet. Demzufolge verwundert es ein wenig, dass dieser Faktor mit einem Pfadkoeffizienten von 0,148 am schwächsten wirkt und sein Einfluss nur marginal signifikant ist. Unter diesem Vorbehalt kann H_{TZ1} bestätigt werden.

Es lässt sich demzufolge festhalten, dass das Konstrukt der „Beziehungsqualität" gemäß der Kausalanalyse durch vier der fünf a priori vermuteten Leistungsdimensionen bzw. Teilzufriedenheiten (LKG, TU, EVK, ZVRF) determiniert wird und diese vier Treiber die Varianz der Beziehungsqualität zu 79,4 % erklären. Das bedeutet, dass der nicht erklärte Teil der Streuung lediglich 20,6 % beträgt.

4 Implikationen und Handlungsempfehlungen

Aufgrund der Ergebnisse dieser empirischen Untersuchung ergeben sich konkrete Anknüpfungspunkte zur Entwicklung und Verbesserung der kundenseitig wahrgenommenen Beziehungsqualität zur Firma Dolezych. Von zentraler Bedeutung dabei ist, dass für die erfolgreiche und zielorientierte Implementierung dieser ausgeprägten Kundenorientierung keine Diskrepanzen zwischen Strategie und Unternehmenskultur vorhanden sein dürfen. Schließlich scheitert die Durchsetzung der Strategie des Relationship Marketing im Unternehmen häufig an Implementierungsbarrieren, die vielfach in einer mangelnden Ausrichtung der unternehmensinternen Strukturen, Systeme und Kultur liegen (vgl. BRUHN 2003a, S. 392). Unternehmensübergreifend muss die Strategie des Relationship Marketing mitgetragen werden und sowohl Philosophie als auch Leitsätze des Unternehmens müssen diese Form der Kundenorientierung auf allen Hierarchieebenen des Unternehmens prägen und fördern (vgl. Abb. 4-1).

Abbildung 4-1: *Handlungsoption zur Steigerung der Beziehungsqualität (Quelle: Eigene Darstellung)*

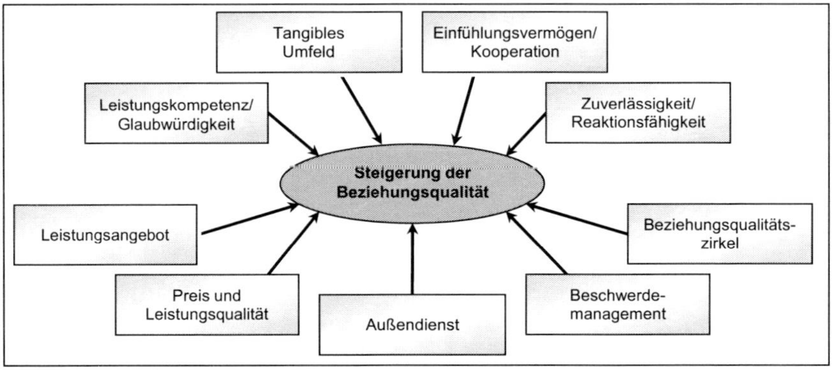

Im Rahmen der Kausalanalyse wurde das Konstrukt „**Leistungskompetenz/Glaubwürdigkeit**" als der die Beziehungsqualität am stärksten beeinflussende Faktor identifiziert. Hierbei handelt es sich um das Fachwissen, die Erfahrung und somit die Vertrauenswürdigkeit der Mitarbeiter des Anbieters. Vertrauen die Kunden den Mitarbeitern und fühlen sie sich optimal beraten, vertrauen sie auch dem Unternehmen als Ganzem und empfinden dementsprechend Sicherheit bei anschließenden Transaktionen mit dem Lieferanten. Wie schon in der qualitativen Vorstudie wurden die Merkmale der fachlichen Kompetenz auch in der schriftlichen Befragung im Durchschnitt sehr positiv bewertet. Allerdings wurde in der Vorstudie ebenfalls darauf aufmerksam gemacht, dass es bei neueren Mitarbeitern teilweise an Fachwissen mangelt. Vor diesem Hintergrund ist die bereits gängige Praxis, neue Mitarbeiter in den ersten Wochen der Ausbildung in der Produktion einzusetzen, vorbildlich. Ein weiterer Schritt ist die Forcierung regelmäßiger Betriebsbesichtigungen bei Kunden der Firma Dolezych, um den neuen und weniger erfahrenen Mitarbeitern vor Ort zeigen zu können, wie, warum und unter welchen Bedingungen die verkauften Produkte zum Einsatz kommen. Des Weiteren dürfen die so genannten „10-Minuten-Schulungen" nicht vernachlässigt, sondern sollten eher ausgeweitet werden (z. B. auf Themen des Produktionsbereichs). Mit Hilfe dieser kurzen „Vorträge von Mitarbeitern für Mitarbeiter" über aktuelle Themen aus einem speziellen Arbeitsbereich eines Mitarbeiters können Informationen ohne großen Zeitaufwand abteilungsübergreifend verbreitet und gesichert werden. Je mehr ein Verkäufer über ein Produkt und seine Herstellung weiß, desto kompetenter und überzeugender ist das Verkaufsgespräch.

Das Konstrukt **tangibles Umfeld** liefert den zweitstärksten Erklärungsbeitrag für die Beziehungsqualität. Der Grund hierfür liegt sicherlich in der Bedeutung einer modernen Ausstattung des Anbieters (TU1). Durch sie vermittelt ein Hersteller nicht nur eine hohe Qualität der Produkte, sondern auch qualitativ hochwertige „State of the Art"-Fertigungstechnologien und kann das kundenseitige Vertrauen in die von Dolezych hergestellten Produkte stärken. Die Außendienstmitarbeiter (bzw. jeder Mitarbeiter, der einen Kunden besucht) sollte stets die aktuellsten Unterlagen parat und bei Mitführung eines Laptops die aktuellste Firmensoftware installiert haben. Bei Seminaren und auf Messen ist neben der Präsentation qualitativ hochwertiger und technisch bzw. technologisch fortschrittlicher Produkte und Dienstleistungen auf eine moderne mediale Ausstattung zurückzugreifen. So wirken beispielsweise textile, beleuchtete Großbilder als Kommunikationsmedium wesentlich eleganter und professioneller als einfache, bedruckte Aluminiumständer. Des Weiteren sollte die Firmen-Homepage ständig aktualisiert und im Corporate Design gestaltet werden. Über diesen Weg – aber auch über alle anderen denkbaren Kommunikationsinstrumente (z. B. Kundenzeitschrift, Werbeflyer für Seminare) – kann der „State of the Art" der Firma Dolezych sehr gut vermittelt werden.

Das Konstrukt mit dem dritthöchsten Erklärungsbeitrag ist das **Einfühlungsvermögen**. So ist es im Rahmen der Entwicklung und Stärkung der kundenseitig wahrgenommenen Qualität der Geschäftsbeziehung für Dolezych ebenfalls von großer Bedeutung, jedem einzelnen Kunden individuelle Aufmerksamkeit zu schenken, seine Interessen in den Vordergrund zu stellen und stets zu versuchen, seine Bedürfnisse zu verstehen, um dadurch seine Erwartungen zu erfüllen oder nach Möglichkeit zu übertreffen und als Lösungsanbieter wahrgenommen zu werden. Die Mitarbeiterinterviews haben gezeigt, dass Aufmerksamkeit und individuelle Kundenbetreuung dabei als Basisfaktor anzusehen ist. Gleichwohl wurde dieser Aspekt als Stärke der Firma Dolezych gewertet, was die schriftliche Erhebung bestätigen konnte. Der Aufbau einer persönlichen Beziehung zum Kunden bzw. zur Kontaktperson des Abnehmers als Begeisterungsfaktor mit Hilfe kundenindividueller Informationsspeicherung – z. B. im internen Warenwirtschaftssystem „WinDOL" – steht somit im Mittelpunkt dieser Betrachtung. Ein Solution Seller (er)kennt die Probleme der Kunden und vermittelt ein Gefühl des „Sich drum Kümmerns".

Das vierte Konstrukt mit dem geringsten, aber immer noch signifikanten Einfluss auf die Beziehungsqualität ist die **Zuverlässigkeit/Reaktionsfähigkeit**. Die diesem Faktor zugehörigen Items gelten laut qualitativer Befragung überwiegend als Basisfaktoren. Es bedarf demnach einigen Aufwandes, um über diesen Weg die kundenseitige Wahrnehmung der Qualität der Geschäftsbeziehung verbessern zu können. Kunden müssen begeistert werden, damit die Beziehung zum Lieferanten als wichtig erachtet wird und somit durch gegenseitiges Engagement die Beziehung aufrechterhalten bzw. intensiviert werden kann. Fehler in Bezug auf Liefertermintreue sind insbesondere vor dem Hintergrund der derivativen Nachfrage organisationaler Kunden tunlichst zu vermeiden. Sie führen andernfalls relativ rasch nebst Unzufriedenheit zu Vertrauensverlust. Die Warenlieferung umfasst schließlich neben der Distribution einiges mehr: Sie präsentiert dem Kunden das gesamte Unternehmensversprechen und enthält damit alle

Facetten der emotionalen Erfahrung der Kundschaft mit dem Unternehmen. Soll die Geschäftsbeziehung aufrechterhalten oder erweitert werden, muss das Unternehmensversprechen im Rahmen der Lieferung erfüllt werden (vgl. FRAZER-ROBINSON 2003, S. 381). Selbstverständlich werden nicht alle möglichen Fehler zu vermeiden sein – nur stellt sich dann die Frage einer frühzeitigen, zielgenauen Informationspolitik sowie eventuell notwendiger Ausgleichsvereinbarungen zur Wiedergutmachung (z. B. Frachtvergütung).

Im Anschluss an die Ableitung der Handlungsoptionen, die sich aufgrund der empirischen Analyse als wesentlich für die Entwicklung und Verbesserung der kundenseitig wahrgenommenen Beziehungsqualität für Dolezych herausgestellt haben, erfolgt nun eine kurze Darstellung weiterer Ansätze, die sich auf Basis der qualitativen Vorstudie sowie der Bewertung der einzelnen Fragen der quantitativen Erhebung ergeben haben.

Das **Leistungsangebot** der Firma Dolezych wurde bis auf einen Aspekt im Durchschnitt gut beurteilt. Bei dem im Vergleich relativ schlecht bewerteten Item handelt es sich um die Nachkaufbetreuung („After-Sales-Service"), die sich in die drei Bereiche Nachkaufservice, Nachkaufkommunikation sowie Redistribution unterteilen lässt (vgl. HANSEN und JESCHKE 2001, S. 1169). Hiermit eng verknüpft ist das **Beschwerdemanagement**. Im Falle einer Reklamation und/oder Beschwerde ist dem Misstrauen und der Verunsicherung des Kunden effektiv entgegenzuwirken. Effektiv bedeutet in diesem Kontext, dass die Qualität des Beschwerdemanagement (i. S. v. Kompetenz, Freundlichkeit, Hilfsbereitschaft etc.) einen entscheidenden Einfluss auf den Wiederaufbau von Vertrauen hat.

Der Bereich **Preis und Leistungsqualität** liefert stetig weitere Potenziale zur Verbesserung der Kundenzufriedenheit und somit der Beziehungsqualität. So wichtig der Preis ist, wird seine Bedeutung jedoch häufig überschätzt und kann – wird er zum zentralen Marketinginstrument erklärt – die Gewinne und damit den Erfolg eines Unternehmens beschneiden. Der Preis muss in die richtige Perspektive gerückt werden. Für einen Qualitätshersteller wie die Dolezych GmbH & Co. KG ist das Kriterium des Preises durch den Wert – also das Preis-Leistungsverhältnis – zu ersetzen. Um Kunden langfristig an das Unternehmen binden zu können, gibt es keine Alternative zur Herstellung von hochwertigen Qualitätsprodukten. Insbesondere vor dem Hintergrund, dass die Firma Dolezych in einer Branche tätig ist, in der der dominierende Sicherheitsaspekt ein Höchstmaß an Zuverlässigkeit bezüglich der Produktqualität verlangt, ist Kompetenz und das kundenseitige Vertrauen in die Produktqualität als Fundament einer hohen Beziehungsqualität und damit langfristigen Beziehung in diesem Marktumfeld anzusehen.

Eine besondere Bedeutung kommt gerade auf industriellen Märkten dem unmittelbaren und regelmäßigen persönlichen Kontakt („Face-to-Face") zwischen den Kundenkontaktmitarbeitern des Anbieters und den Kunden zu. In ihrer Eigenschaft als Schnittstelle zwischen der Firma Dolezych und ihren Kunden tragen die Vertriebsmitarbeiter – und insbesondere die Außendienstmitarbeiter – maßgeblich zum Geschäftserfolg bei, da sie als Repräsentanten des Anbieters auftreten und die vom Kunden wahrgenommene Qualität der Geschäftsbeziehung nachhaltig beeinflussen können. Der persönliche Kundenkontakt im **Außendienst** stellt also eine besondere Form der kundenindividuellen Betreuung dar, wodurch oftmals entweder vor Ort beim Kunden oder im Rahmen eines komplexeren Projekts maßgeschneiderte Problemlösungen erarbeitet werden. Die Firma Dolezych hat bereits reagiert und beschäftigt mittlerweile zwei neue Außendienstmitarbeiter – denn die schriftliche Erhebung ließ auf eine relativ schlechte Bewertung des „Außendienstangebots" schließen. Werden die Kunden zukünftig kompetent und sukzessive persönlicher und individueller betreut, erscheint dies als geeignete Maßnahme, die Beziehungsqualität nachhaltig zu verbessern.

Für eine ständige Weiterentwicklung des Relationship Marketing der Firma Dolezych sei noch abschließend auf die Möglichkeit hingewiesen, einen so genannten **Beziehungsqualitätszirkel** einzurichten (KLEE 2000, S. 252 ff.). In Anlehnung an das klassische Konzept der Qualitätszirkel im Kontext des „Total Quality Management" (vgl. u. a. STAUSS 1994), sollen Beziehungsqualitätszirkel zu einer kontinuierlichen Verbesserung des Beziehungsqualitätsmanagement beitragen. Im Rahmen dieser „gruppenorientierten Kommunikationsforen" (KLEE 2000, S. 252) sollten die potenziellen Verbesserungen nicht „von oben geplant" und „nach unten implementiert" werden, sondern die Kundenkontaktmitarbeiter sollten aufgrund ihrer Erfahrung im persönlichen Umgang mit den Kunden die entscheidende Rolle spielen. Diese regelmäßig stattfindenden Gruppendiskussionen sollen dazu dienen, Beziehungsprozesse und -mechanismen bewusst zu reflektieren und entsprechende Ansätze zur Steigerung der Effektivität und Effizienz des Beziehungsmanagement abzuleiten.

5 Zusammenfassung und Ausblick

Zusammenfassend kann für das B2B-Marketing eines mittelständischen Industriegüterherstellers die Bedeutung des Paradigmenwechsels zum Relationship Marketing festgehalten werden. Maßnahmen, Aufgaben und insbesondere Inhalte sind auf das Management von Kundenbeziehungen auszurichten, denn gerade die spezifischen Eigenschaften industrieller Märkte lassen es sinnvoll erscheinen, das Angebot von (Sach)Gütern (mit Hilfe geeigneter „Dienstleistungspakete") um „Beziehungsleistungen" zu ergänzen.

Die Ergebnisse der empirischen Analyse haben gezeigt, dass der dem Dienstleistungsbereich entstammende SERVQUAL-Ansatz nach branchen- und unternehmensspezifischer Modifikation in der Lage ist, die Zufriedenheit industrieller Geschäftskunden im B2B-Bereich mit unterschiedlichen Leistungsdimensionen zu messen. Darüber hinaus konnten die Einflussgrößen dieser verschiedenen Leistungsdimensionen auf die kundenseitig wahrgenommene Beziehungsqualität bestimmt werden, woraufhin dezidierte Handlungsoptionen für das Kooperationsunternehmen dieser Studie in Bezug auf das Beziehungsmanagement seiner Geschäftskunden abgeleitet werden konnten. Das Übertreffen der Kundenerwartungen kann zum Teil kurzfristig und mit kostengünstigen Mitteln bewerkstelligt werden und ist gleichzeitig der zentrale strategische Erfolgsfaktor für ein effektives und effizientes Relationship Marketing.

Weiterführende Analysen (wiederholte Nutzung des entwickelten Messinstruments und regelmäßige Kundenwertanalysen) sollten dazu genutzt werden, um Auswirkungen eingeleiteter und eventuell variierender Marketingmaßnahmen (Stimuli) auf die Einstellungen (Organism) und das Verhalten (Response) der Geschäftskunden untersuchen zu können. Um diesen Beitrag zur Zielerreichung des Anbieters durch langfristig an das Unternehmen gebundene Kunden darzulegen, wäre es darüber hinaus wünschenswert, einen Zusammenhang zwischen der Beziehungsqualität und der konativen Loyalität (Verhaltensabsicht) sowie zwischen der Kundenloyalität und dem ökonomischen Erfolg (z. B. Kundenwert) nachweisen und quantifizieren zu können. Dadurch könnte eine dimensionsübergreifende Betrachtung von Anbieter-Kunde-Beziehungen mit der Integration aller Ebenen einer Geschäftsbeziehung realisiert werden.

In der internationalen Perspektive könnte darüber hinaus das neu entwickelte und grundsätzlich praktikable Messmodell nach weiterer Modifikation (insb. unter Beachtung sozio-kultureller Unterschiede) länderübergreifend oder isoliert für einen speziellen Markt zu erheblichem Erkenntnisgewinn führen, um weltweit ein effektives und effizientes Relationship Marketing zu implementieren.

Literaturverzeichnis

AHLERT, D. (Hrsg.), Solution Selling für KMUs, Projektbericht Nr. 4, Münster 2008.

AHLERT, D. UND H. EVANSCHITZKY, Dienstleistungsnetzwerke – Management, Erfolgsfaktoren und Benchmarks im internationalen Vergleich, Berlin 2003.

BACKHAUS, K., Relationship Marketing – Ein neues Paradigma im Marketing?, in: Bruhn, M. und Steffenhagen, H. (Hrsg.), Marktorientierte Unternehmensführung – Reflexionen, Denkanstöße, Perspektiven, Wiesbaden 1997, S. 19-36.

BACKHAUS, K., Industriegütermarketing, 7. Auflage, München 2003.

BACKHAUS, K. UND M. VOETH, Besonderheiten des Industriegütermarketing, in: Backhaus, K. und Voeth, M. (Hrsg.), Handbuch Industriegütermarketing, Wiesbaden 2004.

BACKHAUS, K. UND M. VOETH, Industriegütermarketing, 8. Auflage, München 2007.

BACKHAUS, K., C. BAUMEISTER UND K. MÜHLFELD, Kundenbindung im Industriegütermarketing, in: Bruhn, M. und Homburg, C. (Hrsg.), Handbuch Kundenbindungsmanagement, 4. Auflage, Wiesbaden 2003, S. 193-221.

BACKHAUS, K., B. ERICHSON, W. PLINKE UND R. WEIBER, Multivariate Analysemethoden – Eine anwendungsorientierte Einführung, 11. Auflage, Berlin 2006.

BEREKHOVEN, L., W. ECKERT UND P. ELLENRIEDER, Marktforschung – Methodische Grundlagen und praktische Anwendung, 9. Auflage, Wiesbaden 2001.

BERRY, L., Relationship Marketing, in: Berry, L., Shostack, G. und Upah, G. (Hrsg.): Emerging Perspectives on Services Marketing, Chicago 1983, S. 25-28.

BORNEMANN, D., T. HENNIG-THURAU UND U. HANSEN, Das Konstrukt der Beziehungsqualität im Zeitalter des Internets – Ein Vergleich von Internethandel und stationärem Einzelhandel, in: Bauer, H., Neumann, M. M. und Schüle, A. (Hrsg.), Konsumentenvertrauen – Konzepte und Anwendungen für ein nachhaltiges Kundenbindungsmanagement, München 2006, S. 327-340.

BRUHN, M., Nationale Kundenbarometer als Ansatzpunkte zur Verbesserung der Kundenorientierung – Konzept und empirische Ergebnisse des Schweizer Kundenbarometers, in: Die Unternehmung, Heft 5/6, 1998, S. 271-295.

BRUHN, M., Relationship Marketing – Das Management von Kundenbeziehungen, München 2001.

BRUHN, M., Marketingmanagement, in: Management – Best Practice, Checklists, Actionlists, Band 1, Frankfurt 2003a, S. 389-393.

BRUHN, M., Relationship Marketing – Management of Customer Relationships, Harlow 2003b.

CANNON, J. P. UND W. D., JR. PERREAULT, Buyer-Seller Relationships in Business Markets, in: Journal of Marketing Research, Volume 36, Issue 4, 1999, S. 439-460.

CROSBY, L. A., K. R. EVANS UND D. COWLES, Relationship Quality in Services Selling – An Interpersonal Influence Perspective, in: Journal of Marketing, Volume 54, Issue 3, 1990, S. 68-81.

DILLER, H., Beziehungs-Marketing, in: Wirtschaftswissenschaftliches Studium, Volume 24, Nr. 9, 1995, S. 442-447.

DILLER, H. UND M. KUSTERER, Beziehungsmanagement – Theoretische Grundlagen und explorative Befunde, in: Marketing – Zeitschrift für Forschung und Praxis, 10. Jg., Issue 3, 1988, S. 211-220.

DOLEZYCH, U., Unser Ziel ist ihre Zufriedenheit – oder: Die Philosophie unseres Unternehmens, http://www.dolezych.de/deutsch/ueberuns/philosophie.html, [Letzter Zugriff: 05.12.2009].

DONEY, P. UND J. P. CANNON, An examination of the Nature of Trust in Buyer-Seller Relationships, in: Journal of Marketing, Volume 61, Issue 2, 1997, S. 35-51.

DORSCH, M. J., S. R. SWANSON UND S. W. KELLEY, The Role of Relationship Quality in the Stratisfaction of Vendors as Perceived by Customers, in: Journal of the Academy of Marketing Science, Volume 26, Issue 2, 1998, S. 128-142.

DWYER, F. R. UND S. OH, Output Sector Munificence Effects on the Internal Political Economy of Marketing Channels, in: Journal of Marketing Research, Volume 24, Issue 4, 1987, S. 347-358.

DWYER, F. R., P. H. SCHURR UND S. OH, Developing Buyer-Seller Relationships, in: Journal of Marketing, Volume 51, Issue 2, 1987, S. 11-27.

ENGELHARDT, W. H. UND B. GÜNTER, Investitionsgütermarketing, Stuttgart 1981.

FLICK, U., Qualitative Sozialforschung – Theorie, Methoden, Anwendung in Psychologie und Sozialwissenschaften, 3. Auflage, Reinbek bei Hamburg 1995.

FLICK, U., Qualitative Sozialforschung – Eine Einführung, 3. Auflage, Hamburg 2005.

FORD, I. D., Stability Factors in Industrial Marketing Channels, in: Industrial Marketing Management, Volume 7, Issue 6, 1978, S. 410-422.

FRAZER-ROBINSON, J., Kundenloyalität, in: Management – Best Practice, Checklists, Actionlists, Band 1, Frankfurt 2003, S. 380-383.

GASKY, J. F. UND J. R. NEVIN, The Differential Effects of Exercised and Unexercised Power Sources in a Marketing Channel, in: Journal of Marketing Research, Volume 22, Issue 2, 1985, S. 130-142.

GARBARINO, E. UND M. S. JOHNSON, The Different Roles of Satisfaction, Trust, and Commitment in Customer Relationships, in: Journal of Marketing, Volume 63, Issue 2, 1999, S. 70-87.

GEORGI, D., Entwicklung von Kundenbeziehungen – Theoretische und empirische Analyse unter dynamischen Aspekten, Wiesbaden 2000.

GODEFROID, P., Investitionsgüter-Marketing, Ludwigshafen (Rhein) 1995.

GRÖNROOS, C., Relationship Approach to Marketing in Service Contexts – The Marketing and Organizational Behaviour Interface, in: Journal of Business Research, Volume 20, Issue 1, 1990, S. 3-11.

HADWICH, K., Beziehungsqualität im Relationship Marketing – Konzeption und empirische Analyse eines Wirkungsmodells, Wiesbaden 2003.

HALLÉN, L., J. JOHANSON UND N. S. MOHAMED, Relationship Strength and Stability in International and Domestic Industrial Marketing, in: Industrial Marketing and Purchasing, Volume 3, Issue 2, 1987, S. 22-37.

HANSEN, U. UND K. JESCHKE, Stichwort Nachkaufmarketing, in: Diller, H. (Hrsg.), Vahlens Großes Marketing Lexikon, 2. Auflage, München 2001, S. 1168-1169.

HARTUNG, J. UND B. ELPELT, Multivariate Statistik – Lehr- und Handbuch der angewandten Statistik, 7. Auflage, München 2007.

HENNIG-THURAU, T., Die Qualität von Geschäftsbeziehungen auf Dienstleistungsmärkten: Konzeptualisierung, empirische Messung, Gestaltungshinweise, in: Bruhn, M. und Stauss, B. (Hrsg.), Dienstleistungsmanagement Jahrbuch 2000 – Kundenbeziehungen im Dienstleistungsbereich, 1. Jg., Wiesbaden 2000, S. 132-158.

HESKETT, J. L., W. E. SASSER UND L. A. SCHLESINGER, The Service Profit Chain, New York 1997.

HEWETT, K., R. B. MONEY UND S. SHARMA, An Exploration of the Moderating Role of Buyer Corporate Culture in Industrial Buyer-Seller Relationships, in: Journal of the Academy of Marketing Science, Volume 30, Issue 3, 2002, S. 229-239.

HOMBURG, C., Kundennähe von Industriegüterunternehmen, Konzeption – Erfolgsauswirkungen – Determinanten, 3. Auflage, Wiesbaden 2000.

HOMBURG, C. UND M. BRUHN, Kundenbindungsmanagement – Eine Einführung in die theoretischen und praktischen Problemstellungen, in: Bruhn, M. und Homburg, C. (Hrsg.), Handbuch Kundenbindungsmanagement, 4. Auflage, Wiesbaden 2003, S. 3-37.

HOMBURG, C. UND H. KROHMER, Marketingmanagement, Wiesbaden 2003.

HOMBURG, C. UND B. RUDOLPH, Die Kausalanalyse als Instrument zur Messung der Kundenzufriedenheit im Industriegütermarketing, in: Hildebrandt, L. und Homburg, C. (Hrsg.), Die Kausalanalyse – Ein Instrument der empirischen betriebswirtschaftlichen Forschung, Stuttgart 1998, S. 237-264.

HOMBURG, C. UND B. RUDOLPH, Customer satisfaction in industrial markets: dimensional and multiple role issues, in: Journal of Business Research, Volume 52, Issue 1, 1998, S. 15-33.

HOMBURG, C., A. BECKER UND F. HENTSCHEL, Der Zusammenhang zwischen Kundenzufriedenheit und Kundenbindung, in: Bruhn, M. und Homburg, C. (Hrsg.), Handbuch Kundenbindungsmanagement, 4. Auflage, Wiesbaden 2003, S. 91-121.

HOMBURG, C., M. FAßNACHT UND H. WERNER, Operationalisierung von Kundenzufriedenheit und Kundenbindung, in: Bruhn, M. und Homburg, C. (Hrsg.), Handbuch Kundenbindungsmanagement, 4. Auflage, Wiesbaden 2003, S. 553-575.

HOMBURG, C., A. GIERING UND A. MENON, Relationship Characteristics as Moderators of the Satisfaction-Loyalty Link – Findings in a Business-to-Business Context, in: Journal of Business-to-Business Marketing, Volume 10, Issue 3, 2003, S. 35-62.

HOWARD, J. UND J. SHETH, The Theory of Buyer Behavior, New York 1969.

JONES, T. UND W. SASSER, Why Satisfied Customers Defect, in: Harvard Business Review, Volume 73, Issue 6, 1995, S. 88-99.

KAAS, K. P., Kontraktgütermarketing als Kooperation zwischen Prinzipalen und Agenten, in: Schmalenbachs Zeitschrift für betriebwirtschaftliche Forschung, 44. Jg., Nr. 10, Düsseldorf, Frankfurt a. M. 1992, S. 884-901.

KELLER, N. UND M. STOLPER, Messung der Kundenbeziehungsqualität im B2B-Marketing – eine Studie im industriellen Großhandel, Arbeitsbericht Nr. 15, Universität Dortmund, 2006.

Klee, A., Strategisches Beziehungsmanagement – Ein integrativer Ansatz zur strategischen Planung und Implementierung des Beziehungsmanagement, Aachen 2000.

KLICHE, M., Investitionsgütermarketing – Positionsbestimmung und Perspektiven, Wiesbaden 1990.

LANGENSCHEIDT, F. (Hrsg.), Deutsche Standards: Aus bester Familie – 100 vorbildliche deutsche Familienunternehmen, Köln 2007.

LOHTIA, R., D. C. BELLO, T. YAMADA UND D. I. GILLILAND, The Role of commitment in foreign-Japanese relationships: Mediating performance for foreign sellers in Japan, in: Journal of Business Research, Volume 58, Issue 8, 2005, S. 1009-1018.

LUFFMAN, G., The Processing of Information by Industrial Buyers, in: Industrial Marketing Management, Volume 3, Issue 6, 1974, S. 363-375.

MAYRING, P., Qualitative Inhaltsanalyse – Grundlagen und Techniken, Weinheim 1983.

MAYRING, P., Analyseverfahren erhobener Daten – Qualitative Inhaltsanalyse, in: Flick, U., v. Kardoff, E., Keupp, H., v. Rosenstiel, L. und Wolff, S. (Hrsg.), Handbuch qualitative Sozialforschung – Grundlagen, Konzepte, Methoden und Anwendungen, 2. Auflage, Weinheim 1995, S. 209-213.

MEYER, A. UND D. OVERMANN, Kundenbindung, in: Tietz, B. (Hrsg.), Handwörterbuch des Marketing, 2. Auflage, Stuttgart 1995, Sp. 1340-1351.

MORGAN, R. M. UND S. D. HUNT, The Commitment-Trust Theory of Relationship Marketing, in: Journal of Marketing, Volume 58, Issue 3, 1994, S. 20-38.

NAUDÉ, P. UND F. BUTTLEX, Assessing Relationship Quality, in: Industrial Marketing Management, Volume 29, Issue 4, 1994, S. 351-361.

O. V., Kundenzufriedenheit: Ein Garant für Kundenloyalität?, in: Absatzwirtschaft, 43. Jg., Nr. 1/2, 2000, S. 82-91.

OLIVER, R. L., Measurement and Evaluation of Satisfaction Processes in Retail Settings, in: Journal of Retailing, Volume 57, Issue 3, 1981, S. 25-48.

OLIVER, R. L., Satisfaction: A Behavioral Perspective on the Consumer, New York 1997.

OLIVER, R. L., Whence Consumer Loyalty, in: Journal of Marketing, Volume 63, Issue 4 (Special Issue), 1999, S. 33-44.

PARASURAMAN, A., V. A. ZEITHAML UND L. L. BERRY, SERVQUAL: A Multiple-Item Scale for Measuring Consumer Perceptions of Service Quality, in: Journal of Retailing, Volume 64, Issue 1, 1988, S. 12-40.

PARASURAMAN, A., V. A. ZEITHAML UND L. L. BERRY, Refinement and Reassessment of the SERVQUAL Scale, in: Journal of Retailing, Volume 67, Issue 4, 1991, S. 420-450.

PLINKE, W., Die Geschäftsbeziehung als Investition, in: Specht, G., Silberer, G. und Engelhardt, W. H. (Hrsg.), Marketing-Schnittstellen – Herausforderungen für das Management, Stuttgart 1989, S. 305-325.

PLINKE, W., Grundlagen des Geschäftsbeziehungsmanagement, in: Kleinaltenkamp, M. und Plinke, W. (Hrsg.), Geschäftsbeziehungsmanagement, Berlin 1997, S. 1-61.

PLINKE, W., Industrielle Kostenrechnung – Eine Einführung, 5. Auflage, Berlin 2000.

RANGAN, V. K., B. P. SHAPIRO UND R. T. MORIARTY, Business Marketing Strategy, Chicago 1995.

RICHTER, H. P., Investitionsgütermarketing – Business-to-Business-Marketing von Industriegüterunternehmen, Wien 2001.

RINGLE, C. M., Messung von Kausalmodellen – Ein Methodenvergleich, Arbeitspapier Nr. 14 des Instituts für Industriebetriebslehre und Organisation, Hamburg 2004.

RUDOLPH, B., Kundenzufriedenheit im Industriegüterbereich, Wiesbaden 1998.

SHARMA, D. UND R. MOLLOY, The Truth About Customer Solutions, in: Booz (Allen & Hamilton), New York 1999.

SHETH, J. N. UND A. PARVATIYAR, Relationship Marketing in Consumer Markets – Antecedents and Consequences, in: Journal of the Academy of Marketing Science, Volume 23, Issue 4, 1995, S. 255-271.

SMITH, J. B., Buyer-Seller Relationships: Similarity, Relationship Management and Quality, in: Psychology & Marketing, Volume 15, Issue 1, 1998, S. 3-21.

STAUSS, B., Total Quality Management und Marketing, in: Marketing – Zeitschrift für Forschung und Praxis, 16. Jg., Nr. 3, 1994, S. 149-159.

TEWES, M., Der Kundenwert im Marketing – Theoretische Hintergründe und Umsetzungsmöglichkeiten einer wert- und marktorientierten Unternehmensführung, Wiesbaden 2003.

WEBSTER, F. E., JR., Industrial Marketing Strategy, New York 1979.

WERANI, T., Business-to-Business-Marketing, in: Werani, T., Gaubinger, K. und Kindermann, H. (Hrsg.), Praxisorientiertes Business-to-Business-Marketing, Wiesbaden 2006, S. 3-13.

WESTBROOK, K. W. UND R. M. PETERSON, Business-to-Business Selling Determinants of Quality, in: Industrial Marketing Management, Volume 27, Issue 1, 1998, S. 51-62.

WIND, Y., Industrial Source Loyalty, in: Journal of Marketing Research, Volume 7, Issue 4, 1970, S. 450-457.

WOISETSCHLÄGER, D., C. BACKHAUS UND M. MICHAELIS, Solution Selling: Wie der Wandel zum Lösungsanbieter gelingt, in: Borchert, M., Heinen, E. und Zühlke-Robinet, K. (Hrsg.), Systematische Gestaltung von Leistungen und Prozessen in KMU – Voraussetzung für erfolgreiche Internationalisierung von Dienstleistungen, Ingolstadt 2009, S. 57-78.

Christian van Husen

Systematische Anforderungsanalyse für Solutions

1 Herausforderungen bei der Gestaltung von Solutions

In zunehmend reiferen Branchen kommt es zu einer stetigen Verringerung des technischen Differenzierungspotenzials – Produktfunktionalitäten, Qualität und Preis gleichen sich immer mehr an. Steigender Wettbewerbsdruck und Margenverfall sind die Folge. Unternehmen reagieren auf diesen Trend, indem sie das Kerngeschäft um Dienstleistungsangebote zu einem Systemgeschäft erweitern, um sich am Markt wieder besser differenzieren zu können (vgl. SPATH und DEMUß 2003). So beträgt das Umsatzvolumen von Dienstleistungen des verarbeitenden Gewerbes in Deutschland bereits über 50 Mrd. Euro (vgl. STATISTISCHES BUNDESAMT 2004) und in Untersuchungen zeichnet sich ein steigender Trend ab (vgl. DIHK 2002). Produzierende Unternehmen entwickeln sich zu umfassenden Systemanbietern (vgl. BULLINGER 1997) und planen, den Serviceanteil am Gesamtumsatz innerhalb von drei Jahren um 50 % zu steigern (vgl. LITTLE 2004). Die wirtschaftliche Bedeutung verlagert sich damit von der Güterproduktion stärker auf die Dienstleistungen (vgl. STILLE 2000; GANZ, MEIREN und TOMBEIL 2002), mit denen nennenswerte Anteile von Umsatz und Ergebnis generiert werden. Weiterhin werden diese produktbegleitenden Dienstleistungen mehr und mehr als Chance begriffen, sich von Wettbewerbern zu differenzieren (vgl. STATISTISCHES BUNDESAMT 2004; IMPULS 2003; LITTLE 2004). Die erwünschten Wettbewerbsvorteile können jedoch nur generiert werden, wenn sich Unternehmen schon bei der Entwicklung eingehend mit den Wünschen und Vorstellungen der Kunden auseinandersetzen (vgl. KOTLER 1999) und dadurch auch die vom Kunden gewünschte Qualität erreicht wird.

Auch von Kundenseite werden immer komplexere, ganzheitliche Problemlösungen von den Unternehmen erwartet, die zu einer Verschmelzung des Produkt- und Servicegeschäfts führen. Performance Contracting und Betreibermodelle sind aktuelle Beispiele für das kundenindividuelle Lösungsgeschäft, welches vor allem für die Investitionsgüterhersteller als eigenständiges Geschäft eine zunehmend wichtige Rolle spielt (vgl. SPATH und DEMUß 2003). Solutions setzen sich aus dem Sachgut, das auch als Primärprodukt bezeichnet werden kann, und begleitenden Dienstleistungen zusammen und bilden somit eine Gesamtleistung. Die angebotenen Problemlösungspakete sind in der Regel spezifisch, da erst für den konkreten Einzelkunden wirkliche Problemlösungen erarbeitet werden können (vgl. WOJDA 2004). Grundlage für den Erfolg ist, dass diese Angebote für die Kunden genau die passende Lösung darstellen. Aus diesem Grund ist eine systematische Anforderungsanalyse kritischer Erfolgsfaktor (vgl. VAN HUSEN 2008).

Typischerweise liegen die Schwierigkeiten und Defizite in der Entwicklungsphase hauptsächlich bei den Dienstleistungskomponenten. Im Folgenden sollen für die Betrachtung der Anforderungsanalyse die Dienstleistungsaspekte im Vordergrund stehen, da im Rahmen von Solutions nicht mehr das Sachgut das Vertriebsprodukt darstellt, sondern die Gesamtleistung an den Kunden verkauft wird, die die Nutzung des Sachguts in unterschiedlicher Form beinhalten kann.

2 Entwicklung von Leistungen mit Service Engineering

Service Engineering versteht sich als Fachdisziplin, die sich mit der systematischen Entwicklung und Gestaltung von Dienstleistungen unter Verwendung geeigneter Vorgehensweisen, Methoden und Werkzeuge befasst (vgl. FÄHNRICH und MEIREN 1999). Service Engineering verfolgt dabei ein stark interdisziplinäres Vorgehen und versucht vor allem aus dem Bereich der klassischen Produktentwicklung und dem Software Engineering vorhandenes ingenieur-, wirtschafts- und sozialwissenschaftliches Know-how für die Entwicklung von Dienstleistungen geeignet nutzbar zu machen. Vorteile durch den Einsatz von Service Engineering sind vor allem bei folgenden Kriterien zu erwarten (vgl. MEIREN und BARTH 2002):

- gezielter Auf- und Ausbau von Geschäftsfeldern durch Dienstleistungsentwicklung als Bindeglied zwischen Idee und Umsetzung,
- erhöhte Erfolgswahrscheinlichkeit am Markt durch systematische Berücksichtigung der Kundensicht,
- Wirtschaftlichkeit durch Orientierung an Marktpreisen und Zielkosten,
- Verbesserung der Time-to-Market durch Verkürzung der Entwicklungszeiten,
- Wissensmanagement durch Know-how-Transfer zwischen Entwicklungsprojekten.

Als Grundlage erfordert die Betrachtung von Dienstleistungen zunächst eine Systematisierung, um das Entwicklungsobjekt greifbar und strukturierbar zu machen. Die Basis hierfür bildet eine konstitutive Definition von Dienstleistungen, die zurückgeht auf Donabedian (vgl. DONABEDIAN 1980; vgl. auch KLEINALTENKAMP 2001). Demnach werden Dienstleistungen definiert als Leistungen,

- bei denen ein Potenzial existiert, welches die Fähigkeit und Bereitschaft zur Erbringung von Dienstleistungen umfasst (Potenzialdimension),
- in deren Prozesse externe Faktoren integriert werden, an denen oder mit denen die Leistung erbracht wird (Prozessdimension),

- deren Ergebnisse bestimmte materielle und immaterielle Wirkungen an den externen Faktoren darstellen (Ergebnisdimension).

Dienstleistungen werden außerdem als Leistungen verstanden, die zur Erfüllung von Bedürfnissen und Erwartungen interner oder externer Kunden bestimmt sind und die bei Inanspruchnahme auch einen Mehrwert für den Anbieter erzeugen (Marktdimension). Die Dimensionen, die aus dieser Betrachtung resultieren, sind bei der Entwicklung von Dienstleistungen zu berücksichtigen. Für jede Dimension sind im Entwicklungsprozess Konzepte und Modelle zu erarbeiten (vgl. 2-1). Als Ergebnis entstehen somit Ressourcenkonzepte, Prozessmodelle, Produktmodelle sowie zusätzlich Marketingkonzepte.

Abbildung 2-1: *Dimensionen der Dienstleistungsentwicklung (Quelle: MEIREN und BARTH 2002)*

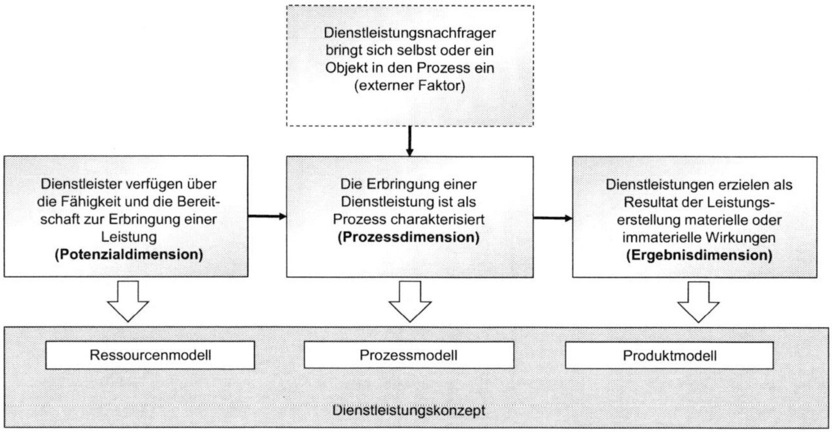

Produktmodelle dienen der Definition der Leistungsinhalte und -ergebnisse sowie des Kundennutzens. Die Prozessmodelle sollen Transparenz über die Abläufe schaffen und schon während der Planungsphase Schnittstellen und Durchlaufzeiten optimieren. Die Ressourcenkonzepte beinhalten die Planung aller zur Leistungserbringung erforderlichen Ressourcen und umfassen sowohl die Humanressourcen als auch Betriebsmittel und die unterstützende Informations- und Kommunikationstechnik. Ebenfalls in der Entwicklungsphase erfolgt die Erarbeitung von Marketingkonzepten (vgl. FÄHNRICH und MEIREN 1999).

Um eine zielgerichtete, schnelle Entwicklung qualitativ hochwertiger, kundengerechter Produkte unter effizientem Ressourceneinsatz zu erreichen, werden Methoden eingesetzt (vgl. EHRLENSPIEL 1995). Im Prozess der Dienstleistungsentwicklung können betriebswirtschaftliche, ingenieurwissenschaftliche und dienstleistungsspezifische Methoden Anwendung finden. Sie dienen der Analyse, der Modellierung und Gestaltung von Produkten und Prozessen, dem Innovationsmanagement oder der Kundeneinbindung. Geeignete Methoden für die Dienstleistungsentwicklung sind neben vielen klassischen wirtschafts- und ingenieurwissenschaftlichen Methoden vor allem Modellierungsmethoden, Rollenkonzepte, Quality Function Deployment (QFD) und Service Blueprinting (vgl. BULLINGER und VAN HUSEN 2006).

Abbildung 2-2: *Entwicklungsprozess für Dienstleistungen (Quelle: MEIREN und BARTH 2002)*

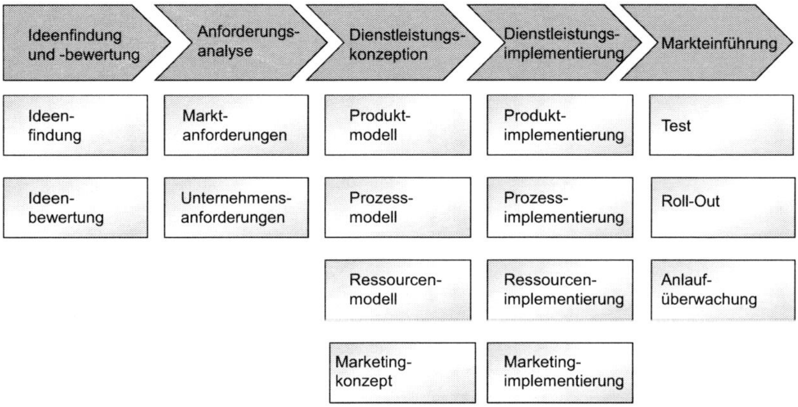

Abb. 2-2 stellt ein Vorgehensmodell zur systematischen Entwicklung und Gestaltung von Dienstleistungen vor. Im Rahmen der Ideenfindung und -bewertung werden Ideen für neue Dienstleistungen gesammelt, konkretisiert und gefiltert. Insbesondere werden erfolgversprechende Ideen frühzeitig auf Realisierbarkeit untersucht, bevor mit deren (kostenintensiver) Entwicklung und Umsetzung begonnen wird. Für geeignete Dienstleistungsideen werden Grobkonzepte erarbeitet (vgl. BURGER und VAN HUSEN 2008).

Mit der zweiten Phase, der Anforderungsanalyse, werden strategische Anforderungen sowie Anforderungen aus Kunden- und aus Mitarbeitersicht erhoben und aufeinander abgeglichen. Die Erfüllung der dabei am wichtigsten eingeschätzten Anforderungen bildet eine klare Vorgabe für die nachfolgenden Entwicklungsschritte.

Die dritte Phase dient der Dienstleistungskonzeption. Hierbei werden die Eigenschaften der zu entwickelnden Dienstleistung beschrieben, die Prozesse für die spätere Erbringung der Leistung definiert und der Einsatz von Ressourcen geplant. Darüber hinaus ist bereits in dieser Phase ein Marketingkonzept zu erarbeiten, um frühzeitig Markt- und Kundenaspekte in den Entwicklungsprozess einzubeziehen.

Dabei beschreibt das Produktmodell den Kundennutzen, die Leistung sowie logische Zusammenhänge. In dem Prozessmodell werden die einzelnen Prozessschritte und Schnittstellen definiert. Das Ressourcenkonzept dient der Planung der für den Erstellungsprozess notwendigen Ressourcen und beinhaltet die Betriebsmittel, die Informations- und Kommunikationstechnik sowie die Humanressourcen, die sowohl hinsichtlich der Kapazität als auch hinsichtlich der erforderlichen Qualifikation zu planen sind. Parallel zur Entwicklung der Dienstleistung werden im Marketingkonzept schließlich die Marketingstrategie festgelegt und die Maßnahmen im Marketing-Mix definiert (vgl. MEIREN und BARTH 2002).

Im Anschluss an die Konzeption folgt die Dienstleistungsimplementierung, d. h., die zuvor geleisteten konzeptionellen Arbeiten werden nun im Unternehmen umgesetzt. Dies betrifft u. a. die Festlegung organisatorischer Regelungen (z. B. die Erstellung von Verfahrensanweisungen), die Vorbereitung von Schulungsmaßnahmen für die Mitarbeiter, die Beschaffung notwendiger Betriebsmittel sowie die operative Umsetzung des erarbeiteten Marketingkonzepts.

In der Phase Markteinführung sind abschließende Testmaßnahmen und das „Roll-out" der neuen Dienstleistung durchzuführen. Letzteres umfasst beispielsweise die Auslieferung der erforderlichen Betriebsmittel an die betroffenen Mitarbeiter sowie interne und externe Kommunikations- und Informationsmaßnahmen. Darüber hinaus dient diese Phase auch der Anlaufüberwachung und der Erfolgskontrolle. Gegebenenfalls sind hier auch auf Basis von Kunden- und Mitarbeiterfeedback letzte Anpassungsmaßnahmen durchzuführen (vgl. BURGER und VAN HUSEN 2008).

Der Phase der Anforderungsanalyse kommt in diesem Prozess eine bedeutende und zentrale Rolle zu, da deren Betrachtungen als Ausgangspunkt einer detaillierten Projektierung für die neue Leistung dienen.

3 Bedeutung der Anforderungsanalyse

Eine Erhebung bestätigt, dass über drei Viertel der produzierenden Unternehmen die Anforderungsanalyse bei der Entwicklung von Dienstleistungen für bedeutend oder sogar sehr bedeutend halten (vgl. VAN HUSEN 2007). Schließlich wird in dieser frühen Phase eine wesentliche Grundlage für die spätere Kundenzufriedenheit und den wirtschaftlichen Erfolg gelegt. Unter den Betrieben, die Anforderungen systematisch analysieren, sind tendenziell deutlich stärker die erfolgreichen vertreten. Umgekehrt sind unter den Firmen, die Anforderungen selten oder gar nicht analysieren, eher die weniger erfolgreichen, wenn es um Wirtschaftlichkeit, Image und Akzeptanz geht. Abb. 3-1 zeigt diesen Vergleich im Detail (vgl. BURGER und VAN HUSEN 2008).

Abbildung 3-1: *Systematische Anforderungsanalyse und Erfolg der Services (Quelle: BURGER und VAN HUSEN 2008)*

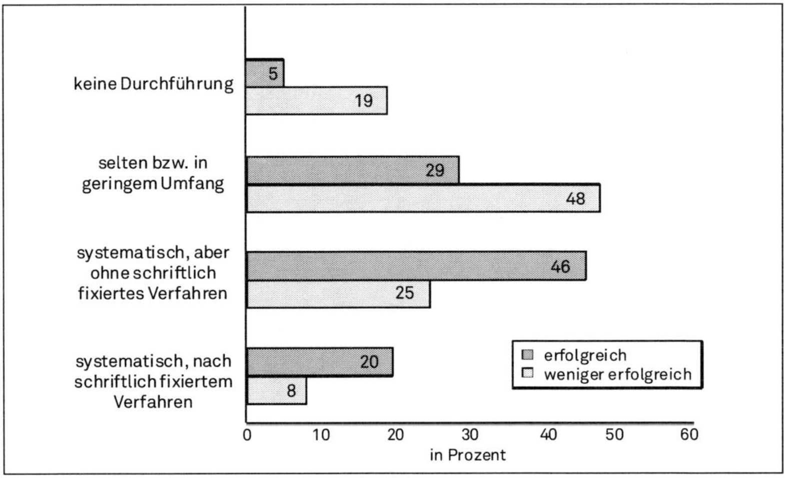

Auch die Risiken einer mangelhaften Anforderungsanalyse werden von der Praxis bestätigt. So müssen 60 % der Unternehmen feststellen, dass industrielle Dienstleistungen bereits bei der Markteinführung wesentlich nachgebessert werden mussten oder sogar gescheitert sind. Als Ursachen dafür wurden an erster Stelle unberücksichtigte Kundenbedürfnisse genannt. Aber auch unberücksichtigte organisatorische Anforderungen und Rahmenbedingungen gehörten zu den wesentlichen Ursachen. Probleme wurden ebenfalls verursacht, weil technische oder Mitarbeiteranforderungen nicht berücksichtigt wurden (vgl. VAN HUSEN 2007). Dabei zeigte sich, dass zwar die Kundenanforderungen klar an erster Stelle stehen, dass aber auch interne Anforderungen erfasst und beachtet werden müssen, damit Leistungen später erfolgreich am Markt umgesetzt werden können. Ein systematisches Verfahren zur Anforderungsanalyse mit Unterstützung durch geeignete Hilfsmittel kann dazu beitragen, dass derartige Probleme vermieden werden (vgl. VAN HUSEN 2008).

4 Konzept für die Anforderungsanalyse

Der vorliegende Beitrag präsentiert ein Verfahren zur Anforderungsanalyse, das eine Verfeinerung des Service Engineering-Prozesses, speziell für die Entwicklung produktbegleitender Dienstleistungen und Solutions, darstellt. Dieses Verfahren integriert alle notwendigen Aktivitäten mit Unterstützung von Methoden und Werkzeugen und ist flexibel einsetzbar. Als Ergebnis werden die Anforderungen einschließlich spezifizierter Leistungsniveaus in strukturierter Weise für die Konzeptionsphase bereitgestellt.

Wichtigste Voraussetzung für die systematische Durchführung einer Anforderungsanalyse ist ein definierter Prozess. Abb. 4-1 zeigt die Vorgehensweise und Aktivitäten, die notwendigerweise auszuführen sind. Die Einordnung in den Service Engineering-Prozess wird ebenso dargestellt wie die Abfolge der Arbeitsschritte im Prozess der Anforderungsanalyse und die wichtigsten Aktivitäten. Mit einem noch tieferen Detaillierungsgrad wird dieser Prozess bei VAN HUSEN (2007) beschrieben.

Mit dem Beginn der Anforderungsanalyse geht der Entwicklungsprozess vom kreativen in den analytischen und konzeptionellen Teil über und verliert damit deutlich an Freiheitsgraden. Die in der Ideenfindung erwünschte Offenheit und Unschärfe muss nun einer klaren Definition weichen, damit exakt die Anforderungen analysiert werden, die später auch für die Zielgruppe und die Betroffenen im Unternehmen relevant sind (vgl. BURGER und VAN HUSEN 2008).

Für Praktiker sind bei der Durchführung der Anforderungsanalyse eine einfache Handhabung und ein flexibler Einsatz von großer Bedeutung. Diese Kriterien kann ein allgemeingültiger Ansatz für die unterschiedlichsten Unternehmen und Arten von Aufgabenstellungen nicht gewährleisten, sondern es wird eine Konfiguration des Verfahrens notwendig. Außerdem muss für jedes individuelle Projekt aus den verfügbaren Methoden die passende ausgewählt werden (vgl. LEFFINGWELL und WIDRIG 2003). Dabei sollte nicht mehr Formalisierung betrieben werden als für die jeweilige Aufgabe unbedingt nötig. Je komplexer das Entwicklungsprojekt und das Team sind, umso mehr Methodeneinsatz ist erforderlich. Entsprechend der Aufgabenstellung sollte der Umfang der Anforderungsanalyse angepasst werden (vgl. LEFFINGWELL und WIDRIG 2003). Eine Auswahl muss deshalb durch den Entwickler in Abhängigkeit von der zu lösenden Aufgabe, aber auch in Bezug auf die Komplexität des Entwicklungsprojekts und die Bereitschaft der Beteiligten getroffen werden. Für die Konfiguration des Prozesses für die Anforderungsanalyse sollten hauptsächlich drei Kriterien berücksichtigt werden (vgl. VAN HUSEN 2007):

- das Ausmaß, in dem die zu entwickelnde Dienstleistung geschäftskritisch ist,
- das mögliche und gewünschte Ausmaß der Kundeneinbindung sowie

- die Bedeutung weiterer Partner für die neue Dienstleistung.

Abbildung 4-1: *Strukturiertes Verfahren für die Anforderungsanalyse (Quelle: VAN HUSEN 2007)*

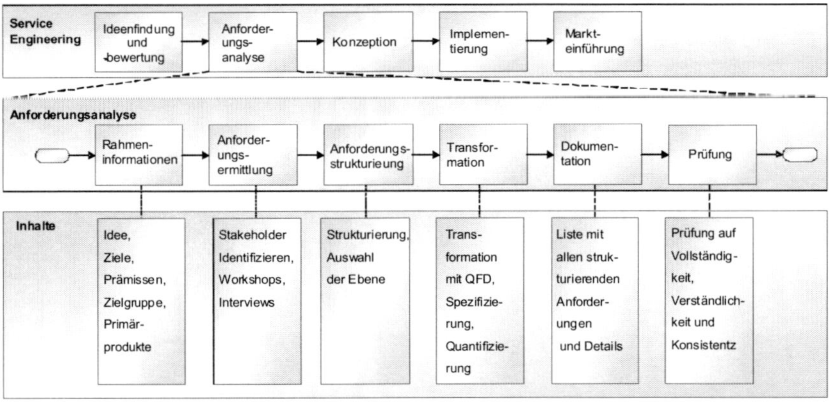

5 Informationsbasis

Mit der Phase der Anforderungsanalyse starten die eigentlichen Entwicklungsarbeiten (vgl. MEIREN und BARTH 2002). Aus diesem Grund ist es zu Beginn der Phase erforderlich, die Rahmenbedingungen detailliert und transparent für alle Beteiligten im Entwicklungsprozess zu dokumentieren. Während es in der vorgelagerten Phase der Ideenfindung noch sinnvoll und sogar erwünscht ist, unter „unscharfen" Bedingungen zu arbeiten, um Kreativität zu unterstützen und auch vielversprechende Ideen am Rande nicht zu unterdrücken, ist es ab der Anforderungsanalyse zwingend erforderlich, exakte Rahmeninformationen zugrunde zu legen. Deshalb sollten die Rahmeninformationen grundsätzlich zu Beginn eines Entwicklungsprojekts definiert und in einem Dokument als Arbeitsgrundlage zusammengestellt werden. Ist ein solches Dokument mit allen erforderlichen Informationen bereits vorhanden, kann dieser Schritt entfallen. Diese Informationen sind für den weiteren Prozess der Anforderungsanalyse von entscheidender Bedeutung, z. B. zur Berücksichtigung der Rahmenbedingungen im Unternehmen oder zur Ermittlung der Stakeholder (vgl. VAN HUSEN 2007).

Bei den Rahmeninformationen, die eine Auswirkung auf die zu entwickelnde Dienstleistung und ihre Anforderungen haben können, lassen sich drei Bereiche unterscheiden: zum einen das Umfeld innerhalb des Unternehmens, d. h. vor allem strategische Informationen, weiterhin der Markt, d. h. Informationen zur Zielgruppe, und schließlich – als Besonderheit der produktbegleitenden Dienstleistungen und Solutions – Informationen zum Primärprodukt, auf das sich die Leistungen beziehen (vgl. VAN HUSEN 2007). Eine genaue Differenzierung der Zielgruppen ist gerade bei Dienstleistungen im Hinblick auf die Qualität besonders wichtig (vgl. GOGOLL 1996). Es wäre verfehlt, wenn mit erheblichem Aufwand Anforderungen analysiert werden und daraus eine Lösung resultiert, die letztlich die Kundenanforderungen nicht erfüllt, weil die analysierte Zielgruppe nicht mit der tatsächlichen Zielgruppe übereinstimmt. Sofern die Zielgruppe in sich nicht homogen ist, kann auch eine Segmentierung der Kunden erforderlich sein (vgl. RAPP 1993).

Die Rahmeninformationen sind von großer Bedeutung für den weiteren Entwicklungsprozess. Damit sie nicht nur definiert, sondern auch von allen Beteiligten über den gesamten Prozess hinweg genutzt und beachtet werden, ist es entscheidend, dass sie gut strukturiert, kompakt und übersichtlich in einem Dokument dargestellt werden. Eine solche Darstellung kann durch ein Template unterstützt werden, das die zu beschreibenden Kriterien und ihre Struktur vorgibt. Ein Rahmendokument als Grundlage für die Anforderungsanalyse und somit für das weitere Entwicklungsprojekt sollte zusammenfassend die folgenden Informationen enthalten (vgl. VAN HUSEN 2007):

- Projektbezeichnung,
- Projektnummer,
- kurze Projektbeschreibung,
- relevante Primärprodukte,
- Hauptgeschäftsziel,
- Hauptmarkt,
- Zusatzmärkte,
- Annahmen und Rahmenbedingungen,
- Stakeholder,
- Versions-Nummer,
- Erstellungsdatum,
- Datum der letzten Änderung,
- Seitenzahl/Gesamtseitenzahl,
- Datum der Freigabe sowie
- Unterschrift des Freigebenden.

Durch die schriftliche Fixierung und ggf. sogar eine formale Freigabe dieses Papiers, das auf einer einzigen Seite Platz finden sollte, wird im Unternehmen eine zusätzliche Verbindlichkeit erreicht (vgl. BURGER und VAN HUSEN 2008). So können spätere Missverständnisse oder gar Konflikte zwischen beteiligten Bereichen vermieden werden.

6 Anforderungsermittlung und -struktur

Nachdem die Rahmenbedingungen eindeutig definiert sind, folgt als nächster Schritt die Informationsbeschaffung. Ziel dieses Schrittes ist eine möglichst vollständige Zusammenstellung der Rohanforderungen. Dazu gehören als Kerninhalte:

- die Identifikation der Stakeholder,
- die Anforderungsermittlung bei den Stakeholdern und
- die Ermittlung der Bedeutung dieser Anforderungen.

Zunächst sind die relevanten Stakeholder zu identifizieren. Dazu können die Informationen herangezogen werden, die bereits im Rahmendokument festgehalten wurden. Da es sich hier um Informationen auf einer noch relativ abstrakten Ebene handelt, ist in jedem Fall zu prüfen, welche Stakeholder genau von Bedeutung sind. Die Beachtung aller Stakeholder bei der Anforderungsermittlung bedeutet nicht zwangsläufig die Erfüllung aller Anforderungen, aber sie macht die Interessen und mögliche Konflikte transparent (vgl. VAN HUSEN 2007). Für jede Gruppe von Stakeholdern bzw. jede Stakeholderrolle sollten dann ein oder mehrere Repräsentanten ausgewählt werden (vgl. RUPP und GÜNTHER 2004). Zur Unterstützung bei der Identifikation möglicher Stakeholder kann die Checkliste in Abb. 6-1 als einfaches und schnell handhabbares Instrument genutzt werden.

Abbildung 6-1: *Checkliste der Stakeholder bei der Entwicklung von Solutions (Quelle: VAN HUSEN 2007)*

1. Kunden
    1.1. Privatkunden
    1.2. Geschäftskunden
        1.2.1. Nutzer
        1.2.2. Einkäufer
        1.2.3. Beeinflusser
        1.2.4. Entscheider
        1.2.5. Informationsselektierer
        1.2.6. Endkunden
2. Mitarbeiter
    2.1. Betroffene Mitarbeiter
    2.2. Betriebsrat
3. Management
    3.1. Marketing
        3.1.1.Primärprodukt
        3.1.2.Dienstleistung
    3.2. Vertrieb und Kundenbetreuung
        3.2.1. Primärprodukt
        3.2.2. Dienstleistung
    3.3. Qualitätsmanagement
    3.4. Personal und Organisation
    3.5. Informations- und Kommunikationstechnik
    3.6. Service Operations
    3.7. Finanzen und Controlling
    3.8. Verwaltung
    3.9. Sonstige betroffene Abteilungen
4. Geschäftspartner
    4.1. Lieferanten
    4.2. Absatzmittler
    4.3. Berater und Spezialisten
5. Investoren
6. Öffentlichkeit
    6.1. Staat
    6.2. Politik
    6.3. Gesetzgeber
    6.4. Verbände
        6.4.1. Branchenverbände
        6.4.2. Verbraucherverbände
    6.5. Organisationen
    6.6. Gesellschaft

Das nachfolgende Modul sieht vor, Informationen aus Sekundärquellen zu analysieren, soweit diese vorhanden sind. Im Unternehmen vorhandene oder öffentlich zugängliche Informationen sollten genutzt werden, um den Aufwand zu reduzieren und ein möglichst vollständiges Bild der Anforderungen zu erhalten. Fachzeitschriften und Statistiken sind dafür als wichtigste Quellen zu nennen, aber auch Wettbewerbsanalysen können entscheidende Erkenntnisse über mögliche Anforderungen geben (vgl. SPATH, DILL und SCHARER 2001). Darüber hinaus können Unternehmen auf ähnliche Projekte aus der Vergangenheit zurückgreifen, vorhandene Anforderungen wenn möglich übernehmen und an den geeigneten Stellen erweitern oder anpassen (vgl. RUPP 2004b). Dadurch kann der Entwicklungsaufwand reduziert werden. Eine weitere sinnvolle Quelle für Sekundäranalysen stellen Kundendatenbanken dar. Bei langfristigen und durch persönliche Kontakte gekennzeichnete Geschäftsbeziehungen, wie sie häufig im Investitionsgütermarkt vorzufinden sind, verfügen die Anbieterunternehmen über umfangreiche Informationen (vgl. VAN HUSEN 2007). Im Zusammenhang mit den kundenbezogenen Kenntnissen einzelner Mitarbeiter können diese zum Wissensaufbau hinsichtlich der Kundenanforderungen genutzt werden (vgl. SCHMITZ 2000). Eine weitere Informationsquelle stellt der Besuch von Messen und Ausstellungen dar (vgl. SPATH, DILL und SCHARER 2001). Da solche Veranstaltungen themenbezogene

Austauschplattformen darstellen, können dort viele Informationen auf effiziente Weise beschafft werden.

Bevor Anforderungen bei den einzelnen Stakeholdern ermittelt werden, bietet es sich an, Anforderungen mit Experten innerhalb des Unternehmens zu erheben. Dies können Personen aus dem Management und auch Mitarbeiter – vorrangig aus dem Kundenkontakt – sein. Neben dem Servicebereich können dabei Verantwortliche für das Primärprodukt und gegebenenfalls weitere relevante Bereiche des Unternehmens, z. B. der IT-Bereich bei stark IT-unterstützten Leistungen, eingebunden werden. Diese Experten decken einerseits die Anforderungen ihrer jeweiligen Bereiche ab, andererseits können sie mit entsprechenden Kenntnissen auch Kundenanforderungen repräsentieren. Insbesondere wenn es nicht möglich ist, Kunden direkt in die Dienstleistungsentwicklung einzubeziehen, können Anforderungen auf diese Weise durch erfahrene Kundenkontaktmitarbeiter ermittelt werden. Auch Begeisterungsanforderungen, über die sich Kunden noch nicht bewusst sind, können von fachkundigen Mitarbeitern beispielsweise in einem Kreativitätsworkshop erarbeitet werden. Diese sollten allerdings zusätzlich bei Kunden getestet bzw. verifiziert werden (vgl. VAN HUSEN 2007).

Die Anforderungserhebung bei den verschiedenen Stakeholdern kann parallel erfolgen. Standardmäßig sieht der Prozess vor, Anforderungen von Kunden, Management und Mitarbeitern zu ermitteln. Die Anforderungen der verschiedenen Stakeholder können erhoben werden, indem diese direkt in die Analyse eingebunden werden oder indem eine indirekte Berücksichtigung erfolgt – z. B. der Kundenanforderungen über Kundenkontaktmitarbeiter oder der Mitarbeiteranforderungen über den Betriebsrat – oder durch die Sekundäranalyse von Quellen wie z. B. bei Anforderungen von Öffentlichkeit, Gesetzgebern oder Verbänden. Falls keine Kundenintegration realisierbar oder gewünscht ist, besteht die Möglichkeit, sich auf die indirekte Ermittlung der Kundenanforderungen durch die internen Experten zu beschränken. Management und Mitarbeiter sollten in jedem Fall eingebunden werden, um strategische, aber auch z. B. technische und organisatorische interne Anforderungen zu erfassen, die für eine spätere Umsetzung entscheidend sind. Optional können darüber hinaus weitere Stakeholder wie z. B. Lieferanten oder Absatzmittler eingebunden werden (vgl. VAN HUSEN 2007).

Die Ermittlung von Kundenanforderungen sollte sich nicht auf die unmittelbaren Kunden beschränken, sondern es können auch Endkunden auf einer folgenden Wertschöpfungsstufe von Bedeutung sein (vgl. JURAN 1993; SCHMITZ 2000; LINDEMANN 2007). Ebenso können Leistungen auch für indirekte Kunden erbracht werden, wenn das Primärprodukt aus Komponenten besteht, die in die Produkte des Kunden einfließen (vgl. SCHNEIDER und LAY 1999).

Die Ermittlung der Kundenanforderungen kann durch folgende Methoden und Quellen unterstützt werden (vgl. VAN HUSEN 2008):

- Befragung,

- Beobachtung,
- User Groups und Kundenforen,
- Workshops,
- Lead User-Konzept,
- Simulation und Prototyping sowie
- Marktforschung.

Bei den Kundenanforderungen sind explizite wie implizite Bedürfnisse gleichermaßen von Bedeutung. Nach Kano lassen sich selbstverständliche Basisanforderungen, differenzierende Leistungsanforderungen sowie nicht erwartete Begeisterungsanforderungen unterscheiden. Explizite Anforderungen betreffen hauptsächlich Leistungsanforderungen und können mit den klassischen Befragungsmethoden erhoben werden. Implizite werden dagegen von Kunden nicht artikuliert, weil sie sich ihrer nicht bewusst sind (Begeisterungsanforderungen) oder sie für so selbstverständlich halten, dass sie nicht genannt werden (Basisanforderungen) (vgl. RAMASWAMY 1999). Für die umfassende Ermittlung aller Anforderungsarten sind daher unterschiedliche Methoden notwendig. Die effektive Erfassung der Leistungsanforderungen macht die Kundenbeteiligung unentbehrlich (vgl. PRANGE, FIEDRICH und WINZER 2003), denn diese Anforderungen sind kritisch als Kaufargument (vgl. RUPP 2004a). Zur Identifikation eignen sich vor allem Kundeninterviews (vgl. SAUERWEIN 2000), aber auch die Analyse von Wettbewerbsleistungen kann wichtige Anforderungen ergeben (vgl. RUPP 2004a). Für die Ermittlung von Basisanforderungen sind Know-how-Träger notwendig, die aufgrund ihrer Erfahrung auch implizite Anforderungen der Kunden kennen. Möglicherweise können auch allgemeine Anforderungen aus anderen Entwicklungsprojekten übertragen werden. Gezielte Nachfragen beim Kunden sind bei diesen Faktoren wichtig. Begeisterungsanforderungen können nicht erfragt, sondern nur durch Kreativität gefunden werden. Dafür eignen sich Kreativitätsworkshops mit erfahrenen Mitarbeitern. Im Anschluss ist es sinnvoll, deren Akzeptanz beim Kunden durch Nachfrage zu überprüfen (vgl. RUPP 2004a). Zur Ermittlung von Begeisterungsanforderungen eignet sich außerdem die Lead User Analyse (vgl. SAUERWEIN 2000). Ebenso können Informationen zu Begeisterungsanforderungen gewonnen werden, wenn Kunden in ihren Prozessen beobachtet werden, um zu erkennen, welche Schwierigkeiten den Kunden belasten, welche Fehler beim Kunden bei der Inanspruchnahme der Leistung entstehen und wie sich der Kunde zur Vermeidung dieser Fehler behilft (vgl. SAATWEBER 1997; RAMASWAMY 1999). Die Ermittlung von Kundenanforderungen erfolgt somit in erster Linie beim Kunden selbst. Da jedoch auf diese Weise nicht alle Anforderungen gefunden werden können, sind auch die Module der Sekundäranalyse und der Anforderungsermittlung mit internen Experten von Bedeutung, um ein möglichst vollständiges Bild der Kundenanforderungen zu erhalten.

Das wichtigste Instrument der Praxis stellt die Kundenbefragung dar. Sie kann face-to-face, telefonisch, schriftlich oder online durchgeführt werden. Bei der persönlichen Befragung sind sowohl Einzel- als auch Gruppeninterviews möglich. Wenn die Kundensegmente relativ homogen sind, reichen 20 bis 30 interviewte Kunde aus, um über 90 % der Anforderungen zu ermitteln (vgl. GRIFFIN und HAUSER 1993). Eine weitere wichtige Informationsquelle, die in der Praxis oft noch zu wenig genutzt wird, sind Mitarbeiter – vor allem solche mit direktem Kundenkontakt. Sie können die Identifizierung der Kundenanforderungen unterstützen, berücksichtigen aber gleichzeitig Aspekte der Prozesseffizienz und der internen Rahmenbedingungen. Ihre Integration steigert die Wahrscheinlichkeit einer erfolgreichen Umsetzung und sensibilisiert die Mitarbeiter für eine gute Kundenbehandlung (vgl. VAN HUSEN 2008).

Bei der Beschreibung der Anforderungen muss darauf geachtet werden, dass diese später ohne Missverständnisse von allen an der Entwicklung beteiligten Personen verstanden und im Konzept realisiert werden können. Eine verständliche und vor allem eindeutige Beschreibung ist in der Praxis nicht immer leicht. Die folgenden Regeln zur Beschreibung von Anforderungen können sowohl für die Dokumentation der Anforderungen als auch für die spätere Prüfung durch weitere Personen eine Hilfe bieten (vgl. LICHTER und SCHROEDER 2005):

- Formulierung der Anforderungen im Aktiv,
- Beschreibung von Prozessen durch Vollverben,
- Vermeidung unvollständig spezifizierter Prozesswörter,
- vollständige Spezifikation von Vergleichen und Steigerungen,
- Hinterfragen aller Universalquantoren sowie
- Ermittlung unvollständig spezifizierter Bedingungen.

Für den Erfolg der zu entwickelnden Solutions ist es kritisch, dass keine wichtigen Anforderungen übersehen werden. Um dies sicherzustellen, sollten die Anforderungen auf Vollständigkeit überprüft werden. Ein einfaches und gleichermaßen wirksames Hilfsmittel dafür ist ein Anforderungskatalog, der eine strukturierte Systematik von Anforderungskriterien vorgibt und somit als eine Art Checkliste genutzt werden kann. Abb. 6-2 zeigt einen exemplarischen Ausschnitt aus einem solchen Katalog für produktbegleitende Dienstleistungen bzw. Solutions. Mit einem solchen Instrument kann auf verschiedenen Ebenen relativ leicht überprüft werden, ob möglicherweise bestimmte Bereiche außer Acht gelassen wurden (vgl. VAN HUSEN 2008). Für das konkrete Entwicklungsvorhaben irrelevante Äste oder Elemente können einfach ausgeblendet werden, so dass der Katalog konfigurierbar und in der Handhabung kompakter wird (vgl. VAN HUSEN 2007).

Nach Identifizierung der Anforderungen ist deren Bedeutung aus Sicht der jeweiligen Stakeholder zu ermitteln. Zur Messung der Wichtigkeit stehen direkte und indirekte

Methoden zur Verfügung. Im direkten Verfahren wird die Bedeutung ermittelt, indem z. B. Kunden befragt werden und die vorliegenden Anforderungen gewichten. Die sorgfältige Gewichtung der Anforderungen, z. B. durch paarweisen Vergleich oder Scoring-Verfahren, ist entscheidend für die Vergabe von Prioritäten im nachfolgenden Prozess (vgl. SAATWEBER 1997; GOGOLL 1996). Normative und gesetzliche Forderungen erhalten dabei grundsätzlich den höchsten Bedeutungswert (vgl. SAATWEBER 1997). Bei den indirekten Verfahren hat sich in der Praxis vor allem die Conjoint-Analyse durchgesetzt, weil sie realitätsnahe Befragungssituationen, eine relativ hohe Flexibilität im Einsatz und vielfältige Möglichkeiten der Ergebnisnutzung bietet (vgl. SCHMITZ 2000). Der Einsatz der indirekten Verfahren führt zu verlässlichen Ergebnissen, ist aber auch mit einem höheren Aufwand sowohl für den Anbieter als auch für die Kunden verbunden (vgl. VAN HUSEN 2007).

Abbildung 6-2: *Beispielhafter Ausschnitt aus einem Anforderungskatalog (Quelle: VAN HUSEN 2008)*

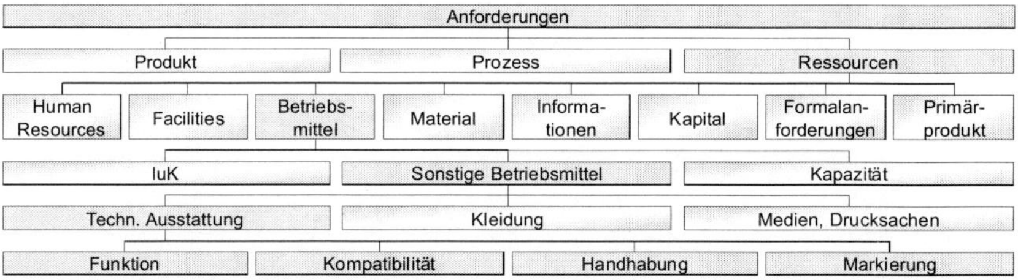

Nach der vollständigen Ermittlung der Anforderungen sind diese zu strukturieren, um gleiche oder ähnliche Anforderungen zu identifizieren. Dadurch wird eine Integration aller Anforderungen, auch von verschiedenen Stakeholdern, erreicht. Die klare Struktur unterstützt die Konsistenz der Anforderungen und ist somit Voraussetzung für eine hohe Qualität. Als Methode zur Unterstützung der Strukturierung haben sich Affinity Diagrams bewährt. Um eine vollständige Kompatibilität zur Service Engineering-Logik zu erreichen, werden die Anforderungen den drei Entwicklungsdimensionen Produkt, Prozess und Ressourcen zugeordnet (vgl. BURGER und VAN HUSEN 2008). Um das Weitertragen mangelhafter Anforderungen zu vermeiden, erfolgt bei dieser Gelegenheit auch eine Prüfung der Verständlichkeit und Eindeutigkeit. Anforderungen, die bei dieser Prüfung Probleme aufweisen, werden mit den jeweiligen Stakeholdern geklärt. Ebenso wird eine Prüfung der Anforderungsrelationen durchgeführt, damit auch Konflikte möglichst frühzeitig erkannt und beseitigt werden können – oder, falls keine Möglichkeit zur Beseitigung der Konflikte besteht, das Entwicklungsvorhaben unverzüglich ohne weiteren Ressourcenverbrauch abgebrochen werden kann (vgl. VAN HUSEN 2007).

7 Ableitung von Designanforderungen

Im vierten Schritt werden diese Anforderungen, die oft sehr stark aus der Perspektive der Kunden formuliert sind, in eine interne Sicht transformiert und soweit möglich spezifiziert und quantifiziert. Bei Anforderungen, über die nicht nur mit „ja" oder „nein" entschieden werden kann, ist eine bloße Priorisierung nicht ausreichend. Entscheidend ist vielmehr die Frage, in welchem Ausmaß die Anforderung umgesetzt werden soll. Ziel muss nicht die maximale Realisierung aller denkbaren Anforderungen sein, sondern die Schaffung von Transparenz über alle wichtigen Anforderungen und eine Umsetzung priorisierter Eigenschaften (vgl. BURGER und VAN HUSEN 2008).

Für die Transformation lassen sich die Anforderungen in die Entwicklungsdimensionen aufteilen und in der Reihenfolge Produkt, Prozess und Ressourcen bearbeiten (vgl. auch EVERSHEIM, KUSTER und LIESTMANN 2003; GOGOLL 1996), so dass eine bessere Übersichtlichkeit und Handhabbarkeit der Matrizen erreicht wird. Je nach Umfang und Struktur der Rohanforderungen empfiehlt es sich, die zweite oder dritte Ebene zu verwenden. Die Anforderungen sollten weder zu abstrakt noch zu detailliert sein. Um mit den Qualitätstableaus sinnvoll arbeiten zu können, sollte außerdem die Zahl der Anforderungen auf jeweils 20 bis 40 beschränkt werden (vgl. GOGOLL 1996). Für die Transformation hat sich die Methode QFD (Quality Function Deployment) bewährt, wobei in diesem Fall nur ausgewählte Schritte zum Einsatz kommen (vgl. VAN HUSEN 2007).

Nach Ableitung der Designanforderungen sind für die quantifizierbaren Anforderungen die Zielwerte zu bestimmen. Da Kunden im Fall einer direkten Befragung dazu neigen, die gewünschten Leistungsstandards mit einem Idealwert statt mit einem in der Praxis zufrieden stellenden Wert anzugeben, bietet es sich an, die Bestimmung mit einem indirekten Verfahren vorzunehmen (vgl. RAMASWAMY 1996). Dazu gehören drei Module:

- Bestimmung der Leistungs-/Zufriedenheitsfunktion,
- Bestimmung der Zufriedenheitsdimension der Designanforderungen bestimmen sowie
- Bestimmung der Zielwerte und Toleranzen.

Die Leistungs-/Zufriedenheitsfunktionen geben individuell für jedes Kriterium die Kundenzufriedenheit in Abhängigkeit von der Ausprägung der Leistung an. Mit ihrer Hilfe kann auf Basis der angestrebten Zufriedenheit das jeweilige Mindestniveau eines Leistungsmerkmals bestimmt werden (vgl. RAMASWAMY 1996). Zur Ermittlung eines Zielwertes ist es erforderlich, den Zusammenhang zwischen dem Leistungsniveau in diesem jeweiligen Kriterium und der Zufriedenheit mittels einer Funktion zu bestimmen bzw. zumindest zu schätzen. Maßstab für die Skalierung des Leistungsniveaus ist das Spektrum möglicher Ausprägungen im Verhältnis zum Wettbewerb bzw. zu vergleichbaren Leistungen. Die Bestimmung der Beziehungen zwischen Leistung und Kundenzufriedenheit kann beispielsweise durch Kundenbefragung jeweils für einzelne Attribute oder mittels der Conjoint-Analyse auch für alle Attribute gleichzeitig geschehen, wobei in diesem Fall sogar mögliche Interdependenzen zwischen den Attributen berücksichtigt werden. Sofern ausreichende Erfahrungen aus Kundenfeedback bzw. von Kundenkontaktmitarbeitern vorliegen, können diese Beziehungen auch geschätzt werden. Dadurch wird zwar nicht die gleiche Genauigkeit wie durch eine direkte Ermittlung erreicht, aber eine gute Prognose ist sinnvoller als ein Verzicht auf das systematische Vorgehen. Durch die Bestimmung der Zufriedenheit für verschiedene Leistungsniveaus kann der Kurvenverlauf für jede Anforderung bestimmt werden. Dabei können einfache lineare Funktionen, lineare Funktionen mit einem Maximum, quadratische oder andere Polynom-Funktionen auftreten (vgl. RAMASWAMY 1996). Die bestmögliche und die Mindestausprägung eines Kriteriums innerhalb der Branche bzw. vergleichbarer Leistungen werden als Eckwerte, d. h. Minimum und Maximum der Leistung definiert. Diese bilden die Grenzen der Leistungskurve, danach wird der Kurvenverlauf bestimmt. Zur Ermittlung der Leistungs-/Zufriedenheitsfunktion müssen somit je nach Art der Funktion zwei oder mehr Punkte bestimmt werden. Die Art der Funktion kann durch eine Analyse der einzelnen Variablen oder aufgrund von Erfahrung bestimmt werden (vgl. RAMASWAMY 1996).

Nachdem für die Zufriedenheitsdimensionen ein Zielwert und eine Toleranz definiert wurden, können über den in der Leistungs-/Zufriedenheitsfunktion dargestellten Zusammenhang Zielwert und Toleranz für die jeweilige Anforderung bestimmt werden. Insgesamt ist das Werkzeug der Leistungs-/Zufriedenheitsfunktion gut geeignet, um das Leistungsniveau bei quantifizierbaren Kriterien transparent zu machen. Vorteil dieses Verfahrens ist, dass es keinen Wettbewerbsvergleich der speziellen Dienstleistung durch den Kunden erfordert, sondern dass lediglich das einzelne Kriterium ins Verhältnis zum üblichen Spektrum vergleichbarer Leistungskomponenten gesetzt wird. Dies können Leistungen des Wettbewerbs sein, aber auch ähnliche Komponenten. Z. B. kann die Wartezeit auf einen Reparatureinsatz auch zwischen einem Werkzeugmaschinenproduzenten und einem Bürogerätehersteller verglichen werden (vgl. VAN HUSEN 2007).

Anschließend erfolgt nach QFD eine Bewertung der Beziehungen, die angibt, inwieweit jeweils einzelne Designanforderungen die Erfüllung der Rohanforderungen unterstützen. Auf Basis dieser Beziehungen und der Priorisierung der Rohanforderungen können im nachfolgenden Modul rechnerisch die jeweiligen Bedeutungen der Designanforderungen ermittelt werden. Für die Gesamtheit aller Designanforderungen werden in einem weiteren Modul die Korrelationen bewertet. Dadurch wird Transparenz darüber geschaffen, ob und in welchem Ausmaß sich Anforderungen positiv oder negativ beeinflussen. Der Einsatz von QFD setzt grundsätzlich Methodenkenntnis und Erfahrung voraus. Dadurch, dass in dem vorgeschlagenen Vorgehen die Methode auf wenige essenzielle Schritte reduziert wird, ist der Aufwand für die Durchführung gerechtfertigt (vgl. VAN HUSEN 2007). Allerdings muss betont werden, dass sich dieser Aufwand nur dann lohnt, wenn auch die Eingangsinformationen für die Methode eine hohe Qualität haben (vgl. ZACHARIAS 2003).

Anschließend werden die weiteren Attribute aller Designanforderungen bestimmt. Eine wichtige Zusatzinformation stellt die Kano-Klassifikation der jeweiligen Anforderung dar (Basis-, Leistungs- oder Begeisterungsanforderung). Sie kann später als Entscheidungskriterium dienen, denn in einem Wettbewerbsumfeld, in dem jeder Anbieter die Basisanforderungen auf ähnlichem Niveau erfüllt, behauptet sich ein Unternehmen über die Struktur der erfüllten Leistungsanforderungen interessanter Kundengruppen. Damit erzielt der Anbieter Einmaligkeit und das vom Kunden wahrgenommene charakteristische Erscheinungsbild (vgl. PRANGE, FIEDRICH und WINZER 2003). Zu den Attributen gehören weiterhin Autor und Datum der Designanforderung sowie die Anforderungsquelle. Gegebenenfalls ist als weiteres Attribut eine Referenzinformation – z. B. zu Verordnungen oder anderen Dokumenten – zu ergänzen. Zur Vervollständigung der Traceability-Informationen lässt sich über die Matrizenbeziehungen ermitteln, welche Anforderungen einen Einfluss auf andere Anforderungen haben. Falls einzelne Anforderungen geändert oder gestrichen werden sollen, kann mit diesen Informationen geprüft werden, ob sich daraus weitere Folgen ergeben. Schließlich werden die Anforderungen mit ihren Attributen nummeriert (vgl. VAN HUSEN 2007).

8 Anforderungsdokumentation und -prüfung

Als Grundlage für die weiteren Arbeiten im Entwicklungsprozess und für die Abstimmung mit anderen Bereichen ist eine vollständige und übersichtliche Dokumentation der Anforderungen erforderlich. Nach Bereichen strukturiert sollten in einer Anforderungsliste alle Anforderungen in einem einheitlichen Format beschrieben werden. Soweit möglich können die Anforderungen mit weiteren Merkmalen spezifiziert werden, so dass sich eine tabellarische Form anbietet. Sofern Anforderungen quantifizierbar sind, sind z. B. Dimension, Zielwert und Toleranz festzuhalten. Wichtig ist außerdem die Bedeutung der jeweiligen Anforderung als Ergebnis einer Priorisierung, die Quelle, von der sie stammt, sowie der dokumentierende Autor, um spätere Fragen klären zu können (vgl. VAN HUSEN 2008).

Es bietet sich an, ein entsprechendes Template zu verwenden, das die Informationen strukturiert. Somit unterstützt dieses Werkzeug sowohl die Vollständigkeit bei der Erstellung als auch die Übersichtlichkeit bei der Suche nach Informationen und beim Lesen der Anforderungen. Anforderungslisten sollten in interdisziplinären Teams erstellt, anschließend geprüft und vom verantwortlichen Projektleiter unterschrieben werden. Im Idealfall enthält die Anforderungsliste für die Entwicklung von Solutions die folgenden Informationen (vgl. VAN HUSEN 2007; vgl. auch PAHL ET AL. 2003; EHRLENSPIEL 2003):

- Bezeichnung des Projekts bzw. des Produkts,
- Gegentand, Auftragsnummer, Projektnummer,
- Anforderungen mit laufender Nummer, Zahlenwert, Toleranz, Dimension,
- Angabe zur Klassifikation in Forderung oder Wunsch,
- Name des Eintragenden und Datum,
- Quelle der Anforderung,
- offene Fragen,
- Referenzinformationen,
- Benutzer (Unternehmen und Abteilung),
- Datum der Erstellung für die gesamte Liste,
- Datum der letzten Änderung,
- Nummer der Ausgabe als Identifikation und ggf. Klassifikation sowie
- Seitenzahl.

Im letzten Schritt werden die Anforderungen schließlich auf Verständlichkeit und Vollständigkeit überprüft. Gleichzeitig soll mit der Prüfung die Konsistenz der Anforderungen sichergestellt werden, damit unlösbare Konflikte im späteren Entwicklungsprozess von vornherein vermieden werden. Diese explizite Prüfung führt dazu, dass Fehler und Unzulänglichkeiten unmittelbar korrigiert werden können und nicht im Folgeprozess einen ungleich höheren Aufwand verursachen (vgl. BURGER und VAN HUSEN 2008).

Zur Prüfung der Anforderungen kann zum einen auf die Checkliste zur Anforderungsbeschreibung zurückgegriffen werden. Zum anderen ist eine Zusammenstellung von Prüfkriterien hilfreich. Generell können solche Checklisten beliebig umfangreich und detailliert gestaltet werden. Damit sie ein übersichtliches Instrument bleiben und auch tatsächlich alle vorgegebenen Kriterien überprüft werden, empfiehlt es sich allerdings, diese auf eine kleinere Anzahl wesentlicher Kriterien zu beschränken (vgl. VAN HUSEN 2007). Zur Unterstützung der Prüfung wird daher die folgende Checkliste mit acht Kriterien vorgeschlagen.

Checkliste der Prüfkriterien (vgl. KOTONYA und SOMMERVILLE 2004):

- Verständlichkeit,
- Redundanzfreiheit,
- Vollständigkeit,
- Eindeutigkeit,
- Konsistenz,
- Strukturierung,
- Konformität zu Standards sowie
- Traceability.

Die komplette und geprüfte Anforderungsliste sollte zum Abschluss der Anforderungsanalyse formal vom Management freigegeben werden. Dadurch wird erreicht, dass für den weiteren Entwicklungsprozess eine transparente und eindeutige Basis für alle Beteiligten vorhanden ist. Auch für das Management besteht damit eine gewisse Verbindlichkeit hinsichtlich der beauftragten Entwicklung. Es müssen nicht Entwürfe auf Basis einer vagen Idee entwickelt werden, die anschließend im Trial-and-error-Verfahren mehrfach angepasst werden müssen, sondern es ist genau definiert, welche Anforderungen die neue Dienstleistung erfüllen muss (vgl. VAN HUSEN 2007).

Zum Abschluss dieses Schrittes liegt eine vollständige, übersichtliche, geprüfte und freigegebene Anforderungsliste mit allen erforderlichen Informationen vor, die als Ergebnis der Anforderungsanalyse an die nachfolgende Phase der Dienstleistungskonzeption übergeben werden kann.

9 Anwendung der Anforderungsanalyse

An einem Beispiel aus dem Maschinen- und Anlagenbau soll die praktische Durchführung der Anforderungsanalyse bei der Entwicklung von Solutions demonstriert werden. Es handelt sich dabei um eine Full Service-Lösung.

Eine Beschreibung der Rahmenbedingungen im ersten Schritt konnte mit wenig Aufwand durch die Geschäftsleitung vorgenommen werden. Dadurch war für alle Beteiligten im weiteren Prozess ein einheitliches Verständnis sichergestellt. Zur Ermittlung der Anforderungen war ein interner Workshop mit Experten aus Vertrieb und Service eine wichtige Basis. Besonders innovative Anforderungen wurden durch die Zusammenarbeit mit einem Lead User gewonnen, ergänzende Anforderungen wurden durch weitere Interviews mit Kunden und internen Experten ermittelt. Im konkreten Fall konnten die Anforderungen nach der Zusammenführung in drei Ebenen strukturiert werden, von denen die zweite vom Detaillierungsgrad her für die weitere Arbeit geeignet erschien. Auf dieser Ebene wurden 50 Anforderungen von Kunden und verschiedenen internen Bereichen identifiziert. Im Transformationsschritt wurden diese mit Hilfe der Methode Quality Function Deployment (QFD) in eine interne Sicht übertragen. Dadurch ergaben sich 72 Anforderungen in den Dimensionen Produkt, Prozess und Ressourcen. Gleichzeitig wurden für die Anforderungen auch soweit wie möglich Messgrößen und Zielwerte definiert. Die Anforderungen wurden mit allen Zusatzinformationen in einer Anforderungsliste dokumentiert und nochmals überprüft. Nachdem einige Beschreibungen in Bezug auf Verständlichkeit und Eindeutigkeit optimiert wurden und sichergestellt war, dass die dokumentierten Anforderungen vollständig widerspruchsfrei waren, konnte die Phase der Anforderungsanalyse durch die formale Freigabe dieser Liste abgeschlossen werden. Auf diese Weise wurde systematisch gewährleistet, dass im weiteren Verlauf der Entwicklung keine Unklarheiten oder Konflikte auftraten und die Dienstleistung bei Markteinführung auch den Kundenwünschen entsprach (vgl. BURGER und VAN HUSEN 2008).

10 Fazit

In dem Beitrag wurde die Anforderungsanalyse als detaillierter Prozess mit sechs Schritten, Methoden und Instrumenten als Bestandteil der systematischen Entwicklung von Solutions dargestellt.

In den Unternehmen müssen allerdings momentan noch Defizite in der Bereitschaft sowie in der Erfahrung zur praktischen Umsetzung festgestellt werden. Vor allem geraten Praktiker schnell in Versuchung, an Lösungen zu arbeiten anstatt sich mit den Problemen aufzuhalten. Eine systematisch durchgeführte Anforderungsanalyse garantiert jedoch, dass im anschließenden Entwicklungsprozess eine Lösung konzipiert wird, die auch tatsächlich das Kundenproblem löst (vgl. BURGER und VAN HUSEN 2008).

Ein systematisches Vorgehen, wie es hier vorgestellt wurde, kann deutlich zu effizienteren und stabileren Prozessen sowie zu einer besseren Qualität bei der Leistungserbringung beitragen. Gerade in Anbetracht der Komplexität von Solutions kann nicht erwartet werden, dass die gewünschten Ergebnisse aufgrund einer geeigneten „Dienstleistungsmentalität" der Mitarbeiter erreicht werden. Eine professionelle Planung, zu der auch eine systematische Anforderungsanalyse gehört, muss als Voraussetzung für exzellente Leistungen etabliert werden.

Literaturverzeichnis

BULLINGER, H.-J., Dienstleistungen für das 21. Jahrhundert – Trends, Visionen und Perspektiven, in: Bullinger, H.-J. (Hrsg.), Dienstleistungen für das 21. Jahrhundert – Gestaltung des Wandels und Aufbruch in die Zukunft, Stuttgart 1997, S. 27-64.

BULLINGER, H.-J. UND C. VAN HUSEN, Aktuelle Chancen und Trends im Servicegeschäft, in: Barkawi, K., Baader, A. und Montanus, S. (Hrsg.), Erfolgreich mit After Sales Services – Geschäftsstrategien für Servicemanagement und Ersatzteillogistik, Berlin 2006, S. 17-36.

BURGER, T. UND C. VAN HUSEN, Anforderungsanalyse als Erfolgsfaktor für industrielle Dienstleistungen, in: Industrie Management, Ausgabe 24, Nummer 5, 2008, S. 41-44.

DIHK (Hrsg.), Industrie- und Dienstleistungsstandort Deutschland, Berlin 2002.

DONABEDIAN, A., The Definition of Quality and Approaches to its Assessment, Ann Arbor 1980.

EHRLENSPIEL, K., Arbeitsblätter und Checklisten zum methodischen Konstruieren, Beilage zu: Integrierte Produktentwicklung – Methoden für Prozeßorganisation, Produkterstellung und Konstruktion, München 1995.

EHRLENSPIEL, K., Integrierte Produktentwicklung – Denkabläufe, Methodeneinsatz, Zusammenarbeit, 2. Auflage, München 2003.

EVERSHEIM, W., J. KUSTER UND V. LIESTMANN, Anwendungspotenziale ingenieurwissnschaftlicher Methoden für das Service Engineering, in: Bullinger, H.-J. und Scheer, A.-W. (Hrsg.), Service Engineering – Entwicklung und Gestaltung innovativer Dienstleistungen, Berlin 2003, S. 417-441.

FÄHNRICH, K.-P. UND T. MEIREN, Service Engineering – Ergebnisse einer empirischen Studie zum Stand der Dienstleistungsentwicklung in Deutschland, Stuttgart 1999.

GANZ, W., T. MEIREN UND A.-S. TOMBEIL, Lessons to learn – the need for research and action, in: Ganz, W. und Meiren, T. (Hrsg.), Service research today and tomorrow, Stuttgart 2002, S. 41-44.

GOGOLL, A., Untersuchung der Einsatzmöglichkeiten industrieller Qualitätstechniken im Dienstleistungsbereich, Berlin 1996.

GRIFFIN, A. UND J. R. HAUSER, The voice of the customer, in: Marketing Science, Volume 12, Issue 1, 1993, S. 1-27.

IMPULS MANAGEMENT CONSULTING (HRSG.), Trendstudie After-Sales-Service 2003, München 2003.

JURAN, J. M., Der neue Juran – Qualität von Anfang an, Landsberg 1993.

KLEINALTENKAMP, M., Begriffsabgrenzungen und Erscheinungsformen von Dienstleistungen, in: Bruhn, M. und Meffert, H. (Hrsg.), Handbuch Dienstleistungsmanagement, 2. Auflage, Wiesbaden 2001, S. 27-50.

KOTLER, P., Grundlagen des Marketing, 2. Auflage, München 1999.

KOTONYA, G. UND I. SOMMERVILLE, Requirements Engineering – Process and Techniques, Chichester 2004.

LEFFINGWELL, D. UND D. WIDRIG, Managing software requirements, 2. Auflage, Boston 2003.

LICHTER, H. UND U. SCHROEDER, Erheben von Anforderungen, http://www.stce.rwth-aachen.de/classes/SS05/SWE/Anforderungen.pdf, [Letzter Zugriff: 27.6.2005].

LINDEMANN, U., Methodische Entwicklung technischer Produkte, Berlin 2007.

LITTLE, A. D., Service Innovation – Ergebnisverbesserung durch zielgerichtete Servicestrategien und -entwicklungen in der produzierenden Industrie, München 2004.

MEIREN, T. UND T. BARTH, Service Engineering in Unternehmen umsetzen – Leitfaden für die Entwicklung von Dienstleistungen, Stuttgart 2002.

PAHL, G., BEITZ, W., J. FELDHUSEN UND K.-H. GROTE, Konstruktionslehre – Grundlagen erfolgreicher Produktentwicklung, Methoden und Anwendung, 5. Auflage, Berlin 2003.

PRANGE, P., S. FIEDRICH UND P. WINZER, Kunden setzen Signale – Mit einer Kombination von Messverfahren dem Kunden auf der Spur, in: QZ – Qualität und Zuverlässigkeit, Ausgabe 48, Nummer 7, 2003, S. 712-715.

RAMASWAMY, R., Design and Management of Service Processes – Keeping Customers for Life, Reading 1996.

RAMASWAMY, R., Keeping Customers for Life – Designing Services that Delight Customers, in: Bullinger, H.-J. (Hrsg.), Dienstleistungen – Innovation für Wachstum und Beschäftigung, Wiesbaden 1999, S. 26-40.

RAPP, R., Umsetzungsorientiertes Marketing für industrielle Dienstleistungen, in: Simon, H. (Hrsg.), Industrielle Dienstleistungen, Stuttgart 1993, S. 135-159.

RUPP, C., Anforderungsermittlung – Hellsehen für Fortgeschrittene, in: Rupp, C. (Hrsg.), Requirements-Engineering und -Management, 3. Auflage, München 2004a, S. 81-111.

Rupp, C., Von der Idee zum System, in: Rupp, C. (Hrsg.), Requirements-Engineering und -Management, 3. Auflage, München 2004b, S. 39-79.

Rupp, C. und A. Günther, Stakeholder, Ziele und der Systemkontext, in: Rupp, C. (Hrsg.), Requirements-Engineering und -Management, 3. Auflage, München 2004, S. 113-136.

Saatweber, J., Kundenorientierung durch Quality Function Deployment – Systematisches Entwickeln von Produkten und Dienstleistungen, München 1997.

Sauerwein, E., Das Kano-Modell der Kundenzufriedenheit – Reliabilität und Validität einer Methode zur Klassifizierung von Produkteigenschaften, Wiesbaden 2000.

Schmitz, G., Die Ermittlung der Kundenanforderungen an industrielle Dienstleistungen, in: Zeitschrift für Planung, Ausgabe 11, Nummer 2, 2000, S. 195-215.

Schneider, R. und G. Lay, ProService – den Wettbewerb aktiv gestalten, Frankfurt 1999.

Spath, D. und L. Demuß, Entwicklung hybrider Produkte – Gestaltung materieller und immaterieller Leistungsbündel, in: Bullinger, H.-J. und Scheer, A.-W. (Hrsg.), Service Engineering – Entwicklung und Gestaltung innovativer Dienstleistungen, Berlin 2003, S. 467-506.

Spath, D., C. Dill und M. Scharer, Vom Markt zum Markt – Produktentstehung als zyklischer Prozess, Stuttgart 2001.

Statistisches Bundesamt (Hrsg.), Produktbegleitende Dienstleistungen 2002, Wiesbaden 2004.

Stille, F., Entwicklungslinien einer wettbewerbsstarken Dienstleistungswirtschaft, in: Bullinger, H.-J. und Stille, F. (Hrsg.), Dienstleistungsheadquarter Deutschland, Wiesbaden 2000, S. 1-22.

van Husen, C., Anforderungsanalyse für produktbegleitende Dienstleistungen, Heimsheim 2007.

van Husen, C., Anforderungsanalyse für internationale Dienstleistungen, in: Fähnrich, K.-P. et al. (Hrsg.), Entwicklung internationaler produktbezogener Dienstleistungen – Ein Handlungsleitfaden für kleine und mittlere Unternehmen, Leipzig 2008, S. 19-30.

Wojda, F., Beschreibung des Wandels vom Produktionsbetrieb zum „dienstleistenden" Problemlöser an Hand eines ganzheitlichen Modells zur Unternehmensgestaltung, in: Luczak, H. (Hrsg.), Betriebliche Tertiarisierung – Der ganzheitliche Wandel vom Produktionsbetrieb zum dienstleistenden Problemlöser, Wiesbaden 2004, S. 3-21.

ZACHARIAS, A., Quality Function Deployment im Kreditkartengeschäft – Anwendung, Nutzen und Grenzen der Methode bei der Entwicklung von Komponenten in der Finanzdienstleistung, in: Bullinger, H.-J. und Scheer, A.-W. (Hrsg.), Service Engineering – Entwicklung und Gestaltung innovativer Dienstleistungen, Berlin 2003, S. 741-759.

Teil B

Innovative Ansätze und Best Practices

Stefanie Paluch und Michael Wagner

Healthcare Solutions und Remote Services

Praxisbeispiel Siemens AG

1 Einleitung

Der wachsende Wettbewerbsdruck in den internationalen Märkten und die zunehmende Kundenorientierung zwingen Organisationen zum strukturellen Umdenken. Unternehmen vertrauen bei der Positionierung generell nicht mehr ausschließlich auf ihr Kerngeschäft, sondern bieten ihren Kunden neben den Produkten innovative produktbegleitende Dienstleistungen an, um dem Trend vom reinen produzierenden Unternehmen zum Komplettlösungsanbieter gerecht zu werden. Unterstützt wird dieser Prozess durch moderne Informations- und Kommunikationstechnologien, die die Beschaffenheit von Dienstleistungen verändern und Unternehmen neue Möglichkeiten eröffnen, ihr Produkt- und Dienstleistungsangebot an individuelle Kundenwünsche und Anforderungen anzupassen. Insbesondere im Gesundheitswesen werden Hightech Medizintechnik mit modernster Informationstechnologie kombiniert und neue Dienstleistungstechnologien eingesetzt, die unabhängig vom Standort des Kunden technologievermittelt erbracht werden können. So werden Produzenten zum Anbieter innovativer technischer Lösungen. Aus der Distanz erbrachte, ferngelenkte Dienstleistungen werden in der Literatur als Remote Services bezeichnet und finden im B2B-Bereich auf unterschiedliche Art Anwendung. Im IT-Bereich sind Remote Services als Systemadministration, Fehleranalyse und Fernwartung zu verstehen (BIEHL, PRATER und MCINTYRE 2004) und werden in den nächsten zehn Jahren zu dem am schnellsten wachsenden Dienstleistungszweig gehören (vgl. STIEHL 2004). Im Maschinenbau und in der Medizintechnik, in erster Linie bei medizintechnischen Systemen wie Computertomographen oder Magnetresonanztomographen, wird zwischen Ferndiagnose, ferngelenkter Reparatur und Instandhaltung differenziert (vgl. BIEHL, PRATER und MCINTYRE 2004). Hierbei wird die Dienstleistung nicht durch einen Servicetechniker vor Ort ausgeübt, sondern technologievermittelt via Datenleitung aus der Distanz erbracht. Der Dienstleistungsanbieter kann aus der Ferne auf die Systeme des Kunden zugreifen und Veränderungen vornehmen, ohne den Kunden maßgeblich in den Dienstleistungserstellungsprozess zu integrieren. Zunächst wird die neue Dienstleistungstechnologie vorgestellt und eingeordnet, bevor dann ausführlich auf die unterschiedlichen Lösungsangebote des Healthcare Sektors der Siemens AG eingegangen wird.

2 Einordnung von Remote Services

Remote Services stellen eine neue Gestaltungsform von Dienstleistungen dar und können als eigenständiger Dienstleistungstypus bezeichnet werden (vgl. SCHUMANN ET

AL. 2007). Nach einer Definition von WÜNDERLICH ET AL. (2007) sind Remote Services *„Absatzleistungen, die in einem technologisch vermittelten Erstellungsprozess unabhängig von der räumlichen Distanz zwischen Anbieter und Kunde erbracht werden und bei denen das räumlich entfernte Dienstleistungsobjekt über eine Steuerungskomponente mit Rückkopplungsprozess verändert wird."* Dabei sind Remote Services durch die technologische Vermittlung, die räumliche Flexibilität und Unabhängigkeit sowie die geringe persönliche Interaktion zwischen Anbieter und Kunde gekennzeichnet. Im Gegensatz zu klassischen Dienstleistungen treffen die Restriktionen der räumlichen Übereinkunft zwischen Kunde und Anbieter bei der Dienstleistungserbringung und der Nichttransportierbarkeit für ferngelenkte Dienstleistungen nicht mehr zu (vgl. WÜNDERLICH ET AL. 2007).

Technologie-vermittelte Dienstleistungen verändern die Interaktion und Kommunikation zwischen Serviceanbieter und Kunden. Wo früher oftmals die persönliche Interaktion und face-to-face Kommunikation dominierten, ersetzen heute innovative Technologien und digitale Medien den direkten Austausch. Mit dem Phänomen des Technologieeinsatzes in der Dienstleistungserstellung setzen sich FROEHLE und ROTH (2004) in ihrem Beitrag auseinander. Sie entwickeln die Typologie des Kundenkontaktes. Zunächst unterscheiden die Autoren zwischen direktem Anbieter-Kunden-Kontakt (face-to-face) und technologievermitteltem Kontakt (face-to-screen). Abb. 2-1 zeigt einen Überblick über die unterschiedlichen Anbieter-Kunden-Kontaktmöglichkeiten. Typ D beschreibt den Kundenkontakt, der bei dem Einsatz von Remote Service Technologien entsteht. Kunde und Anbieter sind räumlich voneinander getrennt und nutzen E-mails, Telefone, visuelle Displays oder virtuelle Chatrooms als Kommunikationsmittel (vgl. FROEHLE und ROTH 2004). Diese veränderte Interaktionsform stellt sowohl Anbieter von Remote Services als auch ihre Kunden vor neue Herausforderungen. Unternehmen entwickeln eigene Lösungsansätze, um den Anforderungen bei der Erbringung ferngelenkter Dienstleistungen und im Umgang mit technologisch vermitteltem Kundenkontakt, gerecht zu werden. Beispielhafte Ansätze des Healthcare Sektors der Siemens AG werden in Kapitel 9 vorgestellt. Bei der Typologie des Kundenkontaktes nach FROEHLE und ROTH gilt zu beachten, dass hier lediglich die Form des Kundenkontaktes beschrieben wird, nicht jedoch die Dienstleistung, die erbracht wird. So beziehen sich die Autoren in erster Linie auf Dienstleistungen, die innerhalb eines Kommunikationsprozesses erstellt werden (z. B. Beratungsleistungen). Remote Services sind dadurch gekennzeichnet, dass die Leistung aus der Distanz erbracht wird, ohne dass dazu ein Kommunikationskontakt zwischen Anbieter und Kunden notwendig ist (vgl. WÜNDERLICH ET AL. 2007). So können beispielsweise das Ablaufen einer Systemsoftware remote gemeldet und entsprechende Updates übermittelt werden, ohne dass es einer Kommunikation zwischen Serviceanbieter und Kunden bedarf. An dieser Stelle ist es sinnvoll, einen weiteren Ansatz zur Beschreibung von Remote Services heranzuziehen.

Abbildung 2-1: *Typologie des Kundenkontaktes nach* FROEHLE/ROTH *(Quelle:* FROEHLE *und* ROTH *2004)*

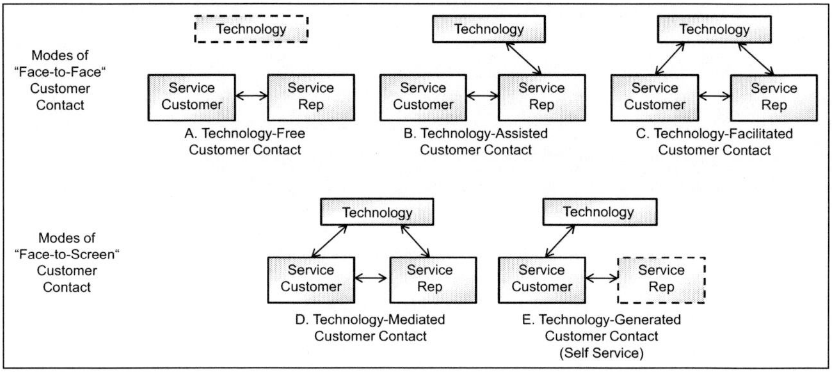

Ein weiterer Ansatz, der dazu verhilft, Remote Services einzuordnen und von anderen technologie-intensiven Dienstleistungen abzugrenzen, ist die Technology-Interaction-Service-Matrix (vgl. WÜNDERLICH 2009; Abb. 2-2). WÜNDERLICH identifiziert drei Dienstleistungsgruppen, die anhand des Technologieeinsatzes und der persönlichen Interaktion voneinander abgegrenzt werden. Die horizontale Achse der Technology-Interaction-Service-Matrix gibt die Intensität der persönlichen Interaktion während der Dienstleistungserstellung wieder. Die vertikale Achse zeigt die Intensität der verwendeten Technologie an und bezieht sich dabei auf die oben genannten Kundenkontakttypen nach FROEHLE und ROTH (2004) (Abb. 2-1), die in direkten Anbieter-Kunden-Kontakt (face-to-face) und technologievermittelten Anbieter-Kunden-Kontakt (face-to-screen) unterteilt werden. In traditionellen Dienstleistungssituationen wie bei einem Friseurbesuch, ist die Technologieintensität sehr gering und die Kontaktsituation durch hohe persönliche Interaktion gekennzeichnet (face-to-face services, vgl. Abb. 2-2). Onlinebanking oder die Geldauszahlung an Bankautomaten gehören zur Gruppe der Self-Service-Technologien (SST) (self-services, e-services, Abb. 2-2), bei denen der Kunde die Dienstleistung eigenständig erbringt (vgl. MEUTER ET AL. 2005). Somit spielt die Technologie eine dominante Rolle bei der Dienstleistungserbringung, bei der jedoch kein direkter Kontakt zwischen Anbieter und Kunde vorgesehen ist (vgl. WÜNDERLICH 2009). Eine weitere Kategorie in dieser Matrix stellen Remote Services dar. Sie sind durch eine hohe Technologieintensität gekennzeichnet, da die Dienstleistung ausschließlich durch den Einsatz von Technologie erbracht wird. Der Grad der Interaktion kann je nach Remote Service Dimension[1] schwanken. Bei automatischen

1 Die unterschiedlichen Servicedimensionen sind vertraglich fixiert. Die Kunden-Anbieter-Interaktion kann je nach Vertragslevel variieren.

Software-Updates, die ferngelenkt erbracht werden, ist eine Interaktion nicht notwendig. Wohingegen ein technischer Störfall, der remote erkannt und dem Kunden gemeldet wird, das Eingreifen des Kunden oder den Einsatz eines Servicetechnikers vor Ort und somit persönliche Interaktion erfordert.

Abbildung 2-2: *Technology-Interaction-Service-Martix (Quelle: WÜNDERLICH 2009)*

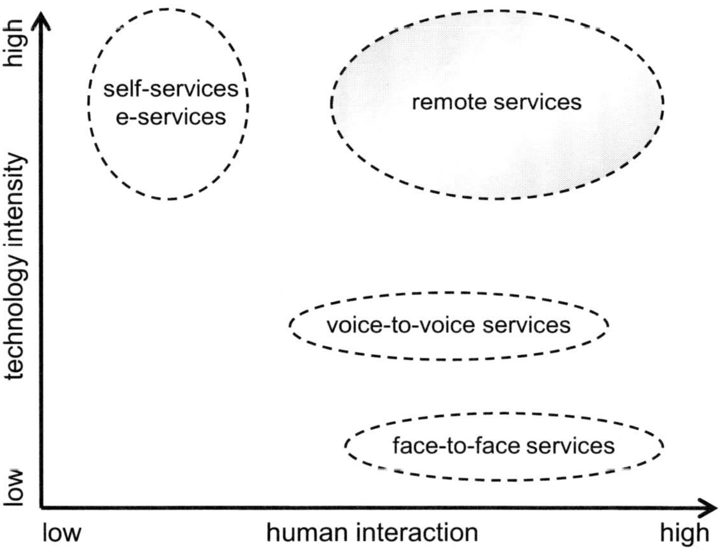

Der vorliegende Beitrag beschäftigt sich mit dem Einsatz von Siemens Remote Service (SRS) als kundenspezifische Lösung, bei der die Fernwartung der medizinischen Systeme als Basis des Serviceangebotes zu verstehen ist und je nach Anforderung des Kunden individuelle Komplettlösungen durch Kombination verschiedener Servicemodule geschaffen werden. Im Folgenden werden die Einsatzmöglichkeiten von Siemens Remote Service beispielhaft anhand des Bereichs der diagnostischen Bildgebung vorgestellt.

3 Einsatz von Remote Service im Bereich der diagnostischen Bildgebung

Der Siemens-Sektor Healthcare ist weltweit einer der größten Anbieter im Gesundheitswesen und führend in der medizinischen Bildgebung, Labordiagnostik, Krankenhausinformationstechnologie und bei Hörgeräten. Siemens bietet seinen Kunden Produkte und Lösungen für die gesamte Patientenversorgung unter einem Dach – von der Prävention und Früherkennung über die Diagnose bis zur Therapie und Nachsorge. Durch eine Optimierung der klinischen Arbeitsabläufe, die sich an den wichtigsten Krankheitsbildern orientiert, sorgt Siemens zusätzlich dafür, dass das Gesundheitswesen schneller, besser und gleichzeitig kostengünstiger wird. Siemens Healthcare beschäftigt weltweit rund 48.000 Mitarbeiter und ist rund um den Globus präsent. Im Geschäftsjahr 2009 (bis 30. September) erzielte der Sektor einen Umsatz von 11,9 Mrd. Euro und ein Ergebnis von rund 1,4 Mrd. Euro.

Die Strategie von Siemens Healthcare ist es, für seine Kunden die Kosten für die Erbringung von Gesundheitsleistungen zu senken und gleichzeitig die Qualität zu erhöhen. Für Siemens-Kunden bedeutet die Nutzung des Siemens Remote Service z. B. vorbeugende Wartung der Systeme und schnelle Lösungen bei Störungen. Voraussetzung dafür ist die Anbindung der medizinischen Systeme des Kunden über eine leistungsfähige VPN-Breitbandverbindung an die Siemens-Serviceorganisation. Von dort aus werden dann bspw. automatische Software-Updates übermittelt oder Systeme proaktiv überwacht, so dass Fehler behoben werden können, bevor überhaupt Probleme entstehen. So können sich bei Störungen – etwa an einem Magnetresonanztomographen – Kunden telefonisch an das Siemens UPTIME Center wenden; von dort aus schalten sich Experten per remote auf das System und starten die Ferndiagnose. Bis zu 50 % der Störungen können per remote aus der Ferne behoben werden (vgl. LACKERSCHMID 2009). Dabei muss der Betrieb des Gerätes nicht zwangsläufig unterbrochen werden und der Einsatz eines Servicetechnikers vor Ort kann häufig vermieden bzw. effizient geplant werden. Durch die Ferndiagnose können zudem benötigte Ersatzteile proaktiv beschafft werden, was wiederum die Ausfallzeit der Systeme verkürzt. Der Einsatz von Remote Service vermindert ungeplante Systemausfälle, da Abweichungen schnell erkannt werden und damit eine gezielte Patientenplanung mit erhöhtem Patientendurchsatz ermöglicht wird (vgl. LACKERSCHMID 2009).

Im folgenden Teil des Beitrags soll der Bereich der Diagnostischen Bildgebung näher betrachtet werden. Dabei handelt es sich um hochentwickelte Systeme, die mittels einer Kombination von Bildgebungstechnik (z. B. Röntgen, Magnetresonanz, Ultraschall) und computerbasierter Bildverarbeitung Ärzten helfen, Diagnosen zu erstellen. Zum Lösungsangebot von Siemens Healthcare gehören neben den Systemen selbst auch zahlreiche Dienstleistungen.

Das weltweit harmonisierte Serviceportfolio besteht aus unterschiedlichen Leistungsangeboten, welche in die Kategorien

- Customized Service Agreements
- Managed Services und
- Enhanced Productivity Services

eingeteilt werden können (vgl. Abb. 3-1).

Abbildung 3-1: *Übersicht Siemens UPTIME Services Portfolio (Quelle: SIEMENS)*

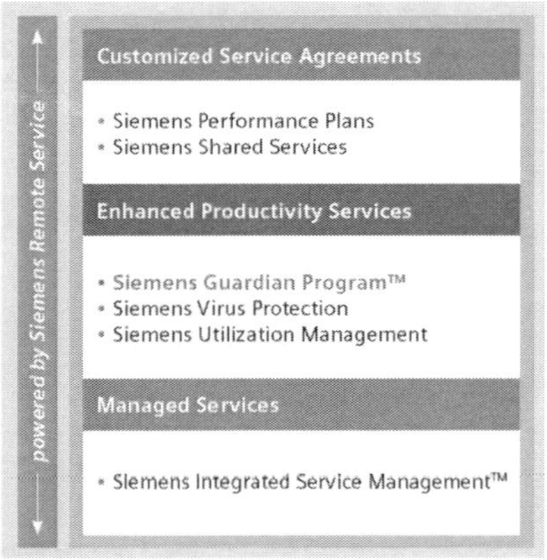

4 Customized Service Agreements

Ein Angebot von Siemens Healthcare sind die Customized Service Agreements. Darunter versteht man „Service nach Maß". Customized Service Agreements passen das Dienstleistungsangebot flexibel an die medizinischen Systeme und den Bedarf der Kunden an. Diese Agreements bestehen aus einem Basis-Serviceangebot und können durch zahlreiche optionale Module und Komponenten ergänzt werden. Ziel ist es, jedem Kunden das optimale Paket anzubieten. Im Folgenden werden zwei Ausgestaltungsmöglichkeiten der Customized Service Agreements, die Performance Plans und die Shared Services, vorgestellt.

4.1 Performance Plans

Zu den Customized Service Agreements gehören die so genannten Performance Plans. Die flexiblen Siemens Performance Plans ermöglichen die individuelle Gestaltung der gesamten Wartung und Instandhaltung medizintechnischer Systeme. Durch eine maßgeschneiderte Kombination bewährter Module und Optionen entsteht für den Kunden ein individueller Performance Plan – eine Lösung, die zu klar kalkulierbaren Kosten, zu hoher Systemverfügbarkeit und -zuverlässigkeit beiträgt. Die Performance Plans existieren in drei verschiedenen Ausführungen (vgl. Abb. 4-1). Das niedrigste Level (PRO) umfasst bestimmte Basismodule wie Wartung und Instandhaltung inkl. Qualitäts- und Sicherheitsprüfungen, welchen im Bereich der Medizinprodukte eine besondere Bedeutung zukommt. Diese Basismodule lassen sich innerhalb definierter Grenzen individuell erweitern. Im mittleren Level (PLUS) ist die Arbeitszeit zur Wiederherstellung nach einem Fehler oder Ausfall inkludiert. Im höchsten Level (TOP) sind ebenfalls die Ersatzteile zur Wiederherstellung begriffen. Dieser Level stellt für den Kunden ein Komplettpaket dar, worin sämtliche Aufwände für den störungsfreien Betrieb enthalten sind. Zahlreiche Optionen wie das Einbeziehen von speziellen Komponenten wie bspw. Röntgenröhren oder die Verkürzung der Reaktionszeit im Fehlerfalle runden das Angebot ab.

Abbildung 4-1: *Übersicht Performance Plans (Quelle: SIEMENS)*

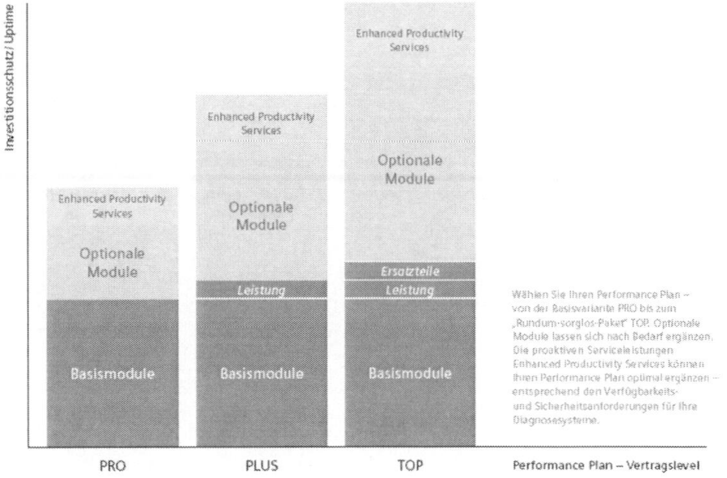

4.2 Shared Services

Ebenfalls zu den Customized Service Agreements gehören die Shared Services, welche ebenfalls in drei verschiedenen Stufen angeboten werden. Diese bilden ab, zu welchem Anteil der Kunde selbst den Service für sein System erbringen möchte. Den Umfang und die Komplexität dieser Leistungen bestimmt der Kunde. Das Spektrum reicht hier von eher einfachen Aufgaben bis hin zur kompletten Übernahme des Services durch den Kunden, wo Siemens Healthcare nur noch Know-how und Ersatzteile zuliefert. Selbstverständlich werden die Shared Services abhängig vom Grad der Serviceerbringung geschult und sogar zertifiziert.

5 Managed Services

Die Gruppe der Managed Services umfasst Dienstleistungen, welche den Kunden von den Aufgaben des Service Managements entlastet. Falls gewünscht, übernimmt Siemens Healthcare auf Basis eines modular und flexibel gestalteten Partnerschaftsvertrages diese Aufgaben inkl. Asset Management, Inventory Management und kümmert sich auch um die Wartung, Instandhaltung und Reparatur von Medizintechnikprodukten anderer Hersteller.

6 Siemens Remote Service

Eine der Grundlagen für die Erbringung der Dienstleistungen ist Siemens Remote Service (SRS) (vgl. Abb. 6-1). Grundsätzlich handelt es sich dabei um ein Konzept, das es erlaubt, Systeme über das Internet an die Siemens Healthcare-Infrastruktur anzubinden. Die Verbindung erfolgt über eine Verschlüsselung des Datenstroms, ein so genanntes Virtual Private Network (VPN). Durch diese Anbindung ergibt sich einerseits eine Vielzahl von Vorteilen für den Kunden, die Bestandteil des normalen Servicevertrages sind, andererseits aber auch die Möglichkeit, weitere Dienstleistungen zu nutzen.

Abbildung 6-1: *Überblick Siemens Remote Service (Quelle: SIEMENS)*

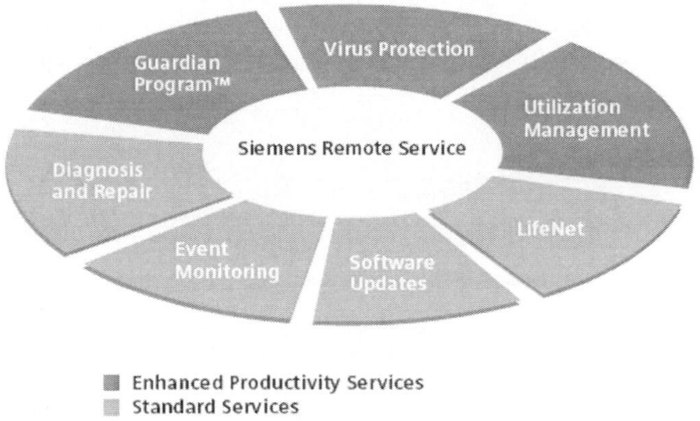

Die datentechnische Anbindung der Siemens-Systeme beim Kunden an die SRS-Infrastruktur ermöglicht es, aus der Ferne zugreifen zu können. Dabei wird nach unterschiedlichen Stufen unterschieden. Im einfachsten Fall ist ein Zugriff nur möglich, wenn der Kunde dies explizit erlaubt. Der typische Fall ist der, dass ein Fehler am System aufgetreten ist und der Kunde sich telefonisch an Siemens wendet. Der Siemens-Spezialist bittet dann den Kunden um die Erlaubnis, auf das System per remote zuzugreifen, um den Fehler zu lokalisieren und zu beheben. Je nach Systemtyp ist es in bis zu 50 % aller Fälle möglich, aufgetretene Fehler auf diese Art zu beheben. Für den Kunden hat dies den Vorteil, dass sein Problem unmittelbar gelöst wird und er sich wieder uneingeschränkt auf die Behandlung seiner Patienten konzentrieren kann. Ohne eine SRS-Verbindung wäre es in vielen Fällen erforderlich, den Einsatz eines Servicetechnikers zu planen und diesen vor Ort zu senden. Aber selbst wenn das Problem nicht unmittelbar gelöst werden kann, entsteht trotzdem ein Vorteil für den Kunden. Durch einen Zugriff auf das System ist Siemens in der Lage, den Fehler exakt zu bestimmen und den Servicetechniker, der dann vor Ort gesendet wird, mit den notwendigen Informationen und ggf. mit den notwendigen Ersatzteilen auszustatten, so dass das Problem direkt beim ersten Besuch gelöst werden kann. Dies bedeutet letztendlich für den Kunden, dass auch in diesem Fall das Problem tendenziell schneller behoben wird. Und bei Siemens steigt selbstverständlich die Effizienz der Serviceerbringung.

Ein weiterer Vorteil sowohl für den Kunden als auch für Siemens entsteht durch eine Vorgehensweise, die als Remote-Update-Handling bezeichnet wird. Als Hersteller von Systemen der Medizintechnik ist Siemens verpflichtet, nach dem Stand der Technik notwendige Updates in der installierten Basis zu implementieren. Normalerweise bedeutet dies, dass ein Servicetechniker zu einer Anlage geschickt wird und die erforderliche Software installiert. Im Falle des Remote-Update-Handling werden die Software über die SRS-Infrastruktur versendet und der Installationsprozess gestartet sowie die korrekte Durchführung des Updates überwacht. Für den Kunden bedeutet dies auch wieder, dass er diese Updates früher und schneller erhält und das Update selbst auch in kürzerer Zeit durchgeführt werden kann. Für Siemens ist damit auch wieder Effizienzsteigerung in der Serviceerbringung verbunden.

7 Enhanced Productivity Services

Wie bereits erwähnt, ermöglicht die Verwendung der SRS-Infrastruktur nicht nur, den Service schneller und effizienter zu machen. Daneben ist es auch möglich, den Kunden gänzlich neue Dienstleistungen anzubieten, welche seine Prozesse effizienter machen. Diese Dienstleistungen im Portfolio von Siemens Healthcare werden als Enhanced Productivity Services (EPS) bezeichnet und können beispielsweise durch unterschiedliche Vertragslevel auf die Anforderungen des jeweiligen Kunden abgestimmt werden.

7.1 Siemens Guardian Program™

Das Siemens Guardian Program stellt einen dieser EPS dar und verwendet ein weiteres technisches Leistungsmerkmal, welches als Event Monitoring bezeichnet wird. Hier wird auf dem System des Kunden ein Software-Agent installiert, der automatisch den Zustand des Systems überwacht und Abweichungen an die SRS-Infrastruktur weiterleitet. Innerhalb des Guardian Programs, welches in unterschiedlichen Stufen angeboten wird (vgl. Abb. 7-1), gibt es für den Kunden u. a. ein Service Level Agreement (SLA) namens Realtime-Monitoring. Realtime-Monitoring bedeutet, dass das System des Kunden in Echtzeit von einem Mitarbeiter im UPTIME Service Center überwacht wird. Trifft nun eine Meldung über eine Abweichung bei Siemens ein, so wird proaktiv und unverzüglich eine Kaskade von Aktivitäten gestartet mit dem Ziel, das System schnellstmöglich wieder in den Normalzustand zu bringen. Dazu gehört z. B., dass unmittelbar mit der Fehlersuche und -behebung begonnen wird und innerhalb weniger Minuten Kontakt mit dem Kunden aufgenommen wird, der in der Regel zu diesem Zeitpunkt die Abweichung noch nicht bemerkt hat. Weitere SLAs wie bspw. eine kürzere Reaktionszeit vor Ort kommen hinzu, die jeweils nach den lokalen Gegebenheiten im Land definiert werden. Der Vorteil besteht darin, dass häufig Probleme proaktiv erkannt und behoben werden, bevor der Kunde davon überhaupt etwas gemerkt hat.

Eines der größten Probleme für die Nutzer medizintechnischer Systeme besteht in ungeplanten Systemausfällen, weil diese mit einer Vielzahl von Konsequenzen verbunden sind. So müssen z. B. Termine von Patienten umgeplant werden, diese ggf. zu anderen Krankenhäusern oder Praxen geschickt werden und es werden für den Zeitraum des Systemausfalls keine Vergütungen durch die Versicherungsträger gezahlt. Das Guardian Program adressiert diese Probleme und ist sehr erfolgreich darin, ungeplante Systemausfälle zu verhindern.

Abbildung 7-1: *Guardian Program™ Service-Vertragslevel (Quelle: SIEMENS)*

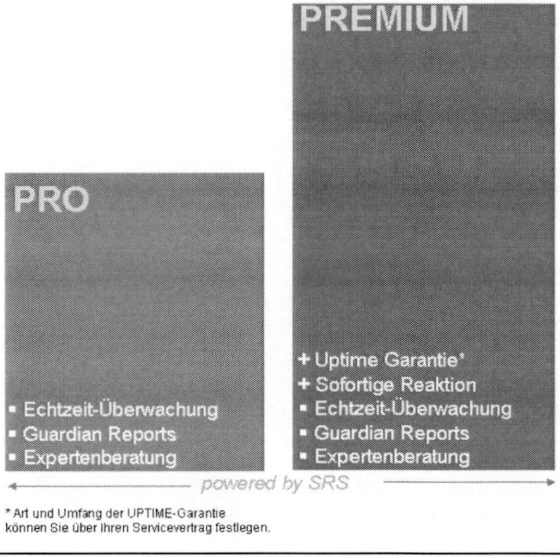

7.2 Guardian Program™ incl. TubeGuard

Eine weitere Neuerung stellt die Erweiterung des Guardian Programs um die Option TubeGuard dar, welche im Umfeld der Computertomographie (CT) angeboten wird. CT-Systeme verfügen über eine Röntgenröhre, mit deren Hilfe klinische Bilder erzeugt werden. Wenn diese ausfällt, können keine weiteren Patienten untersucht werden und das System steht still, bis die Röhre ausgetauscht wird. Mittels einer technischen Innovation ist es Siemens gelungen, den Ausfall einer solchen Röntgenröhre bereits einige Tage im Voraus prognostizieren zu können. Wird ein solcher Fall bei einem TubeGuard-Kunden erkannt, so wird unmittelbar ein Plan zum Austausch der Röhre erstellt (Bestellung einer Röhre und Transport zum Kunden, Planung eines Serviceeinsatzes) und dieser telefonisch mit dem Kunden besprochen. Stimmt der Kunde diesem Plan zu, so kann ein ungeplanter Systemausfall vermieden werden.

7.3 Siemens Utilization Management

Zu den oben genannten Enhanced Productivity Services gehört ebenfalls das Siemens Utilization Management. Hier werden in Abstimmung mit den Kunden anonymisierte Daten über die Nutzung des Systems, wie bspw. die Anzahl der untersuchten Patienten, die Untersuchungsdauer usw., über die SRS-Infrastruktur übertragen und in aussagefähige Tabellen und grafische Darstellungen umgewandelt und diese wieder dem Kunden zur Verfügung gestellt. Siemens Utilization Management wird in drei Vertragsstufen angeboten (vgl. Abb. 7-2). Der Basic Report liefert dem Kunden einen Überblick über die Systemauslastung und die Effizienz des Workflows. In dem aufbereiteten Report finden sich Informationen über z. B. die Anzahl der Untersuchungen und die durchschnittliche Untersuchungsdauer der Patienten. Die Daten kann der Kunde in einem personalisierten Internetportal abrufen. Zusätzlich zum Leistungsumfang des Basic Report umfasst der Advanced Report den detaillierten Vergleich der Performance-Daten mit aktuellen anonymen Benchmark-Statistiken vergleichbarer Systeme, die unter ähnlichen Umständen betrieben werden. So erkennt der Kunde, wie sich seine Leistung in Bezug zu anderen Kunden darstellt. Die hier gelieferte Information hilft dem Kunden, seine Abläufe besser zu planen und effizienter zu arbeiten. Das dritte Level umfasst das Consulting. Dieses umfassende Leistungspaket beinhaltet nicht nur sämtliche Leistungen des Advanced Report, sondern auch die Entwicklung individueller Maßnahmenpläne zur Optimierung von Workflow und Systemauslastung.

Abbildung 7-2: *Unterschiedliche Vertragslevel des Siemens Utilization Management (Quelle: SIEMENS)*

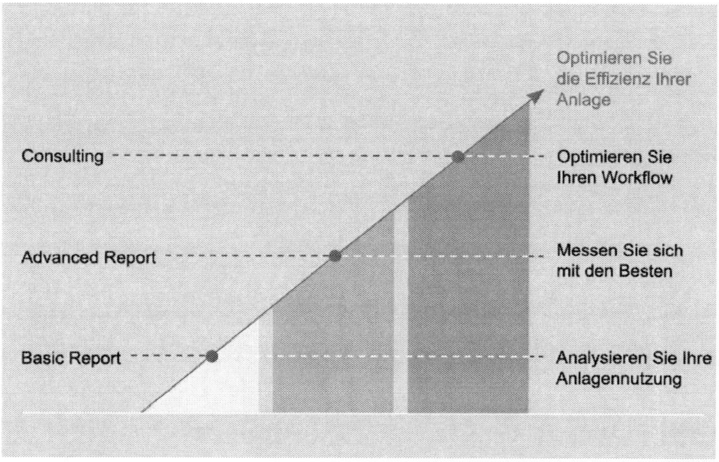

Mit dem umfassenden, modernen und stets auf die Anforderungen der Kunden zugeschnittenen Leistungsangebot ist Siemens Healthcare ein Anbieter innovativer Komplettlösungen sowie Dienst- und Beratungsleistungen im Gesundheitswesen. Beim Einsatz von modernen Hochleistungsinformationssystemen werden Anbieter und User der neuen Technologien vor Herausforderungen gestellt, die es zu bewältigen gilt. Im folgenden Kapitel werden zwei Ansätze vorgestellt, um diesen Herausforderungen gerecht zu werden.

7.4 Siemens Virus Protection

Siemens Virus Protection ist eine Dienstleistung, die ebenfalls über Siemens Remote Service angeboten wird und zur Gruppe der Enhanced Productivity Services gehört. Viele der Systeme sind heute in ein Netzwerk beim Kunden eingebunden, über das Daten und Bilder ausgetauscht werden. Dies ist erforderlich wie in nahezu jedem Unternehmen, um die Arbeitsabläufe optimal erledigen zu können. Leider wird über solche Netzwerke aber auch Schadsoftware wie Computerviren oder Trojaner verteilt. Dies kann im Übrigen auch ohne eine Anbindung an ein Netzwerk, z. B. durch die Verwendung eines verseuchten USB-Sticks, geschehen. Ein derartiger Computervirus kann verheerende Folgen haben und den Betrieb ganzer Abteilungen oder sogar

Krankenhäuser unterbrechen. Um einen solchen Ausfall zu vermeiden, bietet Siemens Healthcare Siemens Virus Protection an. Auf dem System selbst wird ein speziell für die Verwendung auf einem Medizinprodukt modifizierter Virenscanner installiert, der die Pattern zu Erkennung von Viren regelmäßig über SRS erhält. Dieser Virenscanner und die Virenpattern werden vor ihrer Installation validiert, um mögliche Probleme mit der Systemsoftware sicher ausschließen zu können. Für den Kunden bedeutet diese Dienstleistung einen weiteren Schutz vor einem Systemausfall.

8 SRS Sicherheitskonzept

Die in Kapitel 7 beschriebenen Dienstleistungen Guardian Program, Guardian Program including TubeGuard, Utilization Management und Virus Protection basieren allesamt auf Siemens Remote Service (SRS). Besonderen Wert legt Siemens bei SRS auf den Datenschutz und die Datensicherheit. So ist sichergestellt, dass die Informationen, welche über SRS transportiert werden, mittels kryptografischer Verfahren sicher verschlüsselt werden und ein Zugriff durch Dritte nicht möglich ist. Zudem erfolgt im Normalfall keine Übertragung von Patientendaten, es sei denn, dass der Kunde dies ausdrücklich wünscht, weil dies zur Problemlösung beiträgt. Das umfangreiche Sicherheitskonzept beinhaltet verschiedene Sicherheitsroutinen, die einen unberechtigten Zugriff auf die Systeme der Kunden ausschließen. Dabei gewährleistet das SRS-Sicherheitskonzept, dass sowohl die technischen Kommunikationswege als auch interne Prozesse nach hohen Sicherheitsstandards geregelt sind – durch moderne Authentifizierungs- und Autorisierungsverfahren für die Systemzugriffe sowie durch innovative Verschlüsselungstechnologien und Protokollierungsmechanismen, um den hohen Anforderungen an Datenschutz und Datensicherheit gerecht zu werden. Zudem ist Siemens Healthcare einer der ersten Hersteller von Medizinprodukten, der für sein Informationsmanagementsystem für Remote Services eine international anerkannte Zertifizierung nach ISO 27001 erhalten hat.

9 Marketing von Remote Service Solutions

9.1 Kundenbeziehungsmanagement

Der Einsatz von ferngelenkten Dienstleistungen stellt Anbieter und Kunden vor neue Herausforderungen, was die Gestaltung der Geschäftsbeziehung betrifft. Bedingt durch den Technologieeinsatz und die räumliche Distanz wird die persönliche Interaktion und Kommunikation stark reduziert und auf eine Sachproblemebene verlagert (vgl. Kapitel 2, WÜNDERLICH ET AL. 2007). Kommuniziert wird oftmals am Telefon, bei Problemen sind die ersten Ansprechpartner Servicemitarbeiter des UPTIME Service Centers. Doch gerade der Austausch auf einer menschlich-emotionalen Ebene, bei dem Werte wie Empathie und Vertrauen vermittelt werden, ist für die Kontinuität und Festigung einer Geschäftsbeziehung wichtig. Diese weichen Faktoren wie Sympathie und Freundlichkeit sind notwendige Voraussetzung für den Vertrauensaufbau zwischen Remote Services Kunden und Anbieter (vgl. SUNDARAM und WEBSTER 2000). Die direkte Interaktion zwischen Anbieter und Kunden unterstützt den Aufbau persönlicher Beziehungen zur Service Organisation (vgl. GRÖNROOS 1990; PARSURAMAN, ZEITHAML und BERRY 1985) und festigt die Bindung des Kunden an das Unternehmen (vgl. BATESON und HOFFMAN 1999). Der informelle Austausch impliziert Lerneffekte auf beiden Seiten und neue individuelle Lösungsansätze, die erst durch das Zusammenspiel von Kunden- und Anbieterwissen und langer persönlicher Beziehungen gemeinsam entwickelt wurden.

Siemens Healthcare legt großen Wert auf die Beziehung zu den Kunden und hat bereits vor vielen Jahren ein Kundenbetreuungssystem namens Customer Care Life ins Leben gerufen. Customer Care Life basiert auf den vier Säulen

- Services und Support,
- Upgrades und Migration,
- Weiterbildung und Training sowie
- Information und Kommunikation

und hat zum Ziel, dass Siemens-Kunden ihre Investitionen stets optimal nutzen können. Basierend auf den unterschiedlichen Anforderungen der Kunden während der einzelnen Lebensphasen ihres Systems werden auch unterschiedliche Angebote vorgehalten (vgl. Abb. 9-1).

Abbildung 9-1: *Übersicht Customer Care Programm Life (Quelle: SIEMENS)*

9.2 Leistungserbringung

Bedingt durch die Immaterialität der Dienstleistung und die reduzierte persönliche Interaktion zwischen Anbieter und Kunden, ist es notwendig, die tatsächliche Erbringung der Dienstleistung dem Kunden nachvollziehbar darzustellen, also den so genannten „Evidence of Service" zu erbringen (vgl. ZEITHAML, BITNER und GREMLER 2006). Remote Services ermöglichen die Durchführung verschiedener Dienstleistungen, ohne den Kunden in den Prozess zu involvieren. Softwarefehler oder Updates werden remote korrigiert, oftmals ohne dass der Kunde etwas davon bemerkt oder aktiv eingebunden wird. Diese Eingriffe werden zunächst nicht wahrgenommen, weil sie den Betrieb und die Leistung der Geräte nicht beeinflussen. Aufgrund mangelnder Beobachtbarkeit kann der Kunde den Aufwand und die Qualität der Leistungserbringung nicht in vollem Umfang wertschätzen.

Bei Siemens Healthcare kommt dem Aspekt der Nachvollziehbarkeit für den Kunden besondere Bedeutung zu. Grundsätzlich gilt für die gesamte Leistungserbringung und insbesondere für die per remote erbrachten Dienstleistungen, dass keine Maßnahme ohne die aktive Einbindung des Kunden durchgeführt wird. Zudem wurde speziell für die oben beschriebenen Enhanced Productivity Services ein separates Kunden-Reporting implementiert, welches über ein personalisiertes Internetportal bereitgestellt wird. Hier werden Details über die per remote erbrachten Dienstleistungen in textueller und grafischer Form dargestellt, damit die Kunden jederzeit nachvollziehen können, welche Aktivitäten wann stattgefunden haben.

10 Schlussbetrachtung

Weltweit erfolgreich agierende Unternehmen folgen dem globalen Trend und offerieren, zusätzlich zu den Kernprodukten, produktbegleitende Beratungs- und Dienstleistungen, um ihren Kunden einen Mehrwert zu schaffen. Insbesondere das Dienstleistungsangebot, das durch den Einsatz moderner Informationstechnologie grundlegend erweitert wird, eröffnet Unternehmen die Möglichkeit, ihren Kunden maßgeschneiderte Komplettlösungen anzubieten. Ferngelenkte Dienstleistungen, die technologisch vermittelt erbracht werden, stellen eine Form der produktbegleitenden Dienstleistungen dar. Merkmale dieser Remote Services sind neben der technologischen Vermittlung die Erbringung der Dienstleistung aus der Distanz. Dieser neuartige Servicetyp lässt sich im medizinisch-klinischen Umfeld speziell für die Fernwartung und Instandhaltung medizin-technischer Systeme einsetzen.

Siemens Healthcare nutzt Siemens Remote Service, die Fernanbindung der Kunden an die Serviceorganisation, um die technischen Systeme mit Standard Services wie Diagnose, Reparatur, Event-Monitoring und Software Updates zu versorgen. Darauf aufbauend bietet Siemens Healthcare Enhanced Productivity Services an, die u. a proaktiv Systeme in Echtzeit überwachen, sie vor Viren schützen und die Prozesseffizienz optimieren. Vorteile dieser innovativen Lösungen, die aufgrund ihrer flexiblen Zusammensetzung und Vertragslevel auf individuelle Anforderungen und Bedürfnisse der Kunden ausgerichtet werden können, sind eine höhere Systemverfügbarkeit, kurze Ausfallzeiten, gesteigerte Workfloweffizienz und erhöhter Patientendurchsatz.

Für die Zukunft ist geplant, dieses Leistungsportfolio noch weiter auszubauen und den Kunden dadurch die Möglichkeit zu geben, ihre Arbeitsabläufe weiter zu optimieren und die Qualität ihrer Leistungserbringung auf hohem Niveau zu halten.

Literaturverzeichnis

BATESON, J. E. G. UND K. D. HOFFMAN, Managing Services Marketing: Text and Readings, 4. Auflage, Orlando, FL, 1999.

BIEHL, M., E. PRATER UND J. R. MCINTYRE, Remote Repair, Diagnostics and Maintenance: An Overview and Comparison of the U.S., Japanese and German Machine Tool Industry, in: Communications of the ACM, Volume 47, Isssue 11, 2004, S. 101-106.

FROEHLE, C. M UND A. V. ROTH, New Measurement scales for evaluating perceptions of the technology-mediated customer service experience, in: Journal of Operations Management, Volume 22, Issue 1, 2004, S. 1-21.

GRÖNROOS, C., Relationship Approach to Marketing in Service Contexts: The Marketing and Organizational Behavior Interface, Journal of Business Research, Volume 20, Issue 1, 1990, S. 3-11.

HOLTBRÜGGE, D., H. H. HOLZMÜLLER UND F. V. WANGENHEIM (Hrsg.), Remote Services – Neue Formen der Internationalisierung von Dienstleistungen, Wiesbaden 2007.

MEUTER, M. L., M. J. BITNER, A. L. OSTROM UND S. W. BROWN, Choosing Among Alternative service Delivery Modes: An Investigation of Customer Trial of Self-Service Technologies, in: Journal of Marketing, Volume 69, Issue 2, 2005, S. 61-83.

LACKERSCHMID, S., Betreuung aus der Ferne, in: Pictures of the Future, Frühjahr 2009.

PARASURAMAN, A., V. A. ZEITHAML UND L. L. BERRY, A Conceptual Model of Service Quality and its Implications for Future Research, in: Journal of Marketing, Volume 49, Issue 1, 1985, S. 41-50.

STIEL, H., Dienstleister warten Systeme aus der Ferne, Handelsblatt, 28.01.2004.

SUNDARAM, D. S. UND C. WEBSTER, The role of nonverbal communication in ser-vice encounters, in: Journal of Services Marketing, Volume 14, Issue 5, 2000, S. 378-91.

WÜNDERLICH, N. V., J. SCHUMANN , F. V. WANGENHEIM UND H. H. HOLZMÜLLER, Ferngesteuerte Dienstleistungen. Betriebswirtschaftliche Spezifika, Terminologie und Herausforderungen für das Management, in: Holtbrügge, D., Holzmüller, H. H., v. Wangenheim, F. (Hrsg.), Remote Services – Neue Formen der Internationalisierung von Dienstleistungen, Wiesbaden 2007, S. 3-26.

WÜNDERLICH, N. V., Acceptance of Remote Services – Perception, Adoption, and Continued Usage on Organizational Settings, Wiesbaden 2009.

ZEITHAML, V. A., M. J. BITNER UND D. D. GREMLER, Services Marketing Integrating Customer Focus Across the Firm, 4. Auflage, Singapur 2009.

Florian Wüller

Die Bedeutung und effektive Ausgestaltung der Nachkaufphase im Softwaremarkt

Das Beispiel des Firmenkundengeschäfts der Volks- und Raiffeisenbanken in Deutschland

1 Problemstellung

Der Wettbewerb im Firmenkundengeschäft mit mittelständischen Unternehmen hat sich in der Zeit der konjunkturellen Hochphase der deutschen Wirtschaft zwischen 2003 und 2007 extrem verschärft. Der Eintritt neuer Wettbewerber aus dem Ausland und die Wiederentdeckung dieser Zielgruppe durch die großen Geschäftsbanken haben wesentlich dazu beigetragen. Kontinuierliche Anbieter in diesem Segment sind die Sparkassen sowie die Volks- und Raiffeisenbanken[1], die bezogen auf die Bilanzsumme des jeweiligen Instituts im Vergleich zu den Geschäftsbanken klein bis sehr klein sind. Hinsichtlich der Anzahl an Banken und Filialen dominieren diese die Geschäftsbanken jedoch deutlich.

Die Sparkassen und Genossenschaftsbanken sahen sich in der jüngeren Vergangenheit besonderen Herausforderungen gegenübergestellt. Aufgrund der verbesserten wirtschaftlichen Situation vieler mittelständischer Unternehmen[2] reduzierte sich deren Abhängigkeit von bankbasierten Fremdfinanzierungen. Doch gerade die Fremdfinanzierungen stellen einen zentralen Bindungsfaktor im Firmenkundengeschäft dar, der somit an Bedeutung verlor.[3] Mit dieser Entwicklung vom Verkäufer- zum Käufermarkt geht ein intensiver Preiswettbewerb zwischen den Finanzdienstleistern mit zum Teil unrentablen bis ruinösen Einzelgeschäften einher. Diese Situation war eine der zentralen Ursachen für die Aussage, das Firmenkundengeschäft sei ein Wertvernichter.[4] Der Preiswettbewerb wurde durch die flache bis inverse Zinsstrukturkurve in den vergangenen Jahren noch verschärft, da der Transformationsbeitrag als wesentlicher Ertragsbestandteil ebenfalls wegbrach.

Im Rahmen der Auseinandersetzung mit diesen Entwicklungen haben die Genossenschaftsbanken, die bundesweit über den Bundesverband der Volks- und Raiffeisenbanken organisiert sind, erkannt, dass sie ihr Geschäftsmodell im Firmenkundensegment wesentlich ändern müssen. Zentrale Anforderung ist für die Volks- und Raiffeisenbanken, das Selbstverständnis der Organisation und der einzelnen Mitarbeiter zu ändern. Die VR-Banken können sich gegenüber den mittelständischen Firmenkunden nicht mehr als reine Kreditlieferanten sehen. Sie müssen sich stattdessen als (Allfinanz-)Dienstleister verstehen, der den Firmenkunden aktiv bei der Erreichung seiner

---

1 In diesem Beitrag werden die Begriffe Genossenschaftsbank, Volks- und Raiffeisenbank, Kreditgenossenschaft und VR-Bank synonym verwendet.

2 Die WGZ erstellt in Zusammenarbeit mit dem Lehrstuhl für BWL, insb. Controlling, auf Basis von mehr als 50.000 Unternehmensjahresabschlüssen den Bilanzqualitätsindex, der sich als Ergebnis verschiedener Kennzahlen errechnet und für 2007 mit 110,4 Punkten den höchsten Wert seit 2002 aufweist.

3 An dieser Stelle sei darauf hingewiesen, dass der Kredit als das zentrale Einstiegs- und Ankerprodukt im mittelständischen Firmenkundengeschäft gilt.

4 Vgl. DUHNKRACK (2006), S. 41, der dies vor allem mit der fehlenden Risikokostendeckung im Kreditgeschäft begründet.

wirtschaftlichen Ziele mittels des eigenen Leistungsprogramms unterstützt und initiativ das Geschäft mit den Firmenkunden sucht. Diese aus Sicht des historischen Verständnisses der Banken fundamentale Rollenänderung wurde vielfältig instrumentell unterstützt.[5]

Diese neue Situation für VR-Banken aufgreifend hat sich die BMS Berens Mosiek Siemes Consulting GmbH als Anbieter von institutsindividuellen Lösungen positioniert und mit der flexiblen Software MinD.banker einen wesentlichen Beitrag zur Erzielung von Wettbewerbsvorteilen und Positionierungserfolgen der VR-Banken im Firmenkundengeschäft geleistet. Zentraler Erfolgsfaktor dabei ist, die von den Genossenschaftsbanken verfolgte Qualitätsführerschaft mittels der den Betreuungs- und Vertriebsprozess unterstützenden Software MinD.banker für die Firmenkunden erlebbar zu machen.

Erfolgskritisch für die BMS ist in diesem Zusammenhang die enge Bindung der VR-Banken an die Software und den Softwarehersteller, die vor allem über eine effektive Ausgestaltung der für die Beurteilung der Leistung relevanten Nachkaufphase geschaffen werden soll.

Konkret wird dies in diesem Beitrag anhand der Anwendung MinD.banker vorgestellt. Obwohl es sich bei dieser Software um eine standardisierte Anwendung handelt, ist es insbesondere die materielle, d. h. inhaltliche Adaption der Anwendung an die Anforderungen der Kunden sowie die Begleitung bei der Einführung und der Nutzung der Software, die die besondere Integration des Kunden und die Kundenindividualität des Angebots der BMS ausmachen.

2 Rahmenbedingungen für Softwareanbieter

2.1 Umfeldaspekte der relevanten Kunden

Volks- und Raiffeisenbanken

Die VR-Banken bilden zusammen mit weiteren Unternehmen der Finanzdienstleistungsbranche wie der R+V-Versicherung AG, der Bausparkasse Schwäbisch Hall

5 Zu nennen sind in diesem Zusammenhang neben der Softwarelösung MinD.banker auch spezielle Angebote von Beratungs- und Coachingfirmen.

GmbH und den beiden Zentralbanken WGZ BANK AG und DZ BANK AG den genossenschaftlichen FinanzVerbund, der als eine der drei charakteristischen Säulen des deutschen Bankensystems gilt. Die einzelnen, regional tätigen VR-Banken sind rechtlich und wirtschaftlich eigenständige Unternehmen in der Rechtsform der eingetragenen Genossenschaft (e. G.). Inhaber der Genossenschaften sind die Mitglieder, die sich nahezu ausschließlich aus der regionalen Bevölkerung rekrutieren. Die Anzahl der VR-Banken ist seit vielen Jahren bedingt durch die im Folgenden beschriebenen Marktentwicklungen und dem damit verbundenen Marktbereinigungsprozess sowie durch die Strategie „Bündelung der Kräfte" des BVR stark rückläufig (vgl. Abb. 2-1). Banken werden bezüglich ihrer Größe üblicherweise anhand der Bilanzsumme betrachtet. Und auch hier zeigt sich die Besonderheit der genossenschaftlichen Banken, die im Vergleich zu den anderen Instituten im Mittel deutlich kleiner sind. So ist der genossenschaftliche Verbund vor allem von kleinen Banken mit einer Bilanzsumme von bis zu 500 Mio. Euro geprägt. Verglichen mit den Bilanzsummen der großen Geschäftsbanken von etwa 2.000 Mrd. Euro bei der Deutschen Bank AG oder von gut 600 Mrd. Euro bei der Commerzbank AG zeigt sich die besondere „Kleinheit" dieser Unternehmen. Auch im Vergleich zu den Sparkassen, die eine mittlere Bilanzsumme von etwa 2,3 Mrd. Euro aufweisen, stellen die VR-Banken die im Mittel deutlich kleineren Banken dar.

Die anhaltend rückläufige Entwicklung der Anzahl der VR-Banken kann auch für die Zukunft plausibel angenommen werden.[6] Bedingt durch ihre Größe weisen die VR-Banken strukturelle Kostennachteile auf, die es ihnen nicht erlauben, preispolitisch aggressiv im Wettbewerb aufzutreten. Stattdessen will sich der genossenschaftliche Verbund als qualitätsorientierter Allfinanzanbieter positionieren (vgl. SIRGES 2008, S. 36), nicht zuletzt auch, um dem ruinösen Preiswettbewerb zu entgehen. Denn so zeigt sich, dass die Rentabilität der VR-Banken in den vergangenen Jahren sichtbar rückläufig war (vgl. Tab. 2-1).

---

6 Die seit dem Jahr 2008 die Wirtschaft beherrschende Finanzmarktkrise wird bedingt durch die gesamtwirtschaftliche schlechte Situation der Unternehmen über die Kreditportfolios der Banken wohl diese erneut erreichen. Damit verbunden ist, dass viele der kleineren Institute in Krisensituationen kommen werden, die über Fusionen mit stabileren Nachbarinstituten überwunden werden sollen.

Abbildung 2-1: *Links: Entwicklung der durchschnittlichen Bilanzsumme und der Anzahl VR-Banken von 1970 bis 2007; rechts: Häufigkeitsverteilung der Banken in Bilanzsummenklassen (Quelle: BVR O. J.; BVR 2008)*

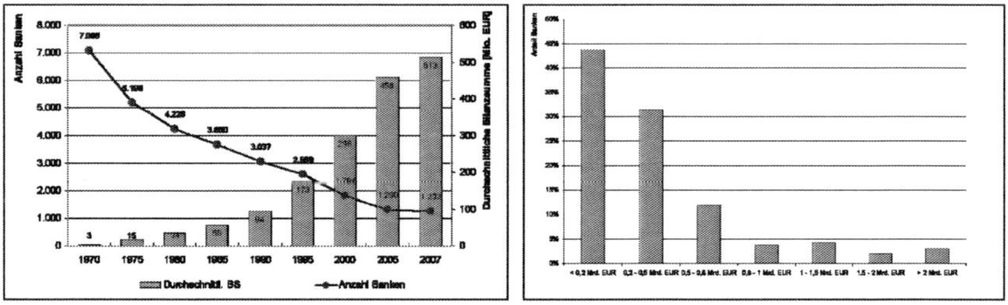

Das Firmenkundengeschäft mit mittelständischen Unternehmen ist eine der beiden zentralen Säulen des Geschäftsmodells der VR-Banken und Sparkassen in Deutschland. Die zu wesentlichen Teilen kreditfinanzierten mittelständischen Unternehmen gelten gemeinhin als Rückgrat der deutschen Wirtschaft. Mit einer Anzahl von knapp 3 Millionen gehören sie zur größten Gruppe von Unternehmen. Gleichwohl zeichnen sich die mittelständischen Unternehmen in ihrer Gesamtheit durch eine sehr hohe Heterogenität aus.[7] Nach Studien des Marktforschungsinstituts TNS INFRATEST weisen etwa 90 % der gewerblichen Kunden der VR-Banken einen Jahresumsatz bis 5 Mio. Euro auf (vgl. TNS INFRATEST 2008, S. 6) gelten also tendenziell als mittelständisch.

7 Aus diesem Grund gibt es bisher auch keine einheitliche Definition der mittelständischen Unternehmen in der Literatur. Im folgenden Beitrag sollen in Anlehnung an SIEMES und SEGBERS unter mittelständischen Unternehmen diejenigen Unternehmen verstanden werden, die kumulativ die folgenden Kriterien erfüllen: Jahresumsatz ≤ 50 Mio. EUR, Mitarbeiterzahl ≤ 500 Personen, Einheit von Eigentum und Leitung sowie natürliche Personen als Eigentümer (SIEMES und SEGBERS, 2005, S. 230 f.)

Tabelle 2-1: Rentabilität der VR-Banken im Zeitablauf (Quelle: Eigene Darstellung[8])

	2005	2006	2007
Bilanzsumme (Mrd. Euro)	585,6	603,2	627,3
Zinsüberschuss (in v. H. der mittleren Bilanzsumme)	2,41 %	2,25 %	2,09 %
Provisionsüberschuss (in v. H. der mittleren Bilanzsumme)	0,67 %	0,68 %	0,69 %

Wettbewerber

Neben den VR-Banken gehören auch die Sparkassen zu den klassischen Finanzierungspartnern der mittelständischen Kunden in Deutschland. Die Sparkassen sind der S-Finanzgruppe zugeordnet, die ähnlich strukturiert ist wie der genossenschaftliche FinanzVerbund. Die 446 rechtlich und wirtschaftlich selbstständigen Sparkassen sind durchschnittlich zwei- bis dreimal so groß wie die VR-Banken.

Seit 2004 positioniert sich auch die Commerzbank mit dem eigenen Vorstandsbereich Mittelstandsbank wieder verstärkt im Firmenkundengeschäft. Zielgruppe sind vor allem Unternehmen mit einem Jahresumsatz ab 2,5 Mio. Euro. Bedingt durch die gesellschaftsrechtlichen Veränderungen bei der Commerzbank ist für die Zukunft davon auszugehen, dass diese wieder verstärkt im klassischen Privat- und Firmenkundengeschäft tätig wird (vgl. OSMAN 2009). Im so genannten gehobenen Mittelstandsgeschäft kann auch die Deutsche Bank ein relevanter Wettbewerber werden (vgl. Abb. 2-2).

8 Eigene Berechnungen auf Basis der ausgewiesenen konsolidierten Jahresabschlüsse des genossenschaftlichen FinanzVerbundes für die Jahre 2007 und 2006 (BVR 2007; BVR 2006).

Abbildung 2-2: *Zielgruppen und Bankenpositionierung (nicht abschließende Aufzählung der Wettbewerber) (Quelle: Eigene Darstellung)*

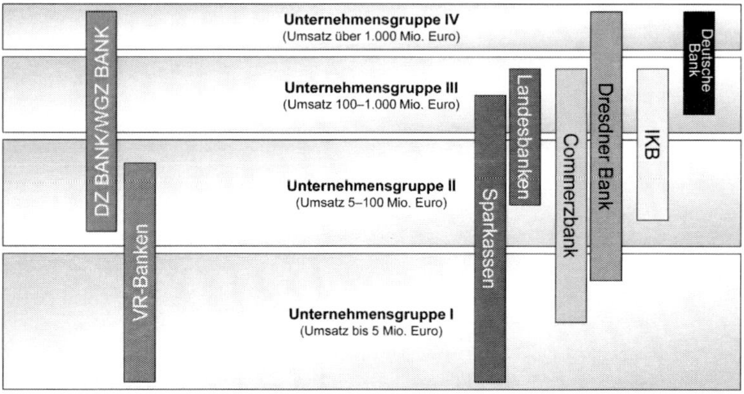

Wettbewerb

Zur Beschreibung der Wettbewerbsintensität im Firmenkundengeschäft soll im Folgenden auf das so genannte „Bankenrating"[9] der ASU rekurriert werden.[10] Beim „Bankenrating" werden unter anderem diese Banken und Bankengruppen als Beurteilungsobjekte berücksichtigt:

- Commerzbank,
- Deutsche Bank,
- Dresdner Bank,
- VR-Banken,
- Hypo-Vereinsbank sowie
- Sparkassen.

9 Das „Bankenrating" stellt keine Bonitätsbeurteilung dar, sondern die subjektive Beurteilung von ausgewählten Banken basierend auf einer schriftlichen Mitgliederumfrage.

10 Die drei Buchstaben stehen als Kürzel für *„Die Familienunternehmer – ASU e.V."*. Bei diesem Verein handelt es sich um den Zusammenschluss von etwa 5.000 mittelständischen Familienunternehmen aus Deutschland. Im Jahr 2003 hat der Verein als Reaktion auf die öffentlich intensiv diskutierte Umsetzung von Basel II erstmalig eine Beurteilung der Banken vorgenommen, mit denen die mittelständischen Unternehmen und Mitglieder in Geschäftsbeziehungen stehen. Vgl. hier und nachfolgend ASU (laufende Jahrgänge der Banken-Rating-Ergebnisberichte).

Seit 2003 werden mittels eines standardisierten Fragebogens, der zeitlich invariante Inhalte hat, die Mitgliedsunternehmen jährlich nach deren Meinung in Bezug auf drei Konstrukte je Bankengruppe und Bank befragt: *Mittelstandsorientierung, Betreuungsqualität* und *wettbewerbsfähige Konditionen*. Benotet wird in der Schulnotensystematik mit 1 für sehr gut und 6 für ungenügend. Jedes Konstrukt wird durch mehrere Kriterien konkretisiert (vgl. Tab. 2-2).

Tabelle 2-2: *Inhaltliche Struktur des ASU-Bankenrating (Quelle: Eigene Darstellung)*

Aspekt	Kriterien
Mittelstandorientierung	■ Bank verfolgt eine erkennbare mittelstandsorientierte Strategie ■ Bank orientiert sich in ihrer Kommunikation an den Bedürfnissen der mittelständischen Unternehmen ■ Bank nimmt in ihrer Vorgangsbearbeitung Rücksicht auf die Bedürfnisse mittelständischer Kunden
Betreuungsqualität	■ Beratungskompetenz ■ Kontinuität der Ansprechpartner ■ Kontinuität der Konditionen ■ Transparenz der Entscheidungen ■ Verlässlichkeit als Geschäftspartner
Wettbewerbsfähige Konditionen	■ Kreditzinsen ■ Gebühren ■ Bewertung von Sicherheiten

Die einfachen Mittelwerte aus den Noten der einzelnen Fragen ergeben die Teilnote für das Konstrukt und die einfachen Mittelwerte der Teilnoten wiederum die Gesamtnote für eine Bank oder Bankengruppe.

Um nun die Indikatoren für die Wettbewerbsintensität auf dem Finanzdienstleistungsmarkt mit mittelständischen Unternehmen abzuleiten, soll folgende Interpretation der Ergebnisse des *ASU* verwendet werden. Allgemein kann das Konstrukt *Mittelstandsorientierung* als Ausdruck für die **strategische Relevanz** dieses Geschäftsfelds für einen Wettbewerber interpretiert werden. Dies führt zu der Hypothese: Je besser die Note über alle Banken ist, desto höher ist die Anzahl der konsequent interessierten Wettbewerber in diesem Geschäftsfeld. Während die wettbewerbsfähigen Konditionen als Ausdruck des **Preiswettbewerbs** verstanden werden können und mit der Aussage verbunden werden können: je besser die Note, desto höher der Preiswettbewerb, kann die Betreuungsqualität mit einem **Servicewettbewerb** gleichgesetzt werden. Hier gilt die Aussage: je besser die Note, desto intensiver der Servicewettbewerb.[11]

Zur Ableitung der Stärke der Wettbewerbsintensität soll unterstellt werden, dass eine gute Note das Ergebnis einer stärkeren Kundenorientierung ist. Diese wiederum ergibt sich aus der geschäftspolitischen Zielsetzung, im mittelständischen Firmenkundengeschäft entweder wieder nachhaltig Marktanteile zu gewinnen und/oder die Kundenbindung zu intensivieren. Werden die Ergebnisse für 2003 und 2007 miteinander verglichen, ist zu konstatieren, dass die Wettbewerbsintensität im Zeitablauf deutlich zugenommen hat.

Der Nullpunkt des Diagramms in Abb. 2-3 stellt den aus Sicht der Firmenkunden besten Zustand dar. Je näher das Wertetripel an diesem Nullpunkt liegt, desto intensiver ist also der Wettbewerb. Wie in der Abb. 2-3 zu sehen, hat nach dieser Interpretation der Wettbewerb nicht nur insgesamt, sondern vielmehr auch in allen betrachteten Dimensionen deutlich zugenommen.[12]

11 Aufgrund der Kriterien, die zur Konkretisierung des Faktors „Servicewettbewerb" genutzt werden, ist es idiomatischer, von einem Servicewettbewerb im engeren Sinn zu sprechen, da wesentliche Komponenten eines Servicewettbewerbs, wie zum Beispiel Bearbeitungs- und Kreditantragsbearbeitungszeiten, hier nicht berücksichtigt werden.

12 Zu einem ähnlichen Ergebnis kommt RADDAO, der als Analyseinstrument die Wettbewerbskräfte nach PORTER, damit also den Market-based-View, verwendet (RADDAO 2008, S. 8 ff.).

Abbildung 2-3: *Wettbewerbsindikatoren auf Basis des ASU-Bankenratings (Quelle: Eigene Darstellung)*

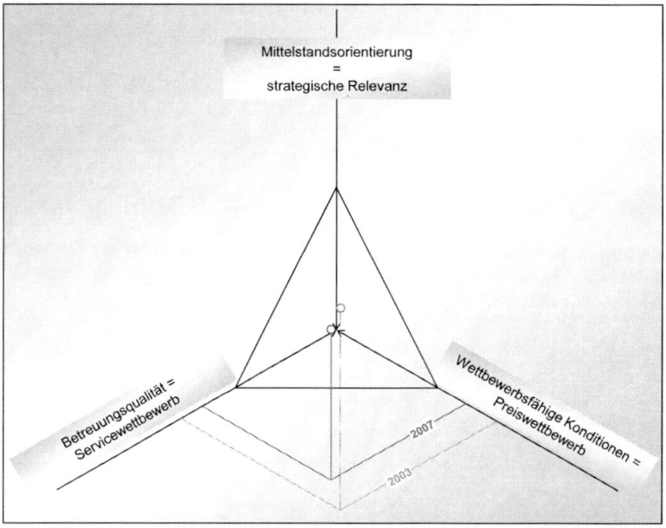

2.2 Wettbewerbsstruktur für Softwareanbieter

Die genossenschaftlichen Primärbanken in Deutschland werden im Wesentlichen von zwei IT-Dienstleistern, der GAD eG und der Fiducia IT AG, unterstützt. Die derzeitige regionale Aufteilung zwischen den beiden Gesellschaften zeigt die Abb. 2-4. Diese beiden IT-Dienstleister stellen für die VR-Banken die Kernbankenrechensysteme, von Dritten gelieferte Standardsoftware (z. B. Textverarbeitungs- oder Tabellenkalkulationsprogramme) und bankenspezifische Soft- sowie Hardware bereit. Aufgrund sehr hoher Wechselkosten ist die Entscheidung einer Primärbank für das Angebot einer der beiden Rechenzentralen langfristig bindend. Beide sind das Ergebnis intensiver Fusionsprozesse der Vergangenheit.

Die GAD eG ist ihres Zeichens IT-Dienstleister, Rechenzentrum und Softwarehaus für etwa 440 Volks- und Raiffeisenbanken und bietet diesen mit dem System bank21® die Softwarelösung für die Kernprozesse (vgl. GAD 2008, S. 1). Zudem entwickelt die GAD Anwendungssoftware für die WGZ Bank, die DZ Bank und die WL Bank (vgl. MOORMANN und SCHMIDT 2007, S. 78).

Die Fiducia IT AG betreut mit ähnlichem Aufgabeninhalt etwa 800 VR-Banken und bietet diesen mit BAP agree® die zentrale Anwendung für die Bank an.

Beide Rechenzentralen stellen ihren Bankenkunden leistungsfähige Kernbanksysteme zur Verfügung, die jedoch deutlich an den Erfordernissen des Privatkunden- und Retailgeschäfts ausgerichtet sind. Aus diesem Grund ist die Nutzbarkeit dieser Anwendungen für das Firmenkundengeschäft eher eingeschränkt und bietet Platz für komplementäre Anbieter von Lösungen wie die BMS mit MinD.banker.

Des Weiteren unterscheiden sich die strategischen Vorgaben der beiden Rechenzentralen voneinander. Während die Fiducia IT AG sich strategisch so aufstellt, grundsätzlich alle relevanten Leistungen aus einer Hand anzubieten, ermöglicht die GAD den Banken, Drittanwendungen für Spezialfälle oder durch das eigene Bankensystem nicht abgedeckte Funktionsbereiche zu nutzen (so genannte Expertenlösungen). Neben der rein technischen Lauffähigkeit ist auch die Möglichkeit verbunden, auf Daten der Bank zugreifen zu können, um diese softwarezieladäquat zu nutzen.

Abbildung 2-4: *Gebietsverteilung der IT-Gesellschaften im genossenschaftlichen Verbund (Quelle: MOORMANN UND SCHMIDT 2007, S. 77)*[13]

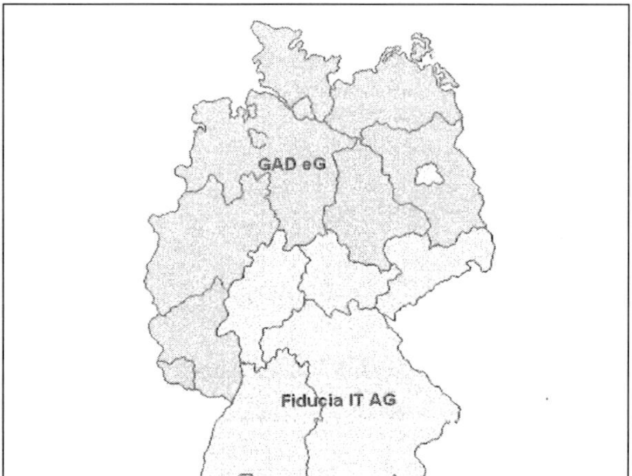

[13] Abweichend von dieser Darstellung betreut die Fiducia IT AG die Banken im Saarland sowie im südlichen Teil von Rheinland-Pfalz.

2.3 Trends im Firmenkundengeschäft

Aufgrund des intensiven Preiswettbewerbs bei austauschbaren Produkten wie langfristige Finanzierungen oder Zahlungsverkehrsleistungen und der flachen bis inversen Zinsstrukturkurve ergaben sich für viele Banken erhebliche Ergebniseinbußen. Daher verlagert sich der Produktfokus weg von den stark im Preiswettbewerb stehenden Produkten des klassischen Bankengeschäfts hin zu Dienstleistungen und Provisionsgeschäften, die weniger stark im Wettbewerb stehen (vgl. Abb. 2-5). Jedoch stellt diese Erweiterung des Produktangebots keine vollständige neu ausgerichtete Produktpolitik dar, sondern vielmehr werden nun in der Vergangenheit relativ unbedeutende Produkte aus Sicht der Banken in den Vordergrund gerückt, um Ertragseinbußen im Zinsgeschäft zu kompensieren. In diesem Zusammenhang können die Banken vielmehr als Absatzintermediäre für dritte Finanzdienstleiter betrachtet werden. Diese sind vor allem die Verbundpartnerunternehmen wie die VR-Leasing, die VR-Factorem und die Zentralbanken.

Im Rahmen des Firmenkundengeschäfts bedingt diese strategische Vorgehensweise jedoch eine bedeutende Änderung der für den Produktabsatz notwendigen Informationsflüsse. So muss durch den Firmenkundenbetreuer das notwendige Wissen beim Firmenkunden erfasst und zweckorientiert vernetzt und ausgewertet werden, um Produktbedarfe frühzeitig zu erkennen und Lösungsansätze aus dem Produktportfolio der Bank anzubieten und dessen Vorteilhaftigkeit darzustellen.[14] Dass vor allem die Kundenbindung im Rahmen des so genannten Relationship-Banking intensiviert werden soll, entspricht der Annahme, dass es weitaus günstiger ist, einen bestehenden Kunden zu binden als einen neuen Kunden zu akquirieren. Zusammenfassend kann formuliert werden, dass die Banken versuchen, die Profitabilität der bestehenden Kundenbeziehungen vor allem durch Cross- und Up-Selling zu erhöhen.

14 Ein gutes Beispiel für diese Vorgehensweise unter Verwendung der noch zu erläuternden Software MinD.banker liefern SEGBERS und VOGT (2008), S. 468 ff.

Abbildung 2-5: *Links: Schematische Ergebnisstruktur (Quelle: in Anlehnung an* DUHNKRACK *2002); rechts: Produkt-Markt-Matrix nach Ansoff (Quelle:* ANSOFF *1965, S. 98 f.)*

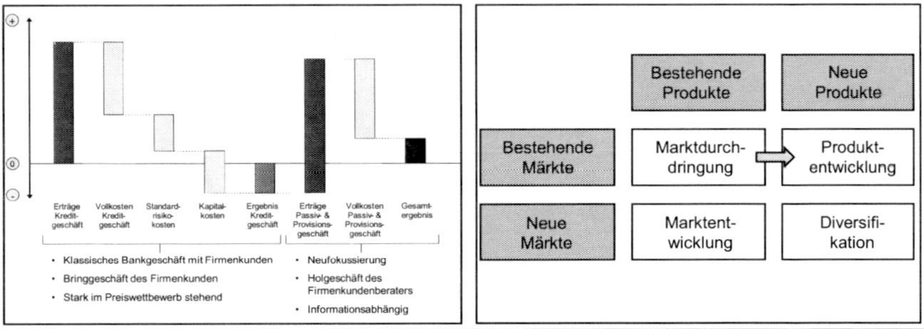

Verbunden mit den veränderten Finanzierungsrahmenbedingungen für mittelständische Unternehmen, resultierend aus Basel II, ist anzunehmen, dass diese Unternehmen in den kommenden Jahren vermehrt alternative Finanzierungsformen wie zum Beispiel Leasing, Factoring oder Mezzanine-Finanzierungen nutzen werden.[15] Damit einher geht ein weiterer Bedeutungsverlust des klassischen Kredits als Ankerprodukt und Säule der Kundenbindung, die im Kontext der Charakteristika des Ankerprodukts eher in vertraglicher Gebundenheit statt emotional-mentaler Verbundenheit zu sehen ist. Um diese Entwicklung zu kompensieren, nimmt der Firmenkundenberater im Sinne des Relationship-Banking eine zentrale Rolle ein: Er ist die Schnittstelle zwischen Unternehmen und Bank. Es ist die Aufgabe des Firmenkundenbetreuers, den Kunden mit Fokus auf seine Produktbedarfe zu analysieren, das entsprechende Produktangebot der VR-Bank zu kommunizieren und zu verkaufen.

Als wichtigste Maßnahme im Rahmen der strategischen Entwicklung der Volks- und Raiffeisenbanken kann der Firmenkundenbetreuungsansatz mit dem Titel „VR-FinanzPlan Mittelstand" bezeichnet werden. Schwerpunkt dieses Ansatzes ist die dialoggestützte ganzheitliche Firmenkundenbetreuung, die sich auf die künftige Entwicklung des Firmenkunden bezieht. Zusammen mit der vom BVR entwickelten Konzeption wurden umfangreiche Unterlagen sowie Medien in Form von Broschüren etc. an die VR-Banken verteilt. Ziel dieses Konzepts ist eine nachhaltige Verbesserung des Vertriebs und der Erträge im Firmenkundengeschäft zu erreichen (vgl. DEHNE 2005, S. 22).

15 So weist zum Beispiel der Bundesverband Deutscher Leasing-Unternehmen (BDL) für das Jahr 2008 ein Wachstum von 3,3 % und einen Anteil von etwa 54 % bei den außenfinanzierten Investitionen im Anlagevermögen aus (BDL 2008).

Da es bis zum Jahr 2006 keine softwareseitige Unterstützung für diese Strategie im Firmenkundengeschäft gab, hat die BMS zusammen mit der GAD eG die Software MinD.banker entwickelt. Die damit zusammenhängende Aufgabenteilung war dergestalt, dass die BMS die betriebswirtschaftlichen und bankfachlichen Inhalte konzeptionell entwickelt und deren Programmierung zusammen mit der Eudemonia Solutions AG umgesetzt hat. Die Aufgabe der GAD ist es, die Datenbereitstellung zu gewähren. Denn die Funktionen von MinD.banker basieren auf den umfangreichen Daten in der Firmenkundenbank, die vertriebs- und risikoorientiert vernetzt und ausgewertet werden sollen.

3 Vorstellung der BMS-Consulting

3.1 Historie

Die BMS Berens Mosiek Siemes Consulting GmbH wurde im Jahr 2001 gegründet. Nach erfolgreichen Softwareentwicklungen und vielfältigen Praxiserfahrungen in der Unternehmensberatung sowie der Beratung öffentlicher Verwaltungen und Behörden wurde im Jahr 2004 zusammen mit der WGZ BANK AG und der Stiftung Industrieforschung die Software MinD.unternehmer entwickelt. Diese Software wird gratis über die teilnehmenden VR-Banken an die mittelständischen Firmenkunden dieser Institute verteilt.[16]

Aufbauend auf den Erfahrungen mit dem genossenschaftlichen Sektor und dem tiefen Problemverständnis im Firmenkundengeschäft entstand die Idee zur Entwicklung der Software MinD.banker. Ausgangspunkt der inhaltlichen Überlegungen war, dass die Banken aufgrund des bisherigen Geschäfts als Kreditgeber über eine Fülle von unternehmensbezogenen Informationen verfügen, die lediglich zu risikoorientierten Zwecken verwendet, nicht jedoch als Grundlage vertriebsorientierter Maßnahmen herangezogen werden. Diese Nutzungslücke wurde auch nicht durch die damals verfügbaren Anwendungen der Rechenzentralen gefüllt, so dass die Konzeption VR-FinanzPlan Mittelstand (vgl. Abschnitt 2.3), die als zentrales Instrument der strategischen Neuausrichtung fungiert, softwareseitig nicht unterstützt wird. Mit der Entwicklung von MinD.banker und den damit verbundenen Beratungs- und Einführungsprojekten konnte sich die BMS neben den Rechenzentralen und trotz der Kooperation mit der GAD technisch unabhängig von diesen als Nischenanbieter für firmenkundenspezifi-

16 Für Informationen zu MinD.unternehmer vgl. http://www.min-d.de.

sche Lösungen erfolgreich positionieren. Heute gilt MinD.banker mit über 150 Installationen als etablierter Standard im Firmenkundengeschäft der VR-Banken.

Aufgrund der Kooperation mit der GAD eG wurde dabei zunächst deren relevantes Geschäftsgebiet in den Fokus der vertrieblichen Aktivitäten genommen (vgl. Abb. 2-4). Nachdem sich jedoch schnell eine Vielzahl von VR-Banken für die Softwarelösung MinD.banker entschieden hatte und damit die kundenseitige Mund-zu-Mund-Propaganda weit streute, wurden auch Anfragen aus dem Fiducia-Gebiet aufgenommen.

3.2 Vertriebsprozess

Der Vertrieb der Software kann mit dem folgenden typischen Prozess beschrieben werden (vgl. Abb. 3-1). Aufbauend auf einer potenzialorientierten Beurteilung werden im ersten Schritt die Banken durch die BMS kontaktiert. Im Regelfall erfolgt diese Ansprache initiativ durch die BMS, jedoch gibt es aufgrund der sehr starken formellen und informellen Vernetzung zwischen den VR-Banken oftmals direkte Anfragen an die BMS. In einem ersten gemeinsamen Termin wird den relevanten Nutzer- und Entscheidungsebenen in der Bank das Programm vorgestellt. Im Anschluss daran wird den Interesse bekundenden Banken ein Angebot inklusive Demoversion zum Testen angeboten. Die Demoversion beinhaltet exemplarische Fälle, anhand derer die Optik und die Anwenderfreundlichkeit durch die Banken getestet werden kann. Eine Nutzung auf den Echtdatenbestand der Bank ist nicht möglich. Aufgrund der flexiblen Adaption der Software auf die Anforderungen der jeweiligen VR-Bank wird mit dem Kauf der Software immer auch ein Einführungsprojekt im Produktbündel angeboten. Dies beinhaltet sowohl für die BMS als auch für die jeweilige Kreditgenossenschaft Vorteile. Die Bank kann sichergehen, dass die Einführung der Softwareanwendung und die prozessuale Integration professionell begleitet werden. Dies mündet in einer intensiven Begleitung des ggf. anzustoßenden Change Management (CM)-Prozesses in der Bank. Für die BMS liegt der Vorteil darin, dass sie die künftigen Anwender und deren Charaktere kennenlernt. Aufgrund der strukturierten Einführung ist die Wahrscheinlichkeit höher, dass die nachhaltige Nutzung der Software gegeben ist. Gleichzeitig bekommt die Anwendung ein „Gesicht“, das stellvertretend für die BMS den Kunden in allen weiteren Situationen der Geschäftsbeziehung zur Verfügung steht.

Abbildung 3-1: *Vertriebsprozess MinD.banker (Quelle: Eigene Darstellung)*

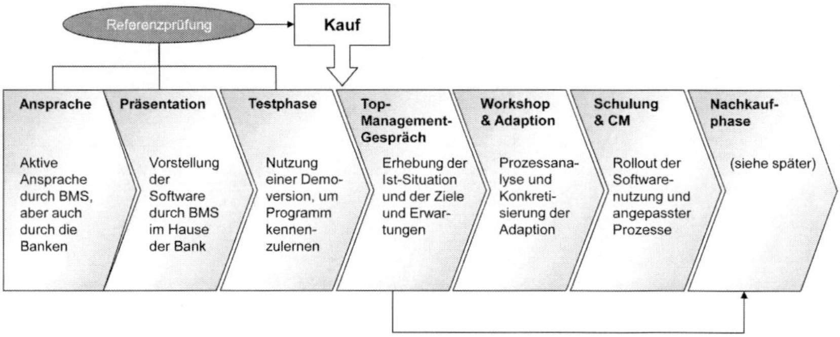

Nach Abschluss des Kauf- und ggf. Einführungsberatungsvertrags werden die individuellen Rahmenbedingungen, Zielsetzungen und Anforderungen mittels eines Top-Management-Gesprächs und fachlicher Workshops ausführlich erhoben und intensiv diskutiert. Nach Festlegung des strukturellen Unterbaus wird die Software in der Bank installiert und durch die BMS konfiguriert. Beim letzten Schritt werden die institutsinternen Administratoren in den Konfigurationsmöglichkeiten der Anwendung on-the-job geschult. Das Prinzip des trainings-on-the-job wird ebenfalls für die fachlichen Anwender wie Firmenkundenberater oder Risikoanalysten angeboten. Individuelle Schulungen der Software an konkreten Inhalten des Alltags erfolgen im Anschluss an eine anwenderweite Vorstellungs- und Schulungsveranstaltung. Dies gewährleistet, dass die Anwender die grundsätzliche Struktur des Programms bereits kennen und ggf. die Möglichkeit haben, im Vorfeld des trainings-on-the-job mit der Anwendung zu arbeiten. Zusammen mit der Leitungsebene werden die erarbeiteten Prozessanpassungen oder -änderungen den Beteiligten vorgestellt. Zusammen mit der Leitung wird auch abschließend der Fahrplan für die weitere Zusammenarbeit vorgestellt, der die Ausgestaltung der Nachkaufphase zum zentralen Gegenstand hat und im Abschnitt 4 detailliert beschrieben wird.

3.3 Vorstellung der Software MinD.banker

MinD.banker ist für die Zielgruppe der genossenschaftlichen Banken eine innovative Anwendung. Die Abkürzung MinD steht für *Ma*nagement*in*strumente und *D*ialog und fungiert als Dachmarke für die einzelnen Produktdifferenzierungen, mit denen unterschiedliche Zielgruppen wie zum Beispiel mittelständische Unternehmen

(MinD.unternehmer), Berater mittelständischer Unternehmen (MinD.berater) oder die Banken mittelständischer Unternehmen (MinD.banker) angesprochen werden.

Mit MinD.banker sind die VR-Banken in der Lage, automatisch alle firmenkundenrelevanten Daten wie beispielsweise Jahresabschluss- und Ratingdaten sowie Kundenstammdaten etc. zusammenzuführen und sowohl für Risiko- als auch für Vertriebszwecke zu verwenden.[17] Auf Basis dieser Informationen können mit geringem Aufwand Berichte und Präsentationen erstellt werden, die den selbstgesetzten Qualitätsanspruch der Bank deutlich in Richtung der Firmenkunden kommunizieren. Dies stellt einen Vorteil gegenüber den anderen Banken und Bankengruppen dar, da es aktuell keine vergleichbare Lösung in laufender Anwendung gibt. Aus BMS-internen Studien ist bekannt, dass insbesondere die Verbesserung des Außenauftritts der Banken und Firmenkundenberater sowie die Operationalisierung des Qualitätsführeranspruchs entscheidende Vorteile in der Wahrnehmung der Firmenkunden sind.

MinD.banker umfasst die Module MinD.banker/Beratung, MinD.banker/Kredit sowie MinD.banker/Vertriebsmanagement. Während erstgenanntes dazu dient, die Datenzusammenführung, -auswertung und -aufbereitung für den vertrieblichen Zweck vorzunehmen, liegt der Fokus bei MinD.banker/Kredit darin, kreditrisikobezogene Prozesse der Banken zu unterstützen. MinD.banker/Vertriebsmanagement ist ein Baustein, mit dem die Vertriebssteuerung unterstützt wird, indem aktivitäts- und wertorientierte Steuerungsinformationen erfasst und aufbereitet werden.

MinD.banker zeichnet sich für die BMS als Anbieter dadurch aus, dass komplementär zum Verkauf der Nutzungslizenz konzeptionelle Beratungsleistungen angeboten werden können. Grundlage dafür ist vor allem die inhaltliche Flexibilität der Software. Um diese näher zu erläutern, soll die grundsätzliche Systematik des Moduls MinD.banker kurz vorgestellt werden (vgl. Abb. 3-2).

17 Es mag den Leser verwundern, dass dies einen innovativen Charakter für die VR-Banken hat. Aber bedingt durch die eher auf das Privatkundengeschäft ausgelegte Softwareentwicklung der Rechenzentralen waren diese Aspekte bis vor einiger Zeit nicht im Fokus der Verantwortlichen.

Abbildung 3-2: *Grobe schematische Darstellung der Funktionen der Software MinD.banker (Quelle: BMS)*

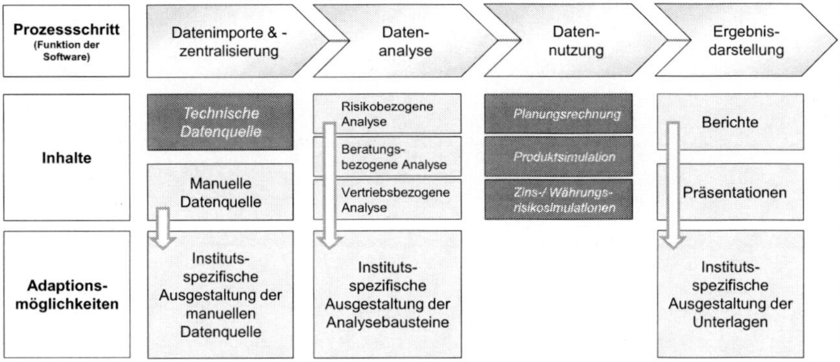

Grundlage der Softwarenutzung sind Daten, die bereits in der Bank vorliegen und über standardisierte Schnittstellen importiert werden (technische Schnittstelle). Die Bereitstellung der relevanten Kundenstamm- und -bewegungsdaten erfolgt durch die Rechenzentralen. Diese kundenbezogenen Daten, die aus verschiedenen Anwendungen entstammen, werden in MinD.banker zusammengeführt. Dies beinhaltet keine institutsindividuellen Freiheitsgrade. Zusätzlich zu diesem standardisierten Set an Daten werden die Informationen erfasst, die im Rahmen der dialoggestützten Betreuung der gewerblichen Kunden erhoben werden (manuelle Schnittstelle). Da diese Betreuungsform hochgradig davon abhängig ist, welche Konzeption umgesetzt wird,[18] ist diese Schnittstelle vollkommen flexibel.

Die Breite und Tiefe der Datenanalyse ist ebenfalls abhängig von den institutsspezifischen Vorgaben, die im Rahmen der Softwareeinführung erhoben werden. Die Datenanalyse erfolgt mit den Dimensionen Risiko, Beratung und Vertrieb. Während erstere darauf abzielt, die Risikoposition des Kunden zu erfassen (so z. B. über Kapitaldienstfähigkeitsberechnungen und Ratinganalysen), ist die Beratungsdimension dahingehend ausgestaltet, den Firmenkundenberatern betriebswirtschaftliche Analysen bereitzustellen, die in den Beratungsgesprächen mit den Firmenkunden als Diskussionsgrundlage nutzen kann. Nukleus der vertriebsbezogenen Datenanalyse stellt ein Expertensystem dar, das vollständig flexibel ausgestaltet ist. Aufgabe dieses Expertensystems ist es, durch die vertriebsintelligente Verknüpfung der im ersten Schritt erfass-

18 Aufgrund der Heterogenität der VR-Banken haben sich viele Beratungsunternehmen aufbauend auf dem Trend zum strukturierten Betreuungsdialog mit dem Firmenkunden mit eigenen konzeptionellen Lösungen positioniert. Zu nennen sind zum Beispiel der SHT-Mittelstandsdialog, der UnternehmerDialog der BBE oder der Wertkettenansatz der BMS.

ten Daten Cross-Selling-Ansätze zu identifizieren, die im weiteren Prozess der Kundenbetreuung durch den Firmenkundenberater genutzt werden können. In der Erstauslieferung der Software ist zwar eine Konfiguration des Expertensystems enthalten, deren Umfang sich bereits aus dem Wissen der in die Softwareentwicklung integrierten Banken und Verbundunternehmen speist. Aufgrund der Heterogenität der VR-Banken und den jeweils geschäftspolitischen Schwerpunkten wird dieses in der Regel jedoch angepasst.

Aufbauend auf den hinterlegten betriebswirtschaftlichen Daten des Firmenkunden können Planungs- und Simulationsrechnungen vorgenommen werden.

Hinsichtlich der Ergebnisdarstellung ist wiederum zwischen verschiedenen Ansätzen zu unterscheiden. Neben den bereits erwähnten identifizierten Cross-Selling-Impulsen ist die Darstellung der Kundengesprächsergebnisse für die Banken von großer Bedeutung. Es handelt sich hierbei um Berichte in Form von Exposés oder Präsentationen, die die vorhandenen Informationen zweckorientiert und flexibel kombinieren und auch grafisch veranschaulichen.

Die Darstellung dieser Informationen wird über marktübliche Software zur Textverarbeitung oder Präsentationserstellung vorgenommen. Als Instrument der strategischen Positionierung steht diese Funktion im Zentrum des Interesses und der Aufmerksamkeit der Kreditgenossenschaften – nicht zuletzt auch deswegen, weil mit diesen Unterlagen ein erlebbares Zeichen der Positionierung der VR-Bank gesetzt wird.

Die in den einzelnen Schritten knapp dargestellten Freiheitsgrade in der Ausgestaltung der Software begründen für die BMS die Möglichkeit, in der Nachkaufphase wiederholt Kundenkontakte zu nutzen, um Informationen zu sammeln und Cross-Selling-Aktivitäten vorzunehmen. Denn, obwohl die VR-Banken in den Funktionen geschult werden und diese die Anpassungen selbstständig vornehmen können, ist es für diese vorteilhaft, im Sinne der spezialisierten Arbeitsteilung auf die Ressourcen der BMS zurückzugreifen, um Anpassungen in der Adaption der Software vorzunehmen.

4 Die Nachkaufphase als Grundlage des Aufbaus von Wettbewerbsvorteilen

4.1 Begründung der Bedeutung der Nachkaufphase

Im Sinne des informationsökonomischen Ansatzes können Güter nach den Leistungsmerkmalen Such-, Erfahrungs- und Vertrauenseigenschaften unterschieden werden (vgl. MEFFERT 1998, S. 23 f.). Bei Gütern mit hohen Sucheigenschaften kann die Beschaffenheit und Qualität eines Gegenstands vor dem Kauf durch den Kunden geprüft werden (z. B. bei Innentüren). Demgegenüber lässt sich bei Produkten mit hohen Erfahrungseigenschaften erst nach dem Kauf beurteilen, ob die versprochene Leistung eingehalten wird (z. B. bei Autowerkstätten) (vgl. MÜLLER, BRANDL und PASSARGE 2007, S. 293). Wiederum anders ist es bei den Gütern, die ein hohes Maß an Vertrauenseigenschaften besitzen. Bei diesen kann der Kunde vor oder nach dem Kauf nicht prüfen, ob die versprochenen Eigenschaften bzw. die Qualität tatsächlich stimmen, das heißt, er muss darauf vertrauen (z. B. bei Steuerberatungsdienstleistungen). In Abhängigkeit der mehrheitlich vorhandenen Eigenschaften ergeben sich Unterschiede in der Vermarktung der betrachteten Leistung.

Die Leistungen der BMS, also die Software und die konzeptionelle Beratung, die komplementär angeboten wird, können vor diesem theoretischen Hintergrund wie folgt charakterisiert werden. Die Software MinD.banker besitzt im mehrheitlichen Umfang Erfahrungseigenschaften, da die tatsächliche Nutzbarkeit erst im laufenden, alltäglichen Prozess überprüft werden kann. Zwar können die Funktionen vor dem Kauf durch die Demoversion mit Beispieldaten betrachtet und analysiert werden, doch erst eine mehrmonatige Phase des Echteinsatzes versetzt die Anwender wirklich in die Lage einer fundierten Leistungsbeurteilung. Aufgrund der einfachen Möglichkeit, alle Berechnungen, Cross-Selling-Vorschläge und genutzten Daten objektiv zu überprüfen, hat die Software nur sehr wenige bis keine Vertrauenseigenschaften.

Die Einführungsberatung hingegen hat einen hohen Anteil an Erfahrungs- und Vertrauenseigenschaften. Denn obwohl die Ergebnisse der konzeptionellen Beratung im Geschäftsalltag kontrolliert werden können, fehlt eine konkrete Messbarkeit der Ergebnisse, zumal diese ihre volle Wirkung erst nach einigen Monaten entfalten. Aufgrund der zeitlichen Distanz können nun aber auch andere Einflussfaktoren wirken, die somit eine verzerrende Wirkung auf die Messbarkeit haben. Zudem stellt sich bei den Beratungsleistungen die Frage, ob die konzeptionelle Vorgehensweise die beste aller denkbaren Möglichkeiten ist.

Einen weiteren wichtigen Punkt stellt die Verteilung der gemachten Erfahrungen auf die einzelnen an der Beschaffung und der Einführung von Produkten beteiligten Mitarbeiter eines Unternehmens dar. Insbesondere gibt es eine Divergenz zwischen dem Adressaten des Leistungsversprechens durch den Anbieter und demjenigen, der erfährt, ob die versprochenen Leistungseigenschaften tatsächlich vorhanden sind. Für die BMS Consulting konkretisiert sich dies wie folgt: Der jeweilige Mitarbeiter der BMS trifft in der Bank mit dem jeweiligen für das Firmenkundengeschäft Verantwortlichen zusammen und stellt diesem sowie ggf. einem selektierten Kreis von Projektgruppenmitgliedern die Anwendung vor. Der Entscheider auf Seiten der Bank verschafft sich eine Vorstellung von der Leistungsfähigkeit der Software und der Beratung. Im Idealfall wird im Rahmen der Demophase die Demoversion der Software eingesetzt, welche jedoch nur einem Kreis von Personen zur Verfügung steht. Aufbauend auf den Ergebnissen der Projektgruppenmitglieder wird im Anschluss die Leistung kontrahiert. Nach Installation der Software und der Gestaltung der mit der Software zu unterstützenden Prozesse teilt der Entscheider entsprechend seiner Funktion in der Leitungsebene seinen Mitarbeitern sein Verständnis der Leistungsfähigkeit mit. Gleichzeitig gibt er auch Zielvorgaben für die Umsetzung vor. Die Firmenkundenberater und Risikoanalysen, die die fachlichen Hauptnutzer der Software sind und die Qualität der Prozesse in der alltäglichen Arbeit erfahren, sammeln Erfahrungen. Diese Erfahrungen werden ggf. zusammen mit dem Bericht über die Zielerreichung an die Leitungsebene kommuniziert, welche bei Bedarf mit dem Berater der BMS in Kontakt tritt, um über diese positiven und/oder negativen Erfahrungen zu berichten (vgl. Abb. 4-1).

Abbildung 4-1: *Grobe schematische Darstellung der organisationalen Beschaffung (Quelle: Eigene Darstellung)*

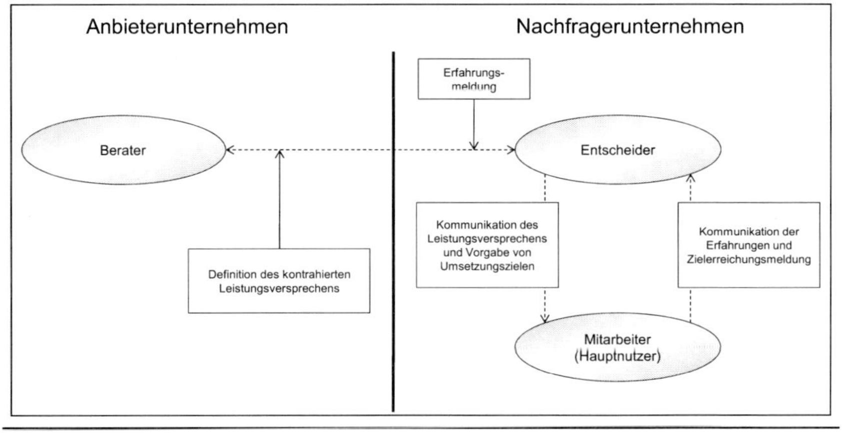

Es ist leicht vorstellbar, dass nur die positive Erfahrung mit der Leistung der BMS bei allen beteiligten Personen dazu führt, dass eine nachhaltig erfolgreiche Geschäftsbeziehung aufgebaut werden kann. Problematisch aus Sicht der BMS sind an dieser Situation drei Punkte: erstens das richtige Verständnis der kontrahierten Leistung beim Entscheider, zweitens die richtige Weitergabe des Leistungsversprechens durch den Entscheider an die Mitarbeiter und drittens die Möglichkeit der Exkulpation von unzureichenden Zielerreichungen über die Software. Wichtig ist also eine differenzierte Betrachtung der Erfahrungsebene in der Bank (vgl. Tab. 4-1). Die jeweilige Ausprägung einer Ebene hat mittelbar Einfluss auf die Erfahrungsbeurteilung der Organisation und muss daher stets ganzheitlich analysiert und berücksichtigt werden.

Tabelle 4-1: *Erfahrungen in der Bank (Quelle: Eigene Darstellung)*

Ebene	Beurteilungsschwerpunkte	Risiken
Kundenebene (Firmenkunde)	■ Beratungsergebnis begeistert Firmenkunden ■ Bestätigung der richtigen „Hausbankverbindung“	■ Erwartungshaltung des Firmenkunden nicht getroffen ■ Diskussionen über Ergebnisse, die nicht in der Anwendung, sondern in der Perspektive der Bank begründet sind
Operative Ebene (Firmenkundenberater)	■ Unterstützung und Arbeitserleichterung, Steigerung Vertriebserfolg ■ Fundierte Analyse und plausible Ergebnisse des Expertensystems ■ Verbesserte Position (Qualitätsführer)	■ Überforderung der Mitarbeiter ■ Änderungsaversion
Leitungsebene (Firmenkundenleitung, Vorstand)	■ Steigerung des Vertriebserfolgs ■ Reibungslose Einbindung in Prozesse der Mitarbeiter ■ Positive Außendarstellung	■ Fehlerhafte oder falsche Drittinformationen

Die Notwendigkeit, die hohen Anteile an Erfahrungseigenschaften der Leistung der BMS in der VR-Bank richtig zu platzieren und deren Einhaltung sowie die Wahrnehmung der Einhaltung zu gewährleisten, stellt die notwendige Bedingung für eine effektive Ausgestaltung der Nachkaufphase dar. Zusätzlich sind noch zwei hinreichende Bedingungen zu nennen.

Als erste hinreichende Bedingung muss hinzugefügt werden, dass die Software MinD.banker an organisationale Entwicklungen angepasst werden kann und somit laufender Bedarf der Anpassung der Software besteht (zum Beispiel bei Ausweitung des Nutzerkreises oder der Unterstützung zusätzlicher Prozesse). Die zweite hinreichende Bedingung resultiert daraus, dass in der Nachkaufphase Wettbewerbsvorteile entwickelt werden können – dies vor allem aus der Tatsache heraus, dass die klassischen Wettbewerber keine aktive Nachkaufphase vorweisen und die BMS somit positiv überraschen kann.

Schließlich sei darauf hingewiesen, dass der in der Nachkaufphase etablierte Vorteil nicht nur die Kundenbindung erhöht, sondern schon auf die Kaufentscheidung eines Dritten ausstrahlen und somit zum Bestandteil der Entscheidungsgrundlage eines neuen Kunden werden kann.

4.2 Ziele und Aufgaben

Die Ziele der Ausgestaltung der Nachkaufphase können in verschiedene Gruppen unterteilt werden (vgl. Abb. 4-2). Oberste Zielsetzung ist, Kundenbindung zu erreichen. Kundenbindung wird in diesem Zusammenhang von der BMS nicht in der Gebundenheit gesehen, die sich zum Beispiel aus den Laufzeiten der Lizenzverträge für die Software ergeben, sondern in der Verbundenheit der Kunden. Nur durch die Möglichkeit, die Kunden nachhaltig mit den Leistungen und dem Unternehmen zu verbinden, schafft die Basis für künftiges Cross-Selling (z. B. zusätzliche Softwaremodule und Beratungsleistungen). Unter diese Kundenbindung wird auch die genannte notwendige Bedingung aufgrund der organisationalen Beschaffung subsumiert.

Zusätzlich zu den direkten vertriebsbezogenen Zielen dient die Nachkaufphase der Informationsgewinnung für die BMS: zum einen über die Nutzungsintensität in der Bank, um etwaige Probleme, die die nachhaltige Geschäftsbeziehung negativ beeinflussen können, frühzeitig zu erkennen und zum anderen, um sich entwickelnde Bedarfsänderungen oder -erweiterungen zu identifizieren und in den Weiterentwicklungsprozess der Software zu integrieren. Dazu und nicht ganz trennscharf abgrenzbar gehört auch das Lernen vom Kunden. Aufgrund der Flexibilität der Software MinD.banker entwickeln viele der Banken unabhängig von der Mitwirkung der BMS eigene Adaptionselemente. Diese werden systematisch gesammelt und in folgenden Projekten im Sinne eines Best-Practice vorgestellt.[19]

Als kommunikationspolitische Ziele verfolgt die BMS die Schaffung von Referenzkunden. Denn wie in Abschnitt 4.1 dargestellt, muss die vor Vertragsabschluss bestehende Informationsasymmetrie hinsichtlich der Leistungsfähigkeit der Software auch durch unabhängige bzw. im Vergleich zur BMS glaubwürdigere Akteure bestätigt werden, um den Akquisitionsprozess effizient auszugestalten. Weiterhin können mittels der Nachkaufphase auch Pilotkunden identifiziert werden. Mit diesen sollen Weiterentwicklungen der Software diskutiert und auf ihre Praxistauglichkeit hin untersucht werden. Pilotkunden zeichnen sich durch eine hohe Abstraktionsfähigkeit der Mitarbeiter und den intensiven täglichen Einsatz der Software MinD.banker aus.

Abbildung 4-2: *Wichtige Ziele und Aufgaben der Ausgestaltung der Nachkaufphase (Quelle: Eigene Darstellung)*

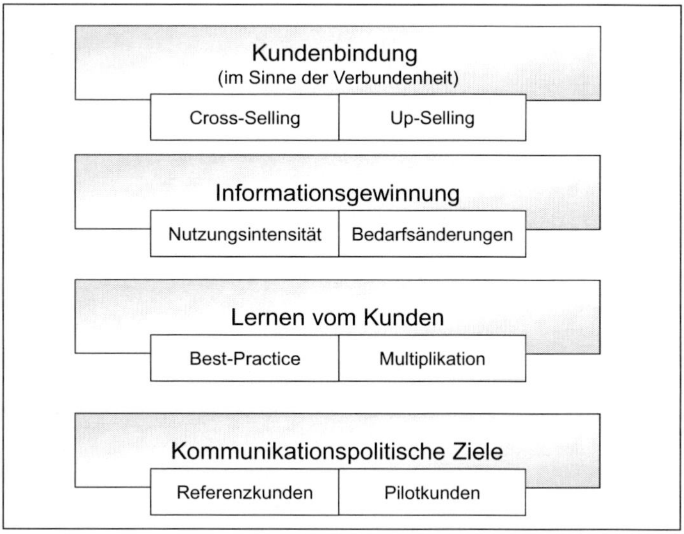

[19] Da die VR-Banken aufgrund des Regionalprinzips nur bedingt im Wettbewerb miteinander stehen, ist die Weitergabe dieser Best-Practice-Ansätze in der Regel möglich. Dennoch werden die Banken vor Weitergabe dieser Ansätze nach ihrer Genehmigung gefragt.

4.3 Bausteine der Nachkaufphase

Um die vorgenannten Ziele zu erreichen, wurden verschiedene Bausteine definiert, die als erfolgversprechend gelten. Wenngleich nur die kumulative Nutzung aller Bausteine die höchste Wahrscheinlichkeit einer nachhaltigen Kundenbindung begründet, können diese in Abstimmung mit der jeweiligen Bank modularisiert werden. Im Folgenden sollen die Bausteine vorgestellt werden.

Top-Management-Gespräche

Im Fußball gilt die Weisheit, die Verteidigung beginne im Sturm. Für die BMS bedeutet dies, dass die Nachkaufphase direkt nach Vertragsschluss und vor den ersten Workshops beginnt. In Top-Management-Gesprächen, die mit den Vorständen und den leitenden Angestellten geführt werden, soll die Ist-Situation der Bank diskutiert werden. Inhalte sind die Umfeldbedingungen ebenso wie die internen Rahmenbedingungen, die durch Prozesse und personelle Ressourcen determiniert sind. Aufbauend auf dieser Analyse artikulieren die Mitglieder des Top-Managements der Bank ihre Zielsetzung für das Firmenkundengeschäft sowie ihre Erwartungshaltung an die BMS bzw. die Anwendung MinD.banker. Diese Gespräche sind fundamental im Beratungsprojekt, da hier die Möglichkeiten und Grenzen eines erfolgreichen Einsatzes bestimmt werden können. Der Berater der BMS versteht die Situation der Bank und kennt ihre Stärken und Schwächen. Diese Informationen fließen in die folgenden Workshops, Schulungen und Change Management-Runden ein. Nach einer gemeinsam definierten Einführungsphase von in der Regel 2-4 Monaten wird das zweite Top-Management-Gespräch vor dem Hintergrund der bisherigen Erfahrungen durchgeführt. In diesem Gespräch werden die definierten Ziele den realisierten Ergebnissen gegenübergestellt. Im Sinne einer Planfortschrittskontrolle sollen die bisherigen Umsetzungen beurteilt und etwaige Maßnahmen zur Zielerreichung erarbeitet werden. Wie intensiv die BMS die Bank dabei betreut, hängt davon ab, ob der Baustein Projektcontrolling Bestandteil des Projektauftrags ist.

Projektcontrolling

Die Einführung einer neuen Vertriebskonzeption verbunden mit neuen Softwareanwendungen stellt in vielen VR-Banken ein nennenswertes Projekt dar. Bedingt durch intensive Kostensenkungsmaßnahmen im Personalbereich sehen sich jedoch viele Institute nicht in der Lage, diese größeren Projekte zielorientiert zu betreuen. Dieses Defizit kann kompensiert werden, wenn die BMS mit dem Projektcontrolling betraut wird. Im Rahmen des Projektcontrollingbausteins übernimmt die BMS nicht nur Aufgaben der bankinternen Projektkoordination, sondern entwickelt auch aufbauend auf den Top-Management-Gesprächen einen institutsspezifischen Steuerungsansatz für die Einführung der Software und der ggf. geänderten Vertriebs- und Kreditprozesse. Diese Steuerungsansätze zur Sicherstellung des Projekterfolgs werden mit der Bereichssteuerung verknüpft. Zentrales Instrument der Steuerung bei den VR-Banken im

Firmenkundengeschäft ist der Ansatz des Management-by-objectives, so dass die Projektziele in diesen Ansatz integriert werden müssen.

Zeigen sich Defizite in der Umsetzung, so nutzt die BMS Review-Workshops mit den operativ tätigen Mitarbeitern, um die Probleme zu identifizieren. Die Ergebnisse dieser Gespräche stellen einen substanziellen Bestandteil auch der zweiten Top-Management Gespräche dar, da damit erfahrungsgemäß ein großer Anteil der Abweichungen von den Planungen erklärt werden kann.

Review-Workshops

Der Review-Workshop findet zusammen mit den operativen Anwendern der Software und der neuen Prozesse statt. In diesem Workshop sollen die Erfahrungen mit der neuen Konzeption sowie positive und negative Erlebnisse vorgestellt und diskutiert werden. Insbesondere sollen die Probleme besprochen werden. Aufbauend auf dieser Situationsanalyse werden zusammen mit den Bankmitarbeitern die ersten Lösungsansätze diskutiert. Anpassungsmaßnahmen in der Software MinD.banker werden wenn möglich sofort und vor Ort umgesetzt. Prozesskonzeptionelle Barrieren werden im zweiten Top-Management-Gespräch mit der Leitungsebene der Bank diskutiert. Die mit den operativen Mitarbeitern diskutierten Lösungsansätze werden durch die BMS evaluiert und nochmals mit den Mitarbeitern diskutiert. Werden diese dann als zielführend eingeschätzt, so werden diese Lösungsansätze von den entsprechenden Mitarbeitern in den Top-Management-Gesprächen vorgestellt. Damit wird der Eindruck vermieden, die externen Berater fragen die Mitarbeiter und stellen deren Ideen als ihre eigenen Lösungen vor.

Um weiterhin negative Eindrücke zu vermeiden (vgl. MÜLLER, BRANDL und PASSARGE 2007, S. 308), werden im Rahmen dieser Review-Workshops und der anschließenden Top-Management-Gespräche keine aktiven akquisitorischen Bemühungen vorgenommen. Nur auf Wunsch des Kunden präsentieren die Berater aktuelle Entwicklungen des Hauses oder zeigen auf, welche konzeptionellen Beratungsbausteine von der BMS angeboten werden. Gleichwohl sind die Kontakte dieser Art selbst mittelbar an den Zielen des Cross-Selling ausgerichtet, da aus den Diskussionen Lösungsansätze resultieren, die nicht im Rahmen des Review-Workshops erfolgen können oder zumindest Anregungen für die Softwareweiterentwicklung gegeben werden.

Wichtig ist der Review-Workshop auch als Instrument der aktiven Reklamationsbearbeitung. Da bedingt durch die technische Installation alle Review-Workshops in den Räumlichkeiten der Banken stattfinden, kann der jeweilige Berater vor Ort die Probleme mit den Mitarbeitern besprechen und Hilfestellungen und/oder Lösungen bereitstellen. Für das Softwareangebot der BMS gilt, dass viele Reklamationsgründe objektiv dem fehlenden Softwareverständnis der Mitarbeiter zuzuordnen sind. Kleine Probleme können dadurch schnell behoben werden. Gleichzeitig kann der Berater identifizieren, ob die jeweilige Bank Beschwerdepotenzial hat. Dazu spricht er mit den Mitarbeitern über die Integration der Anwendung in den täglichen Arbeitsprozess. Nur durch den direkten Austausch vor Ort kann der Berater also die Befindlichkeiten des Kunden erfassen und reagieren oder proaktiv Optionen ansprechen. Dieser Review-Workshop dient also dazu, die Risiken auf der operativen Ebene zu erfassen und ggf. Maßnahmen zur Gegensteuerung einzuleiten. Denn wenn die operative Ebene keinen Vorteil in der direkten Problemansprache bei der BMS sieht, wird institutsintern die Notwendigkeit und Vorteilhaftigkeit der Softwarenutzung diskreditiert und die Wahrscheinlichkeit auf eine langfristige Geschäfts- oder Vertragsbeziehung mit diesem Kunden sinkt signifikant.

Hotline

Wie oben bereits geschildert, wird die Support-Hotline bzw. der First Level Support nicht von den Beratern wahrgenommen, die bei den VR-Banken die Einführungsbegleitung vornehmen und anschließend kundenverantwortlich sind. Die Mitarbeiter, die sich im Kundenservice befinden, werden nach Abschluss eines Einführungsprojektes hinsichtlich der EDV-technischen Rahmenbedingungen (so z. B. verfügbare Komplementärsoftware oder Serverausstattung) unterrichtet. Diese Informationen werden anschließend an zentraler Stelle digital von dem Berater hinterlegt und können bei kundeninitiierten Kontakten aufgerufen werden. Insbesondere das Service Level Agreement, dem Kunden binnen 24 Stunden eine Lösung anzubieten, beinhaltet die Notwendigkeit, schnell auf alle relevanten Daten zurückgreifen zu können. Auch dieses offensiv kommunizierte Versprechen weicht von den Standards der Rechenzentralen ab, die teilweise Reaktionszeiten von über zwei Wochen aufweisen.

Mailings & Newsletter

Die laufende Ansprache der Bestandskunden erfolgt mittels elektronischer Mailings, welche unterschiedliche Zwecke und Inhalte haben. Zweck des Newsletters ist, die bestehenden Kunden über aktuelle Weiterentwicklungen, Anwendungstipps, wissenschaftliche Forschungsergebnisse das Firmenkundengeschäft betreffend und Erfolge der Referenzbanken zu informieren.

Die Software MinD.banker wird funktionell kontinuierlich erweitert. Neben den Anregungen, die zum Beispiel im Rahmen des Supports oder der Review-Termine erhoben werden, fließen hier auch Ideen ein, die herstellerseitig entwickelt wurden. Um die funktionellen Erweiterungen im Zusammenhang mit den Updates zu kommunizieren, werden Funktionserweiterungen zeitlich so eingeplant und programmiert, dass sie geschlossene Inhalte repräsentieren. Dadurch können die Updates stets einem konkreten Nutzen in der Bank zugeordnet und entsprechend kommunikativ begleitet werden.

Modulare Erweiterungen der Software, die projektiert sind, d. h. in der konkreten Entwicklung befindlich, werden ebenfalls in den Mailings angekündigt. Ziel ist, die Nutzer rechtzeitig über diese Erweiterungen zu informieren, um somit Pull-Impulse des Marktes zu erzeugen. Denn auf Basis des neuen Wissenstands der Kunden wird diesen angeboten, auf die BMS bzw. ihre jeweiligen Berater zuzugehen, um Produktpräsentationen zu terminieren. Damit wird zugleich der Ansprache- und Akquiseaufwand, der wesentlich durch den Personaleinsatz der Berater bedingt ist, reduziert. Weiterhin werden in den regelmäßigen Newslettern Veranstaltungen der BMS oder ihrer Verbundpartner angekündigt.

Kundenveranstaltungen

Kundenveranstaltungen werden ebenfalls regelmäßig von der BMS organisiert und durchgeführt. Neben dem Austausch der Banken untereinander wird damit erreicht, themenspezifisch Entwicklungsideen in Bezug auf die Software und in Bezug auf Beratungsprojekte zu generieren. Werden Pilotprojekte (wie z. B. Markt- und Kundenstudien) mit einer VR-Bank durchgeführt, so werden diese Projekte im großen Kreis vorgestellt. Für die kostengünstige Durchführung solcher Pilotprojekte mit VR-Banken, die dann Pilotbanken genannt werden, erklären diese sich bereit, die kundenseitige Sicht in die Präsentation der Pilotprojekte einzubringen und den interessierten anderen VR-Banken zwecks Informationsaustausches zur Verfügung zu stehen.

Organisationale Fragstellungen

Organisationale Fragestellungen bei der Ausgestaltung der Nachkaufphase sind vor dem Hintergrund der oben definierten Zielsetzungen von zentraler Bedeutung. Unklare Zuständigkeiten und Kompetenzen können zu negativen Erfahrungen der Kunden führen, die sich kontraproduktiv zu den Zielen verhalten (vgl. MÜLLER, BRANDL und PASSARGE 2007, S. 306). Bei der BMS werden die Softwareeinführungsprojekte sowie die Betreuung der VR-Bank nach Abschluss des Einführungsprojektes durch einen Ansprechpartner durchgeführt. Dies impliziert, dass alle Berater sowohl konzeptionell als auch softwaretechnisch hinreichend ausgebildet sein müssen. Zwar gehen damit Spezialisierungsverluste durch arbeitsteilige Prozesse einher, diese werden jedoch aus Sicht der BMS überkompensiert, durch die One-Face-to-the-Customer-Politik. Aufwendige Abstimmungen bei Nachfragen, Probleme bei institutsindividuellen Adaptionen der Software sowie bei Anpassungen oder Hilfestellungen im Rahmen des Change Managements entfallen. Gleichwohl bietet die BMS den Anwendern einen First Level und Second Level Support. Die Mitarbeiter des First Level Supports fungieren als externes User Help Desk, dass bei Problemen oder Fragstellungen standardmäßig kontaktiert wird. Entscheiden die Mitarbeiter im User Help Desk, dass die Frage oder das Problem des Kunden spezifisch ist, das heißt, die materielle Adaption oder die Prozesse des Kunden betreffen, dann wird automatisch an den jeweilig zuständigen Berater weitergeleitet. Handelt es sich um technische Probleme in Verbindung mit der Software, so werden die Anfragen an den Second Level Support weitergeleitet. Für das User Help Desk gilt, dass die meisten Kundenanfragen binnen 24 Stunden bearbeitet und nach Möglichkeit abgeschlossen werden können. Besteht die Aussicht nicht, dies in dieser Zeit zu schaffen, so wird der Kunde kontaktiert und ihm ein Termin für die Bereitstellung der Lösung genannt. Die diversen Kundenanfragen werden protokolliert. Durch die Protokollierung werden die Daten zum einen dem aktuell noch relativ rudimentär ausgestalteten CRM-System zugefügt. Zum anderen werden die Anfragen und Probleme gesammelt, um auf der einen Seite standardisierte Lösungen für häufige Anfragen zu erhalten (FAQ) und auf der anderen Seite Anregungen für die Weiterentwicklung der Software zu sammeln.

4.4 Pilot- und Referenzkunden

In ihrem Selbstverständnis sieht sich die BMS als Softwarehersteller, der in hohem Maße getrieben wird durch die in den einzelnen Bausteinen erkannten Problemfelder der VR-Banken. Gleichzeitig ist es für die BMS zudem strategisch notwendig, aktuelle theoretische Erkenntnisse oder Best-Practices aus anderen Branchen, sofern diese jeweils einen Mehrwert für die Banken bilden, zu thematisieren. Um aus der Fülle an Anregungen und Ideen die aus Sicht der Kunden richtigen herauszufiltern, akquiriert die BMS permanente und temporäre Pilotkunden im Sinne des Lead-User-Konzepts nach VON HIPPEL (1986).

Permanente Pilotkunden begleiten die BMS intensiv in einem von beiden Seiten offenen Gedankenaustausch seit Beginn der Entwicklung der Software MinD.banker. Zentrale Eigenschaft der Pilotkunden ist der Problembereich übergreifende Austausch. Durch diesen Austausch entsteht eine intensive Beziehung zwischen den Organisationen und deren Vertretern.

Temporäre Pilotkunden werden gezielt in Abhängigkeit ihrer spezifischen Kenntnisse und Fähigkeiten in bestimmten Problemfeldern ausgewählt (z. B. aufgrund ihrer besonders rationellen Prozessgestaltung im Kreditgeschäft). Durch diese selektive Auswahl gewinnt die BMS Know-how und Marktwissen, das einem Best-Practice nahekommt. Da sich in der Regel die einzelnen Kreditgenossenschaften wettbewerblich nicht begegnen, sind diese auch bereit, ihr Wissen und ihre Fähigkeiten an Dritte zu geben. Diese Weitergabe erfolgt dann über die Software, in welcher soweit möglich die Methoden hinterlegt werden.

In beiden Fälle wird die Zusammenarbeit seitens der BMS incentiviert durch preispolitische Vorzugsbehandlungen sowie der prioritären Berücksichtigung dieser Genossenschaftsbanken bei Kundenveranstaltungen und sonstigen Kundenbindungsmaßnahmen.

Die Pilotbanken sind deshalb so wichtig, da die Akzeptanz der Software wesentlich davon abhängt, ob sie durch Praktiker „zertifiziert" wurde. Das beinhaltet die Aufgabe, sämtliche Umsetzungsideen für die einzelnen Problemfelder mit den Pilotbanken zu diskutieren und durch diese evaluieren zu lassen. Nur diejenigen Umsetzungsideen, die diesen Evaluationsprozess erfolgreich abgeschlossen haben, werden als konkrete Entwicklungen projektiert und in die Produktionsplanung integriert. Da der Kontakt zu den Pilotbanken fordernd und fördernd zugleich ist, werden die Entwicklungsprozesse nur zu geringen Teilen verlängert. Dadurch ist gewährleistet, dass die zu entwickelnden Produkte sicher und relativ schnell auf den Markt gebracht werden können.

5 Zusammenfassung

Das Firmenkundengeschäft der Kreditgenossenschaften unterliegt im hohen Maße einer wettbewerbsverstärkenden Dynamik. Indem die vertrieblichen Prozesse der Institute diesen Entwicklungen Rechnung tragend neu ausgerichtet werden, können bestehende Ertragspotenziale realisiert werden. Notwendig dafür ist eine konzeptionelle und technische Lösung, die an den institutsindividuellen Gegebenheiten ausgerichtet ist. Die BMS bietet EDV-technische Lösungen an, die hier zielführende Hilfestellung geben. Um die Veränderungsprozesse in den Banken zu unterstützen und langfristige Kundenbeziehungen aufzubauen, ist die Ausgestaltung der Nachkaufphase entscheidend. Dies begründet sich vor allem in zwei Punkten: erstens in der organisational strukturierten Beschaffung der Software durch die Banken und den heterogenen Erwartungshaltungen der Beteiligten, zweitens aufgrund der hohen Anteile an Erfahrungs- und Vertrauenseigenschaften der von der BMS angebotenen Produkte und Dienstleistungen. Mit einem umfangreichen Maßnahmenpaket für diese Nachkaufphase erreicht die BMS eine sehr hohe Kundenzufriedenheit und eine hohe Kundenbindung. Letzteres zeigt sich daran, dass seit Markteintritt nur eine einzige Kundenbeziehung kundeninduziert beendet wurde.

Literaturverzeichnis

ANSOFF, H. I., Corporate Strategy: An analytic approach to business policy of growth and expansion, New York 1965.

BDL, Bundesverband Deutscher Leasing-Unternehmen e. V., http://www.leasing-verband.de/markt.php?y=1, 2008, [Letzter Zugriff: 04.02.2009].

BVR, Konsolidierter Jahresabschluss 2006, http://www.bvr.de/public.nsf/ E1017E8710 C7F439C125731A004B84EC/$FILE/KOFiVU.pdf, 2006, [Letzter Zugriff: 04.02.2009].

BVR, Konsolidierter Jahresabschluss 2007, online: http://www.bvr.de/public.nsf/ 6A5AB14DF7AC4ADDC12574A3004919F5/$FILE/kons_jb_200808_NEU.pdf, 2007, [Letzter Zugriff: 04.02.2009].

BVR, Entwicklung der Volksbanken und Raiffeisenbanken von 1970 bis Ende 2007, http://www.bvr.de/public.nsf/199E06BCBAE5F69FC1257134003D2A8F/$FILE/07030 5%20wk%20zahlen-ab1970.pdf, 2008, [Letzter Zugriff: 24.07.2009].

BVR, Liste aller Kreditgenossenschaften, http://www.bvr.de/public.nsf/EED3EEC9F7 C7273AC1256F87003532A6/$FILE/alleVBRB2007.pdf, o. J., [Letzter Zugriff: 24.07. 2009].

DEHNE, T., Das profitable Firmenkundengeschäft, in: BI – Bankinformation, Heft 2, 2005, S. 21-24.

DUHNKRACK, T., Wertorientierte Steuerung des Firmenkundengeschäfts, in: Juncker, K. und Priewasser, E. (Hrsg.), Handbuch Firmenkundengeschäft: Technologie, Rating und Risikosteuerung als Kernkompetenz der Banken, 2. Auflage, Frankfurt am Main 2002, S. 153-162.

DUHNKRACK, T., Investment Banking für den Mittelstand – Herausforderungen für den genossenschaftlichen FinanzVerbund, in: Tietmeyer, H. und Rolfes, B. (Hrsg.), Die strukturelle Ertragsschwäche der Banken, Wiesbaden 2006, S. 36-58.

GAD, Geschäftsbericht 2008, http://www.gad.de/etc/medialib/xggad1/downloads.Par. 0019.File.tmp/Geschaeftsbericht%202008.pdf, 2008, [Letzter Zugriff: 24.07.2009].

VON HIPPEL, E., Lead Users: A Source of Novel Product Concepts, in: Management Science, Volume 32, Issue 7, 1986, S. 791-805.

MEFFERT, H., Marketing: Grundlagen marktorientierter Unternehmensführung – Konzepte, Instrumente, Praxisbeispiele, 8. Auflage, Wiesbaden 1998.

MOORMANN, J. UND G. SCHMIDT, IT in der Finanzbranche, Berlin 2007.

MÜLLER, P., S. BRANDL UND C. PASSARGE, Ungenutzte Potenziale der Kundenbindung durch geplante, bewertete und gesteuerte After Sales Services heben, in: Keuper, F. und Hogenschurz, B. (Hrsg.), Sales & Service: Management, Marketing, Promotion und Performance, Wiesbaden 2007, S. 292 -319.

OSMAN, Y., Der Erfolg ist bedroht, http://www.handelsblatt.com/unternehmen/ handelsblatt-kommentar/der-erfolg-ist-bedroht;2435259, 2009, [Letzter Zugriff: 24.07. 2009].

RADDAO, N., Potenzialorientierte Kundensegmentierung zur Optimierung des Leistungsportfolios in der Firmenkundenbank, Frankfurt am Main 2008.

SEGBERS, K. UND R. VOGT, Vertriebsprozess von Zinssicherungsgeschäften, in: Bank-Praktiker, Heft 10, 2008, S. 468-475.

SIEMES, A. UND K. SEGBERS, Mittelständische Unternehmen und ihr Kommunikationsverhalten gegenüber der Bank: Ergebnisse einer empirischen Studie (Teil I), in: Finanzbetrieb, Heft 4, 2005, S. 229-237.

SIRGES, D., Konsequenz bringt Erfolg, in: BI – Bankinformation, Heft 1, 2008, S. 36-38.

TNS INFRATEST, Firmenkunden-FMDS 2007: Analyse des deutschen Firmenkundenmarktes, 2008 [unveröffentlicht].

WGZ BANK AG, Bilanzqualität im Mittelstand weiter verbessert, Pressemitteilung vom 16.12.2008, http://www.wgz.de [Letzter Aufruf: 16.12.2008].

Tillmann Bröker

Moving Ideas Forward

Ricoh Deutschlands Weg zum Lösungsanbieter

1 Einleitung

Spätestens seit Beginn des Internetzeitalters und der Massenverbreitung von PCs an Büro- und Heimarbeitsplätzen sorgte die Digitalisierung von Dokumenten dafür, dass große, bisher von klassischen Kopiereranbietern sicher geglaubte Volumina an kopierten Seiten zu Gunsten von Ausdrucken und somit zu Gunsten der Druckeranbieter wegfielen. Damit einhergehende Verluste bei den Kopiererherstellern waren somit vorprogrammiert.

Diesen bereits seit mehr als 15 Jahren anhaltenden Trend hat Ricoh Deutschland GmbH (Ricoh) frühzeitig erkannt. Zukünftige Kunden[1] würden sich langfristig nicht mehr allein durch vergleichbare Produkte gewinnen lassen, auch wenn die Funktionalitäten der Hardwareprodukte weiter ausgebaut werden würden. Vielmehr würden kundenspezifische Prozesse und individualisierte Dienstleistungen eine Abgrenzung zum Wettbewerb darstellen.

Ricoh hat sich nach einem umfassenden und kontinuierlichen Wandlungsprozess durch effektive und effiziente Change Management-Maßnahmen zu einem Lösungsanbieter entwickelt. Ricoh ist zu einem IT-Dienstleistungsunternehmen geworden, das sich vor dem Hintergrund eines inzwischen stark konzentrierten, in Bezug auf die Hardware gesättigten Marktes, nicht nur darauf beschränkt, Hardwarestellplätze zu verteidigen, um die Nr. 1 im Bürokommunikationsmarkt zu bleiben. Stattdessen steht vielmehr die Entwicklung von Nischenmärkten im Vordergrund. Die prozess- und kostenseitige Betrachtung eines jeden Kunden als „unique" und die damit einhergehende Entstehung eines im Extremfall maximal segmentierten Marktes (ein Kunde = ein Segment) stellt Ricoh jedoch vor neue Herausforderungen: Die mit einer solchen Strategie einhergehende steigende Individualisierung führt zwangsläufig zu einer überproportional wachsenden Komplexität, die durch das Unternehmen bewältigt werden muss.

Nachfolgend wird aufgezeigt, wie es Ricoh in den letzten beiden Dekaden sowohl strategisch als auch operativ gelungen ist, die mit dem angestrebten Wandel einhergehenden Herausforderungen zu bewältigen und sich als Lösungsanbieter erfolgreich zu positionieren. Ohne zu weit vorzugreifen, sei gesagt, dass einer Veränderung stets eine Idee vorausgeht – gemäß der Leitlinie: Moving Ideas Forward.

---

1 Aus Gründen der Leserlichkeit stehen im gesamten Text ausschließlich männliche Formen, wobei die weiblichen Formen grundsätzlich immer mit eingeschlossen sind.

2 Ausgangssituation der Ricoh Deutschland GmbH

2.1 Firmenprofil der Ricoh Deutschland GmbH

Die Ricoh Deutschland GmbH ist heute führender Lösungsanbieter für moderne Bürokommunikation und unternehmensweites Druck- und Dokumentenmanagement. Das Portfolio umfasst Hardware- und Softwarelösungen, Produktionsdrucklösungen, professionelle Service- und Supportdienstleistungen und die branchenbezogene Unternehmensberatung „Office Consulting Services", die das Ziel der unternehmensweiten Kosten- und Prozessoptimierung bei den Kunden von Ricoh verfolgt.

Die Ricoh Deutschland GmbH mit Sitz in Hannover ist ein Tochterunternehmen des japanischen Global Players Ricoh (vgl. Abb. 2-1). Mit über 108.000 Mitarbeitern und einem Umsatz von 14,5 Mrd. Euro ist Ricoh ein weltweit führender Anbieter für digitale Bürokommunikation. In Deutschland beschäftigt Ricoh aktuell rund 2.000 Mitarbeiter und ist neben seiner Hauptverwaltung bundesweit mit zehn Business & Service Centern (Niederlassungen) vertreten. In den vergangenen Jahren wurden die Schwestergesellschaften Lanier Deutschland GmbH (2005), Ricoh Deutschland GmbH (Frankfurt) und NRG Deutschland GmbH (Hannover) (2007) und Infotec Deutschland GmbH (2009) in die heutige Organisation der Ricoh Deutschland GmbH integriert, um Synergieeffekte zu realisieren.

Mit richtungweisenden Technologien, innovativen Konzepten und umfassenden Lösungen setzt Ricoh seit vielen Jahren neue Maßstäbe im Markt. Der Mehrwert für die Kunden von Ricoh liegt hauptsächlich in der Beratung und der Entwicklung individualisierter Dienstleistungen, Lösungen und Infrastrukturen. Ricoh bietet seinen Kunden dabei einen integrierten Lösungsansatz. So bilden die Analyseverfahren im Rahmen der Office Consulting Services von Ricoh die Basis für die nachhaltige Optimierung des unternehmensweiten Druck- und Dokumentenmanagements beim Kunden. Sie sorgen in Verbindung mit den bewährten Seitenpreiskonzepten 1=1 PAY PER PAGE® und 1=1 PAY PER PAGE GREEN® für eine deutliche Senkung der Gesamtbetriebskosten. Wesentliches Merkmal dieser Lösungsmodelle ist das besondere Finanzierungskonzept, in dessen Rahmen die für den Bereich der Bürokommunikation genutzten Systeme nicht verkauft, sondern an Kunden vermietet werden. Auf diese Weise zahlen Kunden lediglich einen zuvor vereinbarten und einheitlichen Seitenpreis für sämtliche auf den jeweiligen Mietsystemen ausgegebenen Seiten, unabhängig davon, ob es sich um eine gedruckte, kopierte oder als Fax empfangene Seite handelt. Die Kosten für den technischen Service, die Verbrauchsmaterialien sowie für Ersatzteile sind hierbei bereits im Seitenpreis inbegriffen, so dass der Kunde über ein hohes Maß an Kostentransparenz im Sinne der Gesamtbetriebskosten verfügt. 1=1 PAY PER PAGE® GREEN behandelt darüber hinaus die Umweltaspekte im Bereich der Bürokommunikation.

Ricoh ist derzeit der einzige Anbieter der Branche, der in diesem Bereich der Unternehmensanalysen und Bürokommunikationsoptimierung eine TÜV-Zertifizierung vorweisen kann. Zu den Kunden zählen mittelständische Unternehmen, Behörden und internationale Großkonzerne.

Abbildung 2-1: *Ricoh Deutschland GmbH Hauptverwaltung Hannover (Quelle: RICOH DEUTSCHLAND GMBH)*

2.2 Entwicklung des Bürokommunikationsmarktes als Ursprung der Notwendigkeit für Solution Selling

In den 1980er-Jahren war weltweit noch die Rede vom „Xerographieren"[2], in Anlehnung an den Unternehmensnamen eines zu dem Zeitpunkt im Markt herrschenden „Quasi-Monopolisten", der in der günstigen Situation war, im Besitz einiger Patente der klassischen, analogen Kopiersystemtechnologie gewesen zu sein.

2 Das Wort Xerographie leitet sich aus den griechischen Wörtern *xeros* für "trocken" und *graphein* für "schreiben" ab.

Die Nachfrage nach diesen Kopiersystemen war zu jenem Zeitpunkt größer als das Angebot. Entsprechend kann man heute rückblickend eher von einer Verteilung dieser Kopierer als von einem aktiven Vertrieb sprechen. Nicht selten konnte man beobachten, dass der Platz auf der Warteliste der zu verteilenden Kopiersysteme nicht im Sinne des „First come, first served" zu verstehen war, sondern tatsächlich das marktwirtschaftliche Gesetz des Zuschlags für das höchste Gebot zum Tragen kam.

Auf dem deutschen Markt spielte schon damals die Firma Copygraph GmbH eine bedeutende Rolle, die stets mit neuen Innovationen aufwartete. Funktionale Innovationen bei der Vervielfältigung von Dokumenten beschränkten sich damals jedoch z. B. auf die Einstellung der Helligkeit einer kopierten Seite. Der Kopierer wurde bereits als die Lösung des Problems des bisher aufwendigen und kostspieligen Vervielfältigens von Vorlagen gesehen.

Zu Beginn der 1990er-Jahre, nachdem sich der erste „Hype" um die Vervielfältigungstechnologie etwas gelegt, PCs Einzug in die Büros gehalten hatten und sich die Onlinezugangsmöglichkeiten verbesserten, mussten die Anbieter der Kopiererbranche feststellen, dass das meist in Leasingverträgen mit ihren Kunden gebundene Seitenvolumen nicht wie bisher stetig stieg, sondern erstmals rückläufig war. Grund für diese Entwicklung war die schnelle Verbreitung von Drucksystemen, die nun ebenfalls mehr und mehr zur normalen Bürolandschaft zählten. Die klassische Kopie wurde zwar weiterhin nachgefragt und war für viele Prozesse im Büro unerlässlich, jedoch konnten nun wiederum andere, bisher manuell ausgeführte Prozesse optimiert über Drucker abgebildet werden. Als klassischer Kopiersystemanbieter musste sich nun auch das inzwischen mehrfach fusionierte und in NRG Deutschland GmbH[3] umfirmierte Unternehmen Copygraph überlegen, wie das wegzubrechen drohende Geschäft durch Alternativen kompensiert werden konnte.

Mitte der 1990er-Jahre und der damit einhergehenden Digitalisierung in Verbindung mit dem Einzug des Internets, gelang es der Kopiererindustrie, nach dem ersten analogen Kopierer die nächste bahnbrechende Innovation auf den Markt zu bringen: den digitalen Kopierer. Dieser revolutionierte den gesamten Markt insofern, als dass er ein Quantensprung der Technik war und mit sehr geringem Aufwand prozessseitige Verbesserungen bei jedem Kunden begünstigte. Innerhalb weniger Jahre wurde der digitale Kopierer zum Standard, wurde von nahezu allen Marktteilnehmern angeboten und verlor seine originäre Differenzierungskraft. Ähnlich erging es anderen Innovationen, allem voran der des Farbdrucks. Beide Phänomene waren Beleg dafür, dass sich zukünftig nicht derjenige im Markt behaupten könne, der ausschließlich technologisch, sondern derjenige, der zunehmend konzeptionell innovativ agieren würde. Folglich sollten die weiterhin notwendigen technologischen Innovationen verstärkt

3 Zu diesem Zeitpunkt agierten Ricoh Deutschland GmbH (Frankfurt) und die NRG Deutschland GmbH (Hannover) als Schwestergesellschaft am deutschen Markt. Zuvor hatte Ricoh Company Ltd, Japan, 1995 die NRG-Gruppe gekauft, zu der seit 1990 die NRG Deutschland GmbH zählte.

Basis für die Entwicklung von konzeptionell ausgefeilten Dienstleistungen sein, die aufgrund ihrer Immaterialität schwerer imitierbar sind und damit eine vielfach höhere Lebensdauer in Bezug auf die Alleinstellung eines Anbieters besitzen. Denn aufgrund des Wandels vom Verkäufer- zum Käufermarkt wurde den Anbietern recht schnell klar, dass es dem Kunden nicht primär um technologisch innovative Produkte ging, als vielmehr um die Lösung seines Kundenproblems.

3 Solution Selling bei der Ricoh Deutschland GmbH

3.1 Definition des Begriffs Lösung

Spätestens seit dem Wandel von IBM zu einem so genannten „Lösungsanbieter" hat sich auch die Konkurrenz die Frage stellen müssen, was sie unter dem Begriff der Lösung versteht. Bis heute kann selbst die einschlägige Fachliteratur bei der Begriffsdefinition keine eindeutige Antwort auf diese Frage geben.

Vielfach findet man jedoch konstituierende Merkmale, die für eine Lösung zutreffen sollten: So kann eine Kombination aus Dienstleistungen und Produkten eine individualisierte („customized") Lösung schaffen, die der Kunde aufgrund einer für sein Kerngeschäft zu hohen Komplexität nicht selbstständig realisieren kann, ohne einen unverhältnismäßig großen Aufwand zu betreiben. Eine Lösung hat somit für den Kunden stets einen hohen Problemlösungscharakter.

Lösungen von Ricoh lassen sich in Anlehnung an TULI, KOHLI und BHARADWAJ wie folgt definieren:

„Die Bündelung aufeinander abgestimmter, technisch und funktional intern integrativer sowie den Gegebenheiten und Anforderungen des Kunden angepasster Teilprodukte bzw. Dienstleistungen, die zu einer individualisierten Leistung führen, welche zumindest kurzfristig einzigartig ist" (TULI, KOHLI und BHARADWAJ 2007).

Die einschränkende Definition als *„zumindest <u>kurzfristig</u> einzigartig"* ist insofern wichtig, als dass bei der Entwicklung individualisierter Leistungen auf entstehende Synergieeffekte im Sinne einer „mittelfristigen internen Standardisierbarkeit" gesetzt wird, die für die Amortisation der hohen Anfangsinvestitionen individualisierter Lösungen notwendig ist. Somit ist eine kontinuierliche Entwicklung hochgradig individualisierter Lösungen und die Vermarktung ehemaliger „Customizations“ (fast) ohne weiteren Invest im Rahmen eines Cross-Sellings durch den Vertrieb erforderlich.

3.2 Solution Selling als Mehrwert für den Kunden und Ricoh

Ricoh sieht den Mehrwert des Vertriebs von Lösungen – also dem Solution Selling – in einer Win-win-Situation für beide Vertragspartner, die dadurch geschaffen werden kann, dass Ricoh dem Kunden eine Lösung für ein hochkomplexes Problem liefert, sich dabei gleichzeitig vom Wettbewerb absetzt und Preiskämpfe vermeidet. Der Mehrwert für den Kunden besteht nicht primär in einem geringeren Kaufpreis der Ricoh-Lösung im Vergleich zum Konkurrenzangebot. Vielmehr steht der ganzheitliche Lösungsansatz im Vordergrund der Betrachtung, der verstärkt auf prozessseitige Verbesserungen abzielt. Der Kunde generiert somit seinen Mehrwert aus kurz- bis mittelfristig einsetzenden, aber nachhaltig wirkenden Verbesserungen. Allerdings liegt hier auch eine zentrale Herausforderung.

Aufgrund einer Vielzahl relevanter Ansprechpartner in Unternehmen bzw. auf Kundenseite, die allesamt „Stakeholder“ der von Ricoh diskutierten Themen sind, müssen mit hohem Aufwand für jeden einzelnen Ansprechpartner die relevanten Vorteile herausgearbeitet werden. Optimal ist hier die Umsetzung des Top-Down-Ansatzes. Oftmals sind Geschäftsführer für Vertriebsmitarbeiter nur schwer erreichbar. Somit ist es das Ziel, möglichst frühzeitig alle Beteiligten zu adressieren. Nur im Rahmen von Präsentationen von Ricohs Mehrwerten vor einem Forum aller Ansprechpartner kann sichergestellt werden, dass dem Kunden eben diese Mehrwerte des ganzheitlichen Lösungsansatzes deutlich gemacht werden können. Nicht selten kommt es deshalb zu Präsentationsterminen, in denen neben der Teilnahme der Geschäftsleitung, der IT, des Controlling und des Einkaufs auch Betriebsratsmitglieder sowie Nachhaltigkeitsmanager zu begrüßen sind. Letztere sind gerade im Rahmen der „Green IT“[4] mehr und mehr diejenigen, bei denen Mehrwertakzente gesetzt werden können.

So spielt das Thema Energieeffizienz in Unternehmen heute eine entscheidende Rolle. Für viele erstaunlich, für Ricoh das Resultat jahrelanger Konzentration auf Umweltthemen, bietet Ricoh Hardwarelösungen an, die über eine hohe Energieeffizienz verfügen. So können im Rahmen von Analysen Energieeinsparpotenziale aufgedeckt werden, die zunächst eher unbeachtet geblieben sind. Gleichzeitig kann auch hier durch Anpassung des Anwenderverhaltens (z. B. Duplexdruck, Reduktion der Druckzyklen) bzw. der dazu notwendigen Sensibilisierung ein Nutzen für den Kunden gezogen werden. Hieraus ergeben sich in letzter Konsequenz positive Resultate für die

4 Bestrebungen, die Nutzung von Informationstechnik über deren gesamten Lebenszyklus hinweg Umwelt und Ressourcen schonend zu gestalten.

Energiebilanzen, die immer öfter von Unternehmen im Rahmen ihrer Umweltaktivitäten gesetzlich gefordert sind.

3.3 Ideen als Voraussetzung für den Wandel zum Lösungsanbieter

Solution Selling bedeutet die Abkehr vom rein preisorientierten Vertrieb hin zu einem auf den Mehrwert für den Kunden, also den Kundenutzen, abstellenden Vertrieb. Um diese neue Vertriebslogik umzusetzen, bedarf es jedoch unternehmensweiter Veränderungen.

Abbildung 3-1: *Wertschöpfungskette der Ricoh Deutschland GmbH (Quelle: Eigene Darstellung in Anlehnung an PORTER 1985)*

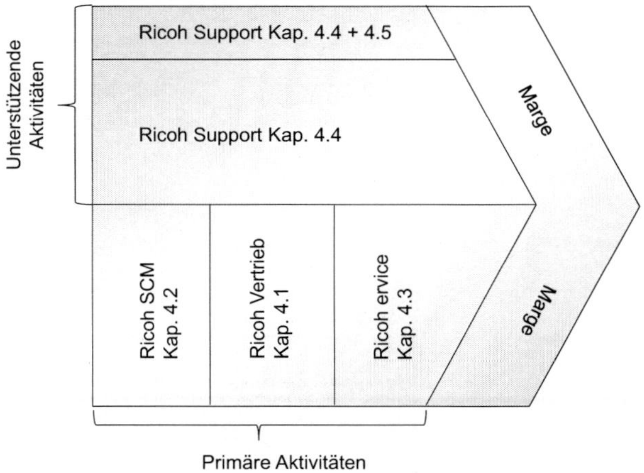

Hier spielen die Ideen und Anregungen der gesamten Belegschaft eine Kernrolle. So führten in der Vergangenheit nicht selten Ideen von Mitarbeitern von Ricoh zu Prozessverbesserungen in allen Bereichen des Unternehmens. Die Erkenntnis der Relevanz einer Unternehmenskultur, in der die Mitarbeiter dazu aufgefordert werden, täglich über den Tellerrand hinaus zu schauen, hat nun auch international dazu geführt, die „Moving your Ideas forward“-Kampagne zu launchen. Sie verdeutlicht, welche Rolle individuelle Ideen bei Ricoh haben können, und dass die besten Ideen meist sehr naheliegend sind. Bei Ricoh wird das „Out-of-the-Box-Thinking" erfolgreich gelebt und hat dazu geführt, dass sich Ricoh mit seinen Lösungen am Markt in den letzten beiden Dekaden behaupten und deutlich vom Wettbewerb differenzieren konnte.

Das folgende Kapitel geht detailliert auf Konzept- und Prozessänderungen der im 16. Mid-Term-Plan von Ricoh verankerten Kernbereiche des *Vertriebs* (Kap. 4.1), des *technischen Service* (Kap. 4.2) und des *Supply Chain Management* (Kap. 4.3) ein. Ferner wird aufgezeigt, dass ebenso alle übrigen Abteilungen, hier Supportabteilungen (Kap. 4.4) genannt, großen Anteil bei der Umsetzung des erfolgreichen Change Management der letzten Jahre hatten, welche letztlich stets zu monitoren sind (Kap. 4.5). Betrachtet man den gesamten Ricoh-Wertschöpfungsprozess, so wird schnell klar, dass sämtliche Abteilungen Teil eines ganzheitlichen Change Management-Prozesses sein müssen (vgl. Abb. 3-1).

4 Kontinuierliches und nachhaltiges Change Management der Ricoh Deutschland GmbH

4.1 Anpassung der Vertriebskonzepte[5]

4.1.1 Anpassung der Vermarktungsstrategie

Ricoh hat als Vertriebsorganisation immer eine führende Position angestrebt. Bewegt durch sich wandelnde Marktsituationen kann man rückblickend auf vorrangig drei Etappen zurückblicken, die entscheidend dafür waren, wo und wofür die Marke Ricoh heute steht. Auf diese wird im Folgenden näher eingegangen.

Etappe 1: Der Fokus auf den Verkauf von Hardware

Seit 1966 wurden in Deutschland von Hannover aus Kopierer der Marke Ricoh (bzw. Copygraph) vertrieben. Wie beschrieben, hat sich das Geschäft seit dieser Zeit entscheidend verändert. Nicht nur die Technologie hat sich stetig weiterentwickelt, son

5 Große Teile des Kapitels 4.1 basieren auf Erkenntnissen eines Expertengesprächs mit Pascal Seifert, Team Manager Product Management, vom 8.11.2009.

dern auch die Art und Weise, wie diese Technik verkauft wird. Ganz zu Anfang waren Kunden selbstmotiviert und interessiert an einer neuen Form der Dokumentenvervielfältigung: der Kopie. Erfahrene Vertriebskollegen schwärmen noch heute von dieser Zeit, in der man Kopierer eher „kostenpflichtig verteilen" durfte als sie zu „vertreiben" zu müssen.

Bald jedoch war der Markt gesättigt, und spätestens mit dem Verschwinden des Flüssigtoners aus dem Kopierermarkt Anfang der 1980er-Jahre begannen auch die Qualitätsunterschiede zwischen den Systemen der einzelnen Hersteller mehr und mehr zu schwinden. Nach Einzug der Digitaltechnik hat sich dieser Effekt noch verstärkt.

Der Verkaufsprozess musste an diese veränderten Gegebenheiten anpasst werden. Konnte man früher im Rahmen des Verkaufsprozesses mit dem Argument „meiner kopiert" punkten, so wurde der Vertriebsmitarbeiter nun vom Kunden gefragt, ob man über ein Angebot an Digitalkopierern verfügt, die netzwerkfähig sind. Nichtsdestotrotz waren die Anforderungen an die Vertriebsmannschaft zu jenem Zeitpunkt vergleichsweise gering.

Etappe 2: Der Einstieg in den Lösungsverkauf

Nachdem die Kopiererhardware technologisch standardisiert und die Produkte der einzelnen Anbieter austauschbarer wurden, galt es nun, abseits der eigentlichen Hardware Differenzierungsmerkmale herauszuarbeiten, sofern man seinen Vertriebserfolg nicht über den Preis herbeiführen wollte. Genauso entscheidend wurde es, dem Kunden Argumente zur Lieferantentreue zu vermitteln. Denn genau wie seine Produkte ist auch der Hersteller ersetzbar. Es mussten daher Mehrwerte geschaffen werden, mit denen sich Ricoh von den übrigen Marktteilnehmern abgrenzen konnten.

Im Jahre 1997 wurde mit dem Konzept *„Total Office Management"* (vgl. Abb. 4-1) ein erster Schritt zur Differenzierung unternommen. Total Office Management (T.O.M.) beschrieb ein umfassendes Lösungsprogramm, das sich an den Anforderungen der Kunden orientierte. Es setzte die Betreuung der gesamten Bürokommunikation im Hard- und Softwarebereich, in der Beratung sowie im Service durch einen Anbieter in die Realität um.

Abbildung 4-1: *Total Office Management (Quelle: RICOH DEUTSCHLAND GMBH)*

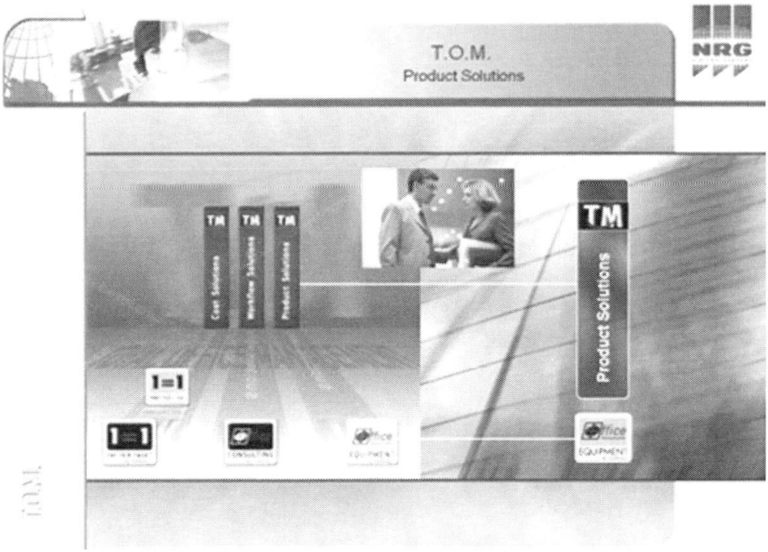

Das T.O.M.-Konzept bestand aus drei tragenden Säulen (vgl. Abb. 4-1) und wurde in folgender Art und Weise vermittelt:

- Cost Solutions: Durch mehr Kostentransparenz bekamen die Kunden ihre Bürokommunikationskosten in den Griff. Das Seitenpreiskonzept 1=1 PAY PER PAGE® ermöglichte eine deutliche Ersparnis.
- Workflow Solutions: Mittels TÜV-zertifizierter Analyse- und Optimierungsverfahren nahm eine eigens hierfür geschaffene Abteilung, die Office Consulting Division von Ricoh, die Bürokommunikation auf Kundenseite genau unter die Lupe. Sie ermittelte präzise und lückenlos die vorhandenen Spar- und Optimierungspotenziale nach Aufnahme der exakten Ist-Situation beim Kunden.
- Product Solutions: Mit einem umfassenden Portfolio moderner und leistungsfähiger Hardware- und Softwarelösungen lieferte Ricoh sämtliche Komponenten aus einer Hand.

Die Wurzeln für dieses damals innovative Vermarktungskonzept lagen in einem Modell, das bis dahin nur im IT-Bereich angewendet wurde. Im Rahmen der TCO-Konzeption – *„Total Cost of Ownership"* – werden alle Kosten im Gesamtüberblick betrachtet, da Kosten nicht nur durch Anschaffungskosten oder den Service allein entstehen. Durch die Einrechnung aller entstehenden Kostenarten wurde vollkommene Transparenz geschaffen. Im IT-Bereich kalkulierte man schon seit mehr als 25 Jahren auf Basis dieses Konzepts. Interne Analysen hatten ergeben, dass die Anschaffungskosten nur 20 % der Gesamtkosten ausmachten, während 80 % der Kosten mehr oder weniger verdeckt anfielen.

Dieses Konzept wurde nun erstmals auf den Bereich der Bürokommunikation übertragen. Mehrere Analysen haben damals wie auch heute ergeben, dass auch in diesem Bereich die Anschaffungskosten gegenüber den restlichen, nach dem Kauf anfallenden Kosten eine eher untergeordnete Rolle spielten. Beispielhaft lässt sich dies gut nachvollziehen, wenn man den Bereich der meist für den privaten Gebrauch genutzten Arbeitsplatzdrucker betrachtet: Ein Tintenstrahldrucker beispielsweise verursacht eher geringe Anschaffungskosten, während man für die Tintenpatronen oft hohe Beträge zahlen muss. Da das Thema TCO im Bürokommunikationsbereich im Gegensatz zum IT-Bereich kaum bekannt war, sollte dies nachhaltig im Rahmen der Vertriebsaktivitäten geändert werden.

Ziel des T.O.M. war es, den Kunden ein Angebot zu unterbreiten, das über die reine Hardware hinausging. In einem einheitlichen Seitenpreis auf Basis des 1=1 PAY PER PAGE® - Modells (vgl. auch das Logo in Abb. 4-2) waren auch Beratungsdienstleistungen integriert. Durch den Mehrwert von Analyse und Optimierung war der Preis nicht mehr direkt mit anderen Angeboten vergleichbar. Ricoh konnte mit der Optimierung der gesamten Infrastruktur im Bereich der Bürokommunikation seinen Kunden eine Gesamtlösung bieten. Das Angebot umfasste keine isolierten Insellösungen mehr für das Kopieren oder Drucken, sondern hatte den gesamten Output und das Druckverhalten des Kunden im Blick. Dies war der Einstieg ins Lösungsgeschäft: 1=1 PAY PER PAGE® (vgl. auch das Logo in Abb. 4-2) war das erste Seitenpreiskonzept seiner Art, welches den Markt der Bürokommunikation revolutionierte.

Knapp zehn Jahre nach der Einführung von T.O.M. und dem Seitenpreiskonzept 1=1 PAY PER PAGE® hatte sich der Markt jedoch stark verändert. Das Konzept T.O.M. wurde vielfach kopiert. Wie so häufig, ist das Kopieren eines Konzepts einerseits positiv zu bewerten, da nur „Gutes" kopiert bzw. imitiert wird, andererseits birgt es die Gefahr des Verlusts von Alleinstellungsmerkmalen. Angebote von Mitbewerbern im Bereich der Bürokommunikation beinhalteten nun ebenfalls eine Analyse oder Optimierung. Dass es dabei entscheidende Unterschiede zwischen unterschiedlichen Analyseansätzen und Analysen der Office Consulting Division gab, war für den Kunden auf den ersten – und vielfach auch auf den zweiten – Blick nicht ersichtlich.[6] Ricoh befand sich erneut in der Situation der Vergleichbarkeit.

6 Die TÜV-Zertifizierung (vgl. auch das Logo in Abb. 4-2) kam als Differenzierungskriterium erst 2005 hinzu.

Abbildung 4-2: *1=1 PAY PER PAGE® Logo und TÜV-NORD Zertifizierung (ab 2005) (Quelle: RICOH DEUTSCHLAND GMBH)*

Ricoh musste sich daher fragen, inwieweit die gewünschte Positionierung des Unternehmens durch das Programm noch ausreichend unterstützt wurde. Seit Beginn der 1990er-Jahre stand die Strategie fest, als IT-kompetenter Lösungsanbieter am Markt zu agieren. Dies bedeutete, dass Ricoh vom Kunden nicht nur als Lösungsanbieter für das physische Dokument (Kopie, Druck, Fax), sondern auch als Lösungsanbieter für das elektronische Dokument gesehen werden wollte. Den Kunden sollten Gesamtlösungen für das unternehmens- bzw. organisationsweite Dokumentenmanagement angeboten werden. Mit T.O.M. konnte dies, mit Blick auf die steigende Komplexität der Thematik, jedoch nicht immer umfassend genug vermittelt werden.

Ricoh musste sich daher fragen, inwieweit die gewünschte Positionierung des Unternehmens durch das Programm noch ausreichend unterstützt wurde. Seit Beginn der 1990er-Jahre stand die Strategie fest, als IT-kompetenter Lösungsanbieter am Markt zu agieren. Dies bedeutete, dass Ricoh vom Kunden nicht nur als Lösungsanbieter für das physische Dokument (Kopie, Druck, Fax), sondern auch als Lösungsanbieter für das elektronische Dokument gesehen werden wollte. Den Kunden sollten Gesamtlösungen für das unternehmens- bzw. organisationsweite Dokumentenmanagement angeboten werden. Mit T.O.M. konnte dies, mit Blick auf die steigende Komplexität der Thematik, jedoch nicht immer umfassend genug vermittelt werden.

Folglich kamen die Stärken und Wettbewerbsvorteile, die Ricoh auszeichnen, erneut auf den Prüfstand. Dabei fiel auf, dass „Unique Selling Propositions“ bestanden, die nicht entsprechend ihrer Alleinstellung am Markt durch den Vertrieb aktiv genug kommuniziert wurden. Vielmehr wurden sie als „Goodie“ verschenkt und von den Kunden dankend angenommen, obwohl u. U. eine Mehrpreisbereitschaft bestanden hätte.

Viele Services, z. B. Trainings für die Anwendung der Hardware, Plug-and-Play-Vorinstallation der Hardware, bekam der Kunde bei Ricoh als Inklusivleistung, ohne dass diese aktiv vermarktet wurden. Wenn eine Leistung inklusive ist, fällt sie jedoch aus der Betrachtung. Der Kunde nimmt sie nur bedingt wahr – und das, obwohl diese Services mitunter einzigartig sind und damit ein Alleinstellungsmerkmal darstellen. Im Rahmen einer Strategieänderung sollte daher stets bereits bestehenden Stärken prominent kommuniziert werden.

Mit „Managed Document Services" (MDS; vgl. Abb. 4-3), dem Nachfolger von T.O.M., wurde eine solche neue Vertriebs- und Kommunikationsstrategie entwickelt und die nächste Etappe auf dem Weg zum Lösungsanbieter eingeläutet:

Etappe 3: Der Ausbau des Lösungsverkaufs

MDS kommuniziert alle Stärken und Kompetenzen von Ricoh Deutschland in Form von acht Modulen, integriert in ein strukturiertes Konzept (vgl. Abb. 4-3).

Abbildung 4-3: *Management Document Services (Quelle: Ricoh Deutschland GmbH)*

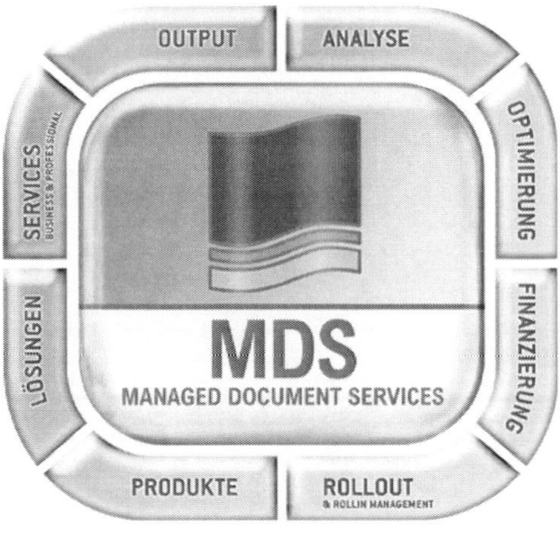

Dieses Konzept lässt sich mit der Anfertigung eines maßgeschneiderten Oberhemdes vergleichen – höchst kundenorientiert und kundenindividuell.

- Durch die **„Analyse"** wird erörtert, mit welchem Stoff (Systeminfrastruktur) der Kunde am liebsten arbeitet (Druckverhalten).

- In der **„Optimierung"** wird dieser Stoff individuell für jeden Kunden zugeschnitten und dabei berücksichtigt, ob ein „enger Schnitt" bevorzugt wird oder lieber „noch etwas Luft bleibt" (1-zu-1-Austausch der Systeme versus Downsizing Prognose).
- Die **„Finanzierung"** berücksichtigt die „Kragenweite" (die finanzielle Leistungsfähigkeit) des Kunden.
- Beim **„Roll-Out & Roll-In Management"** ist darauf zu achten, um welche Stückzahl es sich handelt – je nach Höhe der Stückzahl ist eine besondere Form der Lieferung (bei Hemden direkt „anziehbar" auf einem Rollständer, bei Ricoh-Systemen direkt einsatzbereit per Spedition) notwendig.
- Im Modul **„Produkte"** berücksichtigt Ricoh, wie das Maßhemd ausgestattet werden soll: mit oder ohne Brusttasche, mit Manschettenknöpfen oder normalen Knöpfen etc. (ähnlich der modularen Aufrüstung von Systemen mit z. B. Einzelblatteinzug oder Endverarbeitungsoptionen etc.).
- Ferner offeriert Ricoh dem Kunden zusätzliche Einsatzmöglichkeiten (**„Lösungen"**) für das Maßhemd – um zu erörtern, inwieweit der Kunden es ohne Accessoires tragen möchte oder mit Krawatte, Fliege oder sonstigen Accessoires (Möchte der Kunde lediglich drucken oder auch archivieren, indexieren, scannen etc.)?
- Darüber hinaus wird dem Kunden aufgezeigt, was passiert, wenn sein Maßhemd einmal verknittert ist oder ein Knopf abgefallen ist. Für diese Fälle sind entsprechende **„Services"** (Reparatur, Wartung, Softwareupdates etc.) vorgesehen.
- Was nutzt dem Kunden nun ein maßgeschneidertes Hemd, wenn es seine Form verliert? Ähnlich einem Kleiderbügel, der ein Hemd in seiner optimalen Form halten soll, bietet Ricoh dafür im Bereich **„Device Management"** Werkzeuge, mit denen die optimierte Bürolandschaft stets optimal gehalten werden kann.

Dem Kunden kann durch Einbindung aller acht Module eine Gesamtlösung mit einer deutlich größeren Gesamtersparnis und somit einem größeren Mehrwert angeboten werden:

- Durch die Analyse werden alle Sparpotenziale aufgedeckt.
- Die Optimierung perfektioniert die Infrastruktur.
- Durch eine geeignete Finanzierung verhindert der Kunde eine zu hohe Kapitalbindung, wodurch er ebenfalls spart.
- Der professionelle Roll-Out von Ricoh sorgt dafür, dass das Tagesgeschäft beim Kunden kaum beeinträchtig wird – das spart Zeit und Geld.

- Dank des breiten Produktportfolios bekommt der Kunde bei Ricoh alles aus einer Hand – vom Drucker und modernen multifunktionalen Drucksystemen über Spezialformate bis hin zu Produktionsdrucksystemen.
- Mit den Funktionen aus dem Bereich Lösungen werden Dokumentenprozesse optimiert, was dem Kunden eine Ersparnis bei den Prozesskosten generiert.
- Der Service minimiert nicht nur die Ausfallzeiten von Systemen, er kann auch bei sinnvoller Ergänzung weitere Prozesskosten sparen.
- Mit Funktionen aus dem Bereich Device Management werden Administrationskosten eingespart und Fehlentwicklungen bei der Systemnutzung kann entgegengewirkt werden.

Aus jedem MDS-Modul können sowohl Mehrwerte als auch weitere Ersparnisse realisiert werden. Je mehr Module in die Gesamtlösung integriert werden, desto größer der Nutzen und die Ersparnis für den Kunden.

4.1.2 Anpassung gefestigter Denkweisen - Ricoh Academy

Mit dem Wandel zum Lösungsanbieter, insbesondere mit dem MDS-Konzept, haben sich auch die Anforderungen an den klassischen Vertriebsmitarbeiter grundlegend verändert. Denn konnten noch vor 20 Jahren die Vertriebsmitarbeiter die Produkte passiv verkaufen, indem sie „incoming calls" von kaufbereiten Kunden entgegennahmen, so würde ein solcher Vertriebsansatz heute nur noch wenig Umsatz erzielen. Vielmehr betreut und berät der Ricoh-Vertriebsmitarbeiter seine Kunden heutzutage nicht nur vor Vertragsabschluss, sondern während der gesamten Vertragslaufzeit. Dies unterscheidet heutige Verkaufsstrategien insofern von denen der Vergangenheit, als dass sich Kundenbeziehungen entwickeln, die die Langfristigkeit von Bindungen im Fokus haben. Dem Kunden wird vermittelt: Niemand macht sich mehr Gedanken um seine Kunden als Ricoh.

Ricoh hat früh erkannt, dass Veränderungen nötig waren und stets von allen Mitarbeitern mitzutragen sind. Eine wesentliche Rolle des erfolgreichen Wandels spielt daher die Ricoh Academy, die durch gezielte Schulungen die Fähigkeiten und die Kompetenz des Vertriebs weiterentwickelt.

Zu den klassischen Vertriebstrainings, d. h. klassische Verkaufstrainings mit Gesprächsführung, Einwandbehandlung und Verhandlungs- und Abschlusstechniken sowie Technikschulungen gehören auch spezielle Schulungen wie bspw. Persönlichkeitstrainings[7]. Dabei geht es um das Erkennen des tatsächlichen Bedarfs eines jeden

---

7 Hier kommt DISG zum Einsatz, ein kommerziell genutztes Verfahren zur Persönlichkeitsbeschreibung. Es basiert auf einem Modell zur Beschreibung menschlichen Verhaltens nach John G. Geier. Ziel ist die standardisierte Erfassung des Selbstbildes einer Person im Hinblick

einzelnen Kunden und den damit verbundenen Anforderungen, den Kunden zu informieren und erfolgreich von den Angeboten von Ricoh zu überzeugen. Ferner entscheidend ist, dass Vertriebsmitarbeiter dahin qualifiziert werden, nicht nur den vom Kunden geäußerten akuten Bedarf zu erkennen, sondern zusätzlichen Bedarf zu identifizieren – sei es durch Vermarktung weiterer, bereits bekannter Konzepte oder durch die Ermittlung neuer Vorteile für den Kunden. Vor allem mit Blick auf die Cross Selling-Maßnahmen ist es in den vergangenen Jahren nicht bei der Vermittlung konzeptioneller Methoden geblieben, da sich, wie bereits beschrieben, der Markt vor allem IT-seitig extrem gewandelt hat. So konnte zwar (bisher) nicht jeder Vertriebsmitarbeiter zu einem IT-Spezialisten ausgebildet werden, durch Vermittlung speziellen Wissens und Wissenssurrogaten wird es dem Mitarbeiter jedoch ermöglicht, zur richtigen Zeit zu erkennen, wann IT-Support angefordert werden sollte.

4.2 Anpassung der Prozesse des Supply Chain Management[8]

4.2.1 Anpassung der kundengerichteten Produktions- und Logistikprozesse

Auch im Bereich der Produktions- und Logistikprozesse hat Ricoh konsequent auf einen kontinuierlichen Verbesserungsprozess gesetzt. Auch hier galt es Wege und Lösungen zu finden, die einerseits interne Prozesse optimieren, andererseits aufgrund praktizierter Exzellenz einen positiven Eindruck bei den Kunden hinterlassen, der als einzigartig angesehen wird. Dies ist insofern wichtig, als dass die Kunden heute frühzeitig in die Prozesse des Supply Chain Management einbezogen werden, um im späteren *Prozess des Rollout*[9] entlastet zu werden. Dies wird nun im Weiteren beschrieben.

---

auf relevante Verhaltenstendenzen und -präferenzen in einer bestimmten Situation. Es ist als Selbstanalysetool für beruflichen sowie außerberuflichen Kontext gedacht. Die Erkenntnisse sollen Menschen dabei helfen, sich selbst bzw. eigenes Verhalten besser zu verstehen und die Kommunikation bzw. Zusammenarbeit mit anderen zu optimieren. Trotz einer gewissen Verbreitung in der Praxis wird es aus wissenschaftlicher Sicht kritisiert.

8 Große Teile des Kapitels 4.2 basieren auf Erkenntnissen eines Expertengesprächs mit Harald Keding, Chief Manager Supply Chain Management, vom 24.11.2009.

9 Hiermit ist die Anlieferung und Distribution bzw. Installation von Hard- und Softwarelösungen beim Kunden gemeint.

Vorkonfiguration und Rollout-Management

Ricoh hat es über Jahre geschafft – allen voran die Logistikorganisation – durch kleine Schritte Ricoh-interne Prozesse zu identifizieren, die weiter optimiert werden konnten. Oft war dabei die Entwicklung der Systemtechnologien für die ersten Erfolge hilfreich. So war im Jahr 1999 der bereits erwähnte Wechsel von analoger zu digitaler Technik dafür entscheidend, dass bestimmte Konfigurationen zukünftig zentral (in Hannover) auf der auszuliefernden Hardware des Kunden in die dann vorhandenen Systemdateien (digitale Speicher) aufzuspielen waren, um beim Prozess des Rollout Zeit und Aufwand für Kunden und Servicetechniker einzusparen.

Dieser Rollout-Prozess wurde danach nochmals technologisch verbessert, als es im Rahmen eines Großprojekts zu einer Auslieferung von rund 17.000 Systemen im Jahr 2005 kam. Die bis dahin ohnehin schon verfügbare sogenannte Vorkonfiguration von Systemen in den Werkshallen (Workshop) von Ricoh am Standort Hannover ermöglichte es, durch den Einsatz von Rollout-Managern und mit Hilfe bestimmter selbstentwickelter Softwaretools, Systemanzahlen dieser Größenordnungen in kürzester Zeit zur Ausrollung zu bringen. Dabei war und ist noch immer entscheidend, dass die Möglichkeit besteht, die Systeme plug-and-play-fähig vorzukonfigurieren, damit beim Kunden nach Auslieferung der Systeme keine weiteren Installationstätigkeiten mehr stattfinden müssen, sei es hard- aber vor allem auch softwareseitig. Alle notwendigen Einstellungen werden bis heute vor Ort in Hannover ausgeführt. Heute nimmt die Mehrheit der Kunden diesen Service der Vorkonfiguration in Anspruch. Den Service des Rollout-Management nutzen bisher hauptsächlich Großkunden.

Ein weiteres Beispiel für die Schaffung von Mehrwerten ist der Einsatz von *Checklisten* in der Vorinstallation. Mittlerweile hat Ricoh für eine Vielzahl von Kunden Checklisten bearbeitet, die auch bei Nachlieferungen berücksichtigt werden. Das schafft insofern Mehrwert, als dass Auslieferungen bei Kunden reibungslos abgewickelt werden können.

Essenziell für die Steuerung und Überwachung eines Rollouts sind ferner entsprechende IT-Lösungen, die es ermöglichen, Warenlieferungen zu verfolgen, d. h., den Warenfluss nach Bestellung jederzeit verfolgen zu können. Heute kann dieses Tracking nicht nur durch die Rollout-Manager durchgeführt werden, sondern auch alle anderen in diesem Prozess beteiligten Ricoh-Mitarbeitern (vor allem dem Vertrieb) wird Zugriff auf den Status einer Lieferung (inkl. des Liefertermins) gewährt. Der Vertriebsmitarbeiter kann dem Kunden frühzeitig konkrete und verlässliche Liefertermine mitteilen, so dass dieser frühzeitig planen kann. Der dahinterstehende Aufwand der Bereitstellung dieser Informationen ist aus mehreren Gründen als eine hochkomplexe Thematik zu sehen. Die Lagerhaltung von Systemen oder Systemteilen in Hannover ist schon seit rund sechs Jahren auf ein Minimum reduziert worden, indem lediglich Kleinteile (z. B. Schrauben, Rollen etc.) auf Lager liegen. Alle anderen Hardwareteile werden Just-In-Time geliefert. Dies wiederum hat eine Ablaufplanung zur Folge, die auch nach Anlieferung bestimmter Waren in Hannover und der dann anstehenden

Vorkonfiguration sehr genau und detailliert durchkalkuliert sein muss, da die morgens eingegangene Hardware Hannover am gleichen Tag wieder verlässt und das kleine Pufferlager für die nächste Morgenlieferung geräumt sein muss. Folglich muss eine Synchronisierung zwischen Waren- und Ressourcenverfügbarkeit stattfinden, die unter Umständen großen Schwankungen unterliegen kann. Diese können durch viele Faktoren ausgelöst werden, sei es durch saisonale Gegebenheiten und einer kurzfristig veränderten Vermarktungssituation, höhere Gewalt und das damit verbundene nicht pünktliche Erreichen von Lieferungen etc. All diese Stellschrauben müssen im täglichen Management der Logistikprozesse betrachtet werden.

Um die Ressourcenengpässe oder -freiräume besser steuern zu können, hat man sich z. B. zu Nutze gemacht, dass Ricoh seit 2003 die Vermarktung von Greenline Systemen forciert hat.

Greenline Systeme

Bei Greenline Systemen handelt es sich um Marktrückläufer der aktuellen oder vorangegangenen Systemgeneration von multifunktionalen Systemen, Kopierern, Druckern und Faxsystemen, die aufgrund ihrer geringen Laufleistung nach Wiederaufbereitung einen weiteren Produktlebenszyklus beim Kunden durchleben können. Die zu der Aufbereitung der Rückläufer notwendigen Ressourcen können innerhalb der Logistik- und Technikerorganisation insofern dann genutzt werden, wenn es bei der Vorkonfiguration offene Kapazitäten gibt. Gleichzeitig ist die Vermarktung dieser Systeme für den Vertrieb durchaus attraktiv, da die Restwerte der Maschinen sowie der Aufwand für die Aufbereitung relativ gering sind und somit den Kunden günstige Angebote unterbreitet werden können.

Transportlogistik

Mit der Einführung von Mobile Logistics, eines selbstentwickelten Logistik-Managementtools, bildet Ricoh den Lieferprozess seit 2008 komplett über IT-Systeme ab. Damit stehen durchgängige Systeminformationen von Order Entry über Bestellung, den Warehouse- und Workshop-Prozess bis hin zu der In-Transit-Ware und der Zustellung beim Kunden durchgängig auf IT-Ebene zur Verfügung. Durch die Onlinerückmeldung der Auslieferung eines Systems ins Mobile Engineer, eines selbstentwickelten Service-Managementtools, legte Ricoh die Basis für die zeitnahe Abwicklungen der Dienstleistungen wie Einweisung und Netzwerkeinbindung von ausgelieferten Systemen. Somit können frühzeitig die Lieferung durch die Speditionen sowie die Einweisung bzw. Einbindung der Systeme in die Netzwerkumgebungen von Kunden avisiert werden.

Ricoh hat auch aufgrund seiner sehr aktiven Beteiligung an diversen internationalen Logistikprojekten innerhalb der EMEA-Organisation von Ricoh Benchmarks gesetzt, die in der Branche in der Form einzigartig sind. Vor allem die Möglichkeit der Nutzung eines Vorinstallations-Centers war nicht selten ausschlaggebend dafür, dass Ricoh den Zuschlag für Projekte auf Kundenseite erhielt.

Im Weiteren wird auf die Herausforderungen eingegangen, die es im Rahmen des Change Management zu meistern galt.

4.2.2 Herausforderungen und Erfolgsfaktoren in der Anpassung der Logistikprozesse

Unabhängig von der Abteilung oder Division, im Rahmen eines Wandels von Prozessen, in die Menschen einbezogen sind, sind auch Herausforderungen zu meistern, die die Arbeit eines jeden Mitarbeiters betreffen. Sofern es möglich ist, Mitarbeiter dazu zu motivieren sich zu verändern, so ist das „Können" als sekundär zu betrachten. Vielmehr geht es um das „Wollen". So wurden besonders in Anbetracht zahlreicher Änderungen im Logistikbereich in den vergangenen Jahren die Mitarbeiter aktiv eingebunden und in die Gestaltung neuer Prozesse integriert.

In Informationsrunden werden die Mitarbeiter über die Stände der aktuellen Projekte informiert. Hintergrund dieses *Informations- und Beteiligungsmanagements* ist die Komplexität der Prozesse und das Ziel, dass diese für jeden verständlich sind. So ist z. B. durch die Vernetzung der Teilsysteme aus isolierten Teiloptimierungen eine Supply Chain bzw. ein Supply Network gewachsen, das einen erheblichen Komplexitätsgrad aufweist. Kleine Änderungen wirken sich unmittelbar auf andere Subsysteme aus. Dies ist auch eine Herausforderung, die im Rahmen einer Vollintegration der IT-Systeme bewältigt werden muss. Es muss vorsichtig agiert werden, womit die Verantwortung der Führungskräfte gestiegen ist. Auch für die Mitarbeiter ist die erhöhte Komplexität eine Herausforderung, der durch regelmäßige Prozesstrainings begegnet wird, die aber auch eine höhere Zufriedenheit bewirkt, da sich dadurch Aufgaben, z. B. im Materialmanagement von einem simplen Prozess des Bestellens nach Bestellvorschlag zu einer planerischen Tätigkeit entwickelt haben und somit neue Verantwortungs- und Kompetenzbereiche geschaffen wurden.

Genau dieser Stärke Ricohs und seiner Mitarbeiter im Logistikbereich, der Umsetzung von Maßnahmen zur Optimierung von hochkomplexen Prozessen, ist es zu verdanken, dass sich besonders in diesem Bereich Mehrwerte entwickeln konnten, die Ricoh vom Wettbewerb differenzieren – und zwar langfristig und nachhaltig. Rückblickend kann heute festgestellt werden, dass einer der Erfolgsfaktoren bei der Bewältigung dieser Herausforderungen der Faktor Zeit war. So war stets das Verständnis der Logistikleitung da, dass die Prozessentwicklung wie eine Treppe zu sehen ist, die man Stufe für Stufe emporsteigen muss. Die ersten Änderungen wie die Einführung von Konfigurationsmanagement waren tatsächlich die ersten Stufen, ohne die man nicht hätte weiter aufsteigen können.

Ferner konnte Ricoh den Logistikprozess in den vergangenen Jahren zu einer Kernkompetenz entwickeln, weil bei ausstehenden „Make-or-Buy"-Entscheidungen nicht zu stark auf Outsourcing gesetzt wurde. Die dadurch stets erhalten gebliebene

Flexibilität hat es ermöglicht, schnell und unbürokratisch auf Veränderungswünsche und -ideen von Kunden oder Mitarbeitern einzugehen. Nicht selten waren auch hier diese Ideen Ursprung von Lösungen, die Ricoh heute auszeichnen. So ist z. B. seit einigen Jahren auf dem Lieferschein der ausgelieferten Drucksysteme deren MAC-Adresse[10] standardmäßig abgedruckt, weil einige Kunden dies als vorteilhaft bezeichnet haben.

4.3 Anpassung der Technikorganisation[11]

Das vor fünf Jahren gestartete interne Projekt „Mindshift Service" zur Veränderung und Verbesserung der Strukturen und Prozesse im technischen Service verfolgt das Ziel, die Serviceorganisation so aufzustellen, dass aktuelle und zukünftige Anforderungen seitens der Kunden, neue technische Entwicklungen frühzeitig erkannt sowie Lösungen erarbeitet und realisiert werden.

Dabei hat sich die neue Organisation als Ziel nicht die klassische Kundenzufriedenheit gesetzt, vielmehr sollen Kunden begeistert werden (vgl. Abb. 4-3). Dies geschieht aufgrund des Wissens, dass die Gewinnung von Kunden ein Vielfaches mehr an Aufwand bedeutet, als die Erzeugung einer guten Kundenbindung. Denn besonders im Markt der Bürokommunikation hat sich in der Vergangenheit gezeigt, dass Kunden im ersten Schritt zwar vom Vertrieb gewonnen werden, eine angestrebte, möglichst langfristige Partnerschaft aber nur dann realisiert werden kann, wenn der Service der Hard- und Softwarelösungen von Ricoh als exzellent eingestuft wird.

---

10 Individuelle, eindeutige, digitale Systemkennung zur Identifizierung im Netzwerk.

11 Große Teile des Kapitels 4.3 basieren auf Erkenntnissen eines Expertengesprächs mit Ulf Hagedorn, Chief Regional Service Manager, vom 20.11.2009.

Abbildung 4-4: Logo Servicemotto (Quelle: RICOH DEUTSCHLAND GMBH)

4.3.1 Kundenorientierte Anpassung der Prozesse des Technical Service

IT und Software Solutions

Durch die Entwicklung komplexerer Technologien und der stetig fortschreitenden Einbindung von Ricoh-Systemen in die IT-Netzwerke der Kunden hat sich die Tätigkeit der Servicetechniker von der Instandsetzung und Wartung der Hardware verstärkt zur Installation von Software und Anbindung der Systeme an eben diese IT-Netzwerke entwickelt. Zusätzlich spielt durch den höheren Einsatz von kundenspezifischen Softwarelösungen die Anpassung und Optimierung von Software eine Rolle.

Trotz der neuen Anforderungen an die Servicetechniker ist es weiterhin für einen kundenorientierten Service erfolgskritisch, dass die Servicetechniker über umfassendes Fachwissen in Bezug auf die Instandsetzung und Wartung der Hardware verfügen.

Um die Vermittlung hochkomplexer Themengebiete bei der Übergabe von Projekten aus dem Pre-Sales, also der Aktivitäten der IT Solutions Division zur Unterstützung des Vertriebsmitarbeiters, hin zum After-Sales, reibungslos gewährleisten zu können, wurden Software Solutions Teams gebildet, die in der Form einer Matrixorganisation in der Division des Technical Service angesiedelt sind.

Differenzierung des fachlichen Know-hows

Die Entwicklung neuer Technologien und allem voran der verstärkte Netzwerkeinsatz der Systeme führten zu einem differenzierten Ausbildungs- und Kenntnisstand der einzelnen Servicetechniker. Der Einsatz in verschiedenen Netzwerkumgebungen und der Umgang mit nicht standardisierten Anbindungen erforderten immer tiefgehende Kenntnisse. Durch die Vielzahl der Hardware- und Softwarelösungen wurden nun Mitarbeiter ausgebildet, die sich auf einzelne Aspekte spezialisierten, was dazu führte, dass die Einsatzgebiete der Servicetechniker zwangsläufig voneinander abweichen mussten. Ziel der Technical Service Division war es, diese Veränderungen proaktiv zu begleiten. Die Entwicklung eines Servicetechnikers zum Spezialisten in einem Fachgebiet ist ein Prozess, bei dem Spezialwissen aufgebaut wird. Dabei muss aber vermieden werden, dass sich Barrieren innerhalb der Organisation bilden. Von jedem „Spezialisten" wird heute das gleiche Engagement und die gleiche Einsatzbereitschaft erwartet, wie von nicht spezialisierten Mitarbeitern.

Operativer und Strategischer Technical Service

Durch schnelles Wachstum getrieben, war auch die Anpassung der Organisationsstrukturen dringend notwendig. So fanden in Bereichen des Customer Service Centers, der Servicetechniker, des Product Support und vielen weiteren Bereichen der Technical Service Division konsequent die Eingliederung weiterer Hierarchieebenen statt, um die operative Führung nun kleinerer Teams unter anderem durch Teamleiter zu verbessern. Gleichzeitig wurden ehemalige Leiter in Positionen gehoben, die als strategische Schnittstelle zwischen Niederlassung und Zentrale (Hauptverwaltung in Hannover) eine neue Kernfunktion einnahmen. Dabei blieb immer das Ziel einer schlanken Organisation im Fokus. In den Tätigkeitsbereich des strategischen aber auch operativen Teamleiters gehört auch die Steuerung und Kontrolle der Erreichung ambitionierter Ziele jeden Servicetechnikers. Bahnbrechend dabei war das 2005 eingeführte, selbst entwickelt Service Management-Tool Mobile Engineer, welches die Servicetechnikersteuerung (und -kontrolle) nun über Blackberries teilautomatisch abwickeln konnte, um der permanenten, den wachsenden Anforderungen geschuldeten Weiterentwicklung gerecht zu werden.

Ausschlaggebend für eine erfolgreiche kundenorientierte Anpassung des After Sale waren aber auch Veränderungen im Bereich des Auftretens der Servicetechniker beim Kunden, die sich wie folgt gestalteten.

4.3.2 Adaption vertrieblicher Vorgehensweisen im technischen Service

Servicetechniker als Berater

Kundenkontakte werden heute von einem Servicetechniker dazu genutzt, die Prozesse beim Kunden zu optimieren und den Kunden über Dienstleistungen mit einem Mehrwert („Business and Professional Services") zu informieren. Es führt dazu, dass die *Servicetechniker* dem Kunden *als Berater* entgegentreten. Dies wiederum stellt höhere Anforderungen an das Auftreten der Servicetechniker.

Wie auch im Vertrieb nimmt hierbei die Ricoh Academy eine wichtige Rolle ein. Ihre Aufgabe ist neben der klassischen technischen Ausbildung der Mitarbeiter im Rahmen von Schulungen für Hardware- und Softwareprodukte von Ricoh sowie der Vorbereitung auf IT-Zertifizierungen nun auch die Ausbildung von kommunikationsstarken Servicetechnikern. Im Rahmen von speziellen Schulungen werden den Servicetechnikern Kommunikations- und Präsentationsfähigkeiten vermittelt, die bis hin zum erfolgreichen Konfliktmanagement reichen. Alles in allem wurde die Rolle des „klassischen" Servicetechnikers verändert. Verhalten und Auftreten von Servicetechnikern gegenüber den Kunden sind nun mit denen von Vertriebsmitarbeitern zu vergleichen.

Projektmanagement

Die Abwicklung von Projekten bei großen Kunden hat eine weitere Herausforderung dargestellt. Die Begleitung von Rollouts durch Servicetechniker sowie Problembewältigungen während der Projektphase erfordern gegebenenfalls unterschiedliche berufsbezogene soziale Kompetenzen bei den ausführenden Personen. Sie müssen in großen Unternehmen über viele Hierarchieebenen kommunizieren und ihr Auftreten an der entsprechenden Zielgruppe orientieren.

Produktivität und Qualität

Die Veränderungen im Bürokommunikationsmarkt führten dazu, Produktivität und Qualität der Arbeit weiter zu optimieren. In einem Markt, der durch sinkende Preise bei steigenden Kosten gekennzeichnet war und ist, ist kontinuierliche Produktivitätssteigerung essenziell.

Durch die zunehmende Anzahl von Kunden mit hohen Servicelevels und Großkunden wird das Thema der Service Level Agreement Managements (SLAM) in den kommenden Jahren weiter an Bedeutung gewinnen. Hier hat die Serviceorganisation einen Stand erreicht, der die individuelle Abwicklung jedes Projekts ohne Qualitäts- und Produktivitätseinbußen gewährleisten kann. Voraussetzung hierfür sind Mitarbeiter, die ein ausgeprägtes Kosten- und Qualitätsbewusstsein an den Tag legen und selbstständig die Anforderungen der Technik und Erwartungen des Kunden erkennen und entsprechende Maßnahmen ergreifen können. Die Mitarbeiter des Technical Service handeln heute ähnlich wie die Mitarbeiter der Vertriebsmannschaft als „Unternehmer".

Wachstum

Die Voraussetzung für Wachstum und den reibungslosen Ablauf von Projekten ist die Schaffung einer transparenten, flexiblen und selbstlernenden Serviceorganisation, die sich kontinuierlich an die Kunden und die Gegebenheiten des Marktes anpassen kann. Dazu wurden auch im Technical Service alle Mitarbeiter in die Lage versetzt, sämtliche Unternehmensziele nachvollziehen zu können, um diese durch persönlichen Freiraum und Engagement umsetzen zu können. Auch hierbei unterstützt die Ricoh Academy bei der Umsetzung des „Mindshift Service". Neben der Ricoh Academy sind es die anderen Supportabteilungen, die ebenfalls großen Einfluss auf das erfolgreiche Change Management bei Ricoh hatten und haben.

4.4 Mitwirkung der Supportabteilungen

Die Relevanz der Mitarbeiter der Supportabteilungen im gesamten Change Management-Prozess von Ricoh ist nicht zu unterschätzen. Zu ihnen zählen neben Administrationsabteilungen (Vertrags- und Kreditwesen, Office Management etc.), dem Controlling, dem Personalwesen, den IT Services und dem Marketing, auch Abteilungen wie das TQM & CSR Office.

Das *TQM & CSR Office* ist verantwortlich für die strukturierte Erfassung und Gewährleistung der Prozesse gemäß der Zertifizierungen ISO 9001, ISO 14001 und ISO 27001. Hier sind auch das Beschwerde- und Ideenmanagement angesiedelt. In dieser selbstverpflichtenden Rolle der 100%igen Bearbeitung jeder Beschwerde und vor allem jeder Idee, hat diese Abteilung somit eine wichtige Rolle als Ursprung zahlreicher (Prozess-)Veränderungen sowie der Dokumentation aller Prozesse.

Viele der beschriebenen Prozessänderungen in den Bereichen des Vertriebs, der Logistik und des technischen Service standen in starker Interdependenz zu den Tätigkeiten der Supportabteilungen. So entstanden viele Ideen des MDS-Konzepts im *Marketing* von Ricoh, das im Rahmen der Leitung vieler interdisziplinärer Projektgruppen als treibende Kraft für das erfolgreiche Change Management benannt werden kann. Darüber hinaus werden Anpassungen von Prozessen regelmäßig von der Notwendigkeit der Änderung in den IT-Systemen und im *Controlling*bereich begleitet. So ist das Wissen jedes Ricoh-Mitarbeiters über die Relevanz seines Gegenübers seines Kollegen und anderer Abteilungen entscheidend dafür, dass konsequent eng zusammengearbeitet wird. Da dies wichtiger Bestandteil einer gesunden Unternehmenskultur ist, kann nicht oft genug die Wertschätzung eines jeden Mitarbeiters betont werden. Die Weiterentwicklung dieser Kultur gehört zu den Aufgaben der *Personalabteilung*. Es ist entscheidend, einerseits gute Visionäre zu finden, andererseits allerdings darauf zu achten, dass die Kreativität im Sinne des Unternehmens insofern in Grenzen gehalten werden kann, als dass eine phantasievolle Idee immer an eine realistische Umsetzungsmöglichkeit gebunden sein sollte, da sie ansonsten keine ausreichende Wirkung entfalten kann.

Darüber hinaus hat sich Ricoh konsequent von der Idee des traditionellen Schauraums verabschiedet und in seiner Hauptverwaltung in Hannover ein einzigartiges Konzept in die Wirklichkeit übersetzt. Nach dem Motto: „Wir leben, was wir verkaufen!" bietet Ricoh Kunden und Interessenten die Gelegenheit, innovative Produkte und Lösungen aus der Welt der digitalen Bürokommunikation und des Druck- und Dokumentenmanagements nicht unter Laborbedingungen, sondern im tatsächlichen Einsatz zu erleben. Im Rahmen von *„Future Office live"* ist das gesamte Unternehmen ein einziger großer Schauraum. Tagtäglich führt Ricoh Besucher durch die Räume seiner Hauptverwaltung und vermittelt so einen besonders authentischen und bleibenden Eindruck von der Arbeitsweise und Effizienz moderner Lösungen für das unternehmensweite Druck- und Dokumentenmanagement. Ob digitale Archivierung und intelligentes Content Capturing, Druckkostencontrolling und Accounting, modernes Administrations- und Fleet-Management oder effizientes Print-Management via Job-Ticket: Diese und andere Lösungen werden von Ricoh konsequent im eigenen Hause eingesetzt.

4.5 Anpassung der Kontrollmechanismen

Ein letzter wichtiger Schritt von Änderungen im Rahmen eines kontinuierlichen Verbesserungsprozesses ist neben der Kontrolle und Überwachung neuer Prozesse immer der Blick zurück auf den Erfolg der durchgeführten bzw. umgesetzten Maßnahmen. So unterliegen heute alle Prozesse strengen Kontrollmechanismen. Regelmäßig stattfindende *Kundenumfragen* über den Service, den Vertrieb und die Logistik vermitteln immer ein Bild davon, ob und wie bestimmte Maßnahmen gegriffen haben.

Neben diverser Monitoringtools zur alltäglichen Bewältigung der abteilungsrelevanten Aufgabenstellungen werden z. B. im Technical Service sogenannte *Mystery Calls* im Customer Service Center und Umfragen von unabhängigen Agenturen durchgeführt, die als Ergebnis den sogenannten Customer Satisfaction Index (CSI) angeben, welcher es ebenfalls erlaubt, Änderungen zu kontrollieren und Fortschritte zu identifizieren.

5 Fazit

Im Fokus aller Bestrebungen, den Status als führender Lösungsanbieter zu festigen, steht die Idee. Dabei ist es unerheblich, ob diese Idee im Ricoh-internen Ideenmanagementsystem von einem Mitarbeiter hinterlegt wurde, ihren Ursprung in Meetings hatte oder als Ergebnis eines perfekt geführten Kundentermins eines Vertriebsmitarbeiters und dessen aufmerksamen Zuhörens zu verdanken ist.

Die Idee steht immer im Mittelpunkt bei der Entwicklung kundenspezifischer Lösungen. So ist es Ricoh in der Vergangenheit gelungen, sehr gute Ideen zu identifizieren, mit Hilfe der Kunden und Mitarbeiter zu entwickeln, zur Marktreife zu bringen und diese nicht selten so zu positionieren, dass der gesamte Markt auf den Erfolg der aus ihnen entwickelten Konzepte blickt.

1=1 PAY PER PAGE®, 1=1 PAY PER PAGE® GREEN und MDS sind Zeichen setzende Innovationen ihrer Zeit. Wie der schnelle Wandel des Marktes, einerseits von einem regionalen zu einem globalen Markt, andererseits vom einfachen Warenverkauf zum hochkomplexen Lösungsverkauf, gezeigt hat, ist eine Innovation meist nur für einen kurzfristigen Zeitraum neu. Erst eine Verstetigung des täglichen Innovationsgedankens, eigene Konzepte und Lösungen sowie sich selbst ständig neu zu erfinden – unter Beibehaltung des Bewährten – erlaubt es, sich mit denen zu messen, die diesen Change Management-Prozess bereits durchlaufen haben.

Es ist Ricohs tägliches Ziel, als Lösungsanbieter weiterhin der Maßstab für digitale Bürokommunikation sowie Druck- und Dokumentenmanagement und den damit verbundenen Dienstleistungen zu sein. Treibende Kraft dabei ist stets die Idee.

Deshalb: Moving Ideas Forward.

Literaturverzeichnis

PORTER, M., Competitive Advantage, New York 1985.

TULI, K. R., A. K. KOHLI UND S. G. BHARADWAJ, Rethinking customer solutions: From product bundles to relational processes, in: Journal of Marketing, Volume 71, Issue 3, 2007, S. 1-17.

Peter Kes und Isabelle Kes

Schmitz Cargobull: Lösungsorientierung als Anker in der Krise

Win-win-Situation für Kunde und Unternehmen

1 Einleitung

Besonders in Zeiten der Krise suchen Unternehmen nach neuen Wegen, Kunden zu binden und vor allem zufrieden zu stellen. Die Homogenität und Austauschbarkeit von Produkten und Dienstleistungen sowohl in B2B- als auch in B2C-Branchen steigt an, Unternehmen erweitern ihr Angebotsspektrum, Preis- und Wettbewerbsdruck nehmen immer mehr zu. Unternehmen sehen sich daher gezwungen, neue Möglichkeiten zu finden, sich nachhaltig von Wettbewerbern zu differenzieren. Eine Option stellt das Solution Selling dar – ein Ansatz, der von einigen Unternehmen bereits erfolgreich implementiert wurde. Idee des Solution Selling ist es, nicht mehr nur ein Produkt zu verkaufen, sondern eine komplette, z. T. komplexe und vor allem individuell auf die jeweiligen Kundenbedürfnisse zugeschnittene Lösung anzubieten. Salopp formuliert, wird nicht der Bohrer für die Bohrmaschine verkauft, sondern ein Komplettpaket, bei dem der Lösungsanbieter das Bild nach identifizierten Kundenwünschen auswählt, ein Loch in die Wand bohrt, das Bild schließlich aufhängt und in regelmäßigen Abständen über alternative Befestigungsmöglichkeiten und wechselnde Kunsttrends informiert. Was Solution Selling vom bloßen Angebot ergänzender Dienstleistungen im Kern unterscheidet, ist nicht der Prozess der Lösungserstellung, sondern der Verkauf von Lösungsergebnissen (vgl. AHLERT, KAWOHL und KES 2009, S. 1 f.).

Auf diese Weise werden Kundenbedürfnisse in den Mittelpunkt des Prozesses gerückt. Die Analyse der Kundenwünsche ist Start- und gleichzeitig Mittelpunkt des Solution Selling. Ausgehend von den Präferenzen und Wünschen der Abnehmer werden individuelle Lösungen zusammengestellt und implementiert. Durch eine verbesserte Nachsorge und After-Sales-Leistung kann die Beziehung zum Kunden verlängert werden und führt im optimalen Fall zu einem Ergänzungs- bzw. Folgekauf. Diese Rundumleistung bietet zudem großes Potenzial, das Vertrauen und die Loyalität des Kunden zu steigern und auf diese Weise zukünftige Erlöspotenziale zu erschließen. Um dem Kunden eine Solution komplett anbieten zu können, muss oftmals mehr geleistet werden, als das Produktionsprogramm eines Komponentenherstellers i. d. R. beinhaltet. Um dem Kunden eine komplette Solution zu offerieren, ist entweder die eigene Wertschöpfungskette zu erweitern oder es müssen Kooperationen mit anderen Unternehmen eingegangen werden. Hier kommt es vor allem darauf an, dem Kunden das Gefühl zu geben, kompetenter Ansprechpartner und Koordinator der Lösung zu sein.

In diesem Sinne hat die Schmitz Cargobull AG die Lösungsorientierung in die Unternehmensstrategie implementiert und sieht im Solution Selling eine Möglichkeit, sowohl sich selbst als auch ihre Kunden ein wenig leichter durch die aktuelle Wirtschaftskrise zu steuern. Wie genau der Konzern den Lösungsgedanken umgesetzt und welche konkreten Lösungen der Konzern entwickelt hat, um den Kundenbedürfnissen immer mehr zu entsprechen, wird im Folgenden genauer beleuchtet.

2 Schmitz Cargobull Konzern

2.1 Der Konzern und seine aktuelle Situation

Die 1892 von Melchior Schmitz in Form einer Schmiede für Wagenbau auf dem heutigen Marktplatz von Altenberge gegründete Schmitz Cargobull AG offeriert den Kunden Lösungen rund um den Trailer. Die frühere Schmiede produzierte 1935 den ersten Sattelauflieger und das erste Kofferfahrzeug. Seitdem ist das Unternehmen stark gewachsen. Der Bau neuer Werke in Altenberge, Vreden, Berlin und Gotha und die Übernahme eines Werkes in Großbritannien sowie der Bau einer auf kleine Produktionsvolumina ausgelegten Fabrik, sog. small scale factory, in Spanien haben dazu beigetragen, dass das Unternehmen inzwischen europaweit vertreten ist. Heute werden rund 65 % des Umsatzes im Ausland erwirtschaftet (vgl. o.V. 2008a).

Abbildung 2-1: *Produktportfolio des Schmitz Cargobull Konzerns (auszugsweise) (Quelle: Schmitz Cargobull)*

Zu den von Schmitz Cargobull hergestellten Trailern zählen Planenauflieger, Kühlfahrzeuge, Kipper und Sattelcontainerchassis (vgl. Abb. 2-1). Mit insgesamt 3.711 Mitarbeitern (ohne aktuelle Leiharbeiter) erzielte das Unternehmen im Geschäftsjahr 2007/2008 einen Umsatz von 2.114 Mio. Euro (vgl. o.V. 2008b; vgl. Abb. 2-2). Aufgrund der aktuellen gesamtwirtschaftlichen Situation sieht es auch bei Schmitz Cargobull nicht mehr so rosig aus. Das Unternehmen fährt seit Beginn 2009 Kurzarbeit und hat sämtliche Leiharbeiter entlassen müssen. Der Fortbestand des Unternehmens ist zwar keineswegs gefährdet, dennoch sieht sich das Unternehmen gezwungen, sich zu verschlanken, sollte sich die wirtschaftliche Situation der Branche nicht erheblich verbessern (vgl. o.V. 2009b; o.V. 2009c).

Abbildung 2-2: *Umsatzentwicklung der Schmitz Cargobull AG (Quelle: SCHMITZ CARGOBULL)*

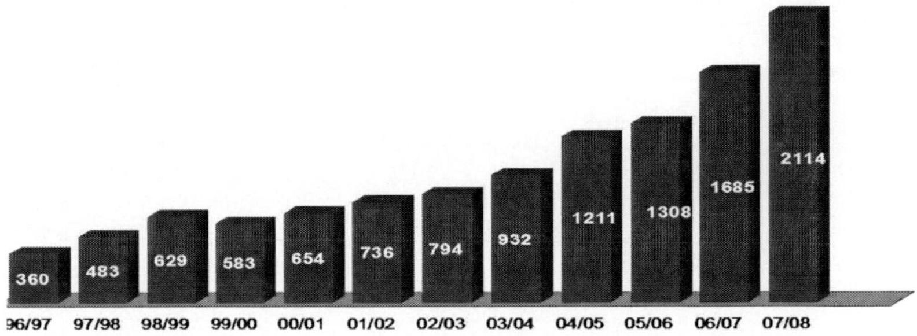

2.2 Der Markt des Schmitz Cargobull Konzerns

Der geografisch für die Schmitz Cargobull AG relevante Markt ist Europa. Die Grafik (vgl. Abb. 2-3) zeigt die verschiedenen Werke des Konzerns (in weiß), sowie in dunkel die Cargobull Trailer Center und sämtliche Vertriebsstandorte (Kreuze). In den letzten Jahren hat sich das Unternehmen immer stärker nach Osteuropa orientiert. Hier sind Rumänien, Polen und vor allem Russland als große Märkte hinzugekommen. Russland besitzt aufgrund des Wirtschaftsbooms der letzten Jahre für Trailerhersteller enormes Potenzial, das aber durch die aktuelle Krise etwas abgeschottet ist.

Abbildung 2-3: *Vertriebsstandorte der Schmitz Cargobull AG (Quelle: SCHMITZ CARGOBULL)*

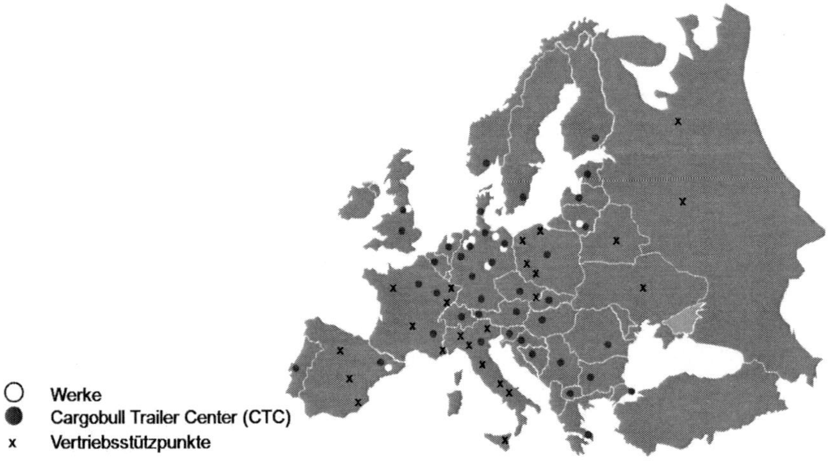

Der europäische Markt für Trailer wird durch wenige internationale Anbieter bedient, hinzukommen viele kleine nationaltätige Anbieter, die alle ein homogenes Produkt, nämlich Auflieger, anbieten (vgl. Abb. 2-4). Bei reiner Betrachtung der produzierten Stückzahlen ist Schmitz Cargobull der führende Trailerhersteller weltweit. Die größten Wettbewerber für den Konzern sind Krone und Kögel im Bereich der Pritschen- und Kühlauflieger. Das Segment der Kipper wird neben Schmitz Cargobull durch Kempf und Carnehl dominiert.

Die Kunden des Unternehmens lassen sich grob in drei Hauptgruppen unterteilen. So stellt die Schmitz Cargobull AG zum einen Solutions für national agierende Speditionen zusammen. Zum anderen zählen aber auch international tätige Logistikdienstleister, wie Dachser, Schenker und Kühne & Nagel zu den Kunden. Aufgrund der Größe der Fuhrparks stellen diese Kunden vor allem im Bereich der Lösungsangebote ein nicht zu vernachlässigendes Potenzial dar. Darüber hinaus bedient Schmitz Cargobull so genannte Verlader, die Transportaufgaben bei einem Logistikdienstleister in Auftrag geben.

Für die gesamte Nutzfahrzeugbranche waren die Jahre 2006 und 2007 Rekordjahre, deren Niveau offensichtlich langfristig nicht gehalten werden konnte. Viele Hersteller hatten einen Rückgang der Neufahrzeugnachfrage zu Beginn des Jahres 2008 daher einkalkuliert. Doch das Jahr 2008 brachte im Zuge der allgegenwärtigen Weltwirtschaftskrise keinen Rückgang zum Normallevel des Marktes, sondern einen Einbruch des gesamten europäischen Marktes. Besonders in Deutschland ist die Zahl der Neuzulassungen drastisch zurückgegangen.

Abbildung 2-4: *Marktanteile der Schmitzprodukte in Europa 2007 und Deutschland 2008 (Quelle: SCHMITZ CARGOBULL)*

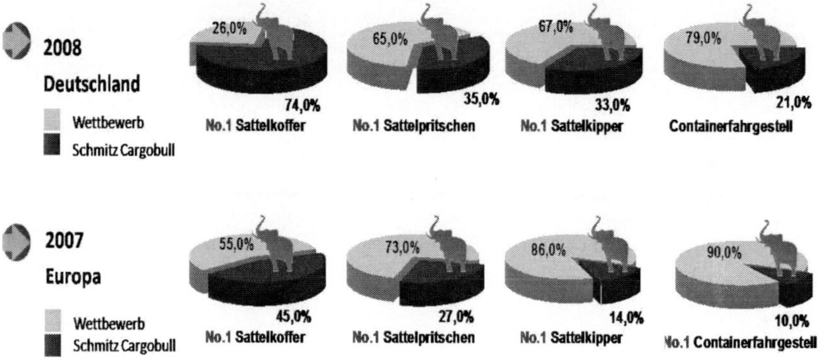

Bei einem zusätzlichen Blick auf die marktbeeinflussenden Rahmenbedingungen wird klar, dass die unverhältnismäßige Erhöhung der Maut für Euro 3-Fahrzeuge in Deutschland die Situation auf dem deutschen Nutzfahrzeugmarkt sicherlich nicht vereinfacht hat. Zur Erklärung ist zu sagen, dass die Mautgebühren in Deutschland nach Schadstoffklassen (Euro 1; 2; 3; 5) gestaffelt sind. Der Großteil der vorhandenen Zugmaschinen in den Fuhrparks fällt in den Bereich der Euro 3-Klasse. Ende 2008 wurde die Maut für Euro 3-Fahrzeuge um bis zu 62 % pro km erhöht. Im Vergleich dazu wurde die der anderen Klassen nur um ca. 10 % pro km angehoben. Aufgrund dieser Erhöhung und neuen Umweltauflagen folgend produzieren Zugmaschinenhersteller nur noch Euro 5-Fahrzeuge. Dies führte dazu, dass viele Kunden nun eher eine neue Euro 5-Zugmaschine anschaffen, als die alte Euro 3-Maschine mit einem neuen Auflieger zu versehen – oder gar eine gebrauchte Zugmaschine erwerben, um Geld für einen Trailer zu sparen.

Die Wirtschaftskrise, hohe Umweltauflagen, die erhöhte Mautgebühr und steigende Rohölpreise bekommen die Transportbranche und infolgedessen die Trailerhersteller deutlich zu spüren. Transportvolumina gehen drastisch zurück und stellen einige Unternehmen vor bedrohliche Hürden. Umso mehr sieht Schmitz Cargobull eine Herausforderung darin, dem Kunden durch Solutions eine wirtschaftliche und kostenoptimierte Zielerreichung zu ermöglichen und ihnen somit durch die Krise zu helfen.

2.3 Auswirkungen der Krise 2008/09

Die Krise, die die Speditionen und Fuhrunternehmen schon viel früher getroffen hatte, übertrug sich Ende des Jahres 2008 auch auf den Konzern Schmitz Cargobull. Es wurde mit einem Umsatzrückgang von 70 bis 90 % für das Jahr 2009 gerechnet. „Das Geschäft ist auf den Stand von 1993 zurückgefallen" (SCHÖPKER 2009, S. 14), so Ulrich Schöpker, Vertriebschef und Vorstandsmitglied der Schmitz Cargobull AG. Nur der enorm hohe Auftragsbestand vor Beginn der Krise sicherte eine noch bis in den November 2008 vollkommen ausgelastete Produktion und ist der Grund dafür, dass das Unternehmen nicht früher vom Nachfragerückgang getroffen wurde. Der seit mehreren Jahren andauernde hohe Auftragsbestand hatte zu langen Lieferzeiten geführt, so dass die Kunden Ende des Jahres 2007 und zu Beginn des Jahres 2008 Bestellungen weit in die Zukunft platzierten. Doch gegen Ende des Jahres 2008 brach der Auftragsbestand durch Stornos und Rücktritte von Bestellungen innerhalb kürzester Zeit ein. Dieses Phänomen konnte branchenweit beobachtet werden. Die Kapazitätsauslastung der Nutzfahrzeughersteller, die zu Beginn des Jahres 2008 noch bei ca. 115 % lag, fiel im zweiten Quartal 2009 auf unter 43 % (vgl. IFO INSTITUT 2009). Gegen Ende des Jahres meldeten sowohl Schmitz Cargobull als Marktführer als auch die größten Mitbewerber Krone und Kögel Kurzarbeit an (vgl. ROSENBERGER 2009b, S. 14).

Einen zusätzlichen großen Rückschlag für den Konzern stellte der Auftragseinbruch in Osteuropa dar. Ein Großteil der noch im September 2008 auf der Internationalen Automobil Ausstellung (IAA) vereinbarten Aufträge stellte sich für die Kunden als nicht finanzierbar heraus. Zurzeit ist das Geschäft mit Osteuropa zum Erliegen gekommen. Russland hat zusätzlich die Zölle auf neue Fahrzeuge so stark erhöht, dass sich ein effizientes Geschäft mit russischen Kunden kaum lohnt. Russland, das bisher besonders stark von rückläufigen Auftragszahlen im Bereich der Fahrzeuge über 6 t betroffen ist, versucht zurzeit seine heimische Wirtschaft durch solche protektionistischen Maßnahmen vor noch schlimmeren Auswirkungen der weltweiten Wirtschaftskrise zu schützen.

Die Produkttypen der Schmitz Cargobull AG reagieren unterschiedlich stark auf die Krise. Während Pritsche und Sattelcontainer des Konzerns doch deutlicher an Vorsprung verlieren, ist Schmitz Cargobull im Bereich Kühlsattelkoffer nach wie vor deutlicher Marktführer. Dies müssen auch die Konkurrenten Kögel und Krone neidlos anerkennen (vgl. ROSENBERGER 2009b, S. 14). Ein sich aus der Krise ergebendes weiteres Problem ist das häufige Ausweichen der Fuhrunternehmen auf bisher stillgelegte Fahrzeuge. Es werde alte Fahrzeuge wieder angemeldet, anstatt in neue zu investieren. Zurzeit sollen in Deutschland rund 100.000 Fahrzeuge stillgelegt sein, die prinzipiell wieder angemeldet werden könnten. Hier droht allen Herstellern der Branche ein deutlicher Auftragsverlust (vgl. ROSENBERGER 2009b, S. 14). Im Jahr 2009 wurden nur noch rund 10.000 neue Auflieger bei Schmitz Cargobull produziert, während es im Jahr 2008 noch 40.000 und im Jahr 2007 sogar 66.000 Stück waren. Laut Ifo Geschäftsklimaindex könnte sich die gesamtwirtschaftliche Situation im Jahr 2010 stabilisieren, obwohl kein signifikanter Aufschwung im Bereich der Nutzfahrzeuge zu erwarten ist (vgl. IFO INSTITUT 2009). Die Produktionskapazität wurde an sämtlichen Standorten zurückgefahren. Darüber hinaus geht man von „einem sozialverträglichen Abbau von ca. 500 Stellen der Stammbelegschaft“ (SCHÜMER 2009, S. 24) aus. Nur so könne die Zukunftsfähigkeit des Unternehmens gesichert werden. Trotz der schlechten Marktentwicklung sieht das Untenehmen keine existenzielle Bedrohung. Dank einer Eigenkapitalquote von rund 63 % hat der Schmitz Cargobull Konzern ein sattes Polster, um die Krise sicher zu überstehen (vgl. ROSENBERGER 2009b, S.14). Hier scheint sich auch die Eigenständigkeit der Töchterunternehmen, wie z. B. der Cargobull Parts & Services GmbH, auszuzahlen. Da diese hauptsächlich in der After-Sales-Phase mit dem Kunden kooperieren, sehen sie sich einer verzögerten Marktentwicklung gegenüber und erwirtschaften, trotz einiger durch die allgemeine Finanzkrise bedingter Einbrüche, Gewinne.

2.4 Die Entwicklung zum Solution Seller

Seit der Gründung der Schmitz Cargobull AG, damals noch die Schmiede Schmitz, vor über 100 Jahren haben sich das Unternehmen und seine Produktpalette stark gewandelt. Die zunächst als Wagenbauschmiede operierende Unternehmung hat lange Zeit fast nur kundenindividuelle Auflieger und Einzelstücke produziert. Ein bedeutender Einschnitt für das Unternehmen hat in den 90er-Jahren stattgefunden. Da das Unternehmen kurz vor dem wirtschaftlichen Aus stand, änderte es seine Strategie. Es wurden große Absatzvolumina von industriell hergestellten Produkten angestrebt. Die Produktionsstandorte begannen, sich auf bestimmte Aufliegerarten zu konzentrieren. Diese Strategie war damals der einzige Weg, effizient und kostengünstig zu produzieren. Denn der Markt forderte vor allem günstige Trailer, die nur durch industrielle Serienproduktion mit niedrigen Stückkosten realisierbar waren.

In den folgenden Jahren zeigte sich allerdings, dass die Konkurrenz diesen Ansatz ebenso verfolgte. Die Schmitz Cargobull AG musste sich wiederum neu von den Wettbewerbern differenzieren und die Kunden, die wie das Unternehmen selbst unter enormem Kosten- und Wettbewerbsdruck litten, unterstützen und ihnen Erfolgspotenziale aufzeigen. Heute ist der Trailer nur noch „Mittel zum Zweck“. Denn zusammen mit den so genannten Value Added Services will der Schmitz Cargobull Konzern mit seinen Kunden partnerschaftlich und langfristig derart zusammenarbeiten, dass sie sich auf ihre Kernkompetenzen konzentrieren können. Hierzu hat das Unternehmen in den letzten Jahren einen kompletten Blumenstrauß an zusätzlichen Dienstleistungen um den Trailer zusammengestellt, die der Kunde jeweils kombinieren, aber auch einzeln nutzen kann. Durch die Formulierung der „Just more“-Strategie, implementierte der Konzern den Lösungsgedanken im Unternehmensleitbild. Hierin wurde festgelegt, dass es eben nicht mehr nur um den Trailer geht, sondern um den Trailer als Kern eines gesamten Paketes, das dem Kunden eben „just more" bietet: nämlich eine komplette Mobilitätslösung inklusive aller Value Added Services rund um den Auflieger.

Seit Beginn des Jahres 2000 entstanden demnach sukzessive immer neue Value Added Services. Heute bietet das Unternehmen seinen Kunden keine Trailer als reinen „LKW-Anhänger" mehr, sondern offeriert eine komplette Mobilitätslösung, die bei Bedarf von der Finanzierung und Gebrauchtfahrzeugrücknahme über individuellen Traileraufbau und Nachrüstungen bis hin zu umfangreichen After-Sales-Angeboten und einem Telematics-System reicht. Alles in allem ist die Anzahl der Value Added Services und somit das Potenzial, dem Kunden komplette, den Lebenszyklus eines Trailers überdauernde Lösungspakete anzubieten, seit dem Jahr 2000 enorm gestiegen. Die Umsatzzahlen der Unternehmensbereiche, die sich mit den Value Added Services beschäftigen, zeigen den Erfolg der lösungsorientierten Strategie. Allein im Zeitraum von 2005 bis 2007 wiesen die Value Added Services eine calculated average growth rate (CAGR) von 16 % auf. Im Geschäftsjahr 2007/2008 erwirtschafteten die Value Added Services-Bereiche der AG ohne den kompletten Finanzierungssektor allein 7 % des Gesamtumsatzes. „Bei allen Value Added Services, die wir anbieten, gibt es zwar Standardmodule, aber in der kundenspezifischen Kombination und Gestaltung dieser Elemente liegt die tägliche Herausforderung" (KES 2009, S. 3).

2.5 Die Ausprägung des Solution Selling

Um die Zusammenstellung des Lösungsangebotes des Konzerns darstellen zu können, wird auf das Vier-Phasen-Modell des Solution Selling von TULI, KOHLI und BHARADWAJ zurückgegriffen (vgl. TULI, KOHLI und BHARADWAJ 2007, S. 2 f.). Die Autoren identifizieren in ihrer Studie die folgenden vier Prozesse im Rahmen des Solution Selling (vgl. zu den einzelnen Phasen auch ausführlich WOISETSCHLÄGER ET AL. in diesem Band):

- Ermittlung der Bedürfnisse des Kunden,
- Kundenspezifische und ganzheitliche Zusammenstellung von Dienstleistungen und Gütern,
- Implementierung der erarbeiteten Lösung beim Kunden sowie
- Kundensupport nach der Implementierung.

2.5.1 Erste Phase

Die Schmitz Cargobull AG deckt mit ihren Angeboten die gesamten vier Phasen des Solution Selling ab. Kennzeichnend für die erste Phase, die durch die Identifikation des Kundenwunsches bestimmt ist, sind intensive Verkaufsgespräche mit den Kunden. Hier steht die Identifizierung der Probleme und Bedürfnisse des Kunden an erster Stelle, denn nur so kann eine langfristige Partnerschaft mit dem Kunden entstehen. Folglich ist die wichtigste Aufgabe der Verkäufer von Schmitz Cargobull, zuzuhören und so die Wünsche des Kunden, seine Ziele und Probleme genau herauszufiltern. Um in Kundengesprächen immer wieder neue und individuelle Lösungsideen anbieten zu können, orientiert sich die Schmitz Cargobull AG auch an anderen Branchen, so z. B. am PKW-Verkauf oder auch völlig artfremden Branchen wie dem Versandhandel. Zu Themen wie Lagerlogistikoptimierung und der Verbesserung der Service-Partner-Netzwerke, der Full-Service-Verträge und der Ersatzeildokumentation hat sich die Cargobull Parts & Services GmbH u. a. mit dem weltweit tätigen Kranhersteller TEREX DEMAG gebenchmarkt.

2.5.2 Zweite Phase

In der zweiten Phase, in der es darum geht, dem Kunden eine möglichst optimale Lösung zusammenzustellen, bietet Schmitz Cargobull neben dem z. T. individualisierten Standardauflieger eine ganze Reihe der so genannten Value Added Services an.

Zunächst kann der Kunde sich seinen individuellen Auflieger zusammenstellen. Hierfür bietet der Schmitz Cargobull Konzern Online-Konfiguratoren an, mit Hilfe derer ein speziell für den Kunden passender Trailer ausgewählt werden kann (vgl. Abb. 2-5). Im Anschluss wird dann ein individuelles Angebot auf Basis dieser Kalkulation erstellt (vgl. o. V. 2009a). Sollte der Kunde eine komplette Sonderanfertigung benötigen, so ist auch dies mithilfe der **Cargobull Service Partner GmbH** möglich.

Darüber hinaus gibt es fünf verschiedene Aspekte, die der Kunde individuell gestalten kann und die durch vier der fünf Value Added Services des Konzerns abgedeckt werden. So kann der Kunde zum einen seine gebrauchten Fahrzeuge in Zahlung geben. Dieser Service wird nicht nur für einzelne Trailer, sondern ebenso für ganze Flotten angeboten. Außerdem besteht die Möglichkeit, nicht nur Neufahrzeuge zu erwerben, sondern in 16 untereinander vernetzten Depots eines der rund 1.600 **gebrauchten Nutzfahrzeuge** verschiedenster Hersteller zu beziehen.

Abbildung 2-5: *Online-Konfiguratoren zur Trailerbestellun (Quelle: Schmitz Cargobull)*

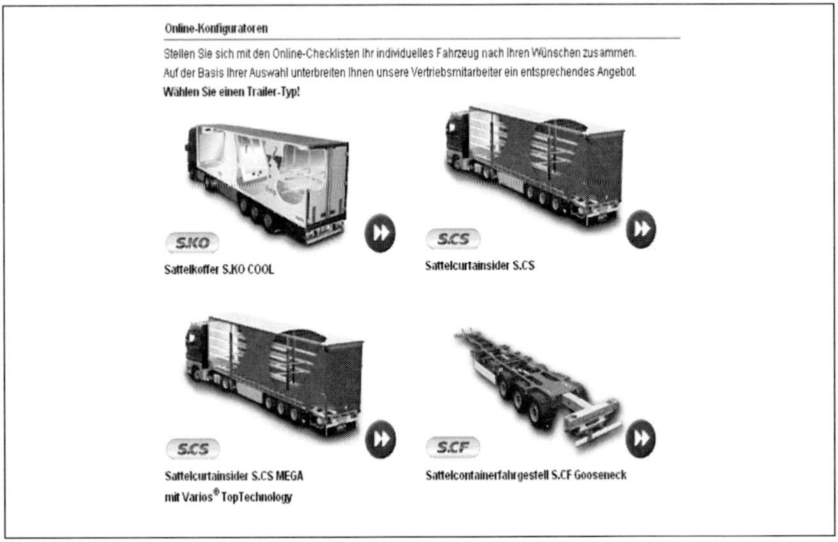

Gleichzeitig wird dem Kunden ein Finanzierungsservice, der **Cargobull Finance**, offeriert. Cargobull Finance ist eine Kooperation des niederländischen Finanzdienstleisters DeLaage Landen und der Schmitz Cargobull AG. „Priorität hat immer die Liquidität des Kunden", so René Roelfsema, Geschäftsführer der Cargobull Finance. Das Unternehmen versucht, sich bei jedem Kunden auf dessen individuelle Situation einzustellen. Hier kann dieser zwischen verschiedensten Finanzierungsformen wählen, vom Mietkauf über Contract Lease oder dem traditionellen Leasing bis hin zur Kauffinanzierung wird für jeden Kunden individuell die optimale Finanzierung zusammengestellt. „Finanzierungslösungen sollten sowohl zusätzlichen finanziellen Spielraum erschließen, als auch mit kalkulierbaren Kosten Sicherheit über die gesamte Vertragslaufzeit geben" (o. V. 2009d, S. 24).

In der letzten Zeit hat sich die Nachfrage vom reinen Finanzleasing hin zum so genannten Contract Lease verschoben. Contract Lease bietet dem Kunden einen Auflieger, der nicht in seiner Bilanz erscheint. Cargobull Finance bleibt wirtschaftlicher Eigentümer, während der Kunde uneingeschränktes Nutzungsrecht hat. Hierbei wird dem Kunden ein Leasingvertrag inklusive Full-Service-Paket angeboten, so dass dieser sich einzig und allein um sein Kerngeschäft kümmern kann und alles andere von Schmitz Cargobull übernommen wird. Dies ist nur ein Aspekt, der zeigt, wie die Value Added Services ineinander greifen (vgl. Abb. 2-6).

Abbildung 2-6: *Zusammenhang der Value Added Services (Quelle: SCHMITZ CARGOBULL)*

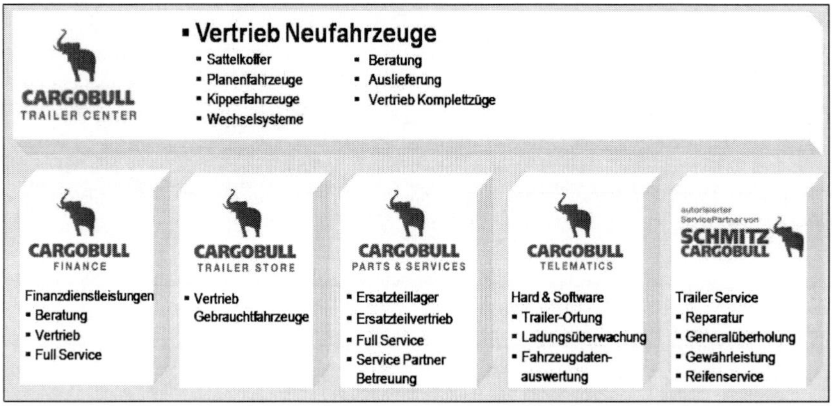

Darüber hinaus bietet **Cargobull Telematics** ein Trailer Telematic-System, mit dem je nach Wunsch der Trailer via Satellit verfolgt und sein ordnungsgemäßer Zustand überprüft werden kann. So ist es möglich, via Satellit Daten über Reifendruck, Bremssystem, geschlossene Türen oder Beladungszustand zu erhalten. Vor allem die Überwachung der Kühlkette ist für den Transport von leichtverderblichen Waren von elementarer Bedeutung. Gleichzeitig weiß der Fuhrparkmanager immer und zu jeder Zeit, wo Fahrzeug und Ladung sich befinden. Vor allem die in diesem Rahmen angebotene Diebstahlsicherung ist für Speditionen interessant, die wertvolle Ladung, Gefahrgut oder spezielle Güter wie bspw. Medikamente transportieren. Hierbei meldet das System entweder an den Fahrer oder an den Fuhrparkleiter daheim z. B. die Öffnung einer Tür oder einen unplanmäßigen Stopp. Darüber hinaus besteht die Integrationsmöglichkeit von Cargobull Telematics in die logistische Software des Kunden, also weit mehr als nur Tracking und Tracing. Telematics kann sowohl in gebrauchte als auch in Neufahrzeuge eingebaut werden; ebenso ist die Nachrüstung in Fremdtrailern möglich. Darüber hinaus kann der Kunde bereits jetzt entscheiden, ob er für seinen Trailer einen Full-Service-Vertrag mit der **Cargobull Parts & Services GmbH** abschließen möchte.

2.5.3 Dritte und vierte Phase

Die dritte Phase, die durch die Implementierung der Lösung definiert ist, stellt sich bei Schmitz Cargobull wie folgt dar: Der fertig ausgestattete Auflieger wird dem Kunden entweder zur Abholung am Werk bereitgestellt oder auf Wunsch sogar angeliefert.

Allerdings hat die Erfahrung gezeigt, dass die meisten Kunden die Fahrzeugabholung direkt mit dem nächsten Speditionsauftrag verbinden.

Die abschließende vierte Phase des Solution Selling ist durch die Nachsorge und den After-Sales-Service definiert. Bei Schmitz Cargobull wird auf diese Phase besonders viel Wert gelegt, da das Unternehmen die Bildung einer langfristigen und nachhaltigen Kundenbeziehung zum Ziel hat. So bietet zum einen die **Cargobull Parts & Services GmbH** als wesentlicher Baustein der Value Added Services u. a. solche Basics wie europaweite Ersatzteilverfügbarkeit und ein optimales, trainiertes und qualifiziertes Service-Partner-Netzwerk. Dabei beginnt die Ersatzteilverfügbarkeit für die Tochter des Konzerns bei der Ersatzteildokumentation und -identifikation. Hier setzt Cargobull Parts & Services seit Jahren als einer der ersten Trailerhersteller verstärkt auf das Internet. In einem Serviceportal im Internet sind sämtliche relevanten Informationen in allen gängigen europäischen Sprachen für Werkstätten verfügbar, angefangen bei Servicedokumentationen über Schulungsangebote bis hin zum Ersatzteilkatalog und Teilewebshop. Letzterer beinhaltet zusätzlichen zu den normalen Bestellfunktionalitäten eine Onlineverfügbarkeitsabfrage. Gleichzeitig kann der Kunde Ersatzteile aber auch persönlich vor Ort oder telefonisch bestellen. Hierfür stehen mehrsprachige Mitarbeiter zur Verfügung, die auch Kunden aus dem osteuropäischen Raum die Bestellung erleichtern. Im Rahmen dieses Angebotes liefert Cargobull Parts & Services nicht nur originäre Schmitz Cargobull-Ersatzteile, sondern vor allem Fremdprodukte. Das Tochterunternehmen sieht sich als Händler, für den die Wünsche seiner Kunden an erster Stelle stehen, unabhängig davon, ob dieser ein Ersatzteil von Schmitz Cargobull oder eines von Knorr oder Wabco benötigt. Hier wird die besondere Kunden- und Lösungsorientierung von Schmitz Cargobull deutlich.

Darüber hinaus bietet die Tochter der Schmitz Cargobull AG einen Full-Service-Vertrag an, den der Kunde wiederum individuell ausgestalten kann: mit oder ohne Reifenservice, inkl. Kühlgerätecheck und -wartung oder ohne, Ladebordwand mit eingeschlossen oder nicht oder gar nur einen Wartungsvertrag für eine dieser Komponenten. Außerdem kann der Kunde zwischen verschiedenen Laufzeiten und individuell gestalteten Raten wählen. „Gut zuhören, die Kundenwünsche verstehen und dann die passende vertragliche Gestaltung realisieren ist die Devise, speziell auch in Kombination mit unseren anderen Value Added Services Bausteinen" (Kes 2009, S. 3). Zusätzlich bietet Schmitz Cargobull einen 24-h-Breakdown-Service an, so dass einem liegen gebliebenen Fahrer schnellstmöglich geholfen werden kann. Dieser Service wird vor allem durch die über 700 Service-Partner-Werkstätten europaweit ermöglicht. Cargobull Parts & Services arbeitet hier mit dem ADAC-Truck-Service im Rahmen des Cargobull Euroservice zusammen. Der ADAC-Truck-Service ist einer der nationalen Organisationen im Verbund von EuropeNet, die in Kooperation mit Schmitz Cargobull den Breakdown-Service europaweit abwickeln. Im Breakdownfall sind grundsätzlich die Kompetenz der Kontaktpersonen, die Erreichbarkeit und eine schnelle und professionelle Hilfe ausschlaggebend. Die Kunden mit Full-Service-Verträgen haben auch hier einen Vorteil, da diese Verträge automatisch eine europaweite Zahlungsgarantie für den Breakdownfall beinhalten. Das bedeutet auch im Fall der Zahlungsunfähigkeit des Fahrers, dass die Bezahlung einer Reparatur gewährleistet ist und dieser somit nichts im Wege steht.

Des Weiteren kann der Kunde ein Cargobull Finance-Schutzpaket abschließen. Neben der reinen Versicherungsleistung ist dieses Versicherungspaket der Garant dafür, dass Schmitz Cargobull die komplette Abwicklung im Schadensfall, von der Kommunikation mit der Vertragswerkstatt bis hin zu allen versicherungstechnischen Angelegenheiten, übernimmt.

Trotz dieser größtenteils eindeutigen Zuordnung der Value Added Services zu den einzelnen Phasen des Solution Selling kann nur durch eine Kombination aller Value Added Services dem Kunden eine Life-Cycle-Solution angeboten werden. Denn jeder Bereich des Kundengeschäfts, egal ob Value Added Services oder Neufahrzeugverkauf, ist miteinander verzahnt. Bestes Beispiel ist wohl die Tatsache, dass fast jedes fünfte der 50.000 durch Cargobull Finance seit ihrer Gründung im Jahr 2000 finanzierten Fahrzeuge mit einem Full-Service-Vertrag der Cargobull Parts & Services GmbH unterwegs ist.

2.6 Eigenständigkeit der Tochterunternehmen

Die Unternehmen Cargobull Parts & Services GmbH, Cargobull Telematics GmbH, Cargobull Finance GmbH und die Cargobull Service Center GmbH sind eigenständige Tochtergesellschaften der Schmitz Cargobull AG. Die Cargobull Parts & Services GmbH wurde 2001 die erste eigenständige Tochter des Konzerns. Die Abspaltung der ehemaligen Abteilung After-Sales hatte zum Ziel, die strategische Wichtigkeit des After-Sales-Geschäftes zu unterstreichen. Die Philosophie hinter dieser Umstrukturierung war, dass das Unternehmen in diesem Geschäftsbereich eine Kernkompetenz sah und dieser ein adäquates Geschäftmodell geben wollte. Diese Idee verfolgt der Konzern bis heute, was verhindert, Teile des After-Sales-Geschäftes outzusourcen. Abgesehen von diesen strategischen Gründen für die Eigenständigkeit gab es rein betriebswirtschaftliche Gesichtspunkte, wie die leichtere Ergebniskontrolle und eine bilanzielle Abgrenzung. Letztere wurde mit dem fortschreitenden Wachstum des Bereichs der Full-Service-Verträge immer wichtiger, da für die größer werdenden Vertragsvolumina enorme Rückstellungen gebildet werden mussten. Eine separate bilanzielle Behandlung dieser Rückstellungen unabhängig von den AG-eigenen Rückstellungen ermöglichte eine effizientere und transparentere Bilanzierung.

Ein zusätzlicher ganz praktischer Grund lag in der organisatorischen Trennung der GmbH. Das Ersatzteillager hatte vor der räumlichen Trennung als Selbstbedienungsladen für sämtliche Abteilungen gedient. Nach der Gründung der GmbH und dem damit verbundenen Umzug in eigene Gebäude, wurde ein eigenes Lagerverwaltungssystem eingeführt und die Hürde, den inoffiziellen Weg zur Beschaffung gerade „ach so wichtiger Teile“ zu nutzen, wurde erhöht. Schließlich gab es einen Grund, der besonders auf die Gründung der Cargobull Parts & Services GmbH zutrifft. Als Abteilung der AG mit revolutionären Ideen im Bereich der Value Added Services, wurden sie oftmals als Querdenker bezeichnet. Die Idee die Value Added Services soweit auszubauen und zu einer Kernkompetenz weiterzuentwickeln, stieß zwar auf Zustimmung, aber auch auf Besorgnis. Die Gründung einer eigenen GmbH war in diesem Zusammenhang folglich ebenso eine Art Schutz. Sollten die Querdenker scheitern, würde es die AG in dieser Konstellation weniger treffen, als wäre Parts & Services weiterhin eine Abteilung des Mutterunternehmens. Die Entwicklung der Cargobull Parts & Services GmbH zeigt, dass diese Gefahr seit der Gründung zu keiner Zeit bestand. Die Idee, dem Kunden zu verdeutlichen, welche Vorteile für ihn mit Value Added Services verbunden sind, ist aufgegangen – vor allem auch deswegen, weil andere Unternehmensbereiche nachgezogen haben. So sind inzwischen Cargobull Finance, Cargobull Telematics und Cargobull Service Partner eigenständige Tochtergesellschaften, die eng miteinander kooperieren, um den Kunden jeweils eine individuelle Lösung anzubieten.

Im Rahmen der aktuellen Krise kommt diese organisatorische Trennung dem gesamten Konzern zugute. Da die Value Added Service-Bereiche zurzeit die einzigen erfolgreichen Konzernteile sind, besteht die Möglichkeit der Gewinnabführung. Mit Hilfe von Gewinnabführungsverträgen hat die Parts & Services GmbH beispielsweise die Möglichkeit, den Mutterkonzern finanziell zu unterstützen.

3 Solution Selling als Antwort auf die Krise

Viele Fuhrunternehmer haben erkannt, dass gerade in der jetzigen Zeit Qualität eine entscheidende Rolle spielt. Aufwendige Reparaturen veralteter Technik können sie sich oftmals nicht leisten. In der Krise fallen jedoch die normalen Hausbanken als Kreditgeber nahezu komplett aus. Denn zumeist können die Unternehmen die geforderten hohen Sicherheiten nicht vorweisen bzw. keine hohen Risikoaufschläge zahlen. Hier besteht für die Cargobull Finance ein zentraler Ansatzpunkt. Durch individuell für den Kunden zusammengestellte Finanzierungspakete ermöglicht sie ihnen, trotz herrschender Finanzkrise weiter zu investieren und somit gestärkt aus der Krise hervorzugehen. „Das Gebot der Stunde lautet: Liquidität, Liquidität und nochmals Liquidität“, betont René Roelfsema der Geschäftsführer der Schmitz Cargobull Tochter Cargobull Finance (O. V. 2009d, S. 24).

Darüber hinaus greifen viele Unternehmen aktuell auf stillgelegte Fahrzeuge zurück anstatt in Neukäufe zu investieren. Die hohe Anzahl stillgelegter, aber durchaus noch fahrtüchtiger Zugmaschinen und Auflieger, verschärft diesen Trend. Dieser wird in naher Zukunft existent bleiben, da selbst für den Fall, dass das Kontingent an stillgelegten Fahrzeugen aufgebraucht ist, Speditionen eher vorsichtig investieren werden. Auch hier setzt der Schmitz Cargobull Konzern an. Das Angebot von Leasingverträgen geht auf die Sorgen der Kunden ein und ermöglicht ihnen, vorsichtig den Bestand an Fahrzeugen wieder aufzustocken. Das im Rahmen der Leasingverträge angebotene „Rund-um-sorglos-Paket" inkl. Wartungs- und Full-Service-Vertrag minimiert zusätzlich das Risiko und versetzt die Kunden in die Situation, leichter planen zu können, da sie keine finanziellen Überraschungen wie bspw. unerwartete Reparaturen erleben. Unabhängig von Leasingverträgen steigt die Penetrationsrate verkaufter Full-Service-Verträge an. Es scheint, als ob die Kunden jetzt durch die Krise noch deutlicher realisieren, wie wichtig für sie Stabilität, langfristige Planungssicherheit und ein geringes Ausfallrisiko sind. Entsprechend verzeichnet die Konzerntochter Cargobull Parts & Services starke Zuwächse bei der Zahl der Full-Service-Verträge, die für bereits fahrende Auflieger abgeschlossen werden.

Darüber hinaus bietet Schmitz Cargobull dem Kunden problemorientierte Lösungen im Bereich der Auflieger selbst – die Basis der Solution. Hierzu wurde zum Beispiel eines der Standardaufliegermodelle weiterentwickelt. Der neue Sattelcurtainsider S.CS stellt ein Baukastensystem dar. Durch technische Neuerungen und Detailveränderungen ist der Planenauflieger vielseitiger einsetzbar als die Vorgängermodelle. Durch die Zusammenstellung einzelner Elemente im Baukasten sind viele der Kundenbedürfnisse nun in einem Auflieger abgedeckt worden. Die Kombination eines solchen Aufliegers mit den Value Added Services des Konzerns kann dem Kunden eine noch individuellere Problemlösung bieten. Auf diese Weise kann der Kunde Betriebskosten und Zeit sparen – zwei Faktoren, an denen es den Fuhrunternehmern besonders in der Krise mangelt.

Alles in allem versucht der Konzern mit seinen Lösungsangeboten, den schwierigen Weg durch die aktuelle Wirtschaftsphase zu erleichtern. Durch die unterschiedlichen individuellen Komponenten der jeweiligen Solution soll der Kunde leichter über die verschiedenen Hürden der Krise kommen (vgl. Abb. 3-1).

Abbildung 3-1: *Die Wirtschaftskrise 08/09 als Hindernislauf für den Kunden (Quelle: Eigene Dasrstellung)*

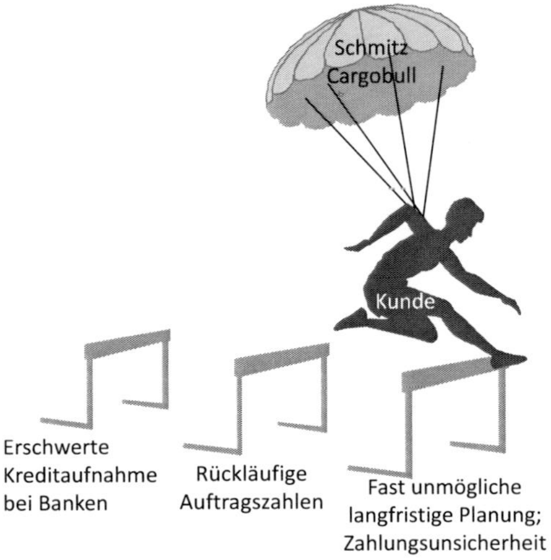

4 Implikationen und Fazit

Grundsätzlich ist das oberste Ziel des Schmitz Cargobull Konzerns, in den kommenden Jahren die Krise unbeschadet zu überstehen und seinen Marktanteil zu halten. Dem Unternehmen ist hierbei bewusst, dass dieses Ziel ohne Ausbau der Value Added Services und somit einer stringenten Ausdehnung der Lösungsorientierung nicht zu erreichen ist. Daher liegt hohe Priorität in der Ausweitung der Solutionbestandteile durch weitere kundenspezifische Dienstleistungen. Dies ist nur die konsequente Weiterführung der bisherigen Entwicklung der Value Added Services. Die Aufgabenstellungen der Kunden werden immer komplexer, also muss es auch immer bessere und umfangreichere Lösungen geben. Zusätzlich hat es sich der Konzern zum Ziel gesetzt, in den übrigen europäischen Märkten die Value Added Services auszubauen und ebenfalls dort als Kernkompetenz des Schmitz Cargobull Konzerns zu etablieren. Denn nur so kann der Konzern insbesondere in der Krise ein effizienter Partner der Kunden sein. Auf diese Weise soll u. a. die Kundenbindung gestärkt werden.

Bei Betrachtung der bisherigen Entwicklung zum Solution Seller zeigt sich, dass einige Aspekte besonders entscheidend waren und womöglich hilfreich für andere Unternehmen in der Phase der Transformation sein können:

- Zunächst ist der Aufbau langfristiger Partnerschaften das oberste Ziel von Schmitz Cargobull. Nachhaltige Kundenbeziehungen sind die Basis für die Generierung von Folgeaufträgen. Die Lösungsorientierung wurde hierbei in die Unternehmensstrategie des Konzerns implementiert. Durch diese Manifestierung der Strategie wird sie für das ganze Unternehmen glaubhafter und greifbarer. Jede Abteilung des Unternehmens kann sich nun der Lösungsorientierung zuwenden. Auf diese Weise wird eine Konsistenz aufgebaut, da der ganze Konzern gleich ausgerichtet ist. So wird dem Kunden glaubhafter vermittelt, dass er für den gesamten Konzern im Fokus steht. Diese Implementierung des Lösungsgedankens in die Unternehmensstrategie sollte daher für jeden zukünftigen Lösungsanbieter einer der ersten Schritte sein.

- Darüber hinaus steht die Integration des Kunden immer im Mittelpunkt. Die Entwicklung neuer Leistungen auf Basis von Kundenbedürfnissen und -anregungen erhöht die Individualität und damit die Kundenzufriedenheit. Das Kunden-Mobilitätsprogramm, bestehend aus den verschiedenen Value Added Services in Kombination mit Neu- oder Gebrauchtfahrzeug, kann dabei als Lebenszyklus-Solution bezeichnet werden. Für den Konzern ist es entscheidend, dass sie den gesamten „Lebensprozess" eines Trailers überdauert. Dies ist bei der Entwicklung von Lösungen von großer Bedeutung, denn nur eine Life-Cycle-Solution kann alle Aspekte der Problemlösung abdecken. Daher hat Schmitz Cargobull kontinuierlich seine Lösungsbestandteile ausgebaut und erweitert und wird dies auch zukünftig weiter vorantreiben.

- Auch die Gründung der eigenen Tochterfirmen für die Value Added Services kann möglicherweise für andere Lösungsanbieter als Beispiel gesehen werden. Die Eigenständigkeit und die damit vermittelte Wichtigkeit der Value Added Services hat bei Schmitz Cargobull nur Vorteile gebracht. Allerdings muss auch hier jedes Unternehmen die eigene Situation und Unternehmensstruktur beachten. Sollte der abgespaltene Bereich noch nicht so weit sein, kann die Eigenständigkeit der erste Schritt zum Scheitern sein. Noch dazu darf eine nicht zu kleinmaschige Stückelung stattfinden, da viele Unternehmen vor allem von der engen Verflochtenheit innerhalb der Unternehmensorganisation leben.

- Der Aufbau von Vertrauen durch Know-how ist ebenfalls nicht nur im Schmitz Cargobull Konzern ein Basispfeiler des erfolgreichen Solution Selling: Beim Anbieten einer Lebenszyklus umfassenden Solution muss oft auf die Unterstützung von Partnerunternehmen zurückgegriffen werden. Hierbei ist die Auswahl von kompetenten Partnern entscheidend für den Aufbau von Vertrauen. Dies zeigt sich u. a. bei der Kooperation mit der DeLaage Landen Bank oder dem ADAC. Wichtig ist darüber hinaus die ständige Kommunikation mit den Kunden, auch wenn etwas nicht zu deren Zufriedenheit geleistet wurde. Cargobull Parts & Services führt deshalb in Zusammenarbeit mit dem ADAC Truckservice fortlaufende Kundenzufriedenheitsstudien durch. Nur so kann eine ständige Verbesserung im Sinne des Kunden gewährleistet werden.

Auch oder vor allem in der Krise sind Lösungspakete, wie auch immer sie heißen und in welchen Konstellationen sie angeboten werden, vom Markt bzw. von den Wunschzetteln der Kunden nicht mehr wegzudenken. Was in anderen B2B-Bereichen – und mehr und mehr auch im B2C-Bereich – üblich ist, wird ebenso im Nutzfahrzeugbereich zum Standard. Die gemeinsame Aufgabe des Schmitz Cargobull Konzerns ist es hierbei, immer neue, für ihre Kunden interessante Lösungen zu kreieren. Wer nur noch Hardware ohne kundenspezifische Dienstleistungs- und Serviceangebote anbietet, der lässt seine Kunden in der Krise alleine und wird diese wohl auch selbst nur schwer überstehen.

Literaturverzeichnis

AHLERT, D., J. M. KAWOHL UND I. KES, Case studies zum Solution Selling – Projektbericht 5, [Transolve], Münster 2009.

IFO INSTITUT, Ifo Konjunkturprognose 2009/2010, http://www.cesifo-group.de/potal/page/portal/ifoContent/N/data/forecasts/forcasts_container/kprogifo20090623/kprog20090623-ifoKonjunkturprognose.pdf, [Letzter Zugriff: 02. 07.2009].

KES, P. H., Full Service bietet echtes Einsparpotenzial, in: TRUCKtuell Heft 1, 2009, S. 3.

O.V., Schmitz Cargobull AG – Unternehmen und Firmengeschichte, http://www.cargobull.com/de/unternehmen/historie.php, 2008a, [Letzter Zugriff: 02.09.2008].

O.V., Schmitz Cargobull – Unternehmen – Zahlen & Fakten, http://www.cargobull.com/de/unternehmen/zahlen_fakten.php, 2008b, [Letzter Zugriff: 03.09.2008].

O.V., Schmitz Cargobull – Online Konfiguratoren, http://www.cargobull.com/de/konfiguratoren.php, 2009a, [Letzter Zugriff: 01.07.2009].

O.V., Schmitz Cargobull streicht jede achte Stelle, in: Handelsblatt, 09.04.2009, 2009b.

o.V., Cargobull streicht jeden achten Arbeitsplatz, in: Financial Times Deutschland, 09.04.2009, 2009c.

O.V., Liquide sein ist alles, in: KFZ Anzeiger, 62 (8), 2009d, S. 24-25.

ROSENBERGER, T.,.Verschlusssache, in: Trans aktuell, Heft Nr. 9, 09.04.2009, 2009a, S. 15.

ROSENBERGER, T., Nachfrage bricht ein, in: Trans aktuell, Heft Nr. 9, 09.04.2009, 2009b, S. 14-15.

SCHÖPKER, U., in: Rosenberger, T., Nachfrage bricht ein. In Trans aktuell, Heft Nr. 9, 09.04.2009, S. 14.

SCHÜMER, U., in: o.V., Liquide sein ist alles, in: KFZ Anzeiger, 62 (8), 2009, S. 24-25.

TULI, K. R., A. K. KOHLI UND S. G. BHARADWAJ, Rethinking Customer Solutions: From Product Bundles to Relational Processes, in: Journal of Marketing, Volume 71, Issue 3, 2007, S. 1-17.

WOISETSCHLÄGER, D. W., C. BACKHAUS, M. MICHAELIS, A. EITING UND H. EVANSCHITZKY, Marketing von Solutions – Grundlagen des Solution Marketings und Herausforderungen auf dem Weg zum Solution Seller, in: Woisetschläger, D. W., Michaelis, M., Evanschitzky, H., Eiting, A. und Backhaus C. (Hrsg.), Marketing von Solutions – Innovative Ansätze und Best Practices, Wiesbaden 2010, S. 3-30.

Rembert Horstmann

Solutions made by Fiege

Kontraktlogistik: Ideen, die Lösungen produzieren

1 Geschäftsmodell Solution Selling

Solution Selling entwickelt sich zum Umsatzbringer für den Mittelstand: Zu einem Geschäftsmodell, das wertvolle Unterscheidungsmerkmale liefert. Zu einem Immunisierungsprogramm, das vor ruinösen Preiswettbewerben schützt. Wer hat´s erfunden? Vermutlich ein Logistiker. Denn wo Solution Selling den Verkauf von individuellen Lösungen aus der Hand eines Leistungsanbieters meint, kommt die Logistik ins Spiel.

In ihrer Querschnittsfunktion ist Logistik das verbindende Element eines Prozesses, wie ihn das Solution Selling beschreibt. Beginnend mit der Bedarfsanalyse entwickelt der Logistiker eine individuelle Lösung, implementiert die zur Umsetzung notwendigen Werkzeuge und kümmert sich 24 Stunden am Tag um die Betreuung seines Kunden. Häufig hält das Logistikunternehmen als Lead Logistics Provider (LLP) die Fäden eines komplexen Netzwerkes zusammen und integriert damit alle für das Solution Selling notwendigen Einzelleistungen.

Wer zum Top-Solution-Seller werden will, muss Lösungen im direkten Zusammenhang mit Kommunikations- und Marketingaktivitäten seines Unternehmens betrachten. Denn Lösungen sind – anders als Produkte – nicht greifbar. Lösungsorientierung muss als solche von den Mitarbeitern des Unternehmens gelebt, aber auch überzeugend nach außen verkauft werden. Denn darin liegt ja das Wesen des Solution Selling: einen Dialog aufzubauen und zu pflegen, Kundenbedürfnisse zu ermitteln und befriedigen zu können.

Mittelständische Unternehmen, wie sie mehrheitlich in der Logistikbranche zu finden sind, bringen diese Dialogbereitschaft in aller Regel mit. Anders als Großunternehmen, in denen Kunden zur Nummer degenerieren und mit Standardprodukten bedient werden, lebt der Mittelstand vom direkten Draht zum Kunden. Nicht selten ist es der Inhaber selber, dessen Persönlichkeit wichtiger Teil des Leistungsversprechens wird, das ein Lösungsanbieter seinem Kunden gibt. Können Produkte ihre Tauglichkeit schon auf den ersten Blick durch CE-Siegel oder DIN-ISO-Normen dokumentieren, ist Solution Selling Vertrauenssache. Ob und wie gut eine Lösung funktioniert, wird sich erst in der Praxis beweisen.

Umso wichtiger wird in Entscheidungsprozessen bei der Auswahl eines geeigneten Lösungsanbieters der Vertrauensvorsprung, den ein Unternehmen besitzt. Traut man dem Solution Seller die kompetente Lösung eines Problems zu? Konnte sich der Lösungsanbieter schon in vergleichbaren Fällen beweisen? Hat das Unternehmen einen guten Namen?

2 Marketing von Solutions

Solution Selling braucht die Vorschusslorbeeren wie sie starke Marken besitzen. Den Vertrauensvorsprung, der durch Marktpräsenz, kontinuierliche Marktbearbeitung und ein durchgängig hohes Qualitätsniveau entsteht. Wer sich nicht um Presse- und Öffentlichkeitsarbeit kümmert und kontinuierlich an der Außenwirkung seiner Unternehmensmarke arbeitet, hat schon verloren. Nicht ohne Grund stehen in aktuellen Studien weiche Faktoren ganz oben auf der Liste der Erfolgsfaktoren im Solution Selling. Zur positiven Wahrnehmung des Lösungsanbieters tragen dabei ganz wesentlich die Mitarbeiter des Unternehmens bei. Was zählt, ist die persönliche, individuelle Ansprache. Die Antennen, die hoch qualifizierte Mitarbeiter für den Kunden besitzen. Die Verlässlichkeit, die das Unternehmen im Handeln und Tun an den Tag legt. Und das Denken in Lösungen natürlich.

Das Lösungsversprechen der Marke Fiege gilt allerdings nicht nur gegenüber den eigenen Kunden, sondern auch gegenüber der Gesellschaft. Indem Fiege einen offenen Dialog mit gesellschaftlichen, wissenschaftlichen, technischen und politischen Institutionen pflegt und die eigenen Erfahrungen zur Weiterentwicklung und Sicherung der Marktversorgung einbringt, wird das Unternehmen seiner gesellschaftlichen Verantwortung in vielfältiger Weise gerecht.

Besonders deutlich wird Fieges lösungsübergreifendes Engagement durch die Gründung der Josef Fiege Stiftung. Sie ist ein Andenken an den verstorbenen Vater, das Heinz Fiege und Dr. Hugo Fiege 1998 geschaffen haben. Zweck der Stiftung ist der nachhaltige Einsatz von Spenden für ökologische oder soziale Zwecke. Die Josef Fiege Stiftung ist Ausdruck der Unternehmenswerte und Leitbild des familiengeführten Unternehmens, das Joan Joseph Fiege 1873 gegründet hat und das sich seither über Generationen erfolgreich entwickelt.

Im Bereich Ökologie gelingt es Fiege, einen eigens geschaffenen Begriff zu prägen, der Bestandteil von Solutions wird: Ökologistik. Die Bezeichnung lässt sich Fiege Anfang der 90er-Jahre schützen und schafft in Ibbenbüren bei Osnabrück ein 135.000 Quadratmeter großes Mega Center, das zum europäischen Vorzeigestandort für eine Form der Logistik wird, die wachsendem Kostendruck und Umweltbewusstsein zugleich gerecht wird. Das Firmenkonzept wird 1992 mit dem Deutschen Logistikpreis ausgezeichnet.

3 Der praktische Nutzen von Solutions: Wertschöpfung auf beiden Seiten

Kunden lieben Lösungen. Solche, die Gewinne produzieren, mehr Performance in bestehende Abläufe bringen oder diese neu definieren. Es geht um Effizienz. Um Einsparpotenziale. Um die Erhöhung der Wettbewerbsfähigkeit. Im Handel oder in der Industrie gibt es seit geraumer Zeit ein Wort, das diese wünschenswerten Effekte auf den Punkt bringt: Kontraktlogistik. Diese spezielle Form der Logistik produziert Lösungen. Sie ist Produktions- und Wertschöpfungsfaktor in industriellen Fertigungsprozessen, Qualitätsgarant im weltweiten Warenfluss und Türöffner für neue Märkte.

Wie weit Kontraktlogistik in unterschiedlichen Branchen zum Lösungslieferanten wird, ist eine Definitionsfrage. Kunden legen qua Kontrakt fest, welche Logistikaufgaben sie an den Outsourcingpartner in welchem Umfang übertragen wollen und welche nicht. Die Sorge von Unternehmen, mit der Auslagerung von Dienstleistungen Kompetenzen aus dem Haus zu geben, hat sich in Zeiten von „lean management" überlebt. Kostendruck und schwindende Margen zwingen Unternehmen heute dazu, sich von Tätigkeiten zu trennen, die nicht zum Kerngeschäft zählen.

Der Schritt wird, wie Best-Practice-Stories immer wieder belegen, gründlich belohnt. In aller Regel stärkt der Zugewinn an Logistikkompetenz die Performance von Unternehmen. Schnellere Warenverfügbarkeit oder eine höhere Lieferfähigkeit bei gleichzeitig steigender Lieferqualität sind nur einige positive Outsourcing-Effekte in der Logistik. Integrierte Kontraktlogistiklösungen transportieren darüber hinaus Vorteile, die heute gerne mit dem Begriff Nachhaltigkeit überschrieben werden. Denn sie orientieren Lösungen an den unternehmerischen Leitlinien ihres Kunden.

Umweltgerechte, klimafreundliche Logistikkonzepte – häufig als „Green Logistics" bezeichnet – gehören zur Ausprägung zeitgemäßer Kontraktlogistik. Diese Vorteile realisieren Unternehmen wie Fiege in der Arbeit für Kunden bereits in der Planungsphase. Wie können Transporte gebündelt werden, so dass sich Lärm- und CO^2-Emmissionen reduzieren lassen? Wie müssen Logistikzentren gebaut werden, die mit einer tadellosen Energiebilanz aufwarten? Welche komplementären Dienstleistungen lassen sich Ressourcen schonend unter einem Dach zusammenführen?

Das Kompetenzzentrum für Solution Selling ist bei Fiege im Engineering angesiedelt. Hier werden weit im Vorfeld der Praxisanwendung Lösungen bis ins Detail entwickelt, ihre Funktionsfähigkeit überprüft, Testphasen durchgeführt. Logistikprozesse, die zum Teil bis weit in die industrielle Produktion des Kunden hineinreichen, können auf diesem Wege bis zur „Null-Fehler-Quote" optimiert werden. Jede Komponente, die in technischer oder logistischer Hinsicht mit dem Prozess verbunden ist, kann so auf Herz und Nieren geprüft werden.

Die Komplexität dieser Aufgabe, aber auch das häufig dahinter stehende Investitionsvolumen setzt langfristige Kundenbeziehungen voraus. Außerdem die Bereitschaft, sich auf die Branche des Kunden in aller Konsequenz einzulassen, ja selbst zum Branchenexperten zu werden. Die differenzierenden Bezeichnungen für branchenindividuelle Lösungen machen deutlich, wie speziell die Aufgabenstellung für Solution Selling-orientierte Dienstleister in diesem Geschäftsfeld sein kann: Industriegüterlogistik, Krankenhauslogistik, Reifenlogistik, Textillogistik – die Reihe der branchenspezifischen Logistiklösungen ließe sich an dieser Stelle beliebig fortsetzen.

4 Die Königsdisziplin der Logistik: Solution Selling „par excellence"

Zu Recht wird die Kontraktlogistik aufgrund ihrer Anforderungen als Königsdisziplin der Logistik bezeichnet. Denn sie taucht weit in die Prozesse des Kundenunternehmens ein. Sie findet Einzug in die Gestaltung, Ausführung und Qualitätskontrolle industrieller Produktion sowie den damit verbundenen Aufgaben. Sie übernimmt zum Teil Personal und ist integraler Bestandteil der Wertschöpfungskette.

Mit einem Wachstum von ca. 20 % in den letzten Jahren verfügt die Kontraktlogistik über das derzeit größte Marktpotenzial. Die Gewinner in diesem Markt sind Speditions- und Logistikunternehmen, die sich auf individuelle Branchenlösungen spezialisiert haben und bereit sind, sich mit den Herstellungs- und Versorgungsprozessen ihrer Kunden zu verheiraten. Angesichts einer solch intensiven Verzahnung kann man von Symbiose sprechen, von einer Win-Win-Konstellation, die schon in der Testphase des Solution-Prozesses Mehrwert generiert.

Unverzichtbare Grundlagen für hohe Beratungs- und Umsetzungsqualität in der Kontraktlogistik sind Erfahrung und Kompetenz sowie eine Vielzahl ausgefeilter Werkzeuge. Dies gilt besonders beim Outsourcing von ganzen Unternehmensbereichen. Hier treffen neue Strategien auf etablierte Strukturen, was häufig weit reichende Veränderungen auf allen Ebenen einer Organisation bedeutet.

Übernehmen Logistiker Bereiche des Produktionsprozesses, wird der Partner zum Teil des Unternehmens selbst. Er muss gleichzeitig wie ein Controller, IT-Manager, Maschinenbauingenieur, Prozessdesigner, Personalmanager und Logistiker denken, denn solche Spezialisten übernehmen Teilaufgaben, die zwar nicht Kernkompetenz des Kunden, aber dennoch wichtiger Abschnitt seiner Wertschöpfungskette sind. Hinzu kommt die Anforderung, Beschaffungs- und Distributionsstrukturen zwischen den Produktionsstandorten der Kunden regionsübergreifend und auf internationaler Ebene abbilden zu können. Und es gilt, alle vor- und nachgelagerten Stufen der Logistikkette zu beherrschen.

Damit erfüllt die Kontraktlogistik sämtliche Kennzeichen einer Solution – sie bietet dem Kunden durch die individuell zugeschnittene und mit dem Kunden zusammen entwickelte Leistung einen Mehrwert und löst dessen komplexes Problem. Kontraktlogistik kann daher als Solution Selling „par excellence" bezeichnet werden.

5 Solution Selling in der Kontraktlogistik: Fallbeispiele aus der Praxis

5.1 Das Beispiel „Eurocopter": Industrielogistik auf höchstem Niveau

Ein Beispiel für die Chancen und Potenziale des Solution Selling zeigt sich in der Industrielogistik. Für den Hubschrauber-Hersteller EUROCOPTER, eine 100%ige Business Unit des Luftfahrtkonzerns EADS, hat Fiege eine integrierte Lösung entwickelt, die über einzelne Dienstleistungen weit hinausgeht. Die deutsch-französisch-spanische Produzentengruppe stand vor der Aufgabe, die Logistik am Deutschland-Standort Donauwörth grundsätzlich neu zu strukturieren und an die wachsenden Herausforderungen des Marktes und des Unternehmens anzupassen. Das Aufgabenspektrum von EUROCOPTER in Donauwörth umfasst die Entwicklung, Produktion und Wartung von Hubschraubern zur zivilen und militärischen Nutzung, die Entwicklung und Fertigung von Türen und Toren für die AIRBUS-Familie sowie die Anfertigung spezieller luftfahrttechnischer Teile für Arianespace und Eurofighter.

Logistik für Unternehmen solch spezieller Provenienz braucht einen leistungsfähigen Partner, der Lösungen als Komplettanbieter realisieren kann. Kompetenzen müssen aufgebaut werden, die über das gewöhnliche Dienstleistungsverständnis eines Logistikers weit hinausgehen. Voraussetzungen für einen fehlerfreien Anlauf produktionsbegleitender Prozesse müssen geschaffen, Mitarbeiter qualifiziert werden (vgl. Abb. 5-1).

Abbildung 5-1: *„EUROCOPTER Logistics operated by Fiege" (Quelle: FIEGE)*

Garant für ungebremstes Wachstum

„Eurocopter Logistics operated by Fiege" ist die im Zeitraum von 1,5 Jahren bis ins Detail umgesetzte Antwort auf die Anforderungen des Hubschrauberherstellers. Eine Logistikplattform, auf der Qualität, Kapazität und Effizienz wachsen, gleichzeitig aber auch Durchlaufzeiten und Kosten reduziert werden können. Ein Garant für das ungebremste Wachstum der überaus erfolgreichen Produzentengruppe. Entwickelt wurde ein Standort für die zukunftssichere Entwicklung des Unternehmens, das 2006 mit seiner vorhandenen Logistikinfrastruktur an die Grenzen des Machbaren stieß.

Die Aufgabe für 200 Fiege-Mitarbeiter in Donauwörth umfasst die Steuerung der gesamten Werkslogistik, die Versorgung der im Verbund arbeitenden Schwesterfirmen, Servicestationen und Kunden mit so genannten Shipsets, einen 24-Stunden-Service für Ersatzteile, den weltweiten Versand von Roh- und Fertigteilen bis hin zu kompletten Hubschraubern sowie die komplette Zollabwicklung. Wie weit Industrielogistik in die Produktion hineinreicht, zeigt der Blick an den Anfang der Wertschöpfungskette: Neben reinen Logistikfunktionen liegen auch Qualitätsprüfungen für den Wareneingang und der Teilezuschnitt in der Vorfertigung in den Händen von Fiege. Es ist das erste Mal überhaupt, dass EUROCOPTER diese überaus sensiblen, direkt mit der Produktionsversorgung verbundenen Bereiche einem Logistikpartner übertragen hat.

Die vorbereitende Bearbeitung von metallischen Rohmaterialien in Form von Platten, Blechen und Halbzeugen sind Aufgaben, die den Bereich Zuschnitt umfassen.

Motor der industriellen Produktion

In der Industrielogistik wird Logistik zum Motor der industriellen Produktion. Ein Motor, der nie stottern darf und sein Tempo der Auftragssituation gemäß anpassen kann. Den Rahmen der Industrielogistik für EUROCOPTER bildet ein neues Logistikzentrum, das unter einem Dach vom Wareneingang über den Teilezuschnitt bis zur Kommissionierung sämtliche produktionsunterstützenden Prozesse integriert. Die bislang dezentral über 13 Standorte laufende Warenwirtschaft und Logistik werden heute in Donauwörth gebündelt. Das Logistikzentrum, auf einem Areal von 42.000 Quadratmetern Fläche erbaut, wurde in das bestehende Werksgelände von EUROCOPTER integriert.

Auf einer überdachten Fläche von mehr als 20.000 Quadratmetern sind Lager für fünf unterschiedliche Teilegruppen untergebracht. Drei verschiedene Staplertypen sind im Schmalgang-, im Breitgang- und im Kragarmlager unterwegs. Ein automatisches Kleinteilelager ist an den Kommissionierbereich angeschlossen. 46.000 Stellplätze für rund 150.000 Kleinteilelagerplätze werden hier bei einem maximalen Behältergewicht bis 50 kg in drei Gassen doppelt tief gelagert. Durchschnittlich 90 Behälter können je Regalbediengerät (RBG) innerhalb einer Stunde automatisch ein- und ausgelagert werden; bis zu 144 Behälter sind je RBG möglich. Das Förderband schafft die Verbindung in die Kommissionierzone. Jeder Kommissionierarbeitsplatz verfügt über vier Pick-Anzeigen für Auftragsbehälter, eine Waage ist in die Fördertechnik integriert.

Die automatisierte Ein- und Auslagerung von Kleinteilen wird in modernen Industriebetrieben zunehmend favorisiert, da dies die Zuführung von Teilen in die Produktion enorm beschleunigt und sich die Versorgung dem Produktionsrhythmus flexibel anpassen lässt. Basis für den Teiletransport Richtung Werk ist ein Behältersystem, das sich vielseitig und zur weiteren Nutzung am Fertigungs- und Montagearbeitsplatz einsetzen lässt. Die Vorteile automatisierter Lagerprozesse haben EUROCOPTER und Fiege auch auf das dem Zuschnitt angegliederte Rohteilelager ausdehnt. Mehr als 200.000 Materialpositionen können bei einer chargenreinen Lagerung im Logistikzentrum in einem automatischen Rohteilelager ein- und ausgelagert werden.

Weite Strecken der Supply Chain sind zertifiziert

Planung und Konzeption der Produktionsinfrastruktur sind ein elementar wichtiger Bestandteil der Fiege Industrielogistik. Um das Optimum aus dem Materialfluss herauszuholen, werden Produktions- und Montagelinien mitgestaltet. Maschinenbauingenieure des Bereichs Fiege Engineering konzipierten Seite an Seite mit EUROCOPTER-Verantwortlichen Prozesse, die Platz schafften in Montagehallen und Auftragsbüchern. Zum Projektteam, das im Mai 2006 für den Hubschrauberhersteller seine Arbeit aufnahm, zählten neben EUROCOPTER und Fiege zum Beispiel auch Mitarbeiter des Fraunhofer-Instituts für Materialfluss und Logistik (IML). Dieses Expertenteam hatte nicht nur eine höhere Produktivität, sondern auch verbindliche Auflagen, wie sie das Luftfahrtbundesamt an einen Fluggerätehersteller formuliert und berücksichtigt. Weite Strecken des Supply Chain Designs sind zertifiziert. Da auch militärische Fluggeräte gebaut werden, gelten strenge Sonderbestimmungen des Auftraggebers.

Transparenz ist ein wichtiger Punkt im Pflichtenheft eines Industrielogistikers. Die Voraussetzungen dafür hat Fiege frühzeitig geschaffen. Mit dem neuen EUROCOPTER-Logistikzentrum wurden zeitgleich auch Meilensteine zur Integration der IT-Prozesse fixiert. Auf Basis von SAP 6.0 wurde eine IT-Struktur geschaffen, die von der Finanzbuchhaltung über die Produktionsplanung bis zur Materialwirtschaft alle für den Informations- und Warenfluss notwendigen Module integriert und alle Prozesse systemgesteuert führt. Jeder Transportauftrag wird über das System generiert, jede Materialbewegung dokumentiert.

Die Kette der Verantwortung beginnt in der Industrielogistik früh: schon in der Beschaffungslogistik, bei der Auswahl und Prüfung der Lieferanten, in der Qualitätsprüfung. Bei EUROCOPTER sind mehr als 30 Prüfplätze zur Qualitätssicherung von Fiege besetzt. Jedes Schräubchen, jede Gummidichtung, jedes Triebwerk sowie jedes Walzblech wird im Zuge der Vereinnahmung auf Faktoren, wie Maßhaltigkeit oder der zugehörigen Dokumentationen, geprüft. Unter Berücksichtigung aller Vorgaben gelingt es EUROCOPTER, über die Fiege Industrielogistik deutliche Produktivitätszuwächse zu erzielen: Die Durchlaufzeit hat sich nachhaltig verbessert, der Umschlag erhöhte sich um rund 40 %. Damit schaffte der Hubschrauberhersteller die Voraussetzungen für nachhaltiges Wachstum sowie Wettbewerbsfähigkeit und kann sich auf sein Ziel konzentrieren: die Position als Weltmarktführer weiter auszubauen.

Grenzenloser Know-how-Transfer

Das Beispiel zeigt: Längst vorbei sind die Zeiten, als die Arbeit des Logistikers an der Rampe des Kunden begann. Zu der neuen Logistik-Generation gehören Projektentwickler und -berater, die Layouts und technische Prozesse konzipieren und unter dem Aspekt der Kostenentwicklung betrachten. Für einen grenzenlosen Know-how-Transfer sorgen Top-Manager, die kontinuierlich Benchmarking-Projekte betreiben und Produktivitätsziele im Auge behalten. Und rund um den Globus werden Kompetenzen zusammengeführt, um auch im lokalen operativen Geschäft überdurchschnittliche Erfolge zu erzielen.

Diese Spezialisten verfügen über einen großen Erfahrungsschatz und weit reichende Branchenkompetenz, die zu individuellen Lösungen in den relevanten Zielmärkten führt. Sie nutzen ihr Wissen bei der Konzeption von IT-Strukturen und E-Business-Lösungen. Sie beherrschen ein praxiserprobtes Instrumentarium zur Steuerung und Kontrolle von Implementierungsprozessen. Sie verfügen über Datenbanken mit erfolgreich umgesetzten Referenzprojekten und liefern Vergleichsdaten zu Kosten und

Prozessen, die jederzeit zur Kontrolle laufender Projekte herangezogen werden können.

Ohne Engineering-Kompetenz geht in der Kontraktlogistik heute nichts mehr. Ein wesentlicher Teil dieser Kompetenz ist die weltweite Entwicklung von Logistikflächen. Hier stehen den Logistikern europaweite Datenbanken zur Verfügung, in denen eigene Immobilien und verfügbare, bereits erfasste und geprüfte Entwicklungsflächen gespeichert sind.

5.2 Das Beispiel „Megacenter“: Raumübergreifende Lösungen für Dienstleistungen unter einem Dach

Die Nähe zur Produktionsstätte und die Größe der Logistikfläche sind maßgebende Parameter für die Wirtschaftlichkeit einer Logistikimmobilie. Der Trend geht zu immer größer dimensionierten Logistikzentren, die bei Fiege Mega Center heißen. In diesen Logistikstandorten mit einer Grundfläche ab 30.000 bis zu 235.000 Quadratmetern werden komplementäre Dienstleistungen unter einem Dach gebündelt. Auf diese Weise kann Kontraktlogistik für den Kunden auch zu einem wichtigen Instrument bei der Erschließung neuer Märkte werden. Das allerdings verlangt vom Dienstleister weit reichende Investitionen, die sich jedoch bezahlt machen.

Das Konzept der gigantischen Logistikanlagen: eine Welt zu schaffen für spezielle Branchen wie die Reifen- oder Modeindustrie, Computer- oder Werkzeughersteller, den Lebensmittelhandel. In dieser Welt sind Lagerung, Umschlag und Kommissionierung nur ein Ausschnitt einer sich ergänzenden, logistischen Dienstleistungspalette. Fiege Mega Center sind strategisch wichtige Marketing- und Vertriebsstützpunkte für Kunden. Standorte, an denen Produktlinien gebündelt, Markteinführungen vorbereitet, Preiskampagnen gestartet werden. Im Fiege Mega Center sind Mehrwertdienstleistungen keine Zugabe, sondern das Herzstück des Business. Denn die komplette Wertschöpfungskette ist hier abgebildet (vgl. Abb. 5-2).

Abbildung 5-2: *Fiege Mega Center in Neuss (Quelle: FIEGE)*

Zentrale Idee hinter den raumgreifenden Grundrissen ist es, ökonomische und ökologische Interessen zusammenzuführen. So sorgt die Vielzahl unter einem Dach angesiedelter Dienstleistungen für kurze Wege und schnelle Reaktionszeiten. Viele Transporte werden überflüssig oder lassen sich über Mengen bündeln. Die Anbindung an Schiene und teilweise auch an die Wasserstraße ermöglicht zudem einen umweltfreundlichen Versand.

„Ökologistik" nennt Fiege diese Strategie – so konsequent umgesetzt, dass Strom für Flurförderzeuge aus erneuerbaren Energien gewonnen wird, Schienen bis in Umschlagshallen gelegt und natürliche Wasserläufe bei der Bauplanung berücksichtigt werden. Dafür hat das Unternehmen neben anderen Auszeichnungen den Deutschen Logistikpreis gewonnen.

Prototyp des Immobilienkonzepts ist das Fiege Mega Center in Ibbenbüren bei Osnabrück. Bereits 1992 als Warendienstleistungszentrum (WDZ) in Betrieb genommen, liegt der Logistik-Schwerpunkt auf der 135.000 Quadratmeter großen Fläche im Bereich Fashion für internationale Modemarken wie Esprit. Mehr als 100 Millionen Teile gehen von hier aus europaweit in die Outlets oder an Verbraucher, die Katalogware online bestellen. Mit 235.000 Quadratmeter größtes Fiege Mega Center ist Apfelstätt in der Nähe von Erfurt.

Fiege Mega Center sind wie ein Stadtteil konzipiert, der über modernste Infrastruktur, Grünanlagen und ideale Verkehrsanbindungen verfügt. Mit mehreren hundert Mitarbeitern erreichen die Anlagen eine Dimension, die auch für die wirtschaftliche Entwicklung einer Region von Bedeutung ist.

Die Nähe zum Kunden, zum Markt, zur Produktion

Beispiel Worms. Mit mehr als 1.500 Mitarbeitern hat sich die Grevener Logistikgruppe innerhalb von fünf Jahre zum größten privaten Arbeitgeber der Region entwickelt. Größter von drei Fiege-Standorten in der Nibelungenstadt selbst, ist das Fiege Mega Center für Bosch. 20.500 verschiedene Artikel aus den Bosch Produkt-Sortimenten „Power Tools" und „Lawn and Garden" sowie entsprechende Zubehörteile werden auf einer Gesamtfläche von rund 100.000 Quadratmetern logistisch bearbeitet und europaweit verteilt.

Die Nähe zum Kunden, zum Markt oder zur Produktion sind wichtige Faktoren, die die Standortwahl für ein Fiege Mega Center beeinflussen. Jüngstes Beispiel ist das Anfang des Jahres eingeweihte Fiege Mega Center in Hamburg Moorfleet, dessen vor gelagerter, großflächig verglaster Klinkerbau weit sichtbar direkt an der Autobahn A1 liegt. Rund 60 Millionen Euro sind hier investiert worden, um Anforderungen international agierender Kunden abbilden zu können.

5.3 Das Beispiel „Bridgestone": Reifenlogistik, die rund läuft

Die Bedeutung des Solution Selling wird am Fiege-Kunden Bridgestone deutlich: Über Deutschlands größten Seehafen werden in Japan und ganz Europa hergestellte Bridgestone Pneus importiert. Etwa 500.000 Reifen werden im Fiege Mega Center Hamburg gelagert. Bis zu 20.000 Reifen pro Tag verlassen das Lager wieder und werden innerhalb von 24 Stunden bundesweit und in Dänemark verteilt. Zum ganzheitlichen Service gehört die Montage von Kompletträdern (Felgen und Reifen), Qualitätsprüfungen oder der weltweite Versand von so genannten „Earth-Movern", haushohen Reifen-Schwergewichten für den Tagebergbau in Diamantenminen oder Steinbrüchen. Brigdestone belegt zwei Drittel des insgesamt 70.000 Quadratmeter großen Mega Centers (vgl. Abb. 5-3).

Abbildung 5-3: *Reifenlogistik für Bridgestone (Quelle: FIEGE)*

Das Mega Center in Hamburg Moorfleet ist nur eine Komponente im europäischen Vertriebsnetz von Bridgestone. Von hier aus wird innerhalb von 24 Stunden der gesamte deutsche Markt und Dänemark bedient. Während der Hamburger Stützpunkt die Versorgung der nordeuropäischen Regionen sicherstellt, werden vom Lager- und

Distributionscenter in Lahr ganz Süddeutschland und das Elsass versorgt. Mit dem Mega Center im tschechischen Bor hat die Fiege Gruppe – entsprechend der paneuropäischen Strategie des Hauses Bridgestone – das Distributionsnetz für die Reifenlogistik noch enger geknüpft.

Von insgesamt über 20 Millionen Einheiten, die Fiege jährlich für Bridgestone und weitere renommierte Kunden wie Continental, Pirelli, Toyo und Yokohama ins Rollen bringt, gehen zirka drei Millionen in Hamburg über die Bühne. Die eingehende Ware wandert direkt auf so genannte Corletten. Die von Fiege entwickelten Spezialgestelle erinnern ein wenig an überdimensionierte Fahrradständer und können in zwei Lagen bestückt werden. Bridgestone liefert seine Produkte nur bis an die Eingangsrampen, alle anderen Aufgaben bis zur Auslieferung an die einzelnen Händler liegen bei Fiege.

Das ist logistische Präzisionsarbeit und braucht großes Vertrauen. Dieses Vertrauen bringt Bridgestone der Fiege Gruppe schon seit 1979 entgegen. Die beiden Unternehmen sind im Laufe der Jahre zu hervorragend eingespielten Partnern geworden. Heute verantwortet Fiege die komplette europäische Reifenlogistik des japanischen Konzerns. Von Hamburg aus bedient der Logistiker täglich allein bundesweit 35 so genannte Kopfstationen. Dazu kommt eine ständig zunehmende Produktvielfalt. Gut 6.000 unterschiedliche Reifenausführungen hat Bridgestone in Deutschland auf dem Markt.

Gut 30.000 der insgesamt 80.000 Quadratmeter im Fiege Mega Center in Hamburg stehen dem Kunden Bridgestone zur Verfügung. In den Corletten stapeln sich Reifen mit verschiedenen Durchmessern, Dicken und Profilen für Pkw und Allradfahrzeuge, leichte Transporter, schwere Lkw und Busse. Jeweils fünf Corletten passen übereinander und türmen sich auf eine Gesamthöhe von ca. acht Metern. Spezielles Equipment wie Schubmaststapler und Klammerstapler ist notwendig, um die unterschiedlich schweren und großen Reifen bewegen zu können.

Jeder Artikel ist bis zur letzten Profilrille katalogisiert

Denn einfach wegrollen lassen sich Reifen wie die in einem Bereich der Halle gelagerten „Earthmover" nicht. Die schwarzen Ungetüme für die riesigen Erdbewegungsmaschinen sind bis drei Meter hoch und bringen bis zu 300 kg auf die Waage. Gepackt werden die Gummigiganten mit Spezialstaplern. Die Fahrzeuge sind mit Spitzen bestückt, die in das Zentrum des Reifens geführt werden. Dementsprechend kommen für die größten Exemplare beim Weitertransport Megatrailer zum Einsatz.

Um bei solch einem Riesensortiment immer in der Spur zu bleiben, ist jeder Artikel bis zur letzten Profilrille katalogisiert. Und wie die Corletten kommt auch die moderne IT-Lösung aus dem Hause Fiege. Sämtliche Abläufe von der Anlieferung bis zur Auslieferung werden vom Warehouse- und Transport Management System gesteuert. Über Datenschnittstellen kommen die Aufträge von den Bridgestone-Systemen aus Brüssel und landen über das Material Flow Control System (MFCS) schnell auch bei den Staplerfahrern. Kommissionierlisten aus Papier gibt es nicht mehr. Alle Stapler werden per Radio Frequency (RF) gesteuert. Die Fahrer bekommen ihre Aufträge direkt auf einen Bildschirm im Fahrzeug, der sie über die genaue Lagerposition und Menge informiert. Teilweise werden die Chargen auf einem integrierten Drucker mit Labeln versehen. Neben diesem Value Added Service gehört das Aufziehen von Felgen zu den erweiterten Dienstleistungen rund um den Reifen.

5.4 Das Beispiel „Krankenhauslogistik": Mehr Zeit für Pflege durch Logistik

Wie speziell lösungsorientierte Dienstleistungen im Bereich der Kontraktlogistik sein können, zeigt die Gesundheitsbranche. Reformen haben in diesem Bereich dazu geführt, dass Krankenhäuser wie Unternehmen unter betriebswirtschaftlichen Aspekten geführt werden müssen, um rentabel zu bleiben. Taktgeber in der Gesundheitswirtschaft sind Fallpauschalen (DRG), die regeln, wo im Praxisbetrieb der Schnitt angesetzt werden muss.

Die Fiege Krankenhauslogistik schafft optimale Bedingungen für den wirtschaftlichen Betrieb von Krankenhäusern, Praxen und Pflegeeinrichtungen. Auf Basis eines kundenindividuellen Anforderungsprofils bildet Fiege ideale Versorgungs- und Entsorgungsstrukturen für den Gesundheitsbetrieb. Wo sind Wege zu lang, Abläufe zu umständlich, Kosten zu hoch? Mit den Augen des Krankenhauslogistikers werden Kostentreiber identifiziert und Lösungen implementiert, die im Tagesbetrieb wirksam werden. Das Ergebnis: Der Handlungsspielraum in den Kliniken wächst. Die Ertragschancen steigen. Und die Patienten gewinnen auch.

Das St. Franzikus-Hospital in Münster ist ein Beispiel dafür. Das Hospital ist eines von 20 Häusern der katholischen Krankenhausgruppe, das seine Versorgung mit Medikamenten, medizinischen Produkten, Sterilgut und Büromaterial an das von Fiege betriebene Medical Order Center (MOC) in Ahlen ausgelagert hat. Vom Schmerzmittel über die Kanüle bis zur Hüftprothese – mehr als 15.000 Artikel werden im MOC vorgehalten, kommissioniert und von dem Logistiker bis auf die Station geliefert (vgl. Abb. 5-4).

Abbildung 5-4: *Medical Order Center (MOC) in Ahlen (Quelle: FIEGE)*

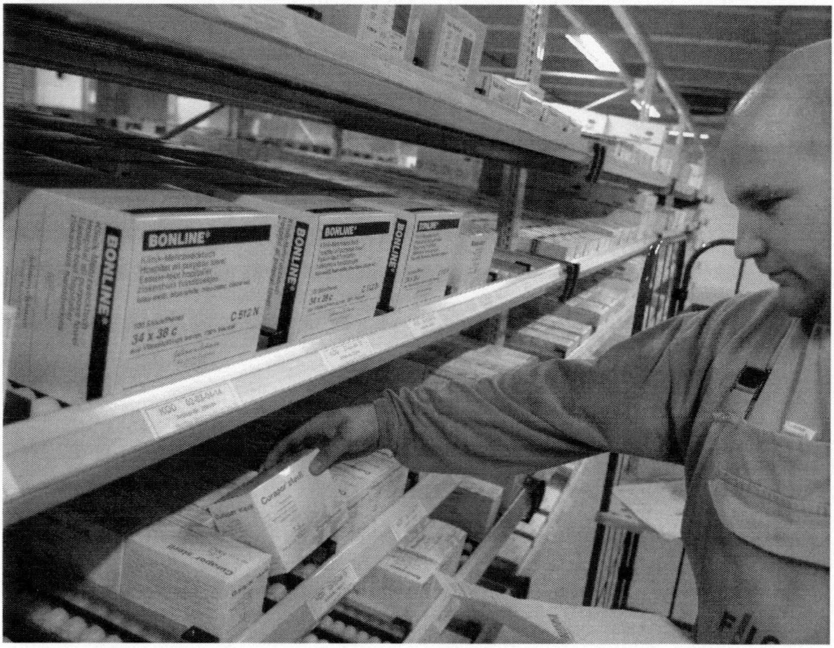

Kostenvorteile werden an vielen Stellen des Versorgungsprozesses realisiert

Kostenvorteile werden an vielen Stellen des Versorgungsprozesses realisiert. So ist das MOC für die angeschlossenen Kliniken Zentralapotheke, Zentralsterilisation und Zentrallager zugleich. Allein durch die Bündelung von logistischen Abläufen ist ein erhebliches Rationalisierungspotenzial erschlossen worden. Hinzu kommen Einkaufsvorteile, die über Produktstandardisierung und gebündelte Bestellmengen erzielt werden.

Zu den Sofort-Effekten bei Einkauf und Logistik kommen Einsparpotenziale, die gleichzeitig einen Zugewinn an Dienstleistungsqualität bedeuten. Beispiel Zentralapotheke: 20 fest angestellte Apotheker stellen im MOC die Arzneimittelversorgung, aber auch die pharmazeutische Beratung der angeschlossenen Krankenhäuser als externer Partner sicher.

Gemeinsam mit Logistiker Fiege hat Rosenbaum ein innovatives Arzneimittelversorgungskonzept entwickelt, das es allen angeschlossenen Kliniken ermöglicht, ihre

Krankenhausapotheken zu schließen. Auf mehr als 3.000 Pharmaprodukte hat der Kunde „Krankenhaus" über die MOC-Apotheke Zugriff. „Die Zentralisierung der Arzneimittellogistik auf einen Standort hat zur Optimierung des Arzneimittelspektrums geführt, verbunden mit hoher Verfügbarkeit und schneller Lieferung", sagt Georg Rosenbaum.

Klinikbedarf per Mausklick – aus dem Web-Shop

Geordert wird der allgemeine und spezielle Klinikbedarf für derzeit rund 6.000 Betten ganz einfach per Mausklick über einen Web-Shop. Die elektronische Bestellplattform ist das Herz der standardisierten, zum Großteil vollautomatisierten Warehousing-Prozesse im MOC. Auch Medikamente erreichen auf diesem Wege problemlos die Verwendungsstelle. Denn ein Hierarchiekonzept weist Ärzten und Pflegepersonal benutzerdefinierte Kataloge zu. So können rezeptpflichtige Medikamente nur von Ärzten bestellt werden, die dazu autorisiert sind. Übermittelt werden muss zudem ein elektronisches Rezept.

Die Onlinebestellung über den Web-Shop vereinfacht nicht nur das Bestellwesen. Auch die Rückverfolgbarkeit der Auftragshistorie ist gegeben: von der Bestellung über die gelieferten Materialien bis hin zur Kostenstellenrechnung. Integrierte Onlineanalysetools ermöglichen die tagesaktuelle Auswertung und sorgen im Zeitalter der Fallpauschale für Kostentransparenz. Die Größenordnung ist imposant: Bis zu 120.000 Artikel im Monat werden über die Bestellplattform des MOC geordert.

Geliefert wird wie bestellt. Ein Tourenplan gibt fest definierte Versorgungszeiten für die angeschlossenen Krankenhäuser vor. Bei Eil- und Notfallversorgungen setzt Fiege „Blaulicht"-Transporte ein, die sofort liefern. 300 luftgefederte Fahrzeuge übernehmen im Jahr etwa 750 Zytostatikatransporte, 3.250 Sterilgutfahrten sowie 3.750 Versorgungsfahrten mit Medikal-Produkten. „Alle Fahrer sind im Umgang mit Gefahrgut geschult (ADR) und besitzen eine Qualifizierung zum Berufskraftfahrer", erläutert Dirk Berlemann seinen Sicherheitsanspruch. Die Fiege eigenen Fahrzeuge besitzen aus hygienischen Gründen einen starren Kofferaufbau und sind grundsätzlich mit zwei Mann besetzt.

Versorgungsassistenten lassen es der Station an nichts fehlen

Doch Lagerung und Lieferung sind nur der eine Teil der Fiege Krankenhauslogistik. Wichtiges Bindeglied zwischen Station und Medical Order Center sind so genannte Versorgungsassistenten, Fiege-Mitarbeiter, die sich als ständiger Partner „vor Ort" um den gesamten Materialfluss kümmern – von der Rampe bis in den Schrank auf der Station. Sie übernehmen als „Inhouse-Logistiker" die Bestandskontrolle, checken Entnahme- und Nachschubfächer, haben Verfallsdaten im Blick. Und befreien damit das Pflegepersonal des Krankenhauses von Aufgaben, die nichts mit der Pflege der Patienten zu tun haben.

Der Versorgungsprozess der derzeit angeschlossenen 426 Stationen erfolgt nach dem Kanban-System: So erfassen die Versorgungsassistenten mit einem mobilen Barcodescanner den aktuellen Bestand in dem Schranksystem. Die Meldung wird drahtlos an das Fiege EDV-System übermittelt und löst automatisch einen Bestellvorgang aus, der exakt dem Stationsbedarf entspricht. Fehlende Mengen werden „just-in-time" innerhalb von 24 Stunden ausgeglichen. Als Ladungsträger dient ein ausgeklügeltes Korbmodulsystem, das Material spart und das Handling erleichtert. OPs erhalten eine Set-Versorgung, die die Arbeitsvorbereitung erleichtert und Rüstzeiten reduziert, weil die benötigten Verbrauchsmaterialien im Vorfeld zusammengestellt werden.

Modernste Technik und viel Know-how stecken in der Zentralsterilisation. In der knapp 1.800 Quadratmeter umfassenden Abteilung werden Operationsinstrumente von der manuellen oder maschinellen Reinigung bis hin zum fertigen Sterilgut nach höchsten hygienischen Standards und validierten Prozessen wiederaufbereitet. 65.000 OP-Instrumente, mit zum Teil individuellen Anforderungen des Operateurs, sind über die Zentralsterilisation des MOC im Umlauf und in der prozessbegleitenden EDV dokumentiert.

Im Rahmen der Initiative „Deutschland – Land der Ideen", hinter dem die Bundesregierung und der Bundesverband der Deutschen Industrie (BDI) stehen, ist das MOC-Konzept im Frühjahr 2009 als Vorbild für andere Zentren in Deutschland ausgezeichnet worden.

6 Fazit: Der Mittelstand als geeigneter Lösungsanbieter

Wie sieht der Idealtyp des Solution Sellers in der Kontraktlogistik aus? In den riesigen Konzernen ist er jedenfalls nicht verbreitet. Vielmehr sind es mittelständische Unternehmen, die für die komplexen Anforderungen der Kontraktlogistik prädestiniert sind. Denn die Kunden in diesem Dienstleistungsbereich erwarten Tugenden, die im Mittelstand in aller Regel anzutreffen sind: Innovationsfreude, Wendigkeit, Vertrauen, persönliche Verantwortung. Sich auf die Branche zu fokussieren, sich zum Experten zu entwickeln, der auf Augenhöhe kommuniziert, sind wichtige Grundvoraussetzungen in diesem anspruchsvollen Marktsegment.

Beste Referenz für Outsourcing-Entscheidungen – die in den meisten Fällen auf Vorstandsebene getroffen werden – ist es, eine spezifische Dienstleistung über Jahre weiterentwickelt und verfeinert zu haben. Im Idealfall wird Solution Selling in der Kontraktlogistik zu einem Markenartikel, der dem Kunden ein wichtiges Unterscheidungsmerkmal in einem Markt liefert, der noch riesige Potenziale birgt. Auf rund 60

Milliarden Euro wird das Volumen allein in Deutschland geschätzt. Dabei liegt der Outsourcing-Anteil der industriellen Kontraktlogistik nach Schätzungen der Fachleute erst zwischen 20 und 25 %. Dementsprechend werden für die kommenden Jahre zweistellige Zuwachsraten bei der Vergabe kompletter Leistungspakete an qualifizierte Logistiker erwartet. Jedenfalls an diejenigen Logistiker, die Solution Selling im Blick haben.

Carsten Ungrade und Stefan Erlenkämper

Erfolgsfaktoren des Transformationsprozesses zum Lösungsanbieter

Das Beispiel Media Markt

1 Warum sollte sich ein Händler zum Lösungsanbieter transformieren müssen?

Viele Unternehmen haben ihre Geschäftstätigkeit in der Vergangenheit mit einer herausragenden Produktidee begonnen und ihr Geschäftsmodell sodann auf dieser Idee auf- und ausgebaut. Ein differenzierendes Marktangebot ist vielfach zurückzuführen auf die Beherrschung einer bestimmten Technologie oder eines bestimmten Prozesses, welche(n) es durch Überführung in Produkte und Dienstleistungen am Markt zu rentabilisieren gilt (vgl. ABELL 1980). Dabei agiert der Handel als Absatzmittler zwischen produzierender Industrie und Nachfrager (vgl. MEFFERT 1998, S. 582). Aufgabe des Handels ist es seit jeher, von der Industrie in größeren Mengeneinheiten gebündelt bezogene Gütermengen in kleinen Abnahmegrößen am Markt für den Endkunden präsent und ubiquitär verfügbar zu machen.[1] Seit einigen Jahren scheint dieses Modell jedoch Schwächen zu offenbaren, was zu anhaltenden, strukturellen Veränderungen der Handelslandschaft führt (vgl. Abb. 1-1).

Die Abbildung legt nahe:

- das früher so erfolgreiche Modell der Warenhäuser scheint ausgedient zu haben (vgl. KMPG 2006a, S. 33),
- Discounter erobern den Markt – nicht mehr nur im Lebensmitteleinzelhandel (vgl. KMPG 2006b, S. 19),
- der Onlinehandel gewinnt Jahr für Jahr Marktanteile hinzu (vgl. KMPG 2006a, S. 36 ff.),
- durch vertikale Vorwärtsintegration der Hersteller verändern sich ganze Handelssegmente (vgl. BCG 2005, S. 2 f.).

Warum scheinen sowohl Industrie als auch Nachfrager die gewohnten Funktionen des Handels nicht mehr zu schätzen bzw. neueren Distributionsmodellen mit „eingeschränktem Funktionsumfang“[2] vermehrt den Vorzug zu geben? Die Gründe für diesen Trend sind vielschichtig – und doch auf eine Gemeinsamkeit abstrahierbar:

---

1 STEFFENHAGEN (2000), S. 37: „(…) üblich geworden, dem Handel die Rollenbestandteile Warenpräsentation, Sortimentszusammenstellung, Lagerhaltung, Preisauszeichnung und Kundenberatung zuzuordnen“.

2 Offenbar werden die von etablierten Handelsmodellen besonders betonten Vorzüge, wie z. B. One-Stop-Shopping im Warenhaus, große Alternativenauswahl im LEH, persönliche Beratung beim Fachhändler, markenübergreifende Sortimentsgestaltung etc., nicht mehr von allen

Abbildung 1-1: *Beispiele aktueller Strukturveränderungen im Handel (Quelle: Höpner (2007), BCG (2005), KPMG (2006a), KPMG (2006b), HDE (2007), HDE (2009))*

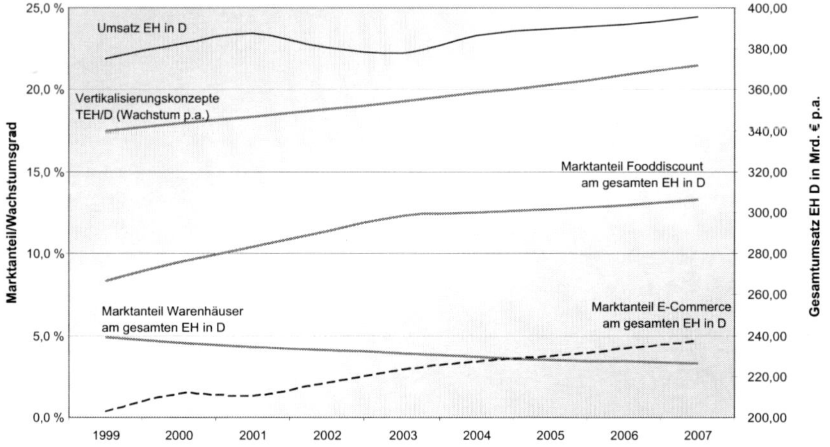

In der Vergangenheit waren die Verfügbarkeit von Waren und die Mobilität des Nachfragers begrenzt. Gleichzeitig war der Kunde bei geringer Markttransparenz aufgrund fehlender Informationen über Wettbewerbsangebote und hohem wahrgenommenen Auswahlrisiko gegenüber Empfehlungen seines Händlers aufgeschlossen (vgl. hier und im Folgenden AMOR 2000, S. 23 f.). Somit hatte der lokale Händler aufgrund der de-facto Exklusivität seines lokalen Angebots und seines Informationsvorsprungs gegenüber dem Nachfrager praktisch eine Monopolstellung.

Heute hat die Verfügbarkeit von Ware ihre diskriminierende Wirkung verloren. Märkte sind gesättigt und funktionale Produktunterschiede für Nachfrager kaum mehr wahrnehmbar. Dies führte zu einem Absinken des vom Nachfrager wahrgenommenen Risikos, so dass die Literatur heute von einem mündigen (vgl. HDE 2009) bzw. „multioptionalen" (vgl. RIEKHOF 2007, S. 10 f.) Nachfrager spricht. Aber trifft dies wirklich zu? Ist der Nachfrager wirklich in der Lage, das für sein spezifisches Bedürfnis nutzenmaximale Produkt zu wählen? Sprechen doch massiv gestiegene Bezugsmöglichkeiten und sich zunehmend homogenisierende Produkte bei gleichzeitiger Marktintrasparenz aufgrund eines Informationsüberangebots für zunehmende Kom-

Kundensegmenten geschätzt bzw. im hybriden Kaufverhalten kombiniert (z. B. Kauf online nach persönlicher Beratung beim Fachhändler).

plexität der Auswahlentscheidung. Ein Blick auf die jüngeren Distributionsmodelle zeigt zwei Trends, die eine gemeinsame Erklärung dieses Paradoxons[3] bieten:

- Die Preistransparenz des Verbrauchers ist gestiegen.
- Die Markenorientierung des Verbrauchers ist gestiegen.

Beide Veränderungen lassen den Schluss zu, dass der Kunde sein komplexes Auswahlproblem durch **Vereinfachungsstrategien** löst. Statt funktionaler Produktunterschiede sind heute offenbar vermehrt **Informationssubstitute** bei der Produktauswahl relevant: **Marke und Preis**.

In makroökonomischer Konsequenz setzt dies einen Teufelskreis in Gang: Die zunehmende Preisorientierung der Nachfrager veranlasst Hersteller, ihre Investitionen in die Produktentwicklung zu reduzieren, wodurch die Produkthomogenität weiter steigt und der Preiswettbewerb weiter zunimmt (vgl. SIMON und DOLAN 1997, S. 132).

Viele Akteure haben den Trend der Zeit bereits erkannt und stellen den stationären Handel unter enormen Zugzwang: Einerseits versucht die Industrie den Nachfragern neue Unique Selling Propositions (USPs) zu bieten, indem sie z. B. Direktvertrieb-Outlets unter der eigenen Produktmarke aufbaut. Andererseits macht sich der Onlinehandel, der gegenüber dem stationären Handel mit wesentlich günstigeren Kostenstrukturen operieren kann, die Auswahlvereinfachung der Nachfrager gezielt zu Nutze.

Entsprechend resultiert aus diesen Entwicklungen die Notwendigkeit eines Paradigmenwechsels für den klassischen Handel: Weg von der althergebrachten Verfügbarkeits- bzw. Produktorientierung, hin zu einer Bedürfnis- bzw. Lösungsorientierung. Wenn ein Nachfrager funktionale Produktunterschiede in seiner Auswahlentscheidung zunehmend zurückdrängt, kann es nicht mehr länger ausreichend sein, die von der Industrie bereitgestellte Ware als Produkt objektiv zu präsentieren. Vielmehr muss es der Handel zum Primat seines Handelns machen, dem Kunden einen Ausweg aus seiner heuristischen Auswahlvereinfachung zu bieten. Hierzu ist es erforderlich, dass der Handel die vom Kunden nicht verstandenen bzw. als konstant ausgeblendeten, funktionalen Produktunterschiede in für Kunden relevante Nutzenunterschiede übersetzt. Auf diese Weise würde der Nachfrager veranlasst werden, die Höhe des durch die Produktauswahl erzielbaren Produktnutzens erneut als Variable in seiner Auswahlarithmetik zu berücksichtigen (vgl. HOMBURG und KROHMER 2002, S. 740).

In der Literatur ist diese Forderung nach einer Abkehr von der Technologie- bzw. Produkt- hin zu einer Bedürfnis- bzw. Lösungsorientierung nicht neu. Bereits 1980 hat ABELL gefordert, in „benefits sought" zu denken, d. h., das Bedürfnis der Nachfrager zu verstehen und diesen nach ihren Bedürfnissen segmentierte bzw. konfigurierte und optimierte Lösungen zu bieten (vgl. ABELL 1980), statt sich nur an funktional-

3 Zunehmende, objektive Auswahlkomplexität wird von einer Abnahme des subjektiv wahrgenommenen Kaufrisikos begleitet.

technologischen Merkmalen zu orientieren. Dieses Postulat ist – obwohl schon 30 Jahre alt – nach wie vor brandaktuell und letztlich Grundlage aller heutigen Forderungen nach „Customer Relationship Management" (vgl. bspw. HOMBURG und SIEBEN 2000, RAPP 2001, UEBEL, HELMEKE und DANGELMAIER 2002), „Customer Centric Companies" (vgl. GALBRAITH 2005, S. 17 ff.) und der allgegenwärtigen Kundenwertdiskussion (vgl. bspw. BELL ET AL. 2002, BURMANN 2003, CORNELSEN 2000, RUST ET AL. 2002).

Aus diesem Postulat leitet sich die Forderung ab, dass der Handel seine Wertschöpfungskette um eine zusätzliche Funktion verlängern muss und analog der von Finanzdienstleistern bekannten Fristen-, Betrags- und Risikotransformation (vgl. TOLKMITT 2007, S. 4 ff.) zukünftig die von der Industrie bezogenen Produkte in einer für Kunden verständlichen Lösungsorientierung präsentieren muss. Dies bedeutet, dass er die individuellen Bedürfnisse der Nachfrager verstehen und durch Vorauswahl von Produkten, durch Erklärung und durch Kombination von Produkten mit Services in Lösungen überführen, ausarbeiten und beantworten muss. Folglich muss sich der klassische Handel zu einem Lösungsanbieter transformieren – letztlich, um die eigene Existenzberechtigung zu sichern.

2 Umsetzung der Transformation zum Lösungsanbieter

Wie vorstehend diskutiert, erscheint es für den Handel nicht mehr ausreichend, das von der Industrie bereitgestellte Produktangebot objektiv zu präsentieren und logistische Funktionen zu übernehmen, da er in diesem Bereich zum einen zunehmender Konfrontation mit alternativen Distributionsformen ausgesetzt ist und der Kunde diese Funktionen zum anderen nicht mehr schätzt.

Vielmehr muss der Handel erkennen, dass sein Agitationsraum nicht auf die klassischen Handelsfunktionen beschränkt ist. Gerade das Spannungsfeld der Inkompatibilität zwischen den unterschiedlichen Zielfunktionen von Industrie (Anbieter) und Kunden (Nachfrager) bietet ihm die Möglichkeit, seine eigene Wertschöpfungskette zu verlängern (vgl. Abb. 2-1).

Abbildung 2-1: *Verlängerung der Wertschöpfungskette vom klassischen Handel zum Lösungsanbieter (Quelle: Eigene Darstellung)*

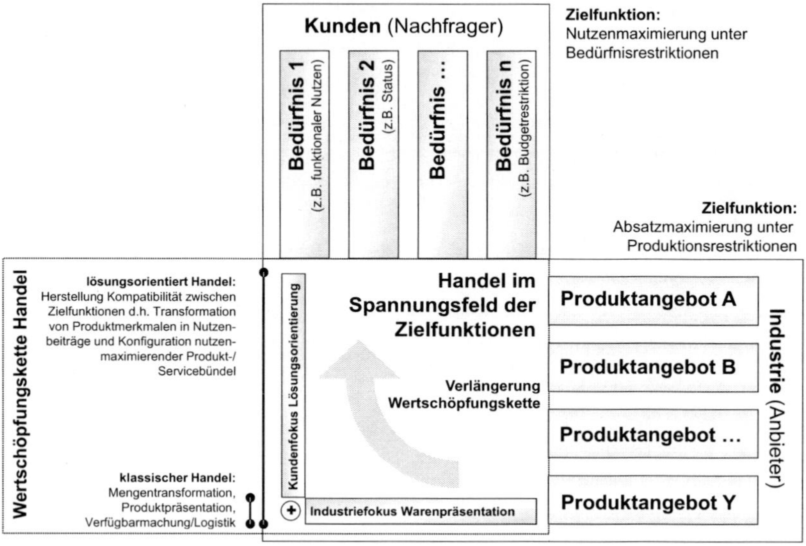

Die Ausübung dieser zusätzlichen Funktion, d. h. die Transformation zu einem Lösungsanbieter, stellt allerdings eine erhebliche Anforderung an den Handel selbst.

2.1 Begriff der Transformation

Bevor erörtert werden kann, warum die „Transformation zum Lösungsanbieter" für den Handel ein Problem darstellen sollte, ist zunächst zu definieren, wie der Begriff der Transformation im Folgenden verstanden wird. Abgeleitet von der lateinischen Ursprungsform „transformare" (umformen) wird unter „Transformation" die Überführung eines Ausgangs- in einen Zielzustand verstanden.

Bedeutsam dabei ist, dass ein Akteur (Anbieter) niemals isoliert steht, sondern sich stets in Interaktionsbeziehungen mit seiner Umwelt befindet. Im Kontext der Betriebswirtschaft bedeutet dies, dass die Erfolgsposition eines Anbieters immer aus seiner relativen Position zu seinen Wettbewerbern resultiert. Dies aber impliziert, dass eine Veränderung der Wettbewerber stets unmittelbaren Einfluss auf die eigene Wettbewerbsstellung und somit auf die eigene Erfolgsposition hat.

So wird auch jemand, der in der Absicht, den Status-quo konservieren zu wollen Veränderungen ablehnt, feststellen müssen, dass er sich zwar nicht bewusst verändert, dennoch aber verändert „wird“. Denn durch (Ver-)Änderung der Wettbewerber wird seine relative Position im Wettbewerb modifiziert.

Aus dieser Feststellung leitet sich ab, dass Transformation gleichermaßen aktiv, wie passiv erfolgen kann – und dies hat erhebliche Konsequenzen:

Im Falle der aktiven Transformation definiert der Anbieter selbst den erstrebenswerten Zielzustand, leitet aus der Ausgangssituation erforderliche Maßnahmen ab, antizipiert Reaktionen der Wettbewerber und transformiert sich selbst in die erstrebenswert erscheinende Zielposition.

Im Falle der passiven Transformation ist der Anbieter selbst nicht Subjekt, sondern (nur) Objekt der Transformation. Dies bedeutet, dass es nicht er ist, der den Transformationsprozess initiiert oder administriert, sondern sein Umfeld. Entsprechend nimmt ihm das Umfeld auch die Definition des Zielzustandes ab, mit dem der passiv Transformierte ex-post im Zweifel nicht einverstanden sein wird. Diese passive Transformation kann gleichsam durch den Wettbewerb gezielt gelenkt werden, wenn z. B. ein Konkurrent bewusst versucht, seine Marktstellung zu Lasten des Wettbewerbers zu verbessern. Sie kann aber gleichermaßen auch auf grundlegende Änderungen des Umfelds zurückzuführen sein, wenn sich z. B. die grundsätzliche Präferenzstruktur der Nachfrager wandelt.

Aus dieser Diskussion leitet sich ab, dass…

- …Transformation „an sich“ nicht wertschaffend ist.

Denn Transformation kann auch bedeuten aus dem Markt „heraus manövriert“ zu werden.

- …Transformation nicht vermieden werden kann.

Denn wer seine Stellung im Wettbewerb dauerhaft sichern möchte, muss sich aufgrund des sich wandelnden Umfeldes stets selbst transformieren (anderenfalls wird er transformiert).

- …Transformation aktiv und zielgerichtet erfolgen muss.

Denn nur, wenn ein Anbieter selbst zielgerichtet die eigene Transformation initiiert, gleichzeitig die Dynamik seines Umfelds antizipiert und den eigenen Transformationsprozess proaktiv steuert, wird sich das gewünschte Ergebnis einstellen.

Somit muss Transformation als aktiver, zielgerichteter Prozess verstanden werden, mit dem ein Anbieter bewusst durch sein Umfeld „navigiert“ und dabei die Interaktion mit seiner Umwelt einbezieht. Und das ist alles andere als einfach!

2.2 Transformation zum Lösungsanbieter als Innovation

Damit eine (aktive) Transformation erfolgen kann, muss – schon rein definitionsgemäß – ein Zielzustand existieren, der gegenüber dem jeweiligen Ursprungszustand als überlegen und zu bevorzugen wahrgenommen wird. Schließlich bestünde sonst keine Notwendigkeit eines aktiv zu initiierenden Transformationsprozesses. Damit aber bei Vergleich von gegenwärtigem Anfangs- mit erwünschtem Zielzustand eine Abweichung ersichtlich ist, muss der Akteur in seiner subjektiven Wahrnehmung eine neuartige, bis dato unerreichte Zielvorstellung formulieren. Definiert man diese neuartige Zielvorstellung als eine Innovation, ergibt sich, dass ein aktiver Transformationsprozess stets auf (mindestens) eine Innovation zurückzuführen ist.

Die Praxis zeigt jedoch, dass bei weitem nicht alle Innovationen zu den gewünschten Resultaten führen. Oftmals können Innovationen ihr Potenzial nicht entfalten oder ihre Effekte werden schon in der Realisierungsphase durch begleitende Umstände aufgezehrt. Dieser Umstand zeigt sich gleichermaßen bei hochkomplexen Innovationen (vgl. diverse M&A-Transaktionen, die sich zwar ursprünglich als erstrebenswert präsentierten, letztlich aber an so profan wirkenden Umständen wie unterschiedlichen Unternehmenskulturen gescheitert sind), so wie bei eher einfach erscheinenden, technologisch-objektiven Innovationen (vgl. die nicht gelungene Durchsetzung des Wankelmotors, die Formatdiskussion Betamax vs. VHS etc.).

Die Gründe für das Scheitern einer Innovation sind dabei mindestens ebenso vielschichtig wie die möglichen Arten von Innovationen selbst. Entsprechend kann für das Scheitern von Innovationen kein pauschaler Grund spezifiziert werden. An dieser Stelle soll vielmehr zwischen **innovationsbegleitenden** und **innovationsimmanenten** Gründen differenziert werden.

Innovationsbegleitende Ursachen für das Scheitern von Innovationen liegen insbesondere in der Überschätzung des Innovationspotenzials, in der Unterschätzung des zur Realisierung des Innovationspotenzials erforderlichen Aufwandes und/oder in einem unpassenden Management der Innovationsrealisierung. Alle diese Erklärungspunkte seien hier als pauschale Managementfehler subsumiert. Da diese ihre Ursache jedoch nicht in der Innovation selbst haben, sollen sie an dieser Stelle nicht weiter betrachtet werden.

Wesentlich präziser lassen sich hingegen diejenigen Ursachen für das Scheitern einer Innovation greifen, die ihren Ursprung in der Innovation selbst haben – die **innovationsimmanent** sind. Auf der Suche nach innovationsimmanenten Gründen für das Gelingen bzw. das Scheitern von Innovationen differenziert die Literatur zum Innovationsmanagement nach dem Innovationscharakter zwischen schleichenden und disruptiven Innovationen.[4]

Schleichende Innovationen sind Weiterentwicklungen bereits realisierter Innovationen, die ihr initial definiertes Ziel schneller, besser oder umfassender erreichen sollen. Unter **disruptiven Innovationen** werden hingegen strategische Neuausrichtungen verstanden, deren Ziel durch inkrementelle Schritte schleichender Innovationen nicht erreicht werden kann (im mathematischen Sinne sind disruptive Innovationen nicht als Linearkombination schleichender Innovationsschritte modellierbar).

Die in der Literatur vorherrschende Diskussion zum Innovationsmanagement kommt zu dem Schluss, dass es stets disruptive Innovationen sind, die sich langfristig als Erfolg herausstellen, während schleichende Innovationen die erwarteten Potenziale oftmals nicht freisetzen können.[5] Warum ist das so?

Schleichende Innovationen erfassen die sukzessive Weiterentwicklung einer bereits zu einem früheren Zeitpunkt angestoßenen Innovation. Das Problem schleichender Innovationen ist dabei, den rechtzeitigen Ausstiegspunkt zu finden. Schließlich lässt sich jede gute Idee inkrementell weiter verbessern. Im Rahmen dieses Verbesserungsprozesses werden jedoch stets diejenigen Potenziale priorisiert, die den größten Effekt versprechen. Sind diese Effekte realisiert, werden sukzessive auch diejenigen Schritte vollzogen, die eingangs als weniger aussichtsreich eingestuft wurden. Das Ergebnis ist zweifach fatal: Einerseits wird oftmals der Punkt übersehen, ab dem der realisierbare Nettoeffekt null oder negativ wird und zum zweiten impliziert die Überlegung, dass ein schleichend innovierendes Unternehmen Kapazitäten und Ressourcen bindet, die sodann nicht für die Realisierung disruptiver Innovationen zur Verfügung stehen können.

Aus der Vogelperspektive könnte man davon sprechen, dass schleichend innovierende Unternehmen „l'art pour l'art" betreiben – schließlich scheint aus objektiver Perspektive offensichtlich, dass eine zusätzliche (schleichende) Innovation den erforderlichen Innovationsaufwand nicht rechtfertigt. In ökonomischen Worten: Die Summe aus Opportunitätskosten der Ressourcenbindung und Grenzkosten des schleichenden

---

4 Die Differenzierung von schleichenden und disruptiven Innovationen folgt der von CHRISTENSEN initiierten Diskussion über „(...) sustaining and disruptive technologies" (CHRISTENSEN 2000, S. xviii ff.). Im Gegensatz zu CHRISTENSEN wird der schleichende/disruptive Charakter allerdings nicht auf Technologien oder Produkte beschränkt, sondern auch auf Innovationen im Allgemeinen ausgeweitet.

5 Zum einen sind schleichende Innovationen oftmals ein unternehmensintern gestarteter und organisational verankerter Prozess, der bestehende Mittel-Wirkungs-Zusammenhänge optimiert. Im Sinne von CHRISTENSEN gerät dabei oftmals die Bedürfnisstruktur der Nachfrager aus den Augen die Innovationen dienen primär ihrem Selbstzweck (vgl. CHRISTENSEN 2000, S. xix). Zum anderen ist aufgrund der Dynamik des Umfeldes stets damit zu rechnen, dass ein Akteur mit externen, disruptiven Innovationen konfrontiert wird, deren Wirkung er durch schleichende Innovationstätigkeit nicht kompensieren kann.

Innovationsschrittes übersteigen die zu erwartenden, positiven Grenzeffekte der Innovation selbst.

Disruptive Innovationen hingegen zeigen ein wesentlich „gesünderes" Verhältnis von Grenzwirkung und Grenzkosten. Somit gilt eine durch eine disruptive Innovation initiierte, aktive und zielgerichtete Transformation prinzipiell als Königsweg. Mit der höheren Chance geht bei disruptiven Innovationen aber in der Regel auch ein deutlich höheres Risiko einher als bei schleichenden Innovationen, da sie fundamentale Annahmen und Prinzipien in Frage stellen. So macht eben dies ihren Reiz – und ihr Problem – aus:

Denn warum sollte ein erfolgreiches Unternehmen darüber nachdenken, ein gut funktionierendes Konzept zu wechseln? Vielmehr wird es im Gegenteil versuchen, vermehrt Ressourcen und Kapazitäten an den eingeschlagenen Weg zu binden und sich mit zunehmendem Erfolg mehr und mehr selbst überzeugen, den richtigen Weg zu verfolgen. Dieses Verhalten ist vollkommen nachvollziehbar – aber es macht blind. Blind für Transformationen im Umfeld, die das aktuell erfolgreiche Konzept zukünftig fundamental stören könnten. Tritt diese Störungssituation (z. B. durch Veränderung eines Wettbewerbers) auf, hilft es sodann aber nicht, das an Erfolg einbüßende Konzept schleichend zu innovieren. Und eine Alternative in Form einer disruptiven Innovation wurde nicht vorbereitet. Der Erfolg hat blind gemacht – blind gegenüber disruptiven Innovationen.

Dieser Umstand sei anhand eines Beispiels aus dem Handel illustriert: Das Marktsegment der Warenhäuser repräsentierte 1974 einen Anteil am Gesamtumsatz des deutschen Einzelhandels von rund 13 % und erfreute sich höchster Beliebtheit. Gegenwärtig wird dieses Handelssegment noch auf einen Marktanteil von ca. 3,5 % taxiert – ein Verlust von über 70 % Marktanteil (vgl. HÖPNER 2007). Die aktuelle Diskussion um die Insolvenz von Arcandor/Karstadt mag den Eindruck erwecken, als habe man die stetige Verschlechterung der Marktsituation nicht erkannt. Doch dem ist nicht so: Bereits vor Jahren hat man versucht, auf die geänderten Einkaufspräferenzen der Nachfrager zu reagieren, indem man (schleichend) versuchte, das bestehende Konzept zu innovieren. Man eröffnete Premiumhäuser, optimierte das Sortiment und bemühte sich, die Flächenproduktivität zu erhöhen. Eine disruptive Antwort auf die nachhaltig geänderten Einkaufspräferenzen hatte man hingegen nicht.

Gerade in Zeiten, in denen sich ein Konzept als gut funktionierend erweist, müssen Unternehmen daher intensiv und antizyklisch über radikale Innovationen nachdenken, so sie ihre Erfolgsposition dauerhaft sichern wollen. Denn gerade in Erfolgszeiten ist die Gefahr eines tiefen Absturzes umso größer und gerade erfolgreiche Zeiten bieten die Möglichkeit, Ressourcen zur Ausarbeitung von disruptiven Innovationen zu reservieren.

Nun ist es nicht so, als ob Unternehmen dies nicht erkannt hätten. Aber ihr Umgang mit der Situation zeigt, wie schwer sie sich damit tun. In vielen Unternehmen sind an zentraler Stelle „think tanks", Strategieabteilungen und Abteilungen für Unternehmensentwicklung etc. zu finden. Ihnen allen gemein ist, dass es sich um Stabsabteilungen handelt. Spezialisten, die den Kontakt zum operativen Geschäft oftmals lange verloren haben, ersinnen in Elfenbeintürmen neue Konzepte. Für Kundenbedürfnisse scheinen diese Türme manchmal aber zu hoch zu sein.

2.3 Unternehmenskultur und Unternehmensstruktur als zentrale Erfolgsfaktoren von Innovationen

Viele gute Innovationen scheitern. Wie im vorstehenden Kapitel beschrieben, scheitern sie jedoch nicht (nur) aufgrund mangelnder Marktakzeptanz, denn so weit kommen sie erst gar nicht. Oftmals werden sie bereits zuvor von den internen Widerständen innerhalb der Unternehmen ausgebremst. In einer Studie von 2002 zeigen TILMANN und KLUGE, dass nur ca. 9 % aller potenziellen Innovationen eines Unternehmens die Zeit von der Idee bis zur Markteinführung überleben (TILMANN und KLUGE 2002, S. 13). Mögliche Gründe für das Scheitern könnten die von STERN UND JABERG genannten Barrieren, wie hemmende funktionale Abläufe, fehlende oder mangelhafte Kommunikation, vorhandene Bereichsegoismen, mehrstufige Hierarchien, komplexe Regeln sowie eine zu strenge Arbeitsteilung, sein (vgl. STERN und JABERG 2007, S. 109). TINTELNOT, MEIẞNER und STEINMEIER identifizieren in ihrer Untersuchung mit der Scheu vieler Unternehmen vor risikoreichen Investitionen eine weitere Barriere (vgl. TINTELNOT, MEIẞNER und STEINMEIER 1999, S. 85). Zusammenfassend lassen sich eine innovationsfördernde **Unternehmensstruktur** und eine innovationsfreundliche **Unternehmenskultur** als die zentralen internen Erfolgsfaktoren von Innovationen isolieren. Beide Erfolgsfaktoren sind im Folgenden genauer vorzustellen.

2.3.1 Unternehmenskultur

Es sind gerade diejenigen Unternehmen besonders innovativ, die ihren Mitarbeitern in allen Bereichen zuhören, die Ideen der Mitarbeiter auf breiter Front diskutieren, diese formen, schleifen und anschließend zügig umsetzen (vgl. JUNG 2008, S. 918). Schließlich kann Innovativität nicht per Anweisung eingefordert oder beauftragt werden. Vielmehr gilt es eine Kultur zu schaffen, die ihrerseits als Fundament Innovativität fördert. Innovationen bedingen Freiräume. Diese Freiräume sind durch die Unternehmenskultur zu schaffen, sicherzustellen und zu bewahren.

STEINMANN und SCHREYÖGG verstehen unter Unternehmenskultur ein implizites Phänomen, das Deutungs- und Handlungsmuster vorgibt, die von den Organisationsmitgliedern verwendet werden (vgl. STEINMANN und SCHREYÖGG 2000, S. 631). KRULIS-RANDA sieht in der Unternehmenskultur die Gesamtheit der Normen, Wertvorstellungen und Denkhaltungen, die das Verhalten der Unternehmensmitglieder aller Hierarchiestufen und somit das Erscheinungsbild einer Unternehmung prägt (vgl. KRULIS-RANDA 1984, S. 360). Die Unternehmenskultur kann nur vom Top-Management bewusst geprägt werden. Ein Indikator für die Art der Unternehmenskultur kann das Betriebsklima sein. Ein angenehmes und offenes Betriebsklima fördert den Dialog und Gedankenaustausch. Ein wesentlicher Bestandteil eines innovationsfreundlichen Betriebsklimas ist die gelebte Fehlertoleranz. Sie bewirkt, dass Mitarbeiter ermutigt werden, neue Ideen zu diskutieren und zu testen, ohne bei einem Fehlgriff sofort getadelt zu werden. Ein weiteres Merkmal eines positiven Betriebsklimas ist die Zugänglichkeit von Informationen und die damit verbundene Transparenz innerhalb des Unternehmens. Damit wird ein gegenseitiges Vertrauen gefördert. Sind die Informationswege offen, d. h., herrschen keine strikten Regeln und ist es erlaubt, Hierarchien und Dienstwege zu überspringen, fördert dies zusätzlich Kreativität und Innovationsfreude der Mitarbeiter – unabhängig von ihrer hierarchischen Stellung.

Gleichsam stellen definierte Pflichten, Regeln und Verantwortungen die notwendige Basis dar. Denn ohne die Übernahme von Verantwortung kann es keine Freiheit geben. Die Freiheit ist wiederum die Grundlage zur Bereitschaft der Mitarbeiter, Ideen zu entwickeln, zu diskutieren und umzusetzen. Natürlich kann es bei der Diskussion von Ideen zu Konflikten kommen. Allerdings fördern diese Konflikte wiederum die Kreativität. Entsprechend bedeutsam ist es, dass Unternehmen eine „gesunde Streitkultur" leben, die für sachliche und faire Diskussion sorgt. Die Verantwortung hierfür tragen die Führungskräfte und Personalverantwortlichen, indem sie konfliktfähige Mitarbeiter fördern.

Es liegt also in der Verantwortung des Top-Managements, für eine innovationsfreundliche Unternehmenskultur zu sorgen. Hierfür sind vier Voraussetzungen unabdingbar:

1. Freiräume für Innovationen schaffen!

Vertrauen ist der Schlüssel zu Innovationen. Unternehmen, die ihren Mitarbeiter vertrauen und ihnen somit Freiräume für Kreativität schenken, erhalten von diesen im Gegenzug die Bereitschaft zu höherer Leistung und damit die Voraussetzung für Innovativität. Denn der Innovationsfindungsprozess läuft parallel zu dem täglich zu absolvierenden Arbeitspensum, was den Mitarbeitern entsprechende Leistungsbereitschaft abverlangt. Ferner werden Mitarbeiter gebotene Freiräume nur dann im Sinne der Innovativität nutzen, wenn die bereits genannte notwenige Fehlertoleranz als Teil der Unternehmenskultur gelebt wird.

2. Innovationsfähigkeit der Mitarbeiter fördern!

Menschen entwickeln neue Ideen. Ideen entstehen durch Kontakt und den Austausch mit anderen. Im beruflichen Alltag sind dies z. B. Kollegen, Kunden, Lieferanten, Gesellschafter und die interessierte Öffentlichkeit. Von diesen Stakeholdern können entscheidende Impulse für neue Innovationen ausgehen. Es gilt jedoch, die eigenen Mitarbeiter für den Empfang dieser Impulse zu sensibilisieren. Diese Motivation kann z. B. durch Schulungs-, Vergütungs- und Anreizsysteme gefördert sowie durch flache Hierarchien gestützt werden. Diese Voraussetzungen unterstützen die Generierung neuer Ideen, ihre Diskussion und schlussendlich ihre Realisierung.

3. Innovationswillige Mitarbeiter unterstützen!

Innovative Unternehmen unterstützen Mitarbeiter, die sich kritisch mit Prozessen und Ergebnissen auseinandersetzen. Damit signalisieren sie, dass es sich lohnt, außerhalb gewohnter Strukturen und Annahmen „out-of-the-box" zu denken. Gleichsam kommunizieren sie somit aber auch, dass sie Fehler tolerieren. Damit werden „Unternehmer innerhalb des Unternehmens" gefördert und die Unternehmung signalisiert, dass „open minded people" gewünscht sind.

4. Innovationen tatsächlich umsetzen!

Eine innovationsfreundliche Kultur ist jedoch nicht erfolgsfördernd, wenn die entwickelten Innovationen nicht konsequent umgesetzt werden. Schließlich kann mittelfristig nichts demotivierender für engagierte Mitarbeiter eines Unternehmens sein als die Erkenntnis, dass frische Ideen innerhalb der Unternehmung „versickern". Auf der anderen Seite kann nichts motivierender sein als die Umsetzung guter Ideen zu beobachten, zu begleiten und diese mit dem Namen des Mitarbeiters in Verbindung zu setzen. Diese „Krönung" des Innovationsprozesses ist ein eindeutiges Motivationssignal an alle Mitarbeiter, weiterhin innovativ zu sein.

Zusammenfassend erfordern die vorgenannten vier innovationsstützenden Faktoren vier Instrumente, deren Existenz und Präsenz die Führungskultur im Unternehmen sicherstellen muss:

- Das Management muss seinen Mitarbeitern das **Vertrauen** schenken, dass diese selber und intuitiv beurteilen können, ob ein eingeschlagener Weg der richtige ist.
- Damit ein Mitarbeiter aber überhaupt einen Weg einschlagen kann, muss er über ausreichende **Freiheit** verfügen.

- Freiheit alleine reicht aber nicht, denn Freiheit muss immer auch verbunden sein mit **Verantwortung**. Im bildlichen Sinne muss der Name des Mitarbeiters mit der Innovation assoziiert werden.
- Letztlich muss das Unternehmen **Unterstützung** sicherstellen – im positiven Fall durch Ressourcen zur Umsetzung und in einem weniger positiven Szenario durch Begrüßung des Versuchs. Grundsätzlich gilt es aber, negative Konsequenzen und Reaktanzen zu unterdrücken.

2.3.2 Unternehmensstruktur

Zum Erlangen einer innovativen Unternehmenskultur müssen alle Bereiche eines Unternehmens angesprochen werden. Es ist nicht ausreichend, Innovativität in dezidierte Unternehmensteile zu verbannen. Schließlich ist es nicht das Ziel einer innovativen Unternehmenskultur, fragmentierte Kompetenzen zu erzeugen, sondern die gesamte Organisation in den distributiven Innovationsprozess zu integrieren. Allerdings wird in einer von Taylorismus geprägten, funktional untergliederten Unternehmensstruktur das Identifizieren von Innovationen dezidierten Abteilungen zur Aufgabe gemacht, wie z. B. der Forschungs- und Entwicklungsabteilung oder der strategischen Unternehmensentwicklung. Anderen Abteilungen wird die erforderliche Kompetenz oder das notwendige Fachwissen zur Entdeckung von Innovationen vermeintlich abgesprochen. Damit wird systembedingt ein Spezialistentum gefördert. Diese Spezialisten wissen meist wenig über andere Unternehmensbereiche oder andere unternehmensinterne Projekte. Auch dient eine größere Anzahl der Hierarchiestufen nicht der Förderung von Innovationen, sondern dem reibungslosen Abarbeiten der Kernaufgaben der Abteilung oder des jeweiligen Unternehmensteils. Im schlimmsten Fall werden Innovationen statt als Chance als Risiko gesehen, welches den geglätteten Arbeitsablauf stören könnte und werden deshalb – systembedingt und immanent – verhindert.

Es scheint folglich so, dass die geforderte Innovativität durch eine bestimmte primäre Unternehmensstruktur beeinflusst wird. Dies wird aus der Gegenüberstellung von hierarchisch geführter Zentralunternehmung und Netzwerkorganisation als zwei mögliche Extrema deutlich.

Zentral geführte, funktionale Unternehmen sind dadurch gekennzeichnet, dass so viele Aufgaben und Entscheidungen wie möglich zentral erledigt bzw. getroffen werden. Voraussetzung ist eine hohe Standardisierung aller Systeme und eine starke, funktionale Gliederung. Verfechter der Zentralisierungsphilosophie führen als wesentliche Vorteile dieser Unternehmensstruktur die hohe Effizienz und die schnelle Umsetzungsgeschwindigkeit strategischer Neuausrichtungen ins Feld (vgl. PAUL 2006, S. 270). Nachteile dieser Organisationsform sind die sehr stark eingeschränkte Reaktionsfähigkeit auf lokale Marktgegebenheit und, aufgrund der schwachen Einflussnahme auf zentrale Entscheidungen, die geringere Identifikation mit und Motivation der Mitarbeiter für die unternehmerische Tätigkeit.

Netzwerkorganisationen[6] sind als ein Beziehungsgefüge von relativ unabhängig voneinander bestehenden Personen oder Gruppen anzusehen. Verbunden fühlen sich die Netzwerkmitglieder durch gemeinsame Werte oder Interessen. Das hierarchische Konstrukt des funktionalen Unternehmens wird durch ein soziales Reglement ersetzt, auf dessen Grundlage die Netzwerkmitglieder miteinander interagieren (vgl. MACHARZINA 2008). Dadurch entsteht eine hohe Motivation der Mitglieder, deren Kreativität gezielt unterstützt wird. Zweifelsohne stehen diesem gewünschten Effekt hohe Anforderungen an die kulturelle und soziale Toleranz der Netzwerkmitglieder als Nachteil gegenüber. Netzwerke haben, nicht zuletzt ob der notwendigen Konsensfindung, lange Entscheidungsphasen bei strategischen oder taktischen Neuausrichtungen.

Beide Archetypen scheinen gleichermaßen suboptimal. Die zentrale funktionale Primärorganisation integriert den einzelnen Mitarbeiter nicht und schafft eine große Distanz zwischen der Unternehmensführung und den Mitarbeitern. Dagegen bindet die Netzwerkorganisation zwar alle Mitarbeiter in den Leitungs- und Entscheidungsprozess mit ein, kann jedoch aufgrund der massiven Konsenskomplexität nicht die gewünschte Umsetzungsgeschwindigkeit bieten.

Wie so oft liegt der Königsweg in der Mitte.

Die dezentrale Unternehmensform verbindet die Vorteile der zentralen Unternehmensorganisation mit den Vorteilen der Netzwerkorganisation. Bei dieser Organisationsform wird der Betriebsablauf in die Verantwortung einzelner selbstständig agierender Einheiten gelegt. Entgegen dem Netzwerkgedanken sind diese Einheiten jedoch formal und legal miteinander verbunden. Koordiniert werden die dezentralen Einheiten durch ein zentrales Steuerungselement, das die strategische Ausrichtung der Unternehmung vorgibt. Die taktische Umsetzung verbleibt hingegen soweit wie möglich in den dezentralen Einheiten (vgl. Abb. 2-2).

6 Hierzu seien z. B. auch Franchisesysteme mit rechtlich selbstständigen, aber wirtschaftlich abhängigen Partnerunternehmen genannt.

Abbildung 2-2: *Schematische Darstellung einer systemzentralen- dezentralen Unternehmensorganisation (Quelle: Eigene Darstellung)*

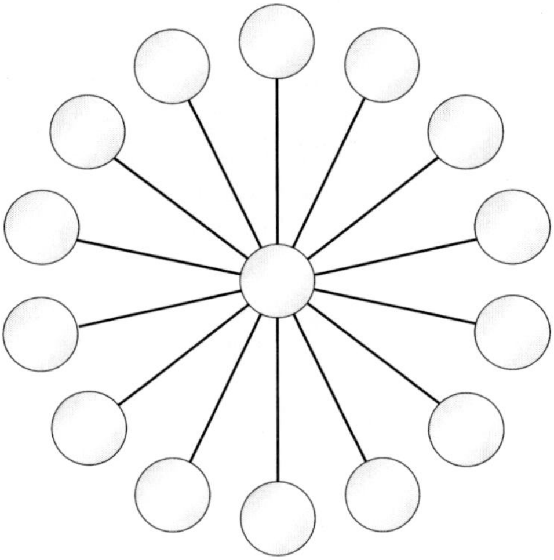

Kennzeichnend für die dezentrale Primärorganisation ist die Forderung nach maximaler Kundennähe. Dieses Postulat umreißt den Grundgedanken, dass so viele Entscheidungen wie möglich lokal und (nur) so viele Entscheidungen wie nötig zentral getroffen werden. Einwänden, dass dies auf Kosten der Effizienz geschehe, werden durch eine höhere Kundenakzeptanz und eine höhere Reagibilität auf Kundenwünsche, gefolgt von größerem Absatzerfolg, begegnet. Mit der Humanorientierung entfaltet die dezentrale Unternehmensform eine ihrer Stärken und fördert so Motivation, Engagement und Kreativität der Mitarbeiter.

Zur Schaffung einer innovationsfreudigen Unternehmenskultur muss parallel zu der Abbildung einer dezentralen Organisationsstruktur auch eine dezentrale Führungskultur geschaffen werden. Dies wird erreicht, indem die Verantwortung des Unternehmenserfolges in die Hände eines jeden Mitarbeiters gelegt wird.

Damit dies geschieht, müssen folgende Forderungen durch das Management erfüllt sein:

- Das Management steht jedem Mitarbeiter jederzeit als Ansprechpartner zur Verfügung.
- Es gibt keine Stellenbeschreibungen, sondern Rollen.

- Ein Mitarbeiter kann mehrere Rollen übernehmen.
- Die Mitarbeiter gestalten ihren Arbeitsalltag selbst.
- Die Mitarbeiter sind monetär am Erfolg des Unternehmens beteiligt.
- Die Mitarbeiter genießen volles Vertrauen des Managements.
- Die Mitarbeiter genießen eine hohe Entscheidungsfreiheit.
- Die Mitarbeiter werden individuell gefördert und sinnvolle Ideen werden unterstützt.
- Es existiert eine gesunde Streitkultur, an der sich auch das Management gleichberechtigt beteiligt.
- Es existiert eine durch das Management gelebte Toleranz gegenüber Fehlern.
- Es existiert eine Gleichberechtigung der Kulturen, Geschlechter und Ideen.
- Es besteht eine hohe Informationstransparenz.

Durch diese dezentrale Organisationsform werden die statische und innovationshinderliche Unternehmensstruktur der hierarchischen Primärorganisationsformen aufgebrochen und gleichsam die Nachteile der Netzwerkorganisation vermieden. Es entsteht ein dynamisches, innovationsfreundliches Makroklima.

3 Transformationsprozess im Handel: Das Beispiel Media-Markt

„Wer möchte, dass alles so bleibt wie es ist, muss bereit sein, alles zu ändern."
(Auszug aus der Media Markt Unternehmensphilosophie)

Die Diskussion hat gezeigt, dass der stationäre Handel sein eigenes, bis dato vorrangig von Seiten der Herstellerstufe definiertes (vgl. STEFFENHAGEN 2000, S. 37) Rollenbild zukünftig erweitern muss. Während die Literatur vorrangig die aufwärtsgerichtete, vertikale Integration des Handels mit der Industrie thematisiert (vgl. STEFFENHAGEN 2000), wird zukünftig die abwärtsgerichtete Integration des Handels mit den Nachfragern als zusätzliche Herausforderung auf den Handel zukommen. Hierbei handelt es sich um eine Transformationsaufgabe, mit der es gilt, eine Kompatibilität zwischen technologisch-funktional konfigurierten Produkten auf der Industrieseite und emotional motivierten Bedürfnissen auf der Nachfragerseite herzustellen. Diese vertikale Verlängerung der Wertschöpfungskette wurde als Transformationsprozess zum Lösungsanbieter tituliert: Der Handel steht im Wandel.

Gleichsam lässt sich in der Praxis auch ein Wandel im Handel beobachten: Beginnend mit verschiedenen Lebensmitteldiscountern (Aldi, Lidl, Norma etc.) über Bekleidungsgeschäfte (Benetton, H&M, S'Oliver etc.) bis hin zu Bäckereiketten (Kamps) oder Einrichtungsgeschäften und Baumärkten (IKEA, OBI, Bauhaus etc.) ist in nahezu allen Handelszweigen eine zunehmende Zentralisierungs- bzw. Vertikalisierungstendenz zu erkennen, die einer Abkehr von gewachsenen Handelsstrukturen entspricht (vgl. PIETERSEN 2008, S. 42 ff.). Angesichts der (vordergründig) realisierbaren Effizienzen, Erfahrungskurveneffekten und economies of scale überrascht dies nicht. Allerdings bleibt zu fragen, ob die verschiedenen Verkaufsstellen dieser Ketten noch vollwertige Händler im klassischen Sinne sind, oder vielmehr nur noch die Funktion von „Outlets" erfüllen, die von einem zentralen Einkauf gesteuert werden und lokal über nur stark limitierte Entscheidungsmacht verfügen. Diese drastische Art der Zentralisierung scheint kaum die erforderlichen Voraussetzungen für die Ausbildung von Innovationen zu bieten.

Mit dieser Fragestellung konfrontiert, werden entsprechende Unternehmen antworten, dass diese dezentrale Verfolgung von Innovationen auch gar nicht gewünscht sei. Aber wie schon vorstehend aufgeführt: Erfolg macht blind – und läuft in diesem Falle auf eine zunehmende Intensivierung des Preiswettbewerbs (oder der verstärkten Nutzung sonstiger entscheidungsvereinfachenden Faktoren) hinaus. Statt dem Kunden die von ihm eigentlich gewünschte Lösung bieten zu können, versuchen diese Anbieter, dem Kunden das nur bedingt bedürfnisadäquate Produkt über Lösungssubstitute wie Marke oder Preis schmackhaft zu machen, so dass der Kunde die (subjektiv wahrgenommene) eingeschränkte Kompatibilität zwischen Produkt und Bedürfnis akzeptiert.

Andererseits sind internationale Handelskonzerne zu beobachten, die ihre Verkaufsstellen bereits seit Jahren bewusst zu Eigenständigkeit auffordern und nur diejenigen Aufgaben zentral ausführen/unterstützen, die bei lokaler Ausführung schlicht zu Mehraufwand, nicht aber zu wertschöpfenden Vorteilen führen würden. An dieser Stelle sind z. B. die Elektrofachmarktketten Media Markt oder Saturn zu nennen, die von Beginn an Kostennachteile akzeptiert und die Kompetenzen ihrer lokalen Märkte bewusst gestärkt haben (vgl. METROGROUP 2009, S. 49).

Praktisch zeitgleich mit Beginn der Finanzkrise im Jahr 2008 hat Media Markt einen zunächst überraschenden Schritt vollzogen: Während sich Wettbewerber auf ihre Kernkompetenzen besannen, haben sie eine Serviceinitiative gestartet (vgl. FTD 2008, CRN 2008, LZ 2008, S. 36). Was aber veranlasst etablierte Händler, die bewährten Pfade eines seit Jahrzehnten profitablen Geschäftsmodells ausgerechnet zu derart turbulenten Zeiten zu erweitern (vgl. Abb. 3-1)?

Abbildung 3-1: *Serviceberatung bei Media Markt (Quelle: MEDIA-SATURN-HOLDING)*

Gerade das Handelssegment für Unterhaltungselektronik ist von der zunehmenden Verbreitung des Onlinehandels stark getroffen, da sich die technischen Eigenschaften der Produkte gut digital abbilden und kommunizieren lassen. In dieser Situation trafen die Auswirkungen der Finanzkrise die Anbieter in zweifacher Form: Einerseits sorgt die Finanzkrise für eine Reduktion des Konsumbudgets der Nachfrager, wodurch die Bedeutung des Preiswettbewerbs weiter gesteigert wurde. Andererseits empfinden Nachfrager in Krisenzeiten aufgrund der steigenden Angst vor Fehlinvestitionen naturgemäß besondere Investitionssensibilität.

Man sollte vermuten, dass die typische Reaktion eines Händlers in dieser Situation die Reduktion der laufenden Investitionsausgaben auf das unweigerlich notwendige Maß, der verstärkte Einstieg in den Preiswettbewerb und das Verfallen in „Schockstarre" (in der Hoffnung auf baldige Gesundung der Gesamtwirtschaft) sein müsste. Stattdessen scheint Media Markt gerade in dieser Situation mit dem Aufbau eines neuen Angebots zu beginnen. Was im ersten Moment überrascht, ist im zweiten nur folgerichtig: Zum einen wird durch das Dienstleistungsgeschäft versucht, Ergebnisanteile aufzufangen, die durch kriseninduzierte Schrumpfung des Kerngeschäfts auftreten. Zum anderen werden Produkte über die Serviceinitiative zu Lösungen aufgeladen und damit die Bedürfniskompatibilität wieder in das Zentrum der Auswahlentscheidung der vor

Fehlinvestitionen sensibilisierten Verbraucher gerückt. Entsprechend kommen externe Beobachter zu dem Schluss, dass diese Serviceinitiative genau die richtige Antwort zur richtigen Zeit sei (vgl. SIMON 2009, S. 143 f.).

Wie aber ist es möglich, dass ein derart großes Unternehmen praktisch in „Lichtgeschwindigkeit" reagieren und durch eine derart disruptive Innovation einen Transformationsprozess starten kann? Die Antwort ist so einfach wie verblüffend: Die im Unternehmensalltag gelebte Dezentralität hatte dafür gesorgt, dass das praktizierte Geschäftsmodell nicht als gegeben akzeptiert, sondern von Auszubildenden bis Top-Management stetig in Frage gestellt wurde (vgl. SIMON 2009, S. 49, MEDIA SATURN 2009). Es bleibt zu vermuten, dass die Idee, durch Anreicherung des Kernsortiments mit u. a. kostenpflichtigen Services eine Transformation zum Lösungsanbieter zu initiieren, bereits lange vor den aufgetretenen wirtschaftlichen Turbulenzen geboren worden war – und der Anbieter das Konzept zu gegebener Zeit sodann nur noch starten musste.

4 Fazit

Aktuell zu beobachtende, vertikale Vorwärtsintegrationen von Herstellern und Industrie sowie von Nachfragern vermehrt verfolgte Auswahlvereinfachungsstrategien, die sich auf Marke und Preis fokussieren, stellen das historisch gewachsene Rollenbild des Handels in Frage.

Schon aus eigenem Interesse müssen Händler ihre Wertschöpfungskette zukünftig erweitern und den Nachfragern eine Produkt-Bedürfnis-Leistung, d. h. eine Lösung ihres komplexen Konsumproblems anbieten. Die damit verbundene neue Herausforderung der Transformation von Handelsunternehmen zu Lösungsanbietern stellt erhebliche Anforderungen an den Umgang mit Innovationen und die Transformationsbereitschaft von Handelsunternehmen.

Wie die Diskussion zeigt, sind es insbesondere organisationale Aspekte, die darüber entscheiden, ob es einem Handelsunternehmen gelingen wird, diese Transformation zu meistern. Unternehmenskultur und Unternehmensstruktur sind hierbei zentrale Erfolgsfaktoren. Bedeutsam dabei ist, dass die organisationalen Anforderungen den Integrationstrends der vergangenen Jahre zuwider laufen. Denn die Diskussion lehrt: Nur Unternehmen, die es gewohnt sind, dezentral zu agieren, werden den Wandel im Handel aktiv mitgestalten und ihre Wettbewerbsposition in der Phase des Handels im Wandel behaupten bzw. stärken können.

Literaturverzeichnis

AMOR, D., Dynamic Commerce, Bonn 2000.

ABELL, D. F., Definig the Business: The Starting Point of Strategic Planning, New York 1980.

BELL, D., J. DEIGHTON, W. REINARTZ, R. RUST UND G. SCHWARTZ, Seven Barriers to Customer Equity Management, in: Journal of Service Research, Volume 5, Issue 1, 2002, S. 77-85.

BOSTON CONSULTING GROUP (Hrsg.); Die vertikale Verlockung – Eigener Handel als Erfolgsstrategie für Gebrauchsgüterhersteller?, München 2005, URL: http://209.83.147.85/publications/files/BCG-Studie_Vertikale_Verlockung.pdf [Letzter Zugriff: 19.07.2009].

BRUCKHOFF, K., Produktpolitik, 4. Auflage, Stuttgart 1999.

BRUHN, M. UND C. HOMBURG, Handbuch Kundenbindungsmanagement, 3. Auflage, Wiesbaden 2000.

BRUHN, M. UND H. MEFFERT, Gabler Marketing Lexikon, Wiesbaden 2001.

BURMANN, C., Customer Equity als Steuerungsgröße für die Unternehmensführung, in: ZfB, 73. Jg., H. 2, 2003, S. 113-138.

CHRISTENSEN, C., The innovator's dilemma., New York 2006.

COMPUTER RESELLER NEWS (Hrsg.), Media-Saturn vor zentraler Dienstleistungs-Offensive, 2008, URL: http://www.crn.de/unternehmen/showArticle.jhtml? articleID=212200348, [Letzter Zugriff: 19.07.2009].

CORNELSEN, J., Kundenwertanalysen im Beziehungsmarketing, Nürnberg 2000.

UEBEL, M., S. HELMEKE UND DANGELMAIER, W. (Hrsg.), Praxis des Customer Relationship Management, Wiesbaden 2002.

FINANCIAL TIMES DEUTSCHLAND (Hrsg.), Media-Saturn probt Service-Offensive, 2008, URL: http://www.ftd.de/technik/it_telekommunikation/:NeuesGesch%E4ftsmodell-Media-Saturn-probt-Service-Offensive/439818.html, [Letzter Zugriff: 19.07.2009].

GALBRAITH, J., Designing the Customer-Centric Organization: A Guide to Strategy, Structure, and Process, San Francisco 2005.

HAUPTVERBAND DES DEUTSCHEN EINZELHANDELS (Hrsg.), German Retail – Facts and Figures, Berlin, 2007, URL: http://www.einzelhandel.de/servlet/PB/show/1085332 _yno/index.html, [Letzter Zugriff: 11.10.2009].

HAUPTVERBAND DES DEUTSCHEN EINZELHANDELS (Hrsg.), Nachhaltiger Konsum: Handel will mehr, Berlin, 2009, URL: http://www.einzelhandel.de/servlet/PB/menu/ 1094964_yno/index.html, [Letzter Zugriff: 19.07.2009].

HERMANN, T., A.-W. SCHEER UND H. WEBER, Verbesserung von Geschäftsprozessen mit flexiblen Workflow-Management-Systemen, Berlin 1999.

HÖPNER, A., Auslaufmodell Warenhaus, URL: http://www.stern.de/wirtschaft/news /maerkte/sterbende-gattung-auslaufmodell-kaufhaus-583644.html, [Letzter Zugriff: 11.10.2009].

HOMBURG, C. UND H. KROHMER, Marketingmanagement: Strategie – Instrumente – Umsetzung – Unternehmensführung, Wiesbaden 2003.

HOMBURG, C. UND F. SIEBEN, Customer Relationship Management (CRM) – Strategische Ausrichtung statt IT-getriebenem Aktivismus, in: Bruhn, M und Homburg, C. (Hrsg.), Wiesbaden 2000, S. 473-504.

JUNG, H., Personalwirtschaft, 8. Auflage, München 2008.

JUNG, H., Allgemeine Betriebswirtschaftslehre, 11. Auflage, München 2006.

KMPG (Hrsg.), Trends im Handel 2010, 2006a, URL: http://www.kpmg.de/docs/ trends_im_handel_2010_de.pdf, [Letzter Zugriff: 19.07.2009].

KMPG (Hrsg.); Status quo und Perspektiven im deutschen Lebensmitteleinzelhandel, 2006b, URL: http://www.kpmg.de/docs/status_quo_und_perspektiven_im_deutschen_Lebensmitteleinzelhandel _2006_de.pdf, [Letzter Zugriff: 19.07.2009].

KROEBEL-RIEL, W. UND P. WEINBERG , Konsumentenverhalten, 8. Auflage, München 2003.

KRULIS-RANDA, J. S., Reflexionen über die Unternehmenskultur und ihre Bedeutung für den Erfolg schweizerische Unternehmungen, in: Die Unternehmung, Nr. 4, 1984.

LEBENSMITTELZEITUNG (Hrsg.), Meister des kontrollierten Krawalls, 21.11.2008.

LÄGE, K., Ideenmanagement: Grundlagen, Optimale Steuerung und Controlling, Wiesbaden 2002.

MACHARZINA, K., Unternehmensführung: Das internationale Managementwissen – Konzepte – Methode – Praxis, Wiesbaden 2008.

MEFFERT, H., Marketing – Grundlagen marktorientierter Unternehmensführung, 8. Auflage, Wiesbaden 1998.

MEDIA-SATURN-HOLDING (Hrsg.), Philisophie: Märkte und Trends fest im Blick, 2009, URL: http://www.media-saturn.com/DE/ Company/Seiten/Philosophy.aspx., [Letzter Zugriff: 19.07.2009].

METRO AG (Hrsg.), Geschäftsbericht 2008 der Metro Group, 2009, URL: http://www.metrogroup.de/multimedia/microsite/Geschaeftsbericht2008/pdf/GB2008-de.pdf., [Letzter Zugriff: 19.07.2009].

PAUL, J., Einführung in die allgemeine Betriebswirtschaftslehre, Wiesbaden 2006.

PIETERSEN, F., Handel in Deutschland – Status Quo, Strategien, Perspektiven, in: Riekhof, H.-C. (Hrsg.), Retail Business in Deutschland, 2. Auflage, Wiesbaden 2008, S. 31-70.

RAPP, R., Customer Relationship Management, 2. Auflage, Frankfurt am Main 2001.

RIEKHOF, H.-C. , Herausforderungen und Perspektiven, in: Riekhof, H.-C. (Hrsg.), Retail Business in Deutschland, 2. Auflage, Wiesbaden 2008, S. 31-70.

RUST, R., K. LEMON UND V. ZEITHAML, Increasing Marketing Effectiveness: A decision support system for building customer Equity, Working Paper, University of Maryland, 2002.

STEINMANN, H. UND G. SCHREYÖGG, Management – Grundlagen der Unternehmensführung, 5. Auflage, Wiesbaden 2000.

SIMON, H., 33 Sofort-Maßnahmen gegen die Krise, Frankfurt a. M. 2009.

SIMON, H. UND R. DOLAN, Profit durch Power Pricing – Strategien aktiver Preispolitik, Frankfurt a. M. 1997.

STEFFENHAGEN, H., Marketing: Eine Einführung, 4. Auflage, Stuttgart 2000.

STERN, T. UND H. JABERG, Erfolgreiches Innovationsmanagement: Erfolgsfaktoren-Grundmuster-Fallbeispiele, 3. Auflage, Wiesbaden 2007.

TILLMANN D. UND B. KULGE, Vermarktung von Innovationen, Präsentation von Simon, Kucher und Partner, Dresden, 21.10.2002.

TOLKMITT, V., Neue Bankbetriebslehre: Basiswissen zu Finanzprodukten und Finanzdienstleistungen, 2. Auflage, Wiesbaden 2007.

WIESNER, K., Internationales Management, München 2004.

Axel Henschke, Isabelle Kes und Christof Backhaus

„Fressnapf - Alles für mein Tier“

Solution Selling auf dem Markt für Tierbedarf

1 Einleitung

Anfang der 1990er-Jahre wurde mit dem ersten Fressnapf-Markt in Erkelenz der Grundstein für die Entwicklung von Europas größter Fachhandelskette für Tierbedarf gelegt. Seit der Eröffnung der ersten Märkte im Franchisingformat expandiert die Fressnapf-Gruppe mit Vollgas, und die Fressnapf-Entwicklung ist zu einer der Erfolgsstorys im deutschen Handel avanciert. Heute, 20 Jahre nach der Gründung, ist das Krefelder Handelsunternehmen in Deutschland, aber auch in Europa die Nummer Eins im Markt für Heimtierbedarf und belegt weltweit den dritten Platz – hinter den US-amerikanischen Unternehmen PetSmart und PETCO. Über 750 Fressnäpfe allein in Deutschland erzielten im Geschäftsjahr 2009 einen Umsatz von 830,9 Mio. Euro. Europaweit konnte sogar die Hürde von 1 Milliarde geknackt und ein Umsatz von 1.200 Mio. Euro erwirtschaftet werden. Das Wachstum betrug damit knapp 10 % im Vergleich zum Vorjahr. Europaweit gibt es inzwischen rund 1.079 Fressnapf-Märkte, die aus markt- und länderspezifischen bzw. sprachlichen Gründen z. T. unter dem Namen Maxi Zoo firmieren.

Das Thema „Solutions“ stand schon relativ früh auf der Agenda des Unternehmens und war nicht zuletzt einer der Erfolgstreiber für das rasche Wachstum. Dabei ist die Idee, dem Kunden alles rund um das Tier an einem Ort vereint anzubieten und damit Lösungen für sämtliche Probleme, die ein Tierhalter haben könnte, bereitzuhalten, die Basis eines seit 2005 praktizierten Konzepts (vgl. O. V. 2009). Durch großflächige Märkte mit umfassenden Lebendtierabteilungen macht es sich Fressnapf zum Ziel, dem Kunden ein Erlebnis-Shopping zu ermöglichen und präsentiert „das Abenteuer Tierwelt zum Anfassen“ (O. V. 2009). Angefangen bei Fellini, dem Hundefriseur, den der Kunde neuerdings vor Ort in XXL-Märkten findet, über das Fressnapf-Tierarzt-Team bis hin zum Versicherungs- und Reiseangebot bietet Fressnapf alles was „Tier und Halter glücklich macht“ und befindet sich auf dem direkten Weg „zum Komplettanbieter rund ums Haustier“ (O. V. 2009). Zusätzlich gibt es eine Fülle an Informationsmaterial für den Neutierhalter sowie eine wachsende Internetpräsenz, die Informationen, aber auch Communities, Austauschmöglichkeit in Foren, Ratgeber und Unterhaltung bietet.

Dieser Beitrag betrachtet vor allem Dienstleistungen, die von der Fressnapf Tiernahrungs GmbH als Lösungskomponenten für Kundenprobleme angeboten werden. So werden in Abschnitt 2 zunächst die Rahmenbedingungen für das Angebot von Solutions für Fressnapf dargestellt und der Markt für Tierbedarf genauer erläutert. Daraufhin wird in Abschnitt 3.1 detaillierter auf das Solution Selling im Hause Fressnapf eingegangen, indem zunächst die verschiedenen Lösungsbestandteile vorgestellt werden. Anschließend werden diese Angebote in Abschnitt 3.2 in den allgemeinen Solution Selling-Prozess mit seinen verschiedenen Phasen eingeordnet. In Abschnitt 4 wird dargestellt, wie der Solution Selling-Ansatz sowohl im Markenmanagement als auch in der Vertriebsorganisation verankert werden kann. Der Artikel schließt mit einem

Fazit respektive einem Ausblick auf die zukünftige Entwicklung von Fressnapf als Solution Seller.

2 Rahmenbedingungen des Solution Selling auf dem Markt für Tierbedarf

2.1 Markt für Tierbedarf

„Der Wunsch, ein Tier zu halten, entspringt einem uralten Grundmotiv – nämlich der Sehnsucht des Kulturmenschen nach dem verlorenen Paradies."

Es gibt wohl kaum eine schönere Erklärung für die Beliebtheit unserer „kleinen Freunde" als dieses Konrad Lorenz zugeschriebene Zitat. In mehr als jedem dritten deutschen Haushalt wird mindestens ein Heimtier gehalten, insgesamt leben hierzulande rund 23 Millionen Haustiere – ohne Zierfische und Terrarientiere. Die Heimtierbranche ist somit im Laufe der Jahre zu einem nicht unwesentlichen Markt avanciert. Im Jahr 2008 nahm das Volumen des Markts für Heimtierbedarfsartikel allein für Hunde um 4,3 % und für Katzen um rund 6,3 % zu (vgl. o.V. 2008, S. 3). Nach einem deutlichen Plus in den vergangenen Jahren ist der Markt für Heimtierbedarf auch in 2008 weiter gewachsen. Der Gesamtumsatz für die Bereiche Tiernahrung und Bedarfsartikel lag mit rund 3.500 Mio. Euro 4,4 % über dem Vorjahreswert. So konnte für den Bereich der Heimtierbedarfsartikel eine Umsatzsteigerung von 3,9 % auf 903 Mio. Euro verzeichnet werden, während der Markt für Heimtierfutter um 4,6 % auf 2.594 Mio. Euro zulegte (vgl. o.V. 2008, S. 2 f.).

Einer der wesentlichen Treiber der Entwicklung des Markts für Heimtierbedarf ist darin zu suchen, dass die Einstellung zum Tier in den letzten Jahrzehnten einen fundamentalen Wandel erfahren hat. So galt das (Haus)Tier noch bis kurz nach dem Zweiten Weltkrieg als Nutztier. Hunde und Katzen waren in Sachen Ernährung auf sich selbst gestellt und noch bis in die 70er-Jahre dienten Hunde sogar selbst als Nahrung für den Menschen – heute kaum noch vorstellbar. Doch die Zeiten, in denen Haustiere die Reste vom Tisch bekamen und vor der Tür schlafen mussten, sind lange vorbei. In vielen Familien haben sich unsere zwei- und vierbeinigen Freunde ihre feste Position als „Familienmitglied" erobert, was von der veränderten Bedeutung der Tiere für ihre Besitzer zeugt. Dementsprechend hat das „moderne" Haustier seinen eigenen, anspruchsvollen Speiseplan, den sich die Deutschen jährlich rund 2 Mrd. Euro kosten lassen. Ein lukrativer Markt mit weiterem Wachstumspotenzial, wenn man bedenkt, dass die Marktpotenzialausschöpfung durch industriell vorgefertigte Nahrung derzeit bei lediglich 48 % (Hund) und 68 % (Katze) liegt – mit steigender Tendenz (vgl. o. V. 2008, S. 4). Trotz dieses augenscheinlich hohen Marktvolumens liegt Deutschland im europäischen Vergleich hinter Großbritannien (4.084 Mio. Euro) und Frankreich (3.380 Mio. Euro) lediglich auf Rang drei. Auf den Plätzen vier und fünf folgen Italien (2.332 Mio. Euro) und Russland (1.110 Mio. Euro) (vgl. O. V. 2008a). Was die Zahl der gehaltenen Heimtiere bezogen auf die Einwohnerzahl betrifft, hat Deutschland ebenfalls noch Nachholbedarf: Hierzulande teilen sich – statistisch betrachtet – etwa 3,5 Einwohner ein Heimtier, während das Verhältnis der Einwohnerzahl zur Anzahl der Haustiere in Frankreich etwa 2,2 und in Großbritannien 2,4 beträgt. In Italien kommt sogar auf beinahe jeden zweiten Einwohner ein Heimtier (2,1 Einwohner/Heimtier).

Neben der veränderten Einstellung zur Tierhaltung und der damit verbundenen gestiegenen Wertschätzung gegenüber Haustieren sind es weiterhin vor allem das steigende Freizeitbewusstsein und die kleiner werdenden Haushaltsgrößen, die das stete Wachstum des Tiernahrungs- und Zubehörmarkts sichern.

Gleichzeitig hat sich die Handelslandschaft im Bereich Tierbedarf in den letzten Jahrzehnten stark verändert. So nimmt wie in zahlreichen Branchen des Konsumgüterhandels auch im Tierbedarfshandel die Bedeutung des selbstständigen Einzelhandels stetig ab. Jedes Jahr schließen in Deutschland etwa 150 Zoofachhändler die Pforten. Gleichzeitig ist – äquivalent bspw. zum Lebensmitteleinzelhandel – eine Polarisierung der Handelslandschaft zu erkennen, die zum einen in Richtung zentralistisch geführter Discounter geht, zum anderen in Richtung dezentralistisch organisierter Systeme des gehobenen Qualitäts- und Erlebnishandels. Eine „stuck in the middle“-Position scheint damit wenig erfolgversprechend (vgl. AHLERT und OLBRICH 2003; PORTER 1989). Stattdessen scheinen solche Konzepte zukunftsträchtig, die Elemente zentralistisch und dezentralistisch geführter Handelssysteme auf sich vereinigen: Das Zeitalter für Fachmärkte geht auch am Tierbedarfsmarkt nicht vorbei.

2.2 Potenziale des Solution Selling

Der Wettbewerb auf dem Markt für Tierbedarf ist – wie im Handel generell – durch eine starke Fokussierung auf den Preis als Marketinginstrument gekennzeichnet. Bei einer gleichzeitig zunehmenden Homogenisierung der Produkte zeigt sich jedoch mittlerweile, dass der Preis als alleinige Unique Selling Proposition nicht mehr ausreicht, um sich vom Wettbewerb abzuheben. Ein Ausweg, dem Preiswettbewerb und der damit verbundenen Positionierungsfalle zu entgehen, besteht darin, sich als Lösungsanbieter am Markt aufzustellen.

Gerade die Branche des Tierbedarfshandels bietet vor dem Hintergrund der zahlreichen großen und kleinen Herausforderungen, denen sich Tierhalter gegenübersehen, ein enormes Differenzierungspotenzial für den Handel. Im Zuge des in weiten Teilen der Gesellschaft wachsenden Convenience-Bewusstseins und einer damit einhergehenden Höherbewertung der Freizeit hat sich die Stellung des Haustiers verändert. Freizeitgestaltung mit dem Haustier hat an Bedeutung gewonnen, was dazu führt, dass Tierhalter die kostbare gemeinsame Zeit mit dem Haustier nicht mit der Lösung von Problemen vergeuden möchten, sondern mehr und mehr Komplettlösungen nachfragen. Gleichzeitig führt das immer größer werdende Angebot an Tierbedarfsartikeln zu einer steigenden Komplexität. In Folge wird es für den Kunden immer schwerer, aus der Vielzahl am Markt erhältlicher Produkte die für sein Tier am besten geeigneten auszuwählen. Schließlich tragen auch externe Einflüsse dazu bei, dass Kunden verstärkt Dienstleistungsangebote rund um das Haustier nachfragen. Hier ist insbesondere die im Jahr 2001 in Kraft getretene Hundeverordnung zu nennen, die auf Länderebene die rechtlichen Rahmenbedingungen zur Haltung und Zucht als gefährlich eingestufter Hunde bzw. Kampfhunde regelt. Da eine Reihe von Versicherungsanbietern Hunde, die unter diese Verordnung fallen, nicht mehr oder nur zu sehr hohen Kosten haftpflichtversichern, ergab sich hier die Chance, durch ein entsprechendes Versicherungsangebot die Komplexität für den Tierhalter zu verringern.

Insgesamt wird dem Tierhalter durch das Angebot von Komplettlösungen die Aufgabe abgenommen, sich selbst mit verschiedensten Möglichkeiten auseinandersetzen und entscheiden zu müssen.

Für den Anbieter von Lösungen im Tierbedarfshandel stellt sich insbesondere die Herausforderung, das Vertrauen des Kunden zu gewinnen. Besonders für den Fall, dass im Rahmen des Solution Selling primär auf Dienstleistungen zurückgegriffen wird, zeigt sich ein sehr hoher Anteil an Vertrauens- und Glaubensattributen (vgl. KRISHNAN und HARTLINE 2001, S. 332 ff.). Eine Dienstleistung per se bringt solche bereits mit sich, da sie oftmals vor Nutzung nicht wirklich beurteilt werden kann und der Kunde demnach weder das angemessene Preis-Leistungsverhältnis noch die Qualität vor dem Kauf einschätzen kann (vgl. PLÖTNER 1995, S. 27). Bezieht sich die Dienstleistung zusätzlich noch auf „des Deutschen besten Freund", das Haustier, so steigt die Bedeutung des Vertrauensaspekts noch einmal ungemein – schließlich steht als externer Faktor hier nicht die Frisur oder ein Auto im Fokus. Dies führt dazu, dass vertrauensbildenden Maßnahmen seitens des Anbieters eine erhöhte Bedeutung im Vermarktungsprozess zukommt. Investitionen in die Beratungsqualität, Kooperationen mit spezialisierten Anbietern und der Aufbau eigener Marken für das Dienstleistungsangebot sind somit wesentliche Erfolgsfaktoren im Rahmen einer Positionierung als Lösungsanbieter.

Insgesamt befindet sich der Tierbedarfshandel damit in einer Umbruchphase und das sowohl bzgl. der vorherrschenden Anbieterformen als auch im Hinblick auf die vom Kunden geforderten Leistungen. Gerade in dieser Umbruchsituation zeigt sich das große Potenzial des Angebots von Lösungen als neue Form der Differenzierung und erfolgversprechender Ausweg aus der Preisspirale.

3 Solution Selling bei Fressnapf

3.1 Das Lösungsangebot bei Fressnapf

Die Fressnapf Tiernahrungs GmbH bietet neben Tierbedarfsprodukten sowohl in Form von Eigenmarken als auch Fremdmarkenprodukten mittlerweile eine Reihe von Dienstleistungen an und kommt damit immer mehr dem Idealbild eines „Lösungsanbieters“ für sämtliche Probleme rund um die Tierhaltung näher (vgl. Abb. 3-1). Fressnapf hat die Zeichen der Zeit erkannt und nutzt die entstehenden Differenzierungsmöglichkeiten erfolgreich aus. Die Erweiterung der Angebotspalette besonders um Dienstleistungen hat zum Ziel, die Marke zu festigen und zu stärken. Hier baut Fressnapf sowohl auf Eigenmarken als auch verschiedene Kooperationsformen.

Abbildung 3-1: *Überblick der Dienstleistungsangebote von Fressnapf (Quelle: FRESSNAPF)*

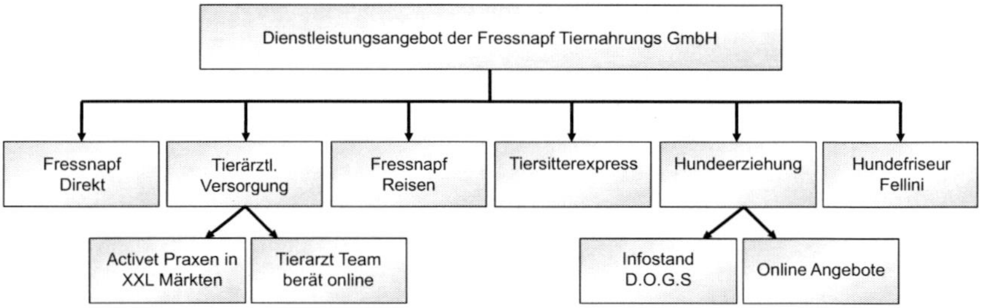

Die beiden bisher am stärksten ausgebauten Dienstleistungen sind „Fressnapf Reisen“ und die Versicherungsangebote der Marke „Fressnapf Direkt“. Beide Marken sind cogebrandete Leistungen der Betriebstypenmarke Fressnapf, die in Zusammenarbeit mit Markenpartnern angeboten werden. Darüber hinaus offeriert Fressnapf den Kunden eine Reihe von Beratungsleistungen. Im Rahmen der tierärztlichen Versorgung wird dies durch einen Onlineservice sowie durch eine Partnerschaft mit den activet Tierarztpraxen umgesetzt. Bezogen auf das Thema Hundeerziehung werden die Kunden ebenfalls durch entsprechende Onlineangebote sowie durch eine Kooperation mit dem Hundetrainer Martin Rütter unterstützt. Die übergeordnete Mission des Unternehmens besteht darin, dem Tierhalter in jeder Situation zur Seite zu stehen und ihm Lösungen für sämtliche Probleme und Herausforderungen rund um die Tierhaltung zu bieten. Der Kunde soll die Partnerschaft mit seinem Tier völlig genießen können und in jeder Situation mit Fressnapf einen Partner an der Seite haben, der ihm dies ermöglicht.

3.1.1 Versicherung des Haustiers

Die Tierversicherung „Fressnapf Direkt" für Hunde und Katzen ist die am längsten am Markt angebotene Dienstleistung des Unternehmens. Sie wird in Zusammenarbeit mit dem Versicherungsdienstleister Agila Haustierversicherung AG offeriert. Seit Mai 2001 bietet Fressnapf auf diese Weise ein Versicherungspaket für Hunde- und Katzenhalter an, das Operations- aber auch gewöhnliche Behandlungskosten beim Tierarzt sowie Kosten für Medikamente abdeckt (vgl. Abb. 3-2). Für Hunde wird zusätzlich die in Deutschland für jeden Hundehalter zwingend erforderliche Hundehaftpflichtversicherung angeboten. Ansonsten wird zwischen den Angeboten „Krankenschutz" und „Operationsschutz" unterschieden (vgl. o. V. 2009). Für gewöhnliche Tierarztbesuche fallen im Jahr ca. 75 Euro bis 160 Euro bei Katzen und 300 Euro bis 420 Euro bei Hunden an Kosten an. Zusätzlich schlagen Vorsorgekosten für Impfungen, Wurmkuren sowie Floh- und Zeckenprophylaxe mit 50 Euro bis 130 Euro zu Buche. Etwa doppelt so hoch werden die Beträge, wenn rassespezifische Erkrankungen auftreten. Im Fall eines Unfalls im Umfeld des Hauses oder eines Verkehrsunfalls entstehen oftmals sogar deutlich höhere Kosten für die Behandlung des verletzten Tiers. Stationäre Behandlungen schließlich können bis zu mehrere tausend Euro kosten. Die Versicherung deckt ggf. diese Kosten und ermöglicht es dem Halter, sich im Fall einer Behandlung voll um sein Tier kümmern zu können, ohne finanzielle Sorgen haben zu müssen.

Entstanden ist die Hundeversicherung im Rahmen der Vorfälle der Jahre 2000 und 2001, bei denen es u. a. zu einem tragischen Todesfall als Folge eines Kampfhundeangriffs kam. Die daraufhin in Kraft getretenen Kampfhundeverordnungen der Länder stellten die Basis für die Entwicklung eines Fressnapf-Versicherungsangebots für Haustiere dar. In Zusammenarbeit mit Agila wurde die zunächst ausschließlich angebotene Haftpflichtversicherung um die Komponente der Krankenversicherung erweitert. Neben der finanziellen Absicherung des Halters in Krankheits- oder Unfallsituationen, in die sein Tier verwickelt ist, steht das Wohl des Vierbeiners im Vordergrund des Versicherungsangebots. Der „Patient" soll jederzeit gut versorgt sein, unabhängig von entstehenden Kosten. Genau in diesem Aspekt ist die Schnittstelle zu Fressnapf als Anbieter von Tiernahrung und -zubehör: das Haustier und sein Wohl. Die Kooperation mit der Agila Haustierversicherung AG erhöht in diesem Fall das vorhandene Know-how. Der Kunde vertraut eher einer Marke, die im Rahmen einer Partnerschaft sämtliche der nötigen Kompetenzen besitzen. Agila bringt in diesem Fall die langjährige Erfahrung aus dem erfolgreichen Versicherungsgeschäft ein, während Fressnapf das unabdingbare Wissen über die Tierhaltung beisteuert.

Abbildung 3-2: *Die Fressnapf Direkt Tierversicherung (Quelle: FRESSNAPF)*

Die Vermarktung von Fressnapf Direkt erfolgt online, per Telefonhotline sowie direkt über den Partner Agila. In den Märkten liegen entsprechende Informationsmaterialien bereit.

3.1.2 Urlaub mit oder ohne Haustier

„Wohin mit dem Tier, wenn wir verreisen?“ – ein für viele Tierhalter oftmals nur sehr schwer zu lösendes Problem. Die Fressnapf Tiernahrungs GmbH hat sich auch dieser Problematik angenommen und verschiedene Lösungsangebote ausgearbeitet. Dabei besteht für den Kunden zunächst die Wahlmöglichkeit, das Haustier mitzunehmen oder für den Zeitraum des Urlaubs einen Unterbringungsort zu buchen.

Für letzteren Fall besteht grundsätzlich die Möglichkeit, den Hund oder die Katze in so genannten Tierhotels abzugeben. In den USA hat sich die Marke PetSmart mit dieser Lösung etabliert und bietet erfolgreich mehr als 100 solcher „Hotels“ an. In Deutschland ist diese Lösung bisher kaum verbreitet; Ausnahmen stellen einige privat geführte Tierpensionen sowie die einzige am deutschen Markt aktive Kette „Pfötchen Hotel“ mit drei Standorten dar. In beiden Fällen problematisch für die Kunden sind jedoch hierbei die hohen Kosten, die ein solcher Aufenthalt mit sich bringt.

Eine alternative Möglichkeit stellt ein Tiersitter dar. Um die Vermittlung solcher Tiersitter für die Urlaubszeit zu erleichtern und dem Kunden ein sichereres Gefühl zu geben, ist Fressnapf eine Kooperation mit dem Tiersitterexpress eingegangen. Dieser bietet die Kontaktstelle zwischen Hunde- oder Katzenhalter und der Gastfamilie oder Einzelperson. Der Tiersitterexpress verfügt als Schnittstelle zwischen Hunde- oder Katzenhalter und dem eigentlichen Tiersitter über Kontaktadressen und Daten von ausgewählten und überprüften Gastfamilien an über 20 Standorten in Deutschland, die den hohen Qualitätsstandards gerecht werden. Zudem überprüft der Tiersitterexpress die Gastfamilien und garantiert somit für eine qualifizierte und artgerechte Behandlung der Tiere im Urlaub. Die privaten Gastgeber sind erfahren und sachkundig in Haltung und Pflege der verschiedenen Tierarten und belegen dies durch Sachkundenachweise bzw. durch eigene erfolgreiche Tierhaltung. Durch den persönlichen Besuch der Mitarbeiter des Tiersitterexpress in den Gastfamilien besteht darüber hinaus ein genaues Bild der Betreuungssituation (vgl. o. V. 2008). Abgesehen von diesem Service bietet Fressnapf in Form der Fressnapf Community die Möglichkeit, mit anderen Tierhaltern in Kontakt zu treten und auf diesem privaten Wege einen möglichen Tiersitter zu finden.

Entscheidet sich der Kunde, das Haustier mit in den Urlaub zu nehmen, bietet Fressnapf mit der Dienstleistung „Fressnapf Reisen" auch hier eine für jeden Kunden individuelle Lösung. Fressnapf Reisen ist ein Reiseangebot, welches Urlaubsreisen sowie Städtetripps unter der Prämisse offeriert, dass die Reisenden problemlos ihre Tiere (in der Regel sind es Hunde) mitnehmen können. Seit 2008 vereinfacht Fressnapf so das Reisen mit dem Haustier (vgl. Abb. 3-3). Unter der Marke Fressnapf Reisen, die in Kooperation mit Leading Caravan und Falkensteiner Touristik Falk Travel GmbH angeboten wird, können Kunden zwischen Hotelreisen oder Campingurlauben wählen (vgl. o. V. 2010a). Mit Hilfe der Kooperationspartner offeriert Fressnapf Reisen inzwischen unterschiedlichste Reiseangebote, die jeder Kunde individuell kombinieren kann. Die teilnehmenden Hotels bieten ihren tierischen Gästen besondere Services: eigene Bettchen für die Vierbeiner, Fress- und Trinknäpfe inklusive Futterprobe auf den Zimmern. Darüber hinaus werden teilweise Aktionen wie Gassi-Gruppen, Hundewanderungen oder Wellnessbehandlungen für die Vierbeiner angeboten (vgl. o. V. 2010a). Mit Hilfe des Partners Novasol ist Fressnapf auch in der Lage, Ferienwohnungen anzubieten und damit auf solche Kundensegmente zuzugehen, die im Urlaub lieber selbstständig, unabhängig und ungestört sind. Das Angebot umfasst hier rund 21.000 Ferienwohnungen in 21 Ländern.

Abbildung 3-3: *Kampagnenmotiv Fressnapf Reisen (Quelle: FRESSNAPF)*

Neben der eigentlichen Unterbringung bzw. der Reiseveranstaltung bietet die Fressnapf-Homepage von Einreise- oder Impfbestimmungen bis hin zu allgemeinen Tipps und Ratschlägen eine Vielzahl von Informationen für die Reise mit dem Haustier (vgl. o. V. 2010a).

3.1.3 Tierärztliche Versorgung

Um den Kunden auch in tierärztlichen Fragen helfen zu können, entwickelte Fressnapf eine interaktive Beratungsmöglichkeit für Tierhalter. So gibt es ein eigenes Team von Tierärzten, das sich den Fragen, Problemen und Nöten der Tierhalter in einem Chat annimmt. Diese Leistung wurde so weit ausgebaut, dass sie inzwischen nach Tierarten und Problemfeldern sortiert ist und der Kunde somit darauf vertrauen kann, dass seine Frage immer schnellstmöglich von einem Spezialisten beantwortet wird (vgl. o.V. 2010d).

Der zweite Schritt zum Lösungsanbieter in Sachen Tiergesundheit war das Angebot tierärztlicher Versorgungsdienstleistungen vor Ort in den Märkten. Da es Fressnapf aus rechtlichen Gründen nicht möglich ist, selbst Tierärzte in das System zu holen, wurde ein geeigneter Kooperationspartner gesucht, der flächendeckend einen entsprechend hohen Qualitätsstandard garantieren konnte. Zusammen mit der Tierarztkette activet wurde ein Konzept entwickelt, welches sich zurzeit in der proof-of-concept-Phase befindet. Im Rahmen des Konzepts erhalten junge Tierärzte die Möglichkeit, eine voll ausgestattete Praxis innerhalb eines größeren Fressnapfes oder eines Fressnapf XXL Marktes zu betreiben. Eine Herausforderung für die Tierarztpraxen sind die oftmals schwierige Wettbewerbssituation sowie die Überzeugung der Kunden, den Tierarzt trotz enorm hoher Switching-Barrieren zu wechseln. Bei den zurzeit zehn Praxen deutschlandweit, die diese Kooperation testen, zeigen sich jedoch enorme Synergieeffekte zwischen Tierarzt und Fressnapf, die diese Probleme deutlich abschwächen. Dabei handelt es sich um qualitäts- und serviceorientierte Kleintierpraxen, die ein weit gefächertes Leistungsspektrum bieten: Neben Vorsorgeuntersuchung und Ernährungsberatung gehören auch Reha- Magnetfeld- und Lasertherapie sowie homöopathische Behandlungen zum Leistungskatalog.

Abbildung 3-4: *activet: Die Praxis für mein Tier (Quelle: ACTIVET)*

Zurzeit gibt es activet-Praxen an neun Standorten, im Laufe des Jahres sollen drei weitere Standorte hinzukommen (vgl. SCHÜTZ 2009). Aus Sicht der jeweiligen Fressnapf-Franchisenehmer bringt die Integration der Tierarztpraxis eine Aufwertung des Standortes mit sich. Die Qualität der jeweiligen Praxisausstattung wird dabei durch den Kooperationspartner activet sichergestellt. (vgl. O. V. 2010c).

3.1.4 Hundeerziehung

Ebenfalls vor dem Hintergrund der Vorfälle mit Kampfhunden in den vergangenen Jahren wird die Wichtigkeit der Hundeerziehung immer deutlicher. Auch hier unterstützt Fressnapf seine Kunden. Hundeerziehung ist eine individuelle Aufgabe, wobei sich der Dienstleister individuell auf den jeweiligen Hund und dessen Halter einstellen muss. Viele Halter benötigen hier nicht nur in jungen Jahren des Hundes – in denen die meisten Hundehalter eine Hundeschule besuchen – Unterstützung und Beratung, sondern während seiner gesamten Lebenszeit.

Auch hier wählte Fressnapf den Weg der Kooperation, um seinen Kunden ein entsprechendes Dienstleistungsangebot unterbreiten zu können. Mit dem Hundetrainer Martin Rütter konnte ein geeigneter Partner für die Idee gewonnen werden. Der Tierpsychologe ist Begründer der Hundetrainingsmethode D.O.G.S. (Dog Orientated Guiding System), einer gewaltfreien und am Hund orientierten Ausbildung von Mensch und Hund, und wurde u. a. durch eine Dokumentationsreihe bekannt, die im deutschen Privatfernsehen ausgestrahlt wurde. In den letzten Jahren entwickelte er ein landesweites Netzwerk von Hundeschulen, in denen die D.O.G.S.-Philosophie an Hundehalter vermittelt wird. Darüber hinaus vertreibt Fressnapf die von Martin Rütter angebotenen Produkte rund um die Hundeerziehung und ein besseres Verständnis des Hundes. Auch in den Fressnapf-Märkten erklären Hundetrainer von Martin Rütter ihre Erziehungsmethode. Nach dem Vorbild der amerikanischen Marke PetSmart ermöglichen Fressnapf und Martin Rütter den Kunden auf diese Weise, ihr Tier besser verstehen zu lernen und so ein harmonischeres Zusammenleben von Hund und Halter zu erreichen.

3.1.5 Grooming

Unter dem in Deutschland oftmals noch skeptisch betrachteten Begriff „Grooming" oder auch „Pet Grooming" wird das Thema Körperpflege, Wellness und Pflege für Tiere verstanden. In den USA ist Grooming bereits eine Erfolgsstory und wird von vielen Tierhaltern in Anspruch genommen. Der Angebotsumfang der US-amerikanischen Fachmarktkette PetSmart, die bereits seit Jahren Pet Grooming anbietet, erinnert heute stark an das Leistungsspektrum eines Wellness-Tempels für Menschen.

Dass das Thema Grooming als Wachstumsmarkt gehandelt wird, liegt ebenfalls darin begründet, dass sich das Zusammenleben mit dem Tier in den letzten Jahrzehnten stark verändert hat. Die Wohnverhältnisse vieler Hunde haben sich im Lauf der Zeit radikal gewandelt. Die meisten Vierbeiner leben heute mit ihren Haltern im Haushalt und nicht mehr in Hundehütte oder Zwinger. Dies hat allerdings auch zur Folge, dass die Tierhalter von ihren Vierbeinern erwarten, dass sie sich möglichst pflegeleicht und gesellschaftsfähig verhalten: kein Gesabber, kein Haare-Lassen und als oberster Grundsatz Stubenreinheit. „Die Erhaltung der häusliche Ruhe sind viele Hundehalter bereit, sich etwas kosten zu lassen" (O. V. 2009c, S. 20). Unter den Haltern ist diesbezüglich auch ein erhöhtes Hygienebewusstsein festzustellen, was auch damit zu tun hat, dass mehr Hygiene beim Hund eine Prophylaxe gegen Krankheiten darstellt. Noch nie dürfte in Deutschland so viel Geld für die Hundepflege ausgegeben worden sein wie im Jahr 2009. Die vierbeinigen Kunden der Salons sind in den letzten Jahren immer zahlreicher geworden. Dabei beschränkt sich die Kundschaft längst nicht mehr auf kleine Rassen nach dem Vorbild des allseits bekannten Hündchens von Paris Hilton; zunehmend fragen auch die Herrchen großer Rassen wie Labradore oder Border Collies und großen Mischlingshunden Grooming-Services nach (vgl. O. V. 2009c, S. 20 f.).

Fressnapf testet zurzeit, ob mit dem Angebot von Grooming-Services auch auf dem deutschen Markt nachhaltiges Wachstum erzielt werden kann. Aktuell gibt es die Salons des Hundefriseurs Fellini in drei XXL Märkten – in Krefeld, Hamburg und Eislingen (vgl. SCHÜTZ 2009). Ihr Leistungsspektrum reicht von Krallen- und Zahnpflege bis hin zu SB-Waschboxen, in denen die Hundehalter ihre Tiere selbst waschen können. Bisher finden diese drei Test-Salons guten Zuspruch. Die „Groomer" von Fellini reinigen, kürzen und pflegen das Fell der Vierbeiner entsprechend ihren rassenindividuellen Bedürfnissen. Unter Anleitung des Fellini-Personals können Tierbesitzer die Pflege ihrer Vierbeiner auch selbst übernehmen. Die Fellini-Grooming-Salons werden ebenfalls durch den Fressnapf-Kooperationspartner activet betrieben (vgl. Abb. 3-5).

Abbildung 3-5: *Fellini: Wellness & Pflege für Dein Tier (Quelle: ACTIVET)*

3.2 Der Solution Selling-Prozess bei Fressnapf

Die klassischen vier Phasen des Lösungsgeschäftes (vgl. Abb. 3-6 bzw. die ausführliche Erläuterung im Einleitungskapitel dieses Bandes) lassen sich im Fall Fressnapf nicht 100%ig auf die erbrachten Dienstleistungen anwenden.

Dennoch kann das Angebot von Fressnapf ähnlich strukturiert werden. Der Prozess des Solution Selling kann grundsätzlich in die Phasen (1) Bestimmung der Kundenanforderungen, (2) individuelle Anpassung und Integration der Lösung, (3) Implementierung und (4) Nachbetreuung gegliedert werden (vgl. TULI, KOHLI und BHARADWAJ 2007 bzw. Abb. 3-6).

Abbildung 3-6: *Der vierstufige Solution Selling-Prozess (Quelle: TULI, KOHLI und BHARADWAJ 2007)*

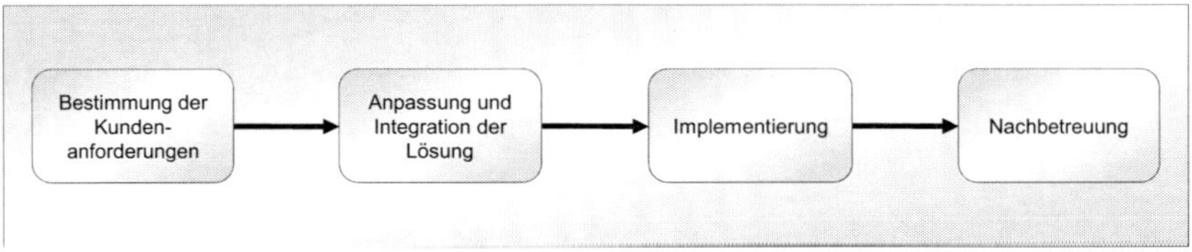

Die **erste Phase,** die sich klassisch mit der Identifikation der Kundenbedürfnisse beschäftigt, ist im Fall von Fressnapf durch die intensive Verkaufsberatung sowohl im Markt als auch via Call-Center abgedeckt. Fast alle Fressnapf-Mitarbeiter haben selbst ein Haustier und bilden so eine wertvolle Quelle für Consumer Insights. Zusätzlich lassen sich anhand der weit ausgebauten Internetpräsenz und hier besonders im Rahmen der Community und des Forums Bedürfnisse und Anregungen der Kunden ermitteln.

Die **zweite Phase** des Lösungsangebots besteht in der möglichst optimalen individuellen Zusammenstellung einer Lösung für den Kunden. Hier ist im Rahmen der Dienstleistung „Fressnapf direkt" auf die verschiedenen Versicherungspakete hinzuweisen, die für jeden Kunden konfiguriert werden können. Durch die Zusammenarbeit mit Agila wird dem Kunden eine kompetente Fachberatung offeriert, im Rahmen derer die Versicherungsleistung individuell zusammengestellt werden kann. Kritisch ist hier anzumerken, dass in den normalen Fressnapf-Märkten keinerlei direkte Beratung für diese Dienstleistungen angeboten wird. Es gibt Informationsmaterial, doch im Gespräch mit Kunden kam häufig der Kritikpunkt eines fehlenden „Service-Points" auch in normalen Märkten auf. Kunden wünschten sich demnach eine Ecke, in der nur Reise- bzw. Versicherungsangebote auslägen und eine fachliche Beratung stattfinden würde. Eine fachliche Beratung von Versicherungsdienstleistungen im stationären Handel ist jedoch aufgrund von rechtlichen Restriktionen nicht möglich.

Die klassische **dritte Phase** des Lösungsgeschäfts kann im Fall Fressnapf so nicht identifiziert werden. Aufgrund des Dienstleistungscharakters, der durch drei konstitutive Merkmale, nämlich Immaterialität, Integration des externen Faktors, in diesem Fall Mensch bzw. Haustier, und das so genannte Uno-actu-Prinzip, gekennzeichnet ist, kann die Implementierung in diesem Sinne nicht separiert dargestellt werden. Das Uno-actu-Prinzip einer Dienstleistung besagt, dass Erstellung und Konsum der Dienstleistung zeitlich aufeinander fallen, was bedeutet, dass es keine separierbare Implementierungsphase gibt. Weder der Besuch beim Hundefriseur Fellini noch die Reise mit dem Tier oder die Versicherung können „produziert" werden, bevor der Kunde sie in Anspruch nimmt. Hieraus ergibt sich für den Kunden eine große Unsicherheit, da sowohl aufgrund des gerade erläuterten Merkmals als auch aufgrund der Immaterialität die Bewertung und Beurteilung der Dienstleistung erst während oder sogar nach dem Konsum möglich ist. Der hohe Anteil an Vertrauens- bzw. Glaubensattributen macht hier vertrauensbildende Maßnahmen durch Fressnapf besonders nötig. Dies sollte im betrachteten Angebotsfall besonders berücksichtigt werden, da nicht nur eine sowieso im Vorhinein nahezu gar nicht beurteilbare Leistung, nämlich ein Versicherungskontrakt bzw. eine Reise, angeboten wird, sondern diese auch noch im Zusammenhang mit dem Haustier steht, das dem Herrchen oder Frauchen besonders am Herzen liegt.

Da das Dienstleistungsangebot noch recht jung ist, ist die so genannte Nachsorge- und After-Sales-Phase **(vierte Phase)** bislang weniger stark ausgebaut. Vor allem im Fall der Marke Fressnapf Reisen, die erst 2008 begründet wurde, ist dies nicht verwunderlich und stellt ein zukünftiges Arbeitsfeld des Unternehmens dar.

4 Solution Marketing bei Fressnapf

4.1 Verankerung des Solution Selling-Gedankens im Markenmanagement

Ohne eine entsprechende Verankerung im Markenmanagement ist jeder Versuch der Implementierung eines Solution Selling-Ansatzes zum Scheitern verurteilt. Dabei ist die Marke „Fressnapf“ geradezu prädestiniert dazu, sich zum Lösungsanbieter weiterzuentwickeln. Durch die deutlich ausgeprägten Wettbewerbsdimensionen Preis und Kompetenz bietet das Netzwerk die perfekte Basis, um ihre Angebotspalette in der Hinsicht zu erweitern, dass ganze Problemfelder von Kunden angesprochen werden können.

Der Erfolg von Fressnapf hängt wesentlich davon ab, inwieweit es gelingt, eine im Vergleich zur Konkurrenz überlegene Stellung im Wahrnehmungsraum der Konsumenten zu erlangen. Die Umsetzung der Betriebstypenmarkenstrategie wird daher in regelmäßigen Abständen anhand eines Positionierungsmodells überprüft. Dabei werden mit dem wahrgenommenen Preis und der wahrgenommenen Kompetenz die beiden zentralen Wettbewerbsdimensionen im Tierbedarfshandel als Erfolgsmaßstäbe herangezogen. Das in Abb. 4-1 dargestellte Positionierungsmodell verdeutlicht die exponierte Stellung Fressnapfs im Wahrnehmungsraum der Konsumenten: Klar differenziert von kaum profilierten Supermärkten kann Fressnapf die Kompetenzfelder der

Discounter und der Zoo-Fachgeschäfte auf sich vereinigen und wird damit als „Alleskönner" wahrgenommen.

Abbildung 4-1: *Das Positionierungsmodell: der wahrgenommene Preis und die wahrgenommene Kompetenz als zentrale Wettbewerbsdimensionen (Quelle: FRESSNAPF)*

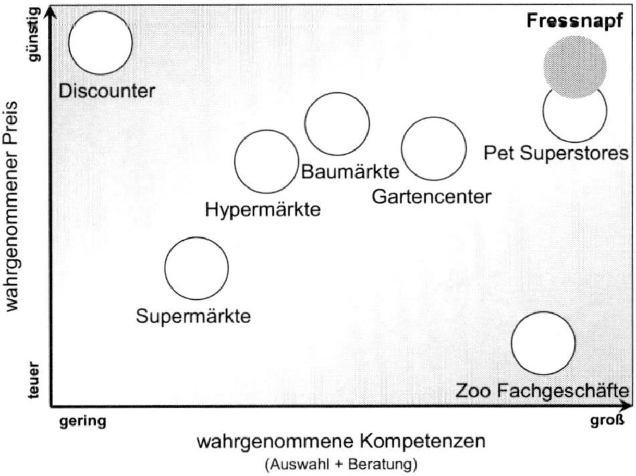

Die Erweiterung der bisherigen Angebotspalette um Eigen- und Kooperationsmarken soll die Marke stärken und festigen. Daher ist der Markenfit zwischen Muttermarke Fressnapf und den jeweils neuen Leistungen von entscheidender Bedeutung. Das Image der Marke darf durch die Ergänzung neuer Leistungen nicht verwässert werden. Der Markenkern der Marke „Fressnapf" besteht aus einer rationalen sowie einer emotionalen Komponente. Erstere ist geprägt durch Auswahl, Preis, Kulanz, Nähe und Fachkompetenz, letztere durch Spaß, Tierliebe, Hilfsbereitschaft, Freundlichkeit und Sympathie. Mit Hilfe der emotionalen Komponente gelingt es Fressnapf, den seelischen Spannungsbogen der Tierhaltung, der durch die Lust am Animalischen sowie Vermenschlichung (Anthropomorphisierungen) gekennzeichnet ist, abzubilden und somit einen Status als „Tempel der Tierhalter" zu erlangen (vgl. TOELLER 2005, S. 5). Ein durchgängiger Markenauftritt hinsichtlich des äußeren sowie inneren Erscheinungsbildes, der Kommunikation und des Kundenservices hält diesen Status aufrecht. „Fressnapf enables you to show your true love to your pet" – Fressnapf ist ein „Enabler".

Abbildung 4-2: Brand Core: Rationaler and emotionaler Markenkern (Quelle: Fressnapf)

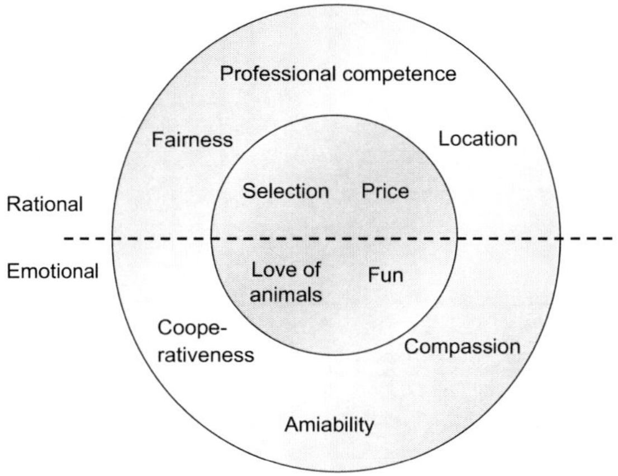

Eben die Abbildung sämtlicher Markenkomponenten in der Angebotspalette ist der Anfang in der Transformation zum Solution Seller. Das Ziel, dem Tierhalter die Liebe und Fürsorge für das eigene Tier so leicht wie möglich zu machen, wird durch das Angebot individuell abgestimmter Lösungen deutlich. Dieser Lösungsgedanke entspricht völlig der Markenbotschaft von Fressnapf. Er kann sogar als Fortführung und Weiterentwicklung der Enabler-Idee gesehen werden. Entscheidend ist dabei, dass auch ein zukünftiger Ausbau der Angebotspalette immer kongruent mit der Markenbotschaft ist. Nur so kann eine Verwässerung des Images verhindert werden.

4.2 Verankerung des Solution Selling-Gedankens in der Vertriebsorganisation

Die Grundlage für jeden erfolgreichen Solution Seller ist die im ganzen Unternehmen implementierte Überzeugung der Mitarbeiter im Hinblick auf den Lösungsgedanken. Es genügt hier keine von der Unternehmensleitung vorgegebene Strategie als Richtungsvorgabe. Jeder Mitarbeiter des Unternehmens muss den Solution Selling-Ansatz fest verinnerlichen, um diesen glaubhaft und gleichbleibend an den Kunden weitergeben zu können.

Genau hier liegt im Fall von Fressnapf als Dienstleistungsnetzwerk eine besondere Herausforderung. Die Fressnapf-Partner sind als Franchisenehmer selbstständige

Unternehmer, die von der Sinnhaftigkeit des Konzepts überzeugt werden müssen. Im Rahmen eines Netzwerkes liegt demnach eine spezielle Struktur vor, die zu einer veränderten Kommunikation und Mitbestimmung führt. Die Franchisenehmer müssen den Lösungsgedanken verinnerlichen und selbst vorantreiben; dagegen reicht es nicht aus, dass dieser durch die Systemzentrale vorgegeben wird. Die in einem Netzwerk stattfindenden komplexen Interaktionen und die Nutzung von im Kundenkontakt gewonnenen Informationen sind bei der Implementierung des Lösungsgedankens besonders zu berücksichtigen. Die Weitergabe von meist dezentral bei den Partnern vor Ort gewonnenem Wissen sowie die Kommunikation der Partner untereinander kann bei der Entwicklung und Implementierung von innovativen Dienstleistungen – wie den von Fressnapf angebotenen Leistungen - von besonderer Bedeutung sein (vgl. McAdam und McCreedy 1999, S. 106). Es zeigt sich hier also die wachsende Bedeutung des internen Marketings. So muss genau berücksichtigt werden, dass im Fall von Fressnapf selbstständige Unternehmer in Form der Franchisenehmer angesprochen werden. Darüber hinaus ist intern zu entscheiden, inwiefern die Mitarbeiter der einzelnen Franchisefilialen angesprochen werden, ob zentral oder jeweils von dem zuständigen Franchisenehmer (vgl. Michaelis 2009, S. 235 f.). Demnach müssen die genutzten internen Marketinginstrumente an die besondere Mitbestimmungs- und Kommunikationssituation angepasst werden.

Auch bei Fressnapf wird der Solution Selling-Gedanke durch entsprechende interne Marketingmaßnahmen gefördert. Hierzu gehören in erster Linie entsprechende Schulungen zu den einzelnen Leistungen und deren Vermarktung sowie ein Franchisenehmer-Handbuch, welches als Leitfaden zur Umsetzung erfolgreicher lokaler Kooperationen konzipiert ist. Zudem ist ein Akademieprogramm entwickelt worden, mit Hilfe dessen den Partnern der Lösungsgedanke und die damit einhergehende nötige Kompetenz sowie das Know-how vermittelt werden. Dabei ist zu beachten, dass eine vollständige Schulung sämtlicher Partner und Mitarbeiter in allen Märkten nicht von heute auf morgen vonstatten gehen kann. Auch in dieser Hinsicht hilft aber der Netzwerkansatz: Partner, die bereits gute Erfahrungen mit dem Solution Selling-Ansatz gemacht haben, geben ihr Know-how an andere Partner weiter. Durch eine solche „Eigendynamik" kann der Lösungsgedanke im System relativ schnell Fuß fassen, ohne dass durch zentralseitige Maßnahmen ein vollständiger Roll-out erfolgt ist. Dennoch ist es unumgänglich, dass die Zentrale als Initiator und „strategischer Kopf" Überzeugungsarbeit leistet und Schulungs- und Fortbildungsmaßnahmen durchführt, um bei den Franchisenehmern das Verständnis dafür zu wecken, dass Solution Selling die Zukunft der Marke Fressnapf darstellt und für das gesamte System Vorteile mit sich bringt.

Neben Schulungen steigert das System die Bereitschaft zur Implementierung des Lösungsgedankens durch finanzielle Anreize. Diese sind je nach Service unterschiedlich ausgeprägt. So besteht der finanzielle Anreiz beispielsweise im Fall der Tierversicherung in der Gewährung einer Provision auf jeden abgeschlossenen Versicherungsvertrag.

Vertrauen ist gut – Kontrolle trotzdem unumgänglich. Das gilt auch und gerade im Franchising. Zum Wohle des Gesamtsystems ist es erforderlich, die Servicequalität im gesamten Netzwerk auf einem einheitlich hohen Niveau zu halten. Daher führt die Zentrale bei den einzelnen Franchisenehmern ständige Kontrollaktivitäten durch. Im Zusammenhang mit dem Solution Selling kommt hier die Methode des Mystery Shoppings zum Einsatz. So kann sichergestellt werden, dass das gesamte System den Lösungsgedanken mitträgt und die Lösungsorientierung immer gleichbleibend hoch ist. Die Qualität und Konzepttreue der Franchisepartner werden darüber hinaus mittels eines Quality-Checks durch den Partnerbetreuer überprüft, mit Hilfe dessen die Höhe der Rückvergütungsausschüttung marktindividuell geregelt wird. Drei Checks p. a. sorgen für eine faire Leistungsbewertung durch den Betreuer des Franchisenehmers. Die aus den Checks resultierenden Maßnahmen werden zeitnah besprochen und umgesetzt (vgl. TOELLER 2005, S. 7).

5 Fazit und Ausblick

Die Fressnapf Tiernahrungs GmbH hat die Problematik der mangelnden Differenzierungsmöglichkeit anhand des Preises frühzeitig erkannt und diese in eine Chance verwandelt. Durch die Erweiterung der Angebotspalette um entsprechende Dienstleistungen und die Flankierung der eigenen Marke durch Kooperationsmarken ist das Unternehmen für die Zukunft gut gerüstet.

Hauptziel des Unternehmens ist es, dem Kunden das Gefühl zu vermitteln, in jeder Situation für ihn und sein Tier da zu sein. Dem Kunden soll die Zeit mit dem Haustier rund um vereinfacht und verschönert werden. Im Mittelpunkt steht dabei stets das Wohl des Tieres und die Möglichkeit, dem Halter die Gelegenheit zu geben, sein Tier glücklich zu machen. Dabei erfüllen die einzelnen Fressnapf-Filialen die Funktion von Kompetenzzentren, die dem Kunden die verschiedensten Lösungsbestandteile zur Verfügung stellen können.

Der Erfolg der Leistungen „Fressnapf Direkt“ oder der Kooperation mit den Tierärzten der Kette activet zeigt, dass die Kunden Fressnapf als Komplettlösungsanbieter akzeptiert haben und gerne annehmen.

Trotz der bisherigen Erfolge ist die Implementierung des Solution Selling in einigen Bereichen noch nicht vollständig abgeschlossen bzw. weist noch deutliches Potenzial auf. Die Tatsache, dass die Zahl der in Deutschland lebenden Haustiere ständig steigt, legt die Vermutung nahe, dass auch die Möglichkeiten der anbietbaren Lösungsaspekte noch lange nicht ausgeschöpft ist. Sowohl die noch sehr junge Dienstleistung Fressnapf Reisen als auch die noch in der Testphase befindliche Kooperation mit der Kette activet, sowohl im Rahmen der Tierarztpraxen als auch der Salons von Fellini, zeigen noch großes Potenzial für die Zukunft. Die Fressnapf Tiernahrungs GmbH ist auf dem direkten Wege, ein 100%iger Komplettlösungsanbieter zu werden und hat es sich zum Ziel gemacht, sich ständig den Bedürfnissen der Kunden entsprechend weiterzuentwickeln.

Literaturverzeichnis

AHLERT, D. UND R. OLBRICH, Institutionelle Handelsbetriebslehre, 4. Auflage, Münster 2003.

DAVIES, A., T. BRADY UND M. HOBDAY, Charting a Path Toward Integrated Solutions, in: MIT Sloan Management Review, Volume 47, Issue 3, 2006, S. 39-48.

EVANSCHITZKY, H., Erfolg von Dienstleistungsnetzwerken, Ein Netzwerkmarketingansatz, Wiesbaden 2003.

KRISHNAN, B. C. H UND M. D. HARTLINE, Brand equity: is it more important in services?, in: Journal of Services Marketing, Volume 15, Issue 4/5, 2001, S. 328-343.

MICHAELIS, M., Internes Marketing in Dienstleistungsnetzwerken, Konzeption und Erfolgsmessung, Wiesbaden 2009.

O. V., Euromonitor, 2008a.

O. V., Der deutsche Heimtiermarkt – Struktur und Umsatzdaten, Industrieverband Heimtierbedarf (IVH) e. V., http://www.ivh-online.de/uploads/media/ Heimtiermarkt_08_A4.pdf, 2008b, [Letzter Zugriff: 23.1.2010].

O. V., Die Fressnapf Tiernahrungs GmbH – Kurzportrait , 2009a.

O. V., Im Wandel der Zeit, in Pet 2009 (1), http://www.pet-global.com/documents/ 200901141013539391.pdf, 2009b, [Letzter Zugriff: 20.01.2010].

O. V., Fressnapf Tierversicherung – Der Rundumschutz für Ihren Hund und Ihre Katze, http://www.fressnapf.de/tierratgeber/versicherung/, 2009c, [Letzter Zugriff: 10.01.2010].

O. V., Urlaub mit dem Haustier – Mensch und Hund auf Fressnapf Reisen, http://www.fressnapf.de/tierratgeber/urlaub-mit-haustier/index.html, 2010a, [Letzter Zugriff: 10.01.2010].

O. V., Willkommen bei Rütters Welt, http://www.fressnapf.de/tierratgeber/ruetters welt/, 2010b, [Letzter Zugriff: 10.01.2010].

O. V., Activet – Die Praxis für mein Tier, 2010c, [Letzter Zugriff: 10.01.2010].

O. V., Das Fressnapf Tierarzt-Team hilft, thttp://www.fressnapf.de/tierarzt/, 2010d, [Letzter Zugriff: 18.01.2010].

O. V., Tiersitterexpress – Fressnapf Partner: Tiersitterexpress, http://www.fressnapf.de/ tierratgeber/tiersitterexpress/index.html, 2010e, [Letzter Zugriff: 10.01.2010].

PLÖTNER, O., Das Vertrauen des Kunden, Relevanz, Aufbau und Steuerung auf industriellen Märkten, Wiesbaden 1995.

PORTER, M. E., Wettbewerbsvorteile: Spitzenleistungen erreichen und behaupten, Frankfurt a. M. 1989.

SCHÜTZ, A., Neue Ideen für weiteres Wachstum, Krefeld 2009.

SYDOW, J., Strategische Netzwerke, Evolution und Organisation, Wiesbaden 2005.

TOELLER, T., Franchising im Handel – Die Erfolgsfaktoren der Fressnapf Tiernahrungs GmbH, in: Zentes, J. (Hrsg.), Marketing- und Management-Transfer, 2005, S. 3-8.

TULI, K. R., A. K. KOHLI UND S. G. BHARADWAJ, Rethinking customer solutions: From product bundles to relational processes, in: Journal of Marketing, Volume 71, Issue 3, 2007, S. 1-17.